PHP 开发从入门到精通

希赛 IT 教育研发中心　组织编写

袁　鑫　主编

中国水利水电出版社
www.waterpub.com.cn

内 容 提 要

本书由希赛IT教育研发中心组织编写，讲解Windows环境下的PHP与MySQL的开发运用方法，对近百个PHP应用实例进行了深入剖析，是一本非常适合初学者学习的书籍。本书对PHP的语法及应用进行了由浅入深的全面讲解，每一个知识点都通过一个完整的实例进行阐述，每一个实例均按照实例需求、开发过程、实例剖析与知识讲解三个部分进行详细讲解，让读者能很快进入学习状态，并能及时地掌握每一个知识点。

本书通过实例详细讲解了PHP与MySQL技术的结合，以及MySQL数据库的操作及管理。每个实例均从设计思想、功能分析、数据库设计、开发环境的配置以及开发过程的方面进行了详细的讲解，让读者通过一步一步往下阅读与调试，即可完成整个开发实例的设计与开发过程，操作简单，易学易懂，每一个过程后都会有详细透彻的知识点讲解，及时捕获程序中遇到的疑难杂症，方便读者进行自学。

本书具有容易入门、讲解详尽、实战性强、内容深刻、循序渐进等特点，适合网站开发爱好者、网页设计人员、高等院校和相关培训机构的师生使用。

本书免费提供实例源程序，读者可以到中国水利水电出版社网站（http://www.waterpub.com.cn/softdown/）和希赛教育网下载中心（http://www.educity.cn/data/）下载。

图书在版编目（CIP）数据

PHP开发从入门到精通 / 袁鑫主编 ; 希赛IT教育研发中心组织编写. -- 北京 : 中国水利水电出版社, 2010.4
ISBN 978-7-5084-7350-5

Ⅰ. ①P… Ⅱ. ①袁… ②希… Ⅲ. ①PHP语言—程序设计 Ⅳ. ①TP312

中国版本图书馆CIP数据核字(2010)第041818号

书　　名	**PHP开发从入门到精通**
作　　者	希赛IT教育研发中心　组织编写 袁　鑫　主编
出版发行	中国水利水电出版社 （北京市海淀区玉渊潭南路1号D座　100038） 网址：www. waterpub. com. cn E-mail：sales@ waterpub. com. cn 电话：(010) 68367658（发行部）
经　　售	北京科水图书销售中心（零售） 电话：(010) 88383994、63202643、68545874 全国各地新华书店和相关出版物销售网点
排　　版	北京英宇世纪信息技术有限责任公司
印　　刷	三河市鑫金马印装有限公司
规　　格	184mm×260mm　16开本　29.75印张　781千字
版　　次	2010年4月第1版　2013年3月第3次印刷
印　　数	4501—6500册
定　　价	**58.00**元

前　　言

随着 Internet 的迅猛发展，信息技术不断深入生活的每个角落，尤其是 Web 网站已经成为人们生活中不可缺少的一部分。而在网站开发过程中，PHP 与 MySQL 这一对 Web 开发的“黄金搭档”得到了非常广泛的应用，从人们熟知的电子商务网站（如淘宝网等），到最近比较热门的交友网站（如 51.com、开心网等），都采用了 PHP 的 Web 开发技术。对于想要从事 Web 应用开发的工程师来说，学好 PHP 是进行 Web 开发的第一步。

作者通过对大量读者进行调查，并结合自身学习的成果，精心编写了本书。本书遵循由浅入深、循序渐进的学习规律，充分结合开发实例，完整地介绍了 PHP 开发技术。

1. 内容

本书讲解 Windows 环境下的 PHP 与 MySQL 的开发运用方法，编辑器采用的是网页开发工具 Dreamweaver CS3，其中 Dreamweaver CS3 的代码视图对不同的代码会有不同的颜色显示，方便初学者进行语法的检错与纠错。

本书与其说是 PHP 的基础性书籍，不如说是 100 个 PHP 实例的剖析，是一本非常适合初学者学习的书籍，对 PHP 的语法及应用进行由浅入深地全面讲解，每一个知识点都通过一个完整的实例进行阐述，每一个实例均按照实例需求、开发过程、实例剖析与知识讲解三个部分进行详细讲解，让读者能很快进入学习状态，并能及时地掌握每一个知识点。

本书通过对一个简单的学生信息管理系统的设计与开发，详细讲解了 PHP 与 MySQL 技术的结合，以及 MySQL 数据库的操作及管理；讲解了 PHP 中常用的 Web 开发实例，包括数据库留言本、新闻发布系统、照片系统等几个部分。每一个实例均从设计思想、功能分析、数据库设计、开发环境的配置以及开发过程等方面进行了详细的讲解，让读者通过一步一步的阅读与调试，即可完成整个开发实例的设计与开发；实例操作简单，易学易懂，每一个过程后都会有详细透彻的知识点讲解，及时捕获程序中遇到的问题，方便读者进行自学。本书所列举的每一个实例都经过了严格的调试运行。

2. 作者

希赛 IT 教育研发中心是中国领先的 IT 教育和互联网技术公司，在 IT 人才培养、行业信息化、互联网服务及其他技术方面，希赛始终保持 IT 业界的领先地位。希赛对国家信息化建设和软件产业化发展具有强烈的使命感，利用 CSAI.cn 网站强大的平台优势，加强与促进 IT 人士之间的信息交流和共享，实现 IT 价值。

本书由希赛 IT 教育研发中心组织编写，由袁鑫主编，参加审稿和组织、编辑工作的还有邓子云、王勇、施游、胡钊源、唐强、何玉云、王冀、黄少年、谢顺、周玲、黄燕、符春、陈倩、李双霞、杨花、王欣欣、郑美芳、何东彬、唐科萍等。

3. 交流

由于时间仓促和作者的水平有限，书中错误和不妥之处在所难免，敬请读者批评指正。

有关本书的意见反馈和咨询，读者可在希赛教育网社区（http://bbs.educity.cn）“书评在线”版块中的“希赛 IT 教育研发中心”栏目中与作者进行交流。

4．致谢

在本书的写作过程中参考和引用了一些网站的知识，由于比较零散，未能体现在主要参考文献中，在此一并感谢。

感谢李建民先生在我写作期间的全力支持，没有他的理解与鼓励，就不可能有本书的出版。

感谢我亲爱的父母，没有他们含辛茹苦的用心教育，就不会有我的今天，他们辛苦了！

感谢希赛 IT 教育研发中心和中国水利水电出版社的工作人员，本书的出版离不开他们的辛苦工作。

袁鑫
2009 年 12 月

目　　录

第 1 章　配置 PHP 环境

【本章导读语】

本章先来配置 PHP 所需要的开发环境。PHP 是一种服务器端的语言，若要正常运行好 PHP 代码，必须有相应的服务器环境及解释器。本书采用的软件如下：Windows Vista 操作系统、Apache 服务器、PHP、MySQL 数据库，可分别在其官网下载的：

- Apache 2.2.6：下载地址为 http://httpd.apache.org/download.cgi。本书下载的版本是位于 /binaries/win32 目录中的 apache_2.2.6-win32-x86-no_ssl.msi 文件。
- PHP 5.2.6：下载地址为 http://www.php.net/downloads.php。
- MySQL 5.0.45：下载地址为 http://dev.mysql.com/downloads/。
- phpMyAdmin-3.0.0-beta-all-languages：下载地址为 http://www.phpmyadmin.net。

本书中所用的编辑软件是网页开发常用的软件 Dreamweaver CS3。

为了方便维护，以及重装系统时不必进行二次安装，建议不要将其安装在系统盘（默认是 C 盘），作者将这些程序统一安装在了 D 盘。同时，安装路径中最好不要含有空格和中文字符。

本书的目录结构规划如下：

```
D:\>
|--<myapache>：apache 服务器的安装目录。
|--<MySQL>：MySQL 的安装目录。
|--<PHP>：PHP 解释器的的安装目录。
|--<www>：PHP 文件的调试目录。
|    |--<ch1-1.php>
|    |--<ch2-1.php>
|    |--<chapter14>
```

【例 1-1】Dreamweaver CS3 的安装

〖**实例需求**〗

本例主要介绍如何安装软件 Dreamweaver CS3。

〖**安装步骤**〗

安装软件前，请先关闭系统中当前正在运行的所有应用程序，包括其他 Adobe 应用程序。然后将 CD 或 DVD 插入驱动器中，按照屏幕说明进行操作。如果安装程序没有自动启动，请双击光盘根目录中的 Setup.exe（Windows）开始进行安装。如果是从网上下载的软件，请打开文件夹并双击 Setup.exe（Windows），在对话框中选择所使用的语言编码，此处选择“简体中文”。仔细阅读协议，如可以接受，则单击“接受”按钮，打开安装位置选择对话框。选择软件安装的位置，这里选择在 D 盘进行安装，若要安装至其他位置，则单击“浏览”按钮进行重新选择。选择好位置后，单击“下一步”按钮打开“安装摘要”对话框，检查一切无误后，单击“安装”按钮，进入安装进度显示及等待状态，如图 1-1 所示。

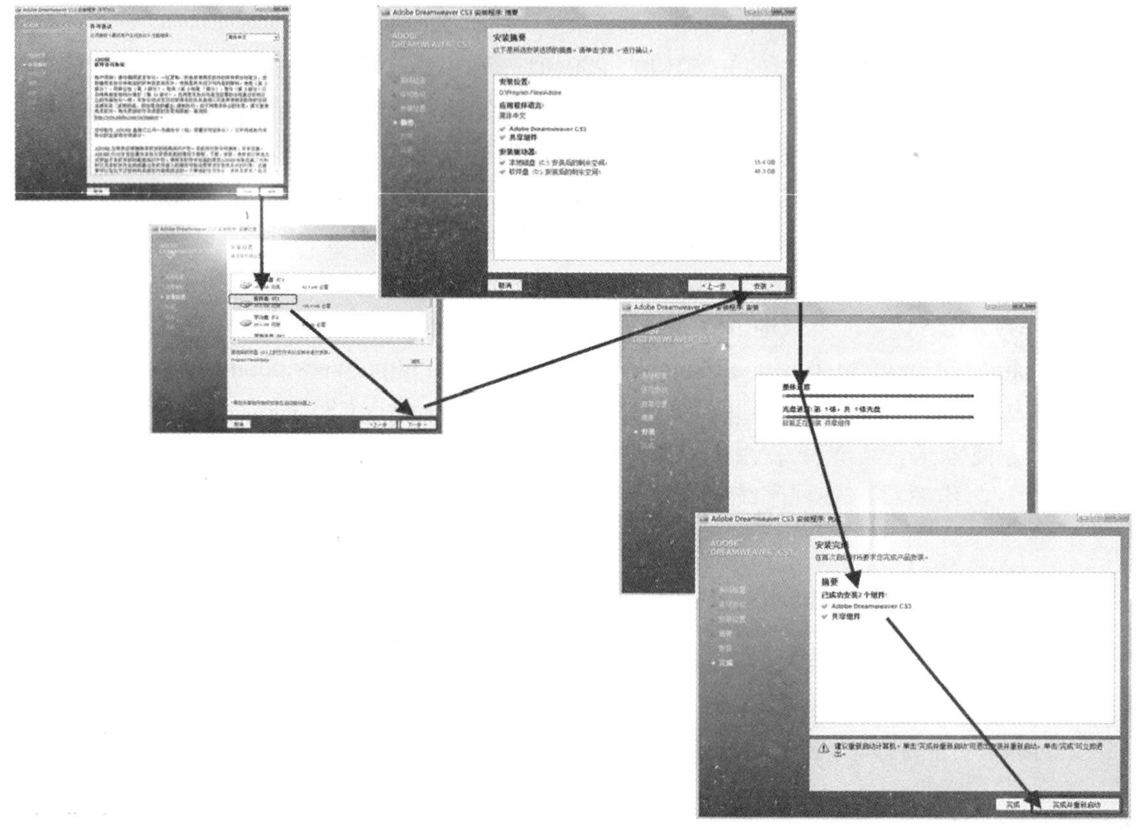

图 1-1

窗口中显示“完成”与“完成并重新启动”两个按钮。一般建议重新启动计算机，以便于系统完成全面的配置与安装。

【例 1-2】服务器 Apache 的安装与配置

〖实例需求〗

本例主要是演示服务器 Apache 的安装与配置。

〖安装步骤〗

本书的 Apache 是从官方网站 http://httpd.apache.org/下载的，文件名为 apache_2.2.6-win32-

x86-no_ssl.msi。双击.exe 文件，在弹出的对话框中单击 Next 按钮，选中 I accept the terms in the license agreement 单选项，单击 Next 按钮，在 Network Domain 文本框中输入域名，若只是在本地机器上调试程序，则只需填入本机 IP（127.0.0.1）即可。在 Server Name 文本框中输入服务器的名称，这里输入 localhost；在 Administrator's Email Address 文本框中输入电子邮箱，可以随意填写，但一定要填写，否则会在安装过程中出现错误提示；在 Install Apache HTTP Server 2.2 programs and shortcuts for 选项中选择一个，其中"for All Users, on Port 80, as a Service-Recommended."表示允许所有用户使用 Apache 服务；"only for the Current User, on Port 8080, when started Manually."表示只允许当前用户使用 Apache 服务，此处选择第 1 项。

单击 Next 按钮，弹出如图 1-2 所示的 Setup Type 对话框。两个安装类型中选择一种，其中 Typical 为标准安装，Custom 为自定义安装，这里选中 Custom 单选项。单击 Next 按钮，弹出 Custom Setup 对话框，单击 Change 按钮，选择安装目录，默认为 C:\Program Files。修改安装至 D:\myapache 目录。单击 Next 按钮，弹出 Ready to Install the Program 对话框。单击 Install 按钮开始进行安装，安装结束后，弹出 Installation Wizard Completed 对话框，如图 1-3 所示。单击 Finish 按钮完成安装。

安装完成后，在 Windows 的任务托盘上会出现一个如图 1-4 所示的羽毛图标。右击该图标，单击 Open Apache Monitor，打开 Apache Service Monitor 对话框，以后可以在该对话框中启动、关闭、重启 Apache 服务，如图 1-4 所示。

要想测试 Apache 是否安装成功，可以打开 IE 浏览器，在地址栏中输入 http://127.0.0.1/，若结果如图 1-5 所示，则表示安装成功。

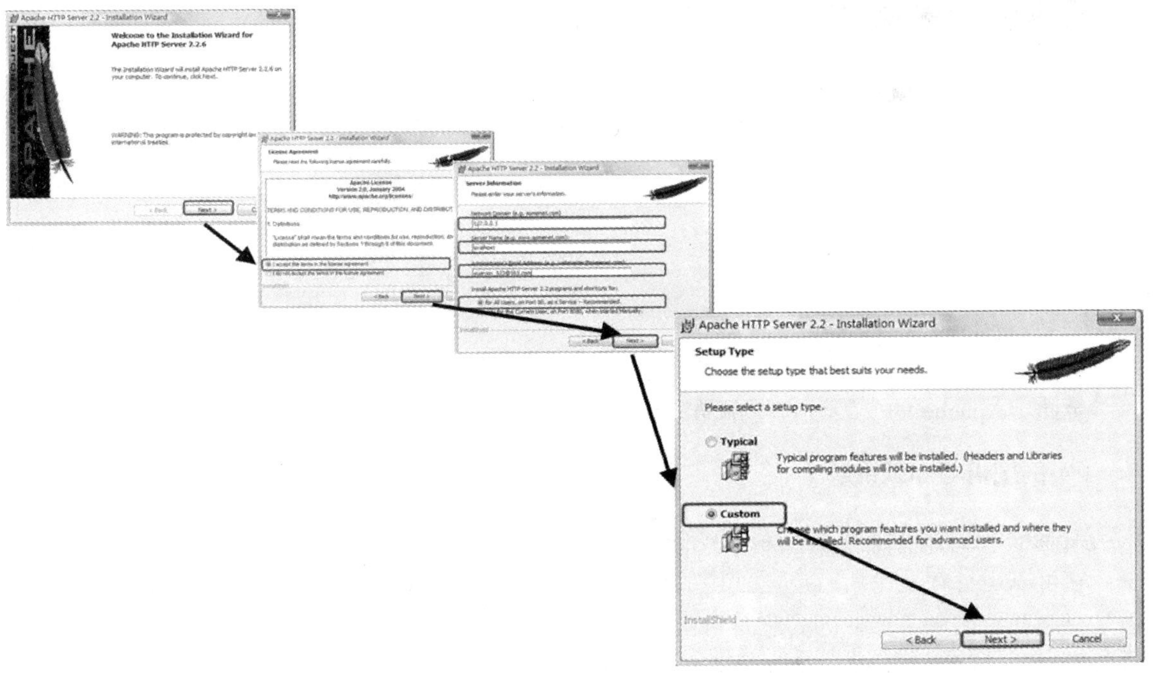

图 1-2

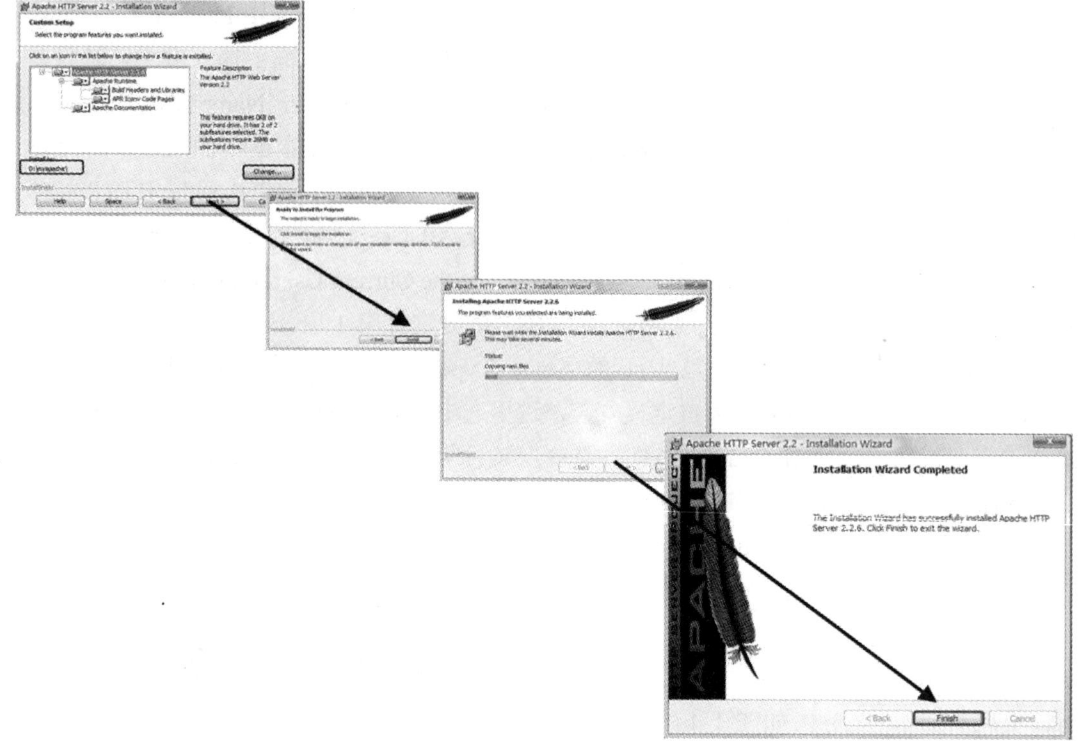

图 1-3

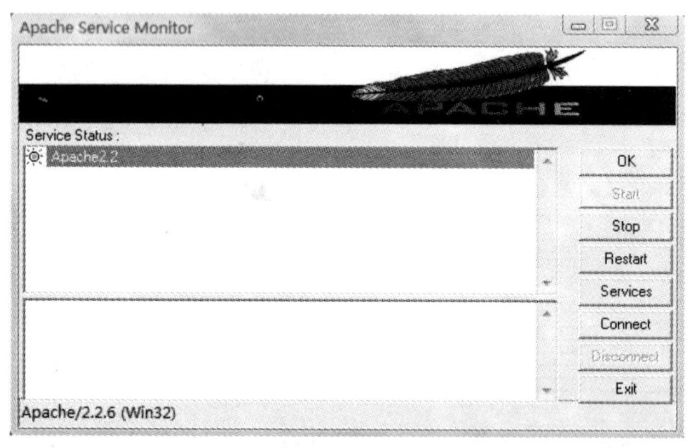

图 1-4

图 1-5

至此，Apache 的安装过程全部结束。

〖实例剖析与知识讲解〗

Apache 是目前世界上使用最广泛的 Web 服务器，同时也是运行 PHP 程序最好的服务器系统。它可以运行在几乎所有广泛使用的计算机平台上。Apache 取自 a patchy server 的读音，意思是充满补丁的服务器，因为它是自由软件，所以不断有人来为它开发新的功能、新的特性来修改原来的缺陷。Apache 的特点是简单、速度快、性能稳定，并可做代理服务器使用。本来它只用于小型或试验 Internet 网络，后来逐步扩充到各种 UNIX 系统中，尤其对 Linux 的支持相当完美。到目前为止，Apache 仍然是世界上用得最多的 Web 服务器，市场占有率达 60%左右。

世界上很多著名的网站如 Amazon.com、Yahoo!、W3 Consortium、Financial Times 以及国内数一数二的电子商务网站淘宝网（http://www.taobao.com）等都是 Apache 的产物，它的成功之处主要在于源代码开放、有一支开放的开发队伍、支持跨平台的应用（可以运行在几乎所有的 UNIX、Windows、Linux 系统平台上）以及可移植性等方面。

Apache 服务器具有如下特性：

- 支持最新的 HTTP/1.1 通信协议。
- 拥有简单而强有力的基于文件的配置过程。
- 支持通用网关接口 CGI。
- 支持基于 IP 和基于域名的虚拟主机。
- 支持多种方式的 HTTP 认证。
- 集成 Perl 脚本编程语言。
- 集成代理服务器模块。
- 支持实时监视服务器状态和定制服务器日志。
- 支持服务器端包含指令（SSI）。
- 支持安全 Socket 层（SSL）。
- 提供用户会话过程的跟踪能力。
- 支持 FastCGI。
- 通过第三方模块可以支持 Java Servlets。
- 可以在所有计算机平台上运行。

【例 1-3】PHP 的安装与配置

〖实例需求〗

本例主要演示 PHP 解释器的安装与配置。

〖安装步骤〗

（1）首先到 PHP 的官方网站（http://www.php.net/downloads.php）下载 PHP5 的最新版本，本书下载的是 php-5.2.6-Win32.zip。下载完成后，双击打开该文件，将其解压缩到 D 盘根目录下，然后将目录名 php-5.2.6-Win32 改为 PHP 即可。

（2）在资源管理器中进入 PHP 的安装目录，将 php.ini-recommended 复制一份，命名为 php.ini。

（3）然后打开 php.ini，找到语句：

```
;extension=php_mysql.dll
```

将前面的“;”去掉，改成：

```
extension=php_mysql.dll
```

MySQL 的扩展默认是没有打开的。将其打开，是类似上面这样的脚本，是可选择的 PHP 扩展模块，如果需要加载，直接去掉前面的“;”号即可。

（4）找到语句：

```
extension_dir = "./"
```

将其改为 PHP 安装目录 ext 子目录的绝对路径。

```
extension_dir = "D:/PHP/ext/"
```

这一步很重要。否则接下来 PHP 会找不到 php_mysql.dll 模块而无法装载。

（5）在 Windows Vista 的系统设置中，将 PHP 的目录加到 Path 环境变量中去。具体做法为：右击“我的电脑”选择“属性”命令，在弹出的“对话框中选择”高级系统属性选项卡，对其中的环境变量之中的“系统变量”进行编辑，然后加入 D:/ PHP/ext/;D:/php;即可。用“;”分隔多个目录。

（6）打开 Apache 安装目录下的 conf 子目录中的 httpd.conf 文件，找到语句：

```
DocumentRoot ""
```

改成本机的网站内容的目录：

```
DocumentRoot "D:/www"
```

（7）找到语句：

```
<Directory "">
```

改成本机的网站内容的目录：

```
<Directory "D:/www">
```

（8）找到 LoadModule，根据你的 PHP 安装目录，在下面空白处加上这两行：

```
LoadModule php5_module "D:/PHP/php5apache2_2.dll"
PHPIniDir "D:/PHP"
```

（9）找到语句：

```
DirectoryIndex index.html
```

修改为：

```
DirectoryIndex index.php index.html
```

（10）找到语句：

```
AddType application/x-gzip.gz.tgz
```

添加两行语句：

```
AddType application/x-httpd-php.php
AddType application/x-httpd-php.html
```

（11）保存 httpd.conf。

以后，每一次 php.ini 的修改都要重启 Apache 才能生效。全部安装配置完成后，建议重启一次机器，然后再进行测试。

到此，对服务器 Apache 与 PHP 的配置到此结束，应该测试 Apache 对 PHP 的支持了。

（1）在 D:/www 目录下手工创建一个名为 ch1-1.php 的文件，文件内容为：

```
<?
phpinfo();
?>
```

（2）重新启动 Apache 服务器。

（3）打开 http://localhost/ch1-1.php，可看到测试输出结果，如图 1-6 所示。

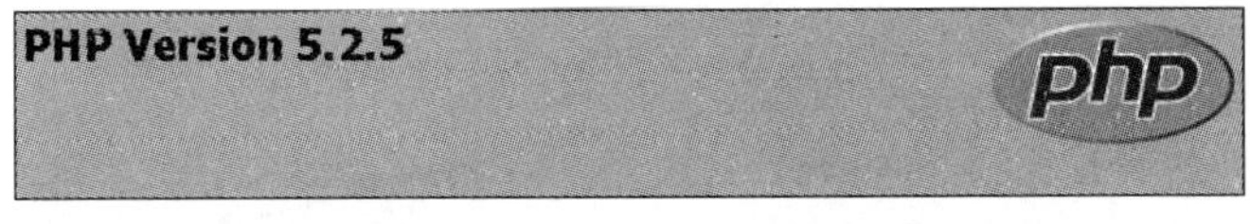

System	Windows NT ITGIRL 5.1 build 2600
Build Date	Nov 8 2007 23:18:08
Configure Command	cscript /nologo configure.js "--enable-snapshot-build" "--with-gd=shared"
Server API	Apache 2.0 Handler
Virtual Directory Support	enabled
Configuration File (php.ini) Path	C:\WINDOWS
Loaded Configuration File	C:\Program Files\phpStudy\PHP5\php.ini
PHP API	20041225
PHP Extension	20060613
Zend Extension	220060519
Debug Build	no
Thread Safety	enabled
Zend Memory Manager	enabled
IPv6 Support	enabled
Registered PHP Streams	php, file, data, http, ftp, compress.zlib
Registered Stream Socket Transports	tcp, udp

图 1-6

结果表明 PHP 安装成功。

【例 1-4】MySQL 的安装与配置

〖实例需求〗

本例主要演示 MySQL 数据库的安装与配置。

〖开发过程〗

首先到 MySQL 的官方网站下载 mysql 5.0.22 的最新版本，本例下载的是 mysql -5.0.22-win32.zip。下载完成后打开该压缩包，双击 Setup.exe 开始安装，进入 Setup Type 对话框。Setup Type 对话框中有三个选项：Typical 表示典型类型；Complete 表示完整类型；Custom 表示可以自定义安装的内容。这里选择 Custom 单选项，单击 Next 按钮，选择安装目录，单击 Change 按钮，修改安装目录至 D:\mysql 目录。单击 Next 按钮，单击 Install 按钮开始进入安装状态，复制完安装文件后会进入 MySQL.com Sign Up 对话框，这里直接选择 Skip Sign-up 选项，然后单击 Next 按钮，然后会显示 MySQL 安装成功的界面，如图 1-7 所示。

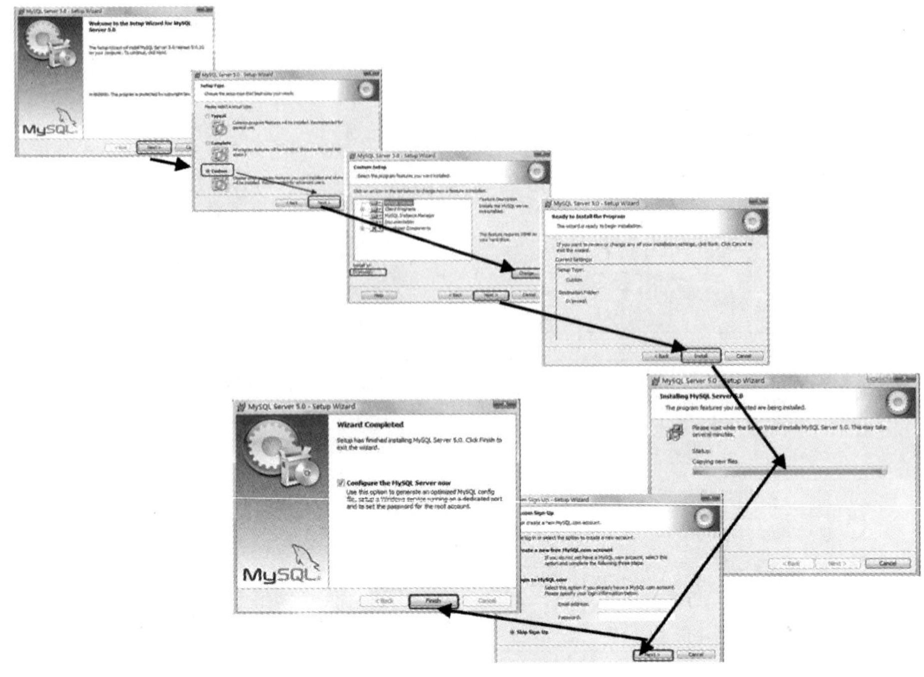

图 1-7

单击 Finish 按钮，进入 MySQL Server Instance Configuration Wizard 对话框，其中有两个选项：Detailed Configuration 选项为细节配置；Standard Configuration 选项为标准配置。这里选中 Standard Configuration 单选项，然后单击 Next 按钮，对话框中有两个复选项：Install As Windows Service 复选项为安装为 Windows 的系统服务；Include Bin Directory in Windows PATH 复选项为用命令行启动 MySQL，这里选择第 2 项。单击 Next 按钮，单击 Execute 按钮，执行配置。配置成功则弹出如图 1-8 所示的对话框。

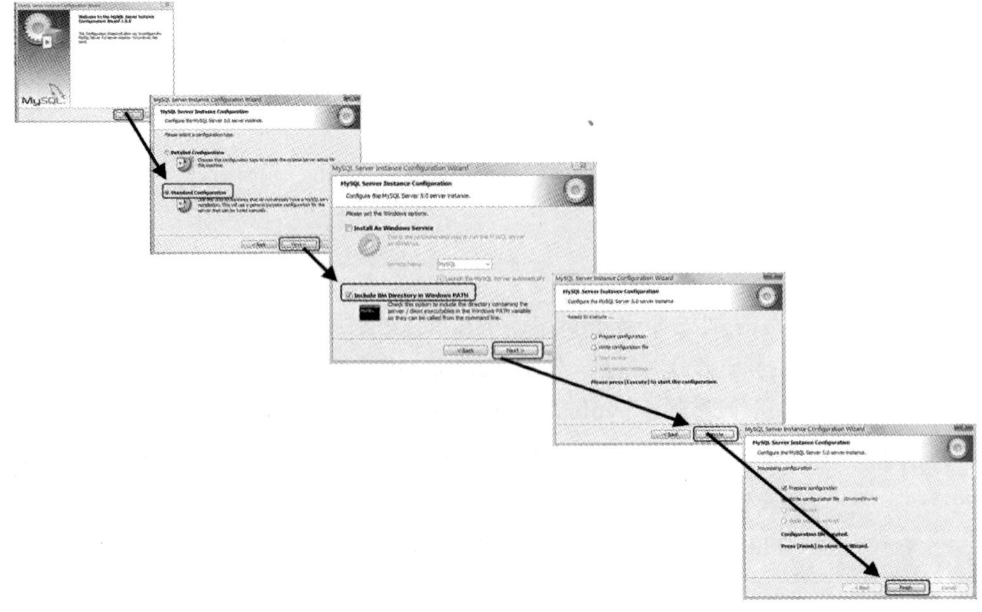

图 1-8

单击 Finish 按钮，即可完成配置。至此 MySQL 配置完成。

〖实例剖析与知识讲解〗

MySQL 是一个开放源码的小型关系数据库管理系统，开发者为瑞典的 MySQL AB 公司。目前 MySQL 被广泛地应用在 Internet 上的中小型网站中。由于其体积小、速度快、总体拥有成本低，尤其是开放源码这一特点，许多中小型网站为了降低网站总体拥有成本而选择 MySQL 作为网站数据库。

MySQL 拥有如下特性：

- 使用 C 和 C++编写，并使用了多种编译器进行测试，保证源代码的可移植性。
- 支持 AIX、BSDi、FreeBSD、HP-UX、Linux、Mac OS、Novell Netware、NetBSD、OpenBSD、OS/2 Wrap、Solaris、SunOS、Windows 等多种操作系统。
- 为多种编程语言提供了 API。这些编程语言包括 C、C++、C#、Delphi、Eiffel、Java、Perl、PHP、Python 和 Ruby 等。
- 支持多线程，充分利用 CPU 资源，支持多用户。
- 优化的 SQL 查询算法，有效地提高了查询速度。
- 既能够作为一个单独的应用程序应用在客户端服务器网络环境中，也能够作为一个库而嵌入到其他的软件中。
- 提供多语言支持，常见的编码如中文的 GB-2312、BIG5，日文的 Shift_JIS 等都可以用作数据表名和数据列名。
- 提供 TCP/IP、ODBC 和 JDBC 等多种数据库连接途径。
- 提供用于管理、检查、优化数据库操作的管理工具。
- 可以处理拥有上千万条记录的大型数据库。

可以使用命令行工具管理 MySQL 数据库，其中包括 mysql 和 mysqladmin 命令，也可以从 MySQL 的网站下载图形管理工具 MySQL Administrator 和 MySQL Query Browser，还可以由 phpMyAdmin 进行管理。

phpMyAdmin 是由 PHP 写成的 MySQL 数据库系统管理程序，让管理者可用 Web 界面管理 MySQL 数据库。使用 phpMyAdmin 可以方便地建立、修改、删除数据库及数据表。

【例 1-5】phpMyAdmin 的安装与配置

〖实例需求〗

本例主要演示 phpMyAdmin 的安装与配置。

〖开发过程〗

- 首先到网站 http://www.phpmyadmin.net 下载 phpMyAdmin 的最新版本。下载完成后，双击打开下载压缩包，将其解压至 D:\myapache\htdocs\ 目录下，将目录改名为 phpMyAdmin。

- 将 phpMyAdmin/libraries 下的 config.default.php 复制到 phpmyadmin 根目录，然后将 config.default.php 改名为 config.inc.php。
- 打开 config.inc.php 文件，修改如下内容：

```
$cfg['Servers'][$i]['host'] = 'localhost';  //修改服务器主机
$cfg['Servers'][$i]['user'] = 'root';       //MySQL user（用户名默认为 root。在网络中一般为你的
                                                //ftp 用户名，虚拟主机提供商会告诉你；一般不要修改）
$cfg['Servers'][$i]['password'] = '';       //MySQL password (only needed)。自己机器里不用设置，留
                                                //空就可以了
$cfg['DefaultLang'] = 'zh';                 //指定语言（这里的 zh 代表简体中文）
```

至此，phpMyAdmin 的安装配置结束。

小结

本章主要详细讲解 PHP 编程的开发环境，其中包括服务器 Apache 的安装以及配置、数据库 MySQL 的安装以及配置、PHP 解释器与 phpMyAdmin 的安装与配置以及网页设计软件 Dreamweaver CS3 的安装。

第 2 章　步入 PHP 开发的殿堂

【本章导读语】

第 1 章讲解了 PHP 开发环境的配置，本章开始正式进入 PHP 开发的基础性知识的学习。本章阐述静态网页与动态网页的区别，以及 PHP 的发展和如何理解 PHP 的程序。

网页开发技术分为静态网页开发技术和动态网页开发技术，主要根据网页制作的语言来区分。

- 静态网页使用语言：HTML（超文本标记语言）。
- 动态网页使用语言：HTML+PHP 或者 HTML＋ASP 或者 HTML＋JSP 等。

静态网页与动态网页的区别在于 Web 服务器对它处理方式的不同，了解这种区别对于 PHP 概念的理解至关重要。

静态网页和动态网页各有特点，网站采用动态网页还是静态网页主要取决于网站的功能需求和网站内容的多少，如果网站功能比较简单，内容更新量不是很大，不需要进行用户交互，采用纯静态网页的方式会更简单；反之，一般要采用动态网页技术来实现。

静态网页是网站建设的基础，静态网页和动态网页之间也并不冲突，两者相互结合才能开发出界面友好、满足需求的优秀网站。为了适应搜索引擎检索的需要，有时会将动态网页内容转化为静态网页进行发布。

静态网页是标准的 HTML 文件，其文件扩展名是.htm、.html、.shtml 或者.xml 等。它可以包含 HTML 标记、文本、Java 小程序、客户端脚本以及客户端 ActiveX 控件，但这种网页不包含任何服务器端脚本，该页中的每一行 HTML 代码都是在放置到 Web 服务器前由网页设计人员编写的，在放置到 Web 服务器后便不再发生任何更改，所以称之为静态网页。

动态网页与静态网页之间的区别在于：动态网页中的某些脚本只能在 Web 服务器上运行，而静态网页中的任何脚本都不能在 Web 服务器上运行。当 Web 服务器接收到对静态网页的请求时，服务器将该页发送到请求浏览器，而不做进一步的处理。当 Web 服务器接收到对动态网页的请求时，它将做出不同的反映：将该页传递给一个称为应用程序服务器的特殊软件扩展，然后由这个软件负责完成页面的生成。应用服务软件与 Web 服务器软件一并安装、运行在同一台计算机上。

下面通过两个实例具体了解静态网页与动态网页的工作原理以及两者的区别。

【例 2-1】静态网页的简单例子——文字显示

〖实例需求〗

本实例仅让读者了解 HTML 网页的基本结构以及 HTML 的基本语法，采用 Dreamweaver 设计即可。简单 HTML 网页就是上述提到的静态网页。如无特别提示，该书所有的实例均放在 www 文件夹下。

〖开发过程〗

第一步：创建本地文件夹。

该例中将内容放在 mywebs 文件夹中，在本地盘下新建如图 2-1 所示的文件结构。

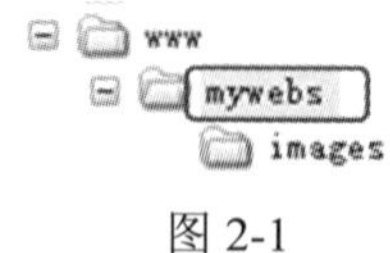

图 2-1

说明：若无特别提示，本教材中第 3 章与第 4 章的所有文件均放在 mywebs 文件夹中。

第二步：创建网页所属站点。

打开 Dreamweaver CS3，选择“站点”→“新建站点”命令，弹出“新建站点”对话框，在“您打算为您的站点起什么名字？”文本框中输入站点名称，如 mywebs 等，最好用英文名称。填写完站点名称后，单击“下一步”按钮，在“您是否打算使用服务器技术，如 ColdFusion、ASP.NET、ASP、JSP 或者 PHP？”内容项中有两个单选项：一项为“否，我不想使用服务器技术。”，一般这个选项只在做普通的静态网页时才会选取；另一项为“是，我想使用服务器技术。”，在这里，因为本例是纯静态网页实例，选择第一项。单击“下一步”按钮，选择第一项“在本地进行编辑和测试”（在开发的网站正式交付使用之前，一般会在本地进行编辑和测试）。指定文件存储在计算机的什么位置，本例保存在 D:\www\mywebs 文件夹中。单击“下一步”按钮，所进入的对话框包括“本地信息”、“远程信息”、“测试服务器”三大块，若设置有误，单击“上一步”按钮进行重新设置。全部设置都正确后，单击“完成”按钮进入编辑区。如图 2-2 所示。

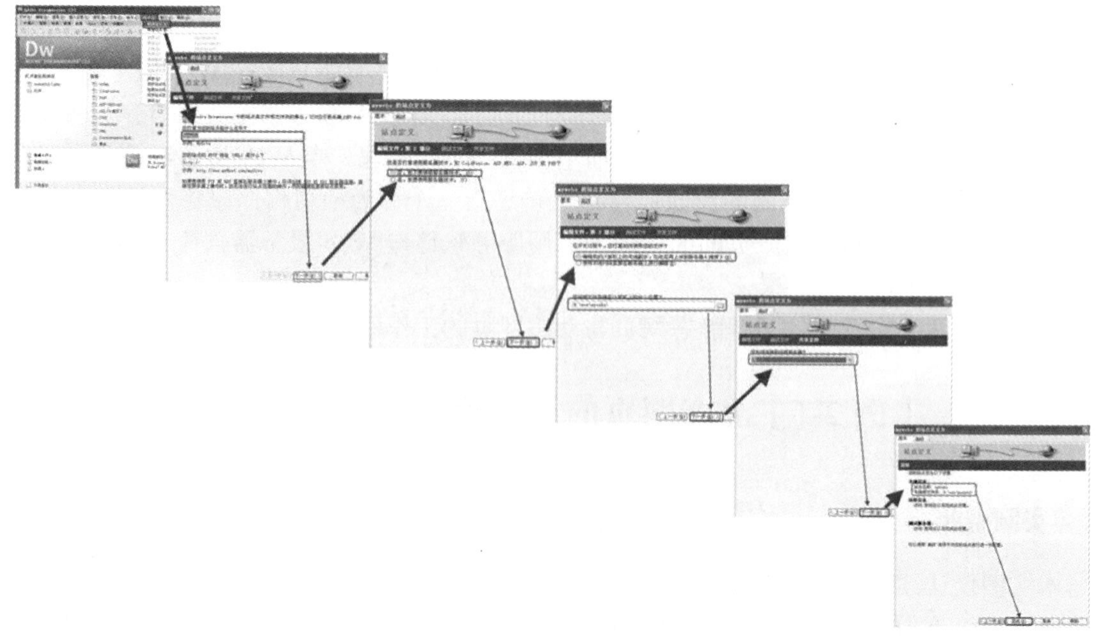

图 2-2

单击“完成”按钮后，则进入 Dreamweaver CS3 软件的工作环境，这时会发现，在 Dreamweaver CS3 的右边浮动面板中会出现如图 2-3 所示的站点内容，仔细检查站点设置是否正确，如果无误，表示站点设置成功。

图 2-3

第三步：编写代码。

站点设置完成后进入代码编写阶段，若第一次打开 Dreamweaver CS3，则进入图 2-4 所示的工作区。

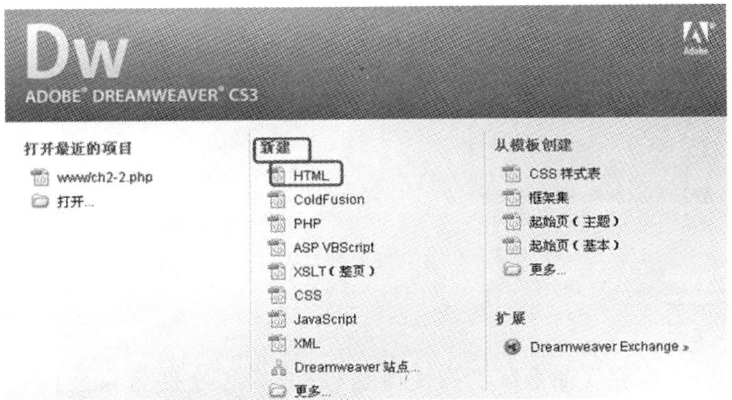

图 2-4

选择“新建”→HTML，弹出如图 2-5 所示的编辑窗口。

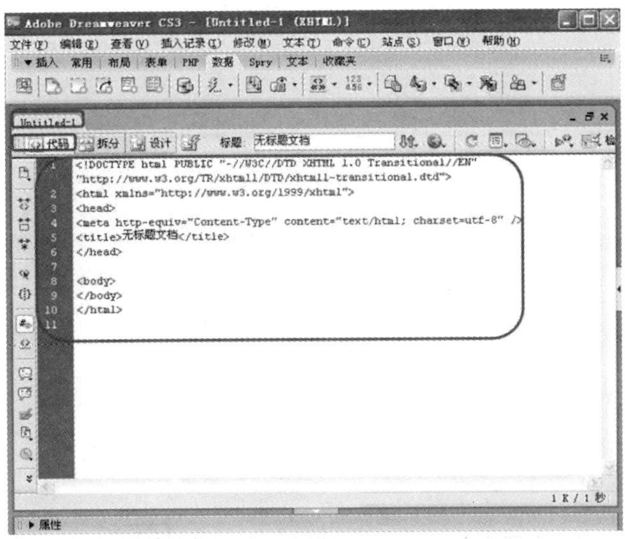

图 2-5

在 Untitled-1 下有“代码”、“拆分”、“设计”三个视图模式，本书重点不在 Dreamweaver 页面的设计，更注重代码的编写。单击“代码”按钮进入代码视图，如图 2-6 所示，我们看到了一个 HTML 基本的框架，具体每个代码的作用在实例讲解中有详细说明。

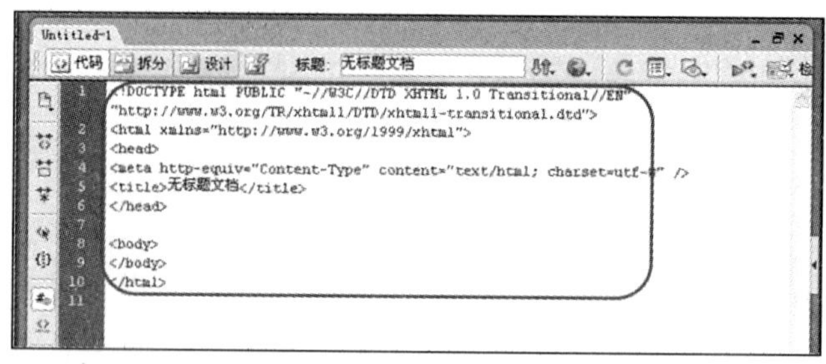

图 2-6

接下来输入下面的代码：

```
<!DOCTYPE html PUBLIC "-//W3C//DTD XHTML 1.0 Transitional//EN" "http://www.w3.org/TR/ xhtml1/
DTD/xhtml1-transitional.dtd">
<html xmlns="http://www.w3.org/1999/xhtml">
<head>
<meta http-equiv="Content-Type" content="text/html; charset=gb2312" />
<title>静态网页 HTML 演示</title>
</head>
<body>
<p>这是我的第一个静态网页！</p>
</body>
</html>
```

第四步：保存网页。

单击“文件”→“保存”命令或者按快捷键 Ctrl+S，以文件名 page1.htm 保存页面，文件自动保存到 mywebs 文件夹中。

第五步：代码调试。

按 F12 键或者单击 图标的 预览在 IExplore 6.0 F12 即可进行网页的运行与调试，效果显示如图 2-7 所示。

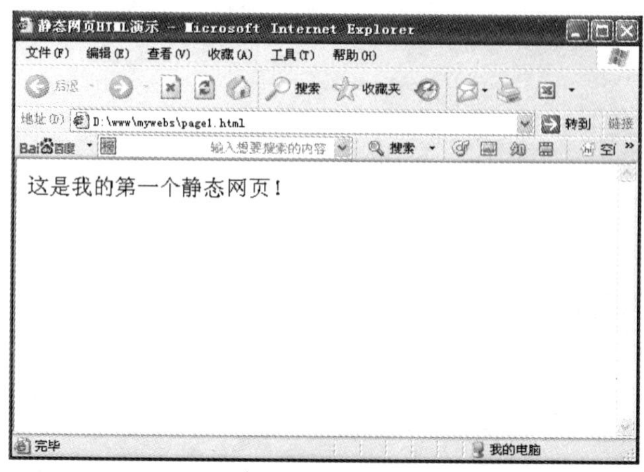

图 2-7

〖实例剖析与知识讲解〗

一、静态网页的运行原理

上例是一个典型的静态网页，整个网页的运行过程如图 2-8 所示。

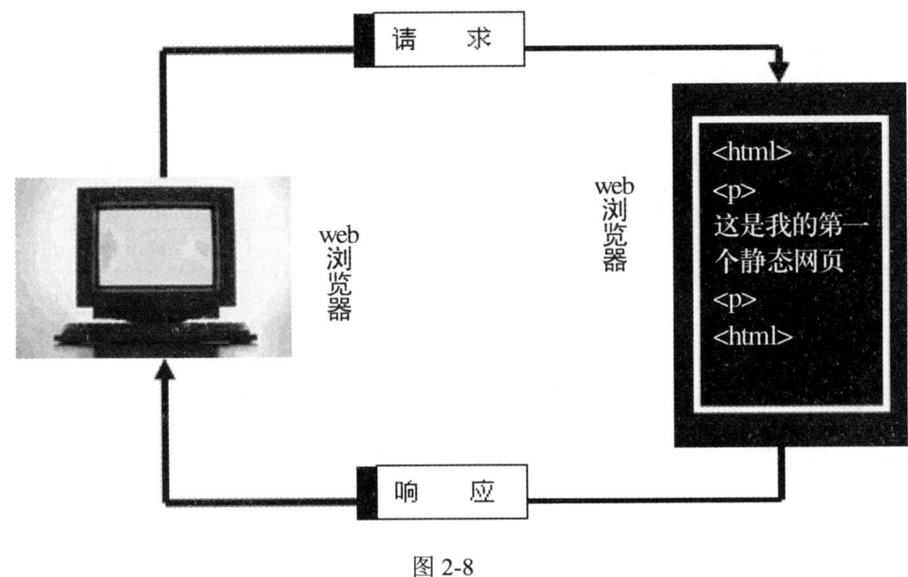

图 2-8

步骤 1：Web 浏览器向服务器请求解释静态网页 page1.htm。

步骤 2：Web 服务器查找静态网页。

步骤 3：Web 服务器将静态网页发送到请求浏览器。

当用户单击 Web 页上的某个链接，或在浏览器中选择一个书签，或在浏览器的“地址栏”框中输入一个 URL 地址并单击“转到”时，浏览器向 Web 服务器发送一个页请求。

Web 服务器收到该请求，通过文件扩展名（.htm 或.html）判断出是 HTML 文件请求，并从磁盘或存储器中获取适当的 HTML 文件。

Web 服务器将 HTML 文件发送到浏览器，由浏览器对该 HTML 文件进行解释，并将结果显示在浏览器窗口中。

注意：在 HTML 格式的网页中也可以出现各种动态的效果，如.gif 格式的动画、Flash、滚动字幕等，这些“动态效果”只是视觉上的，与动态网页是不同的概念。

二、知识点讲解

本例中出现了一些简单的 HTML 标记，具体的 HTML 标记将在第 3 章中详细讲解。本例中涉及的 HTML 标记如下：

● <html></html>

<html>标记放在 HTML 文档的最前面，用来标识 HTML 文档的开始。而</html>标记恰恰相反，它放在 HTML 文档的最后面，用来标识 HTML 文档的结束，两个标记必须一起使用。

● <head></head>

<head>和</head>构成 HTML 文档的开头部分，在此标记对之间可以使用<title></title>、

<script></script>等标记对，这些标记对都是描述 HTML 文档相关信息的标记对，<head></head>标记对之间的内容不会在浏览器窗口中显示出来。两个标记必须一起使用。

- <body></body>

<body></body>是 HTML 文档的主体部分，在此标记对之间可包含<p></p>、<h1></h1>、
、<hr>等标记，它们所定义的文本、图像等将会在浏览器窗口中显示出来。前两个标记必须一起使用。

<body>标记中还可以有一些属性，如表 2-1 所示。

表 2-1 body 的属性

属性	用途	示例
<body bgcolor="#rrggbb">	设置背景颜色	<body bgcolor="red">//红色背景
<body text="#rrggbb">	设置文本颜色	<body text="#0000ff">//蓝色文本
<body link="#rrggbb">	设置链接颜色	<body link="blue">//链接为蓝色
<body vlink="#rrggbb">	设置已单击的链接的颜色	<body vlink="#ff0000">//已单击过的链接为红色
<body alink="#rrggbb">	设置正在被击中的链接的颜色	<body alink="yellow">//正在被击中的链接为黄色

说明：以上各属性可以结合使用，如<body bgcolor="red" text="#0000ff">。引号内的 rrggbb 是用 6 个十六进制数表示的 RGB（即红、绿、蓝三色的组合）颜色，如#ff0000 对应的是红色。此外，还可以使用 HTML 语言所给定的常量名来表示颜色：Black、White、Green、Maroon、Olive、Navy、Purple、Gray、Yellow、Lime、Agua、Fuchsia、Silver、Red、Blue 和 Teal，如<body text="Blue">表示<body></body>标记对中的文本使用蓝色显示在浏览器窗口中。

- <title></title>

使用过浏览器的人可能都会注意到浏览器窗口最上边蓝色部分显示的文本信息，那些信息一般是网页的“主题”，要将网页的主题显示到浏览器的顶部其实很简单，只要在<title></title>标记对之间加入要显示的文本即可。

注意：<title></title>标记对只能放在<head></head>标记对之间。

- <p></p>

<p></p>标记对用来创建一个段落，在此标记对之间加入的文本将按照段落的格式显示在浏览器中。另外，<p>标记还可以使用 align 属性，用来说明对齐方式，语法是：

```
<p align=""></p>
```

align 可以是 Left（左对齐）、Center（居中）和 Right（右对齐）三个值中的任何一个。如<p align="Center"></p>表示标记对中的文本使用居中的对齐方式。

【例 2-2】动态网页的简单例子——文字显示

〖实例需求〗

本实例的前提是第 1 章的配置全部设置成功，并将 D:\www 文件夹设为默认目录。本例通过动态网页访问的方式显示网页内容，可以直观了解静态网页与动态网页的区别。

〖开发过程〗

第一步：创建本地文件夹。

图 2-9

该例将内容放在 mywebs 文件夹中，在本地盘下新建如图 2-9 所示的文件结构。

第二步：创建网页所属站点。

打开 Dreamweaver CS3，选择“站点”→“新建站点”命令，弹出“新建站点”对话框，在“您打算为您的站点起什么名字？”文本框中输入站点名称，如 myPhpSite 等，最好用英文名称。填写完站点名称后，单击“下一步”按钮，在“您是否打算使用服务器技术，如 ColdFusion、ASP.NET、ASP、JSP 或者 PHP？”内容项中有两个单选项：一项为“否，我不想使用服务器技术。”，一般这个选项只在做普通的静态网页时才会选取；另一项为“是，我想使用服务器技术。”，在这里，因为本例是 PHP 动态网页实例，选择第 2 项，单击下拉菜单，选中服务器技术 PHP MySQL 选项，连续单击“下一步”按钮进行操作，直到出现“完成”按钮完成站点配置，如图 2-10 所示。

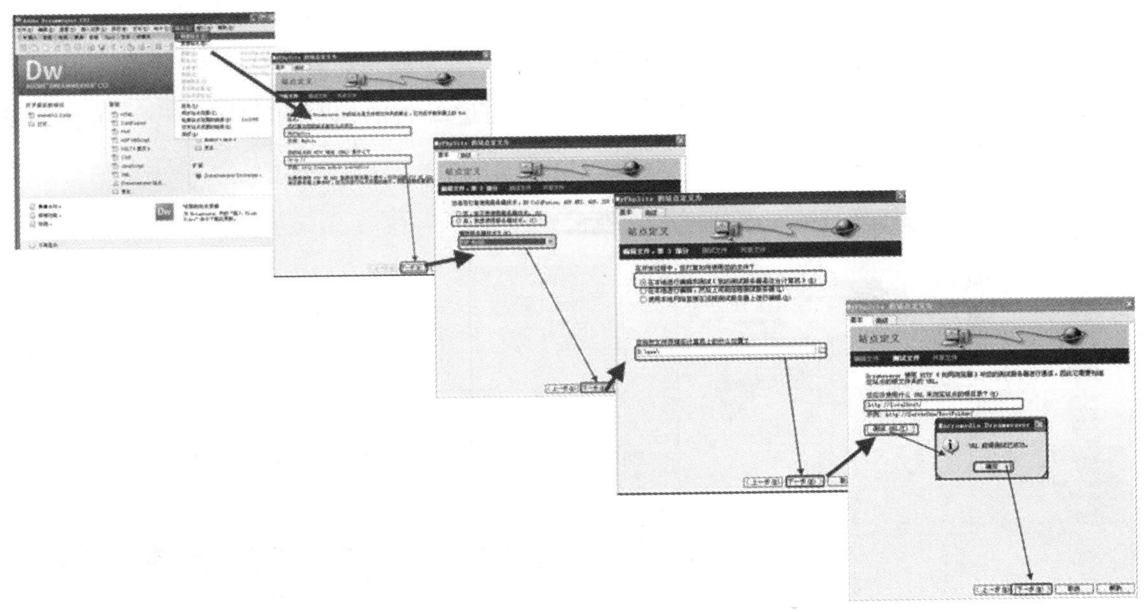

图 2-10

这时进入 Dreamweaver 界面，右边的文件浮动面板会出现如图 2-11 所示的内容。

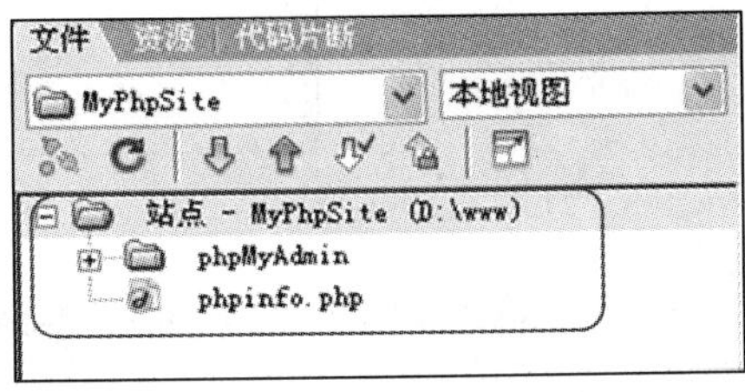

图 2-11

第三步：编写代码。

站点设置完成后进入代码编写阶段，若第一次打开 Dreamweaver CS3，则单击如图 2-12 所示中的“创建新项目”→PHP，进入 Dreamweaver 工作区。

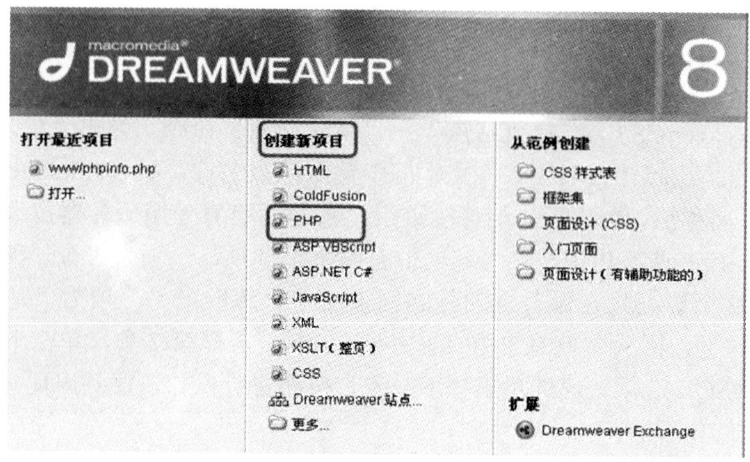

图 2-12

若不是第一次新建 PHP 网页，则直接单击“文件”→“新建”命令，进入“新建文档“对话框，选择“动态页”→PHP，单击“创建”按钮，则可进入 PHP 网页的编辑工作区，如图 2-13 所示。

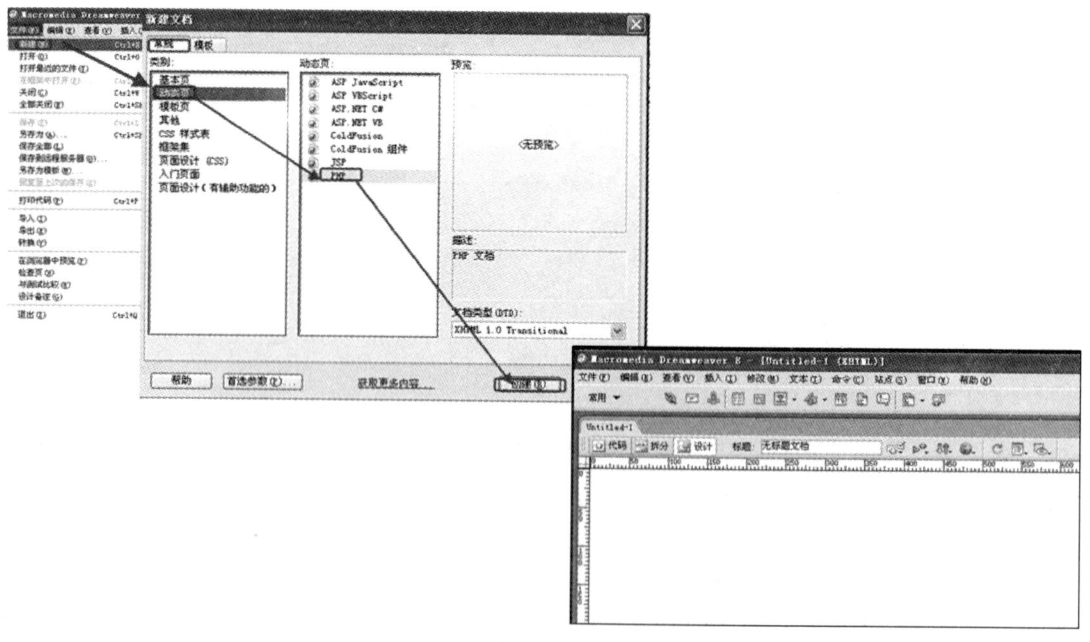

图 2-13

单击“代码”按钮进入代码视图，输入如下代码，如图 2-14 所示。

```
<?
echo "这是我的第一个 PHP 网页！"；  //输出内容到网页
?>
```

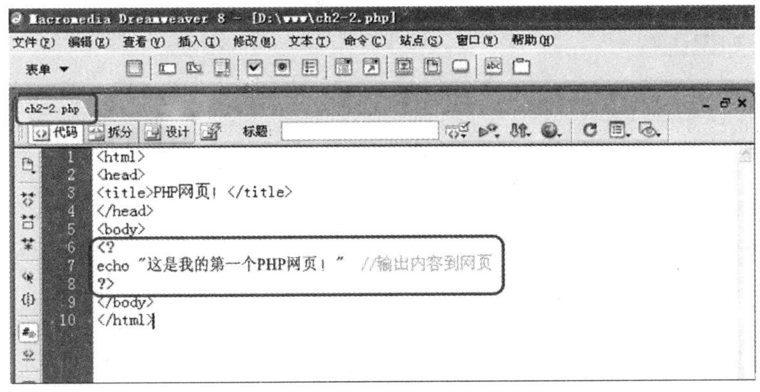

图 2-14

第四步：保存网页。

单击“文件”→“保存”命令或者按快捷键 Ctrl+S，以文件名 ch2-2.php 保存页面，如图 2-15 所示。这时文件扩展名自动保存为.php，同时文件自动保存到 MyPhpSite 文件夹中。

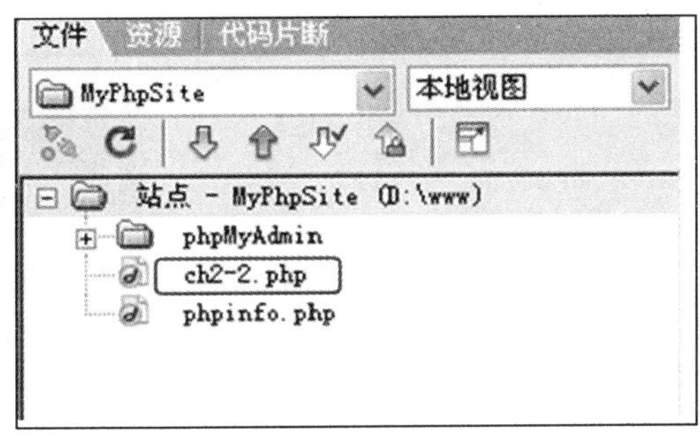

图 2-15

第五步：代码调试。

按 F12 键或者单击图标的 预览在 IExplore 6.0 F12 即可进行网页的运行与调试，效果显示如图 2-16 所示。

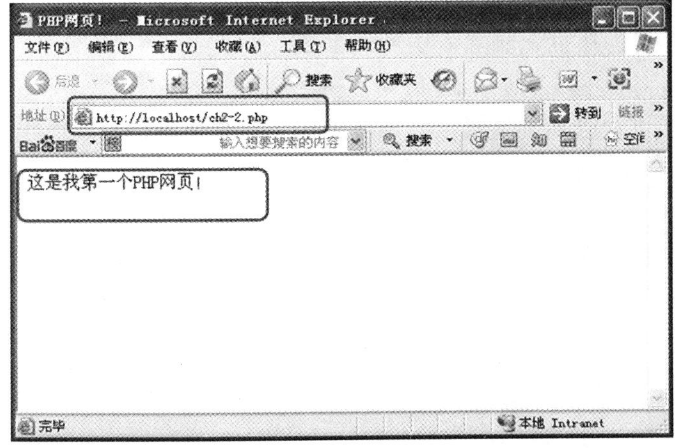

图 2-16

〖实例剖析与知识讲解〗

一、动态网页的运行原理

本例就是一个最简单的 PHP 实例，例子虽小，但足以说明什么是动态网页了。

步骤 1：Web 浏览器请求动态网页。

步骤 2：Web 服务器查找该页并将其传递给应用程序服务器。

步骤 3：应用程序服务器查找该页中的脚本命令并完成页。

步骤 4：应用程序服务器将完成的页传递回 Web 服务器。

步骤 5：Web 服务器将完成的页发送到请求浏览器。

当用户单击 Web 页上的某个链接，在浏览器中选择一个书签，或在浏览器的“地址”栏中输入一个 URL 地址并单击“转到”时，浏览器向 Web 服务器发送一个页面请求。

Web 服务器收到该请求，通过文件扩展名（.php）判断出是动态网页文件请求，并从磁盘或存储器中获取适当页，然后将该页传递给相应的应用程序服务器。

整个网页的运行过程如图 2-17 所示。

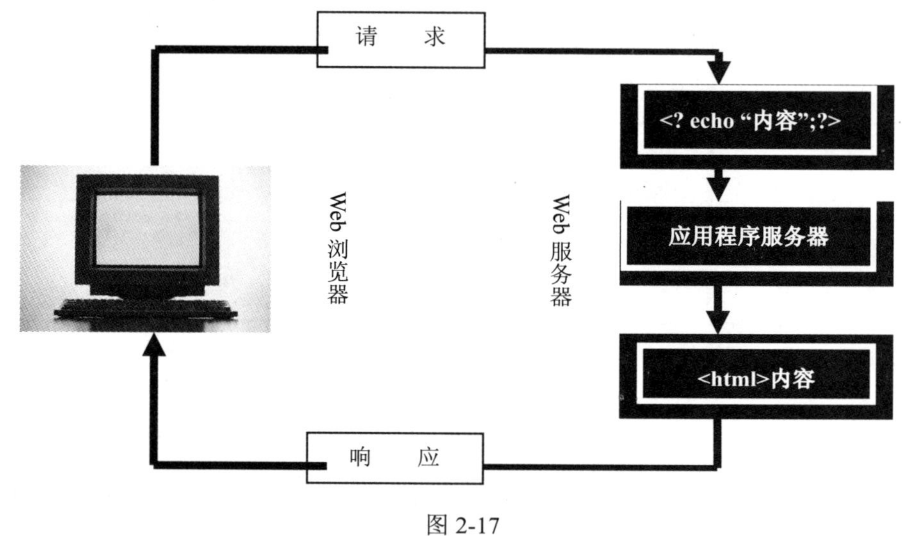

图 2-17

应用程序服务器查找该页中的脚本命令，并通过在服务器上执行这些脚本命令最终完成页，然后将脚本程序代码从页上删除，由此得到的结果是一个静态网页。

应用程序服务器将所生成的页传递回 Web 服务器。

Web 服务器将该页发送到浏览器，当该页到达客户端计算机时，所包含的全部内容都是纯 HTML 代码，由 Web 浏览器对这些 HTML 代码进行解释，并将结果显示在浏览器窗口中。

二、知识点讲解

上例中我们看到，在普通的 HTML 标记中插入了一段语句，以“<?”开头，以“?>”结尾，这一段代码就是 PHP 代码，下面就实例中出现的内容逐一进行讲解。

1．在 HTML 中嵌入 PHP 脚本

```
<script language="php">
//嵌入方式一
echo("你好！");
</script>
```

```
<?
//嵌入方式二
echo "<br>你好! ";
?>
<?php
//嵌入方式三
echo "<br>你好! ";
?>
```

还有一种嵌入方式，即使用和 ASP 相同的标记<%%>，但要修改 php.ini 相关配置，不推荐使用。

2．字符串的输出语句

本例中“echo "这是我的第一个 PHP 网页！";”语句的功能是：将指定引号中的字符串输出到网页。

PHP 语言中，echo 是一个最常用的内置函数，它的作用是输出一个或者多个字符串。

- echo 输出一个字符串。

```
<html>
<body>
<?php
echo "这是我的第一个 PHP 网页! "
?>
</body>
</html>
```

返回的 HTML 结果是：

```
<html>
<body>
这是我的第一个 PHP 网页! </body>
</html>
```

将这个例子再写复杂一些，加上 HTML 标记，如下：

```
<html>
<body>
<?php
echo "<h1>这是我的第一个 PHP 网页! </h1>"  //<h1>为标题 1
?>
</body>
</html>
```

返回的 HTML 结果是：

```
<html>
<body>
<h1>这是我的第一个 PHP 网页! </h1></body>
</html>
```

- echo 也可以输出多个字符串，用逗号（,）分隔。示例如下：

```
<html>
<body>
<?php
echo "你好", " ！ ","这是我的第一个 PHP 网页! "
?>
</body>
</html>
```

返回的显示结果是：

```
你好 ！  这是我的第一个 PHP 网页!
```

● echo 还可以输出变量的值。示例如下：

```
<html>
<body>
<?php
$a = "这是我的第一个 PHP 网页！ ";
echo $a
? >
</body>
</html>
```

上面代码中，$a 是一个变量，$a 的值是"这是我的第一个 PHP 网页！"，用 echo 输出$a 的值，显示的结果是：

```
这是我的第一个 PHP 网页!
```

再比如，输出两个变量的值：

```
<html>
<body>
<?php
$a = "我很好! ";
$b = "你好吗? ";
echo $a,$b
?>
</body>
</html>
```

返回的显示结果是：

```
我很好!   你好吗?
```

● echo 的字符串参数里含有变量。

如果 echo 的字符串参数里含有变量，有两种情况：第一种是字符串参数用双引号，echo 输出变量的值；第二种是字符串参数使用单引号，则输出变量名。

字符串采用双引号的示例如下：

```
$a = "加油! ";
echo "中国,$a";
```

返回的结果是：

```
中国，加油!
```

上例中，字符串采用双引号，在字符串里的变量输出变量的值。

再看字符串使用单引号的情况。示例如下：

```
$a = "加油";
echo '中国,$a';
echo：是命令，不能返回值。echo 后面可以跟很多个参数，之间用分号隔开，如：
echo $myvar1;
echo 1,2,$myvar,"<b>bold</b>";
Print：是函数，可以返回一个值，只能有一个参数。
Printf：函数，把文字格式化以后输出，如：
$name="hunte";
$age=25;
printf("my name is %s, age %d", $name, $age);
sprintf：与printf 相似，但不打印，而是返回格式化后的文字，其他的与printf 一样。
print_r：打印关于变量的易于理解的信息。如果给出的是 string、integer 或 float，将打印变量值本身。如果给出的是array，将会按照一定格式显示键和元素。object 与数组类似。 记住，print_r() 将把数组的指针移到最后边。使用 reset() 可让指针回到开始处。
```

在字符串使用单引号的情况下，返回的结果是输出变量名称，而不是变量的值：

```
中国,$a
```

PHP 中实现字符串输出功能的语句和函数除了 echo 外，还有 print、printf、sprintf 和 print_r。它们的语法以及区别分别如下所示。

```
echo：是命令，不能返回值。echo 后面可以跟很多个参数，之间用分号隔开，如：
echo $myvar1;
echo 1,2,$myvar,"<b>bold</b>";
Print：是函数，可以返回一个值，只能有一个参数。
Printf：函数，把文字格式化以后输出，如：
$name="hunte";
$age=25;
printf("my name is %s, age %d", $name, $age);
sprintf：与printf 相似，但不打印，而是返回格式化后的文字，其他的与printf 一样。
print_r：打印关于变量的易于理解的信息。如果给出的是 string、integer 或 float，将打印变量值本身。如果给出的是 array，将会按照一定格式显示键和元素。object 与数组类似。 记住，print_r() 将把数组的指针移到最后边。使用 reset() 可让指针回到开始处。
```

3．注释方法

在编程时给代码加上简明扼要的注释是非常好的习惯，代码注释可以帮助自己日后记忆，也可以帮助他人看懂和使用代码。

PHP 注释（Comments）有两种类型：单行注释和多行注释。

- PHP 单行注释语法。

在一行中所有“//”符号右面的文本都被视为注释，因为 PHP 解析器忽略该行“//”右面的所有内容。示例如下，加粗部分就是单行注释的内容。

```
<?php
echo "你好，PHP！"; // 这是单行注释
?>
```

也可以一行只写注释，不写代码，如下：

```
<?php
// 这是单行注释
echo "你好，PHP！";
// 这是单行注释
?>
```

- PHP 多行注释语法。

PHP 多行注释以“/*”开头，以“*/”结束。在“/*”和“*/”之间可以写多行注释。

示例如下，加粗部分就是多行注释的内容。

```
<?php
echo "你好，PHP！";
/*
这是多行注释
这是多行注释
*/
?>
```

4．分号（Semicolon）的作用：指令分隔符（Instruction　Separation）

PHP 中分号的作用为指令分隔符（Instruction separation）。分号（Semicolon）表示一个 PHP 指令的结束，记住在每个 PHP 指令结束后加上分号，不过在一个 PHP 脚本块中，最后一个指令后可以不必加分号，因为 ?> 自动暗含了一个分号，当然你加分号也不会出错。

比如用分号分隔两个 echo 语句，如下：

```
<html>
<body>
<?php
```

```
echo "你好，PHP! ";
echo "Hello"
?>
</body>
</html>
```

5. 空格

空格在两个 PHP 指令之间是被忽略的。下面这三种写法，输出的 HTML 结果是一样的。

```
<?php
echo "你好";
echo "Hello"
?>

<?php
echo "你好";
  echo "Hello"
?>

<?php
echo "你好";echo "Hello"
?>
```

【例 2-3】文件包含语句实例——简单引用

〖实例需求〗

在进行程序开发时，总有一些变量或者代码在大部分程序中属于公共的，为了节省代码长度，可以将这些变量或者代码保存在一个单独的文件中，需要用到时直接用相关的语句进行引用即可。

〖开发过程〗

第一步：创建公共文件 includeinc.php。

在 Dreamweaver CS3 代码编辑区输入以下代码，如图 2-18 所示。

```
<?
$content=" 加油，中国! ";
echo $content;
?>
```

图 2-18

第二步：创建引用文件 ch2-3.php。

在 Dreamweaver CS3 代码编辑区输入以下代码，如图 2-19 所示。

```
<html>
<body>
<?php
echo "我们热爱伟大的祖国母亲!";
require("includeinc.php");
?>
</body>
</html>
```

D:\www\ch2-3.php


```
<html>
<body>
<?php
echo "我们热爱伟大的祖国母亲!";
require("includeinc.php");
?>
</body>
</html>
```


图 2-19

第三步：运行 ch2-3.php。

运行 ch2-3.php 文件，可得到如图 2-20 所示的显示效果。

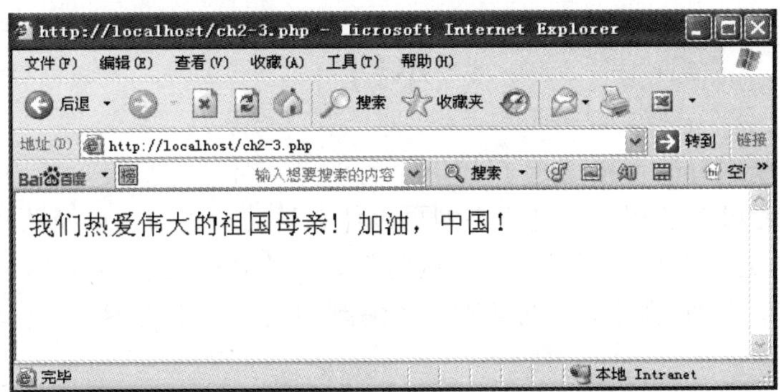

图 2-20

〖实例剖析与知识讲解〗

PHP 文件的包含语句共有 4 种：include、include_once、require、require_once。例 2-3 只讲到了 require，下面对这 4 种包含语句进行详细的讲解。

1．include()

语法为：**include(/path/to/filename)**

include()语句能够在 PHP 文件中的任何位置包含其他独立的文件，此种方式与复制数据具有相同的效果。

使用 include()时可以忽略括号。

可以根据条件来执行 include()语句。在条件语句中使用 include()有一个怪现象，它必须包围在语句块大括号中，或者用其他语句包围符括起来。

2．include_once()

语法为：**include_once(filename)**

include_once()函数的作用与 include()相同，不过它会首先验证是否已经包含了该文件。如果已经包含，则不再执行 include_once()。否则，必须包含该文件。除了这一点外，其他与 include 完全相同。

3．require()

语法：**require(filename)**

require 在很大程度上与 include 相同，都是将一个模板文件包含到 require 调用所在的位置。

Require#和 include#之间有两点重要的区别：①无论 require 的位置如何，指定文件都将包含到出现 require#的脚本中。例如，即使 require 放在计算结果为假的 if 语句中，依然会包含指定文件；②require 出错时，脚本将停止运行，而在使用 include 的情况下，脚本将继续执行。

4．require_once()

语法：**require_once(filename)**

随着网站越来越大，可能会出现重复包含某些文件的情况。这也许不是问题，但有时修改了所包含文件的变量后，却由于后面再次包含原来的文件而被覆盖，用户肯定不希望出现这种情况。还可能出现另一个问题，即所包含文件中函数名的冲突。使用 require_once 就可以解决这些问题。

require_once 函数确保文件只包含一次。在遇到 require_once 后，后面再试图包含相同的文件时将被忽略。

小结

本章的 3 个例子引导读者搭建起了 PHP 运行的站点环境，这是后续内容学习的基础。通过这 3 个实例，读者可以了解什么是静态网页，什么是动态网页，以及两种网页之间的区别，同时掌握 PHP 文件的引用与被引用。有了这些基础，读者就可以继续跟随本书的实例一步来学习 PHP 的开发了，并在学习实例的基础上了解到相关的知识内容。

第 3 章　HTML 基础

【本章导读语】

第 2 章已经了解了静态网页与动态网页，要想学好并掌握 PHP，HTML 知识是必不可少的内容，本章将详细讲解 HTML 的各种标记。

HTML 即 Hypertext Marked Language（超文本标记语言），是一种用来制作超文本文档的简单标记语言。用 HTML 编写的超文本文档称为 HTML 文档，它能独立于各种操作系统平台（如 UNIX、Windows 等）。自 1990 年以来 HTML 就一直被用作 WWW 的信息表示语言，用于描述 Homepage 的格式设计和它与 WWW 上其他 Homepage 的连接信息。使用 HTML 语言描述的文件需要通过浏览器显示出效果。

所谓超文本，是因为它可以加入图片、声音、动画、影视等内容，可以从一个文件跳转到另一个文件，与世界各地主机的文件的连接。HTML 只不过是组合成一个文本文件的一系列标签。

HTML 标签通常是英文词汇的全称（如表格 table）或缩略语（如 p 代表 Paragragh），但它们与一般文本又有区别，因为它们放在单书名号里。故 Paragragh 标签是<p>，表格标签是<table>。有些标签说明页面如何被格式化（例如，<p>表示开始一个新段落），其他则说明这些词如何显示（<b>表示使文字变粗），还有一些其他标签提供在页面上不显示的信息（例如标题）。

需要记住，标签是成双出现的。每当使用一个标签（如<table>），则必须以另一个标签（如</table>）将它关闭。注意 table 前的斜杠，那就是关闭标签与打开标签的区别。

HTML 页面以<html>标签开始，以</html>结束。在它们之间，整个页面有标题和正文两部分。

标题词夹在<head>和</head>标签之间，这个词语在打开页面时出现在浏览器的标题栏中。正文则夹在<body>和</body>之间——即所有页面的内容所在，页面上显示的任何东西都包含在这两个标签之中。

【例 3-1】HTML 列表标记实例

〖实例需求〗

本实例主要让读者掌握 HTML 的列表标记。

〖开发过程〗

第一步：创建站点。

创建站点的步骤在【例 2-1】中给出了详细的说明，本章不再重复讲解。读者可以按照【例

2-1】的步骤进行站点配置，建立新 HTML 文件。

第二步：编写代码。

在 Dreamweaver CS3 代码编辑区输入如下代码：

```
<!DOCTYPE html PUBLIC "-//W3C//DTD XHTML 1.0 Transitional//EN" "http://www.w3.org/TR/xhtml1/ DTD/xhtml1-transitional.dtd">
<html xmlns="http://www.w3.org/1999/xhtml">
<head>
<meta http-equiv="Content-Type" content="text/html; charset=utf-8" />
<title>列表标记实例</title>
</head>
<body bgcolor="#0099FF" text="#FFFFFF">
计算机教育<br />—2008 年</p>
<ul>
  <li type="square">计算机应用专业
    <ol type="i">
      <li>网页设计</li>
      <li>网页美工</li>
      <li>Web 程序设计</li>
    </ol>
  </li>
  <li type="disc">计算机软件专业
    <ol type="a">
      <li>ASP.NET 程序设计</li>
      <li>ADO.NET 程序设计</li>
      <li>软件工程导论</li>
      <li>软件测试</li>
    </ol>
  </li>
  <li>计算机网络专业
    <ol>
      <li>网络管理</li>
      <li>网络配置</li>
    </ol>
  </li>
  <li type="circle">艺术设计专业
    <ol type="A">
      <li>视觉传达</li>
      <li>影视动画</li>
    </ol>
  </li>
</ul>
<hr color="#FFFFFF" />
<p align="center">HTML 列表标记实例</p>
</body>
</html>
```

第三步：保存网页。

单击“文件”→“保存”命令或者按快捷键 Ctrl+S，以文件名 ch3-1.html 保存页面，文件自动保存到 mywebs 文件夹中。

第四步：运行调试。

按 F12 键或者单击 图标的 预览在 IExplore 6.0　F12 即可进行网页的运行与调试，效果显示如图 3-1 所示。

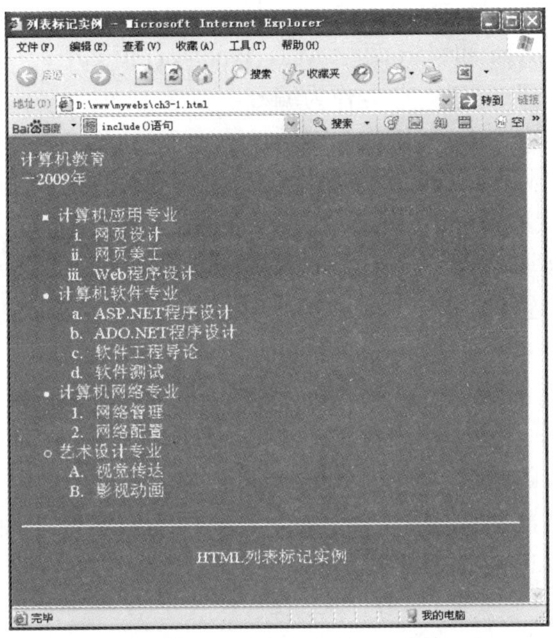

图 3-1

〖实例剖析与知识讲解〗

本例主要讲解 HTML 中的列表标记，下面逐一对 HTML 中的列表标记与格式标记进行讲解。

●
换行标记

是一个很简单的标记，它没有结束标记，用来创建一个回车换行。在
的使用上还有一定的技巧：如果把
加在<p></p>标记对的外边，将创建一个大的回车换行，即
前边和后边的文本的行与行之间的距离比较大；若放在<p></p>的里边，则
前边和后边的文本的行与行之间的距离将比较小。

● <blockquote></blockquote>缩进标记

在<blockquote></blockquote>标记对之间加入的文本将会在浏览器中按两边缩进的方式显示出来。

● 列表

在 HTML 中列表分为三种：无序列表、有序列表和定义列表。无序列表用<ul>来定义，格式为：

```
<ul>
<li>无序列表 1
<li>无序列表 2
<li>无序列表 3
</ul>
```

在无序列表中，ul 标记中有 type 属性，li 也有一个 type 属性用来定义项前特殊符号的显示。

type 属性值有以下几种：

- circle：中空圆形。
- disk：宽心圆形。
- square：正方形。

有序列表用<ol>来定义，格式和无序列表一样。

在有序列表中，ol 有 type 和 start 两种属性，type 属性值如下：

- type=A：大写字母 A、B、C 等作为编号。
- type=a：小写字母 a、b、c 等作为编号。
- type=1：阿拉伯数字 1、2、3 等作为编号。
- type=Ⅰ：大写罗马字母Ⅰ、Ⅱ、Ⅲ等作为编号。
- type=ⅰ：小写罗马字母ⅰ、ⅱ、ⅲ等作为编号。

start 属性与<ol>标记连用，指定列表中第一项的起始数字，默认的起始数字为“1”。

有序列表中 li 有两个常用属性：type 和 value，type 属性的取值与 ol 中的 type 属性相同，value 属性用于指定一个新的数字序列起始值，用来获取非连续性的数字序列。

定义列表标记为<dl>，用<dt>引出标题，以<dd>说明标题所定义的内容。<dl>为成对标记，必须以</dl>作为定义列表的结束，而<dt>和<dd>可作为单独标记使用。

<dt></dt>用来创建列表中的上层项目，<dd></dd>用来创建列表中的最下层项目，<dt></dt>和<dd></dd>都必须放在<dl></dl>标记对之间。

- <hr>

<hr>标记是在 HTML 文档中加入一条水平线，它可以直接使用，具有 size、color、width 和 noshade 属性。size 是设置水平线的厚度，而 width 是设定水平线的宽度，默认单位是像素。color 属性不再多讲。noshade 属性不用赋值，而是直接加入标记即可使用，它是用来加入一条没有阴影的水平线（不加入此属性，水平线将有阴影）。

- <body></body>

第 2 章中也提到了<body>标记，除了【例 2-1】的介绍外，<body>标记中还有一些属性，如表 3-1 所示。

表 3-1 <body>标记的其他属性

属性	用途	示例
<body bgcolor="#rrggbb">	设置背景颜色	<body bgcolor="red">//红色背景
<body text="#rrggbb">	设置文本颜色	<body text="#0000ff">//蓝色文本
<body link="#rrggbb">	设置链接颜色	<body link="blue">//链接为蓝色
<body vlink="#rrggbb">	设置已使用的链接的颜色	<body vlink="#ff0000">//已使用的链接为红色
<body alink="#rrggbb">	设置正在被击中的链接的颜色	<body alink="yellow">//正在被击中的链接为黄色

说明：以上各属性可以结合使用，如<body bgcolor="red" text="#0000ff">。引号内的 rrggbb 是用六个十六进制数表示的 RGB（即红、绿、蓝三色的组合）颜色，如#ff0000 对应的是红色。此外，还可以使用 HTML 语言所给定的常量名来表示颜色：Black、White、Green、Maroon、Olive、Navy、Purple、Gray、Yellow、Lime、Agua、Fuchsia、Silver、Red、Blue 和 Teal，如<body text="Blue">表示<body></body>标记对中的文本使用蓝色显示在浏览器窗口中。

【例 3-2】HTML 文本标记实例

〖实例需求〗

本例通过简单的代码使读者掌握 HTML 文本标记。

〖开发过程〗

第一步：创建站点。

可以按照【例 2-1】的步骤进行站点配置，建立新 HTML 文件。

第二步：编写代码。

在 Dreamweaver CS3 代码编辑区输入如下代码：

```
<html>
<head>
<title>文本标记实例</title>
<meta http-equiv="Content-Type" content="text/html; charset=gb2312"></head>
<body text="blue">
<center>
<h1>最大的标题</h1>
<h3>使用 h3 的标题</h3>
<h6>最小的标题</h6>
<p><b>黑体字文本</b> </p>
<p><i>斜体字文本</i> </p>
<p><u>下加一划线文本</u> </p>
<p><tt>打字机风格的文本</tt></p>
<p><cite>引用方式的文本</cite></p>
<p><em>强调的文本</em></p>
<p><strong>加重的文本</strong></p>
<p><font size="+1" color="red">size 取值“+1”、color 取值为 red 时的文本</font></p>
<p><font size="2" color="green">size 取值“2”、color 取值为 green 时的文本</font></p>
<p><font size="+2" color="gray">size 取值“+2”、color 取值为 gray 时的文本</font></p>
<address><font size=2>yuanxin_523@163.com</address>
</center>
</body>
</html>
```

第三步：保存网页。

单击“文件”→“保存”命令或者按快捷键 Ctrl+S，以文件名 ch3-2.html 保存页面，文件自动保存到 mywebs 文件夹中。

第四步：运行调试。

按 F12 键或者单击 图标的 预览在 IExplore 6.0 F12 即可进行网页的运行与调试，效果显示如图 3-2 所示。

最大的标题

使用h3的标题

最小的标题

黑体字文本

斜体字文本

下加一划线文本

打字机风格的文本

引用方式的文本

强调的文本

加重的文本

size取值“+1”、color取值为red时的文本

size取值“2”、color取值为green时的文本

size取值“+2”、color取值为gray时的文本

yuanxin_523@163.com

图 3-2

〖实例剖析与知识讲解〗

HTML 中有许多用于文本字体的形状、大小、颜色等描述的标记。

● <pre></pre>

<pre></pre>标记对用来对文本进行格式化处理。被包围在 pre 元素中的文本通常会保留空格和换行符，文本也会呈现为等宽字体。如下面的程序 ch3-2-1.html。

```
<html>
<body>
<pre>
毛泽东《沁园春·雪》
   北国风光，千里冰封，万里雪飘。
       望长城内外，惟余莽莽；
            大河上下，顿失滔滔。
                 山舞银蛇，原驰蜡象，欲与天公试比高。
                     须晴日，看红妆素裹，分外妖娆。
                 江山如此多娇，引无数英雄竞折腰。
            惜秦皇汉武，略输文采；
       唐宗宋祖，稍逊风骚。
    一代天骄，成吉思汗，只识弯弓射大雕。
俱往矣，数风流人物，还看今朝。
</pre>
</body>
</html>
```

效果如图 3-3 所示。

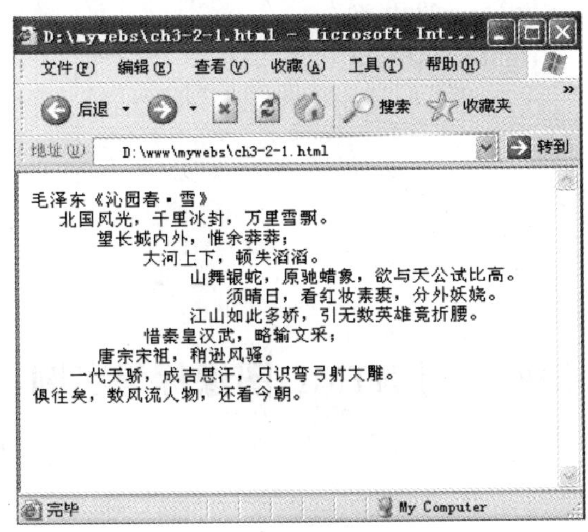

图 3-3

- <h1></h1>…<h6></h6>

HTML 语言提供了一系列对文本中的标题进行操作的标记对：<h1></h1>…<h6></h6>，即共有 6 对标题的标记对。<h1></h1>是最大的标题，而<h6></h6>则是最小的标题，也即标记中 h 后面的数字越大标题文本越小。如果 HTML 文档中需要输出标题文本，就可以使用这 6 对标题标记对中的任何一对。

- <b></b><i></i><u></u>

经常使用 Word 的人对这 3 对标记对一定很快就能掌握。<b></b>用来使文本以黑体字的形式输出；<i></i>用来使文本以斜体字的形式输出；<u></u>用来使文本加下划线的形式输出。

- <tt></tt><cite></cite><em></em><strong></strong>

这些标记对的用法和上面的一样，差别只在于输出的文本字体不太一样。<tt></tt>用来输出打字机风格字体的文本；<cite></cite>用来输出引用方式的字体，通常是斜体；<em></em>用来输出需要强调的文本（通常是斜体加粗体）；<strong></strong>用来输出加重文本（通常也是斜体加粗体）。

- <font></font>

<font></font>是一对很有用的标记对，它可以对输出文本的字体大小、颜色进行随意地改变，这些改变主要是通过对它的两个属性 size 和 color 的控制来实现的。size 属性用来改变字体的大小，可以取值：–1、1 和+1；color 属性则用来改变文本的颜色，颜色取值十六进制 RGB 颜色码或 HTML 语言给定的颜色常量名。如：

<font color="yellow"size=5>表示即将显示的字符为黄色五号字。

<font color="gray"size=3>表示即将显示的字符为灰色三号字。

- <address></address>

<address>标记通常用于说明文档的作者、与作者联系的方法（如电子邮件地址）和修订日期，它一般是一个文件的最后部分。

- 文字的对齐

文字对齐有如下 3 种形式：

- 居中格式：<center>…</center>
- 左对齐格式：<left>…</left>
- 右对齐格式：<right>…</right>

如：

```
<body>
<center>文字居中</center>
<left>文字居左</left>
<right>文字居右</right>
</body>
```

【例 3-3】HTML 图像标记实例

〖实例需求〗

本例旨在让读者掌握图像标记的语法与使用。

〖开发过程〗

第一步：创建站点。

可以按照【例 2-1】的步骤进行站点配置，建立新 HTML 文件。

第二步：编写代码。

在 Dreamweaver CS3 代码编辑区输入如下代码：

```
<!DOCTYPE html PUBLIC "-//W3C//DTD XHTML 1.0 Transitional//EN" "http://www.w3.org/TR/xhtml1/ DTD/xhtml1-transitional.dtd">
<html xmlns="http://www.w3.org/1999/xhtml">
<head>
<meta http-equiv="Content-Type" content="text/html; charset=gb2312" />
<title>图像标记</title>
</head>
<body>
<p>CSAI LOGO 图标</p>
<p align="left">
<a href="http://www.csai.cn/">
<img src="images/csailogo.gif" alt="CSAI 图标" name="logo1" width="178" height="62" id="logo1" />
</a>
</p>
<p align="center">
<img src="images/csailogo.gif" name="logo2" width="178" height="62" border="2" id="logo2" />
</p>
<p align="right">
<img src="images/csailogo.gif" name="logo3" width="178" height="62" id="logo3" /></p>
</body>
</html>
```

第三步：保存网页。

单击"文件"→"保存"命令或者按快捷键 Ctrl+S，以文件名 ch3-3.html 保存页面，文件自动保存到 mywebs 文件夹中。

第四步：运行调试。

按 F12 键或者单击图标的 预览在 IExplore 6.0 F12 即可进行网页的运行与调试，效果如图 3-4 所示。

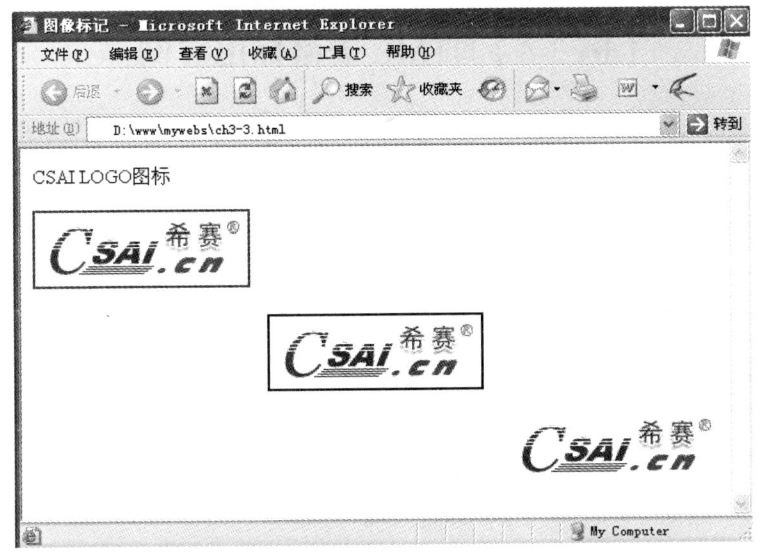

图 3-4

〖实例剖析与知识讲解〗

本例主要涉及两个标记：图像标记<img>和链接标记<a>，<a>标记会在【例 3-5】中详细说明，在此不做解释，重点讲解图像标记<img>。

在 Web 页面中，图像是必不可少的一个元素。图像的标记为<img>，语法格式如下：

```
<img src="图像的URL" alt="" width="" height="" align="" border="">
```

其中各属性的含义如下：

- src：图像的 URL 地址。
- alt：在浏览器未完全读入图像或者浏览器显示不出图像时，在图像位置显示的文字，同时也是当鼠标移动到图像上时显示的文本。
- width：图像的宽度，默认单位也是像素。
- height：图像的高度，默认单位也是像素。
- align：图像和文字的对齐方式，有 left、middle、right、top 和 bottom 5 种方式。
- border：图像边框厚度，默认单位是像素。
- name：图像的名称。

<img>标记并不是真正地把图像加入到 HTML 文档中，而是将标记对的 src 属性赋值，这个值是图形文件的文件名，当然也包括路径，路径可以是相对路径，也可以是网址。实际上就

是通过路径将图形文件嵌入到文档中。

所谓相对路径是指所要链接或嵌入到当前 HTML 文档的文件与当前文件的相对位置所形成的路径。

假如 HTML 文件与图形文件（文件名假设是 logo.gif）在同一个目录下，则可以将代码写成<img src="logo.gif">。

假如图形文件放在当前 HTML 文档所在目录的一个子目录（子目录名假设是 images）下，则代码应为<img src="images/logo.gif ">。

注意： src 属性在<img>标记中必须赋值，它是标记中不可缺少的一部分。

【例 3-4】HTML 表格标记实例

〖实例需求〗

本例旨在让读者掌握表格标记的语法与使用。

〖开发过程〗

第一步：创建站点。

可以按照【例 2-1】的步骤进行站点配置，建立新 HTML 文件。

第二步：编写代码。

在 Dreamweaver CS3 代码编辑区输入如下代码：

```
<!DOCTYPE html PUBLIC "-//W3C//DTD XHTML 1.0 Transitional//EN" "http://www.w3.org/TR/xhtml1/ DTD/xhtml1-transitional.dtd">
<html xmlns="http://www.w3.org/1999/xhtml">
<head>
<meta http-equiv="Content-Type" content="text/html; charset=utf-8" />
<title>表格标记实例</title>
</head>
<body>
<table width="300" height="202" border="3">
<caption>商品清单</caption>
  <tr>
    <th width="78" bordercolor="#0099FF" bgcolor="#0099FF">
    <div align="center">水果</div>
    </th>
    <th width="84" bordercolor="#0099FF" bgcolor="#0099FF">
    <div align="center">重量</div>
    </th>
    <th width="112" bordercolor="#0099FF" bgcolor="#0099FF">
    <div align="center">单价（元）</div>
    </th>
  </tr>
  <tr>
```

```
    <td bgcolor="#FFFFFF">
    <div align="center">香蕉</div>
    </td>
    <td bgcolor="#FFFFFF">
    <div align="center">20kg</div>
    </td>
    <td bgcolor="#FFFFFF">
    <div align="center">2.5</div>
    </td>
  </tr>
  <tr>
    <td bgcolor="#FFFFFF">
    <div align="center">苹果</div>
    </td>
    <td bgcolor="#FFFFFF">
    <div align="center">18kg</div>
    </td>
    <td bgcolor="#FFFFFF">
    <div align="center">4.5</div>
    </td>
  </tr>
  <tr>
    <td bgcolor="#FFFFFF">
    <div align="center">西瓜</div>
    </td>
    <td bgcolor="#FFFFFF">
    <div align="center">50kg</div>
    </td>
    <td bgcolor="#FFFFFF">
    <div align="center">1.2</div>
    </td>
  </tr>
</table>
</body>
</html>
```

第三步：保存网页。

单击“文件”→“保存”命令，或者按快捷键 Ctrl+S，以文件名 ch3-4.html 保存页面，文件自动保存到 mywebs 文件夹中。

第四步：运行调试。

按 F12 键或者单击图标的 预览在 IExplore 6.0 F12 即可进行网页的运行与调试，效果如图 3-5 所示。

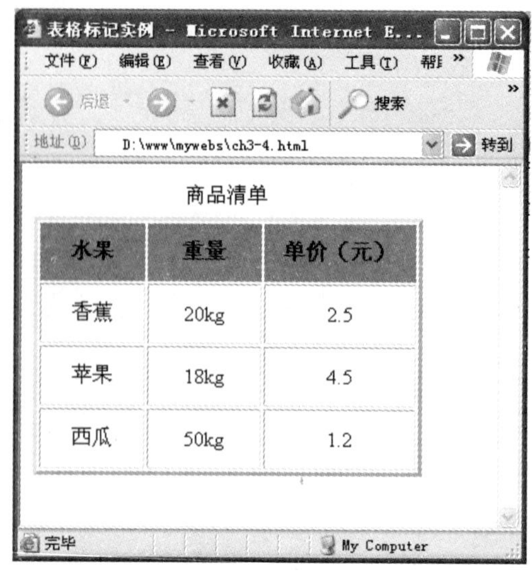

图 3-5

〖实例剖析与知识讲解〗

表格标记对于制作网页很重要。现在很多网页都是使用多重表格，主要是因为表格不但可以固定文本或图像的输出，而且还可以任意地进行背景和前景颜色的设置。

HTML 表格的基本格式为：

```
<table>
<caption>表格标题</caption>
<tr>
<th>表头 1 </th>…<th>表头 n</th>
<td>表项 1</td>…<td>表项 n</td>
…
</table>
```

- <table></table>

<table></table>标记对用来创建一个表格，它的属性如表 3-2 所示。

表 3-2 <table>标记的属性

属性	用途
<table bgcolor="">	设置表格的背景色
<table border="">	设置边框的宽度。若不设置此属性，则边框宽度默认为 0
<table bordercolor="">	设置边框的颜色
<table bordercolorlight="">	设置边框明亮部分的颜色（当 border 的值大于等于 1 时才有用）
<table bordercolordark="">	设置边框昏暗部分的颜色（当 border 的值大于等于 1 时才有用）
<table cellspacing="">	设置表格单元格之间空间的大小
<table cellpadding="">	设置表格单元格边框与其内部内容之间空间的大小
<table width="">	设置表格的宽度，单位用绝对像素值或总宽度的百分比

说明： 以上各属性可以结合使用。有关宽度、大小的单位用绝对像素值，有关颜色的属性使用十六进制 RGB 颜色码或 HTML 语言给定的颜色常量名（如 Silver 为银色）。

● <tr></tr><td></td>

<tr></tr>标记对用来创建表格中的每一行。此标记对只能放在<table></table>标记对之间使用，而在此标记对之间加入文本将是无用的，因为在<tr></tr>之间只能紧跟<td></td>标记对才是有效的语法。<td></td>标记对用来创建表格中一行中的每一个单元格，此标记对也只有放在<tr></tr>标记对之间才是有效的，想要输入的文本也只有放在<td></td>标记对中才有效（即才能够显示出来）。

<table></table>、<tr></tr>和<td></td>标记对的关系如表 3-3 所示。

表 3-3　<table></table>、<tr></tr>和<td></td>标记对的关系

示例			说明
<table>			最外层，创建一个表格
	<tr>		创建一行
		<td>要输出的文本只能放在此处</td>	创建一个单元格（这里总共创建了 3 个单元格）
		<td>要输出的文本只能放在此处</td>	
		<td>要输出的文本只能放在此处</td>	
	</tr>		创建一行结束
</table>			最外层

此外，<tr>还有 align 和 valign 属性。align 是水平对齐方式，取值为 left（左对齐）、center（居中对齐）、right（右对齐）；valign 是垂直对齐方式，取值为 top（顶端对齐）、middle（居中对齐）或 bottom（底部对齐）。<td>具有 width、colspan、rowspan 和 nowrap 属性。width 是单元格的宽度，单位用绝对像素值或总宽度的百分比；colspan 设置一个表格单元格跨占的列数（默认值为 1）；rowspan 设置一个表格单元格跨占的行数（默认值为 1）；nowrap 禁止表格单元格内的内容自动换行。

● <th></th>

<th></th>标记对用来设置表头，通常是黑体居中文字。

● <caption></caption>

<caption>和</caption>标记对之间定义表格的标题。

● <div></div>

在【例 3-4】的<td></td>之间有一对<div></div>标记，这对标记是用做什么的呢？

div 元素在 HTML 中被称为区隔标记，用来为 HTML 文档内大块（block-level）的内容提供结构和背景的元素。div 的起始标签和结束标签之间的所有内容都是用来构成这个块的，其中所包含元素的特性由 div 标签的属性来控制，或者通过使用样式表格式化这个块来进行控制。

div 的作用是设定文字、图像、表格等的摆放位置。当把文字、图像或其他内容放在 div 中，它可称作为 div block，或 div element 或 CSS-layer，或干脆叫 layer。而中文称作“层次”。所以当以后看到这些名词时，就知道它们是指一段在 div 中的 HTML。如：

```
<div align="center" >内容</div>
```

align 的可选值有 center、left 和 right，决定文字、图像、表格等内容的居中、靠左或靠右。

【例 3-5】HTML 链接标记实例

〖实例需求〗

本例旨在让读者掌握链接标记的语法与使用，在实例中掌握链接的不同分类方法、每种链接的适用范围，以及如何通过 CSS 设置个性化的链接样式。

〖开发过程〗

第一步：创建站点。

可以按照【例 2-1】的步骤进行站点配置，建立新 HTML 文件。

第二步：编写代码。

在 Dreamweaver CS3 代码编辑区输入如下代码：

```
<!DOCTYPE html PUBLIC "-//W3C//DTD XHTML 1.0 Transitional//EN" "http://www.w3.org/TR/xhtml1/DTD/xhtml1-transitional.dtd">
<html xmlns="http://www.w3.org/1999/xhtml">
<head>
<meta http-equiv="Content-Type" content="text/html; charset=gb2312" />
<title>链接标记实例一</title>
<style type="text/css">
<!--
body {
    background-image: url () ;
    background-color: #00CCFF;
}
-->
</style>

</head>
<body>
<p><a name="a1" id="a1">内部链接</a></p>
<p><a href="ch3-1.html">例 3-1 HTML 格式标记实例</a><br />
  <a href="ch3-2.html">例 3-2 HTML 文本标记实例</a><br />
  <a href="ch3-3.html">例 3-3 HTML 图像标记实例</a><br />
  <a href="ch3-4.html">例 3-4 HTML 表格标记实例</a><br />
  <a href="#">例 3-5 HTML 链接标记实例</a></p>
<p><a name="a2" id="a2">锚记链接</a></p>
<p><a href="#a1">跳转到内部链接知识</a></p>
<p><a href="#a2">跳转到锚记链接知识</a></p>
<p><a href="#a3">跳转到邮件链接知识</a></p>
<p><a href="#a4">跳转到外部链接知识</a></p>
<p><a name="a3" id="a3">邮件链接</a><br />
</p>
<p>欢迎来信：<a href="mailto:yuanxin_523@163.com">yuanxin_523@163.com</a></p>
<p><a name="a4" id="a4">外部链接</a></p>
<p>技术网站：<a href="http://www.csai.cn" target="_blank">http://www.csai.cn</a></p>
```

```
<p> </p>
<p>  </p>
</body>
</html>
```

第三步：保存网页。

单击“文件”→“保存”命令，或者按快捷键 Ctrl+S，以文件名 ch3-5.html 保存页面，文件自动保存到 mywebs 文件夹中。

第四步：运行调试

按 F12 键或者单击图标的 预览在 IExplore 6.0 F12 即可进行网页的运行与调试，效果如图 3-6 所示。

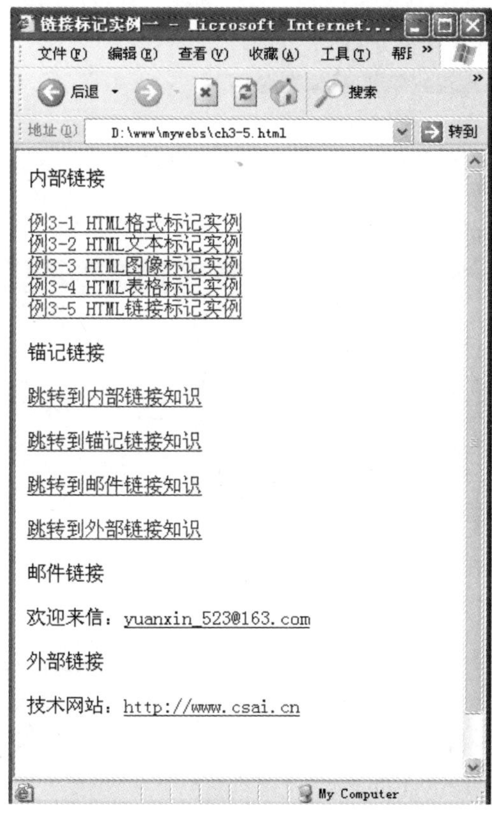

图 3-6

可以看到，这样的链接状态文字显示太大，而且显示颜色都为紧色或者蓝色，对于要求精致色彩搭配的浏览者来说，这样的网页无疑不能满足大众的口味，那么，如何能够让样式看上去更精致、更友好呢？

目前公认最好的是 CSS（层叠样式表），通过设置网页的 CSS 样式，会让网页的元素排列有序、整齐友好。

CSS 有两种表示方式：内部 CSS 样式与外部 CSS 样式。

内部样式文件即在当前文档的<head></head>中插入<style></style>进行设置。像本例代码中的如下文本即为内部样式文档，对网页设置背景颜色为#00CCFF。

```
<style type="text/css">
<!--
body {
     background-image: url () ;
     background-color: #00CCFF;
}
-->
</style>
```

外部 CSS 样式即将整个网站的样式设置单独保存在一个样式文件中，对于提高代码的重用性来说，外部样式文件是最好的选择。

第五步：创建样式文件。

单击“文件”→“新建”命令，选择“空白页”中的 CSS，单击“创建”按钮，即进入如图 3-7 所示的窗口。

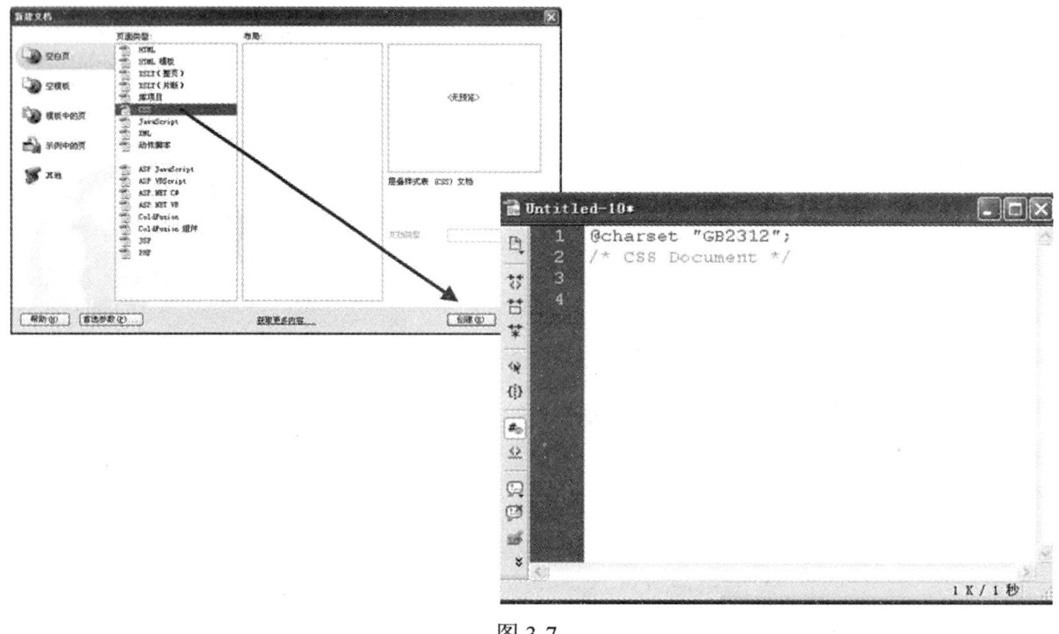

图 3-7

第六步：保存样式文件为 mystyle.css。

单击“文件”→“保存”命令，或者按快捷键 Ctrl+S，以文件名 mystyle.css 保存页面，文件自动以.css 为扩展名保存到 mywebs 文件夹中。

第七步：输入样式设置内容。

在 mystyle.css 文档的编辑区输入如下的样式设置内容，效果如图 3-8 所示。

```
@charset "gb2312";
a:link {
     font-size: 12px;
     color: #000000;
     text-decoration: none;
```

```
}
@charset "gb2312";
a:visited {
     font-size: 12px;
     color: #000000;
     text-decoration: none;
}
a:hover {
     font-size: 12px;
     color: #FF0000;
     text-decoration: underline;
}
body {
     font-size: 12px;
     color: #000000;
     text-decoration: none;
}
```

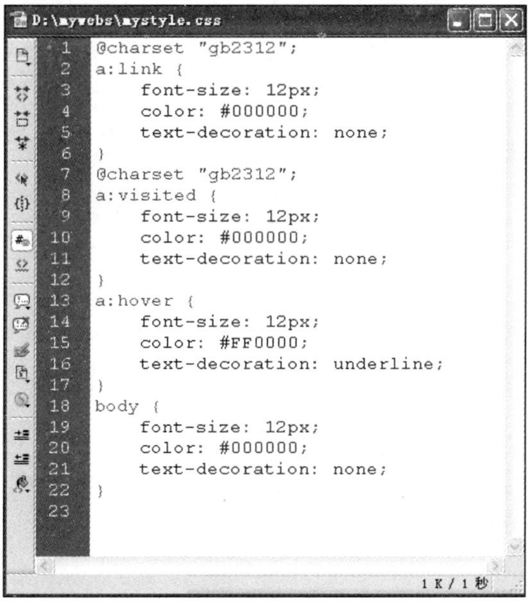

图 3-8

第八步：应用样式。

样式文件 mystyle.css 已经创建完毕，现在要做的就是将样式应用到 ch3-5.html 页面中，让链接样式看上去更友好。

应用样式的步骤如下：

（1）打开 ch3-5.html 文件，切换到代码视图；

（2）将<link href="mystyle.css" rel="stylesheet" type="text/css" />语句插入到</head>之前。

```
<head>
<meta http-equiv="Content-Type" content="text/html; charset=gb2312" />
<title>链接标记实例一</title><style type="text/css">
<!--
body {
```

```
    background-image: url () ;
    background-color: #00CCFF;
}
-->
</style>
<link href="mystyle.css" rel="stylesheet" type="text/css" />
</head>
```

此时再运行 ch3-5.htm，效果如图 3-9 所示。

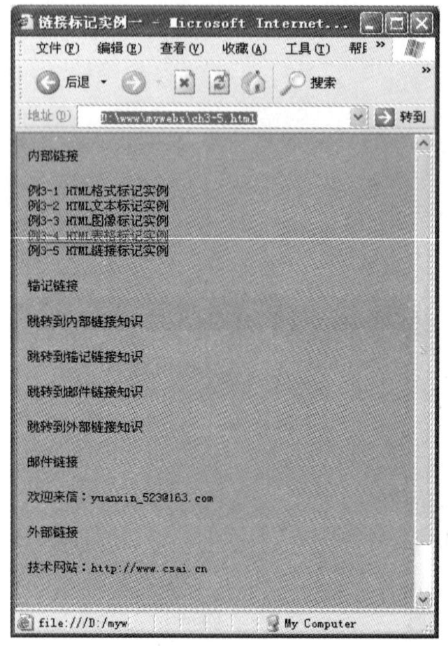

图 3-9

此时的页面无论是字体大小或者链接的样式，都比图 3-6 有了很明显的变化。当然，比实例没有经过美工的处理，主要是掌握外部样式文件的基本使用。要想实现更完美的效果，可以查阅 CSS 手册进一步学习其他知识。

〖实例剖析与知识讲解〗

超级链接是 HTML 的基本结构，它是指把并不连续的两段文字或者两个文件联系起来。网页中超级链接的分类有很多方式，有的分为超文本与超链接，有的分为外部链接、内部链接、邮件链接和锚记链接以及空链接。

超文本链接是指在文本上做的链接，超链接即指在图片或者其他元素上做的链接。这里稍作了解即可。

链接是 HTML 最大的特色，应该说，没有链接的网页就没有了生命力，链接是网页存在的灵魂。

- URL

URL（Uniform Resource Locator，统一资源定位符）即网络上的一个网页或者地址的完整地址。如 CSAI 网站的 URL 为：http://www.csai.cn。

- 链接的语法格式

```
<a href="链接的地址或者文件" target="链接网页打开的方式" name="链接的名称">链接显示的文本</a>
```

➢ href 属性：本标记对的属性 href 是无论如何不可缺少的，标记对之间加入需要链接的文本或图像（链接图像即加入<img src="">标记）。href 的值可以是 URL 形式，即网址或相对路径，也可以是 mailto:形式，即发送 E-mail 形式。

➢ target 属性：此属性是指定链接的地址打开窗口的形式，共有 4 个取值，如表 3-4 所示。

表 3-4　target 的取值

值	意义
_blank	在新浏览器窗口中打开链接文件
_self	在同一框架或窗口中打开所链接的文档。此参数为默认值，通常不指定
_top	在当前的整个浏览器窗口中打开所链接的文档，因而会删除所有框架
_parent	将链接的文件载入含有该链接框架的父框架集或父窗口中。如果含有该链接的框架不是嵌套的，则在浏览器全屏窗口中载入链接的文件，就像_self 参数一样

➢ name 属性："name =文本内容"（区分大小写）。该属性命名当前链接，这样就可以被其他链接传递。该属性值必须是唯一的锚名，该名称仅在当前文档中有效。注意，该属性和 id 属性共享命名空间。

● 链接知识

该实例中将链接常用的 5 种方式全融合在一起，如内部链接、外部链接、邮件链接、空链接和锚记链接。

➢ 内部链接：在同一站点内部各个网页之间跳转的链接。如：

```
<a href="ch3-1.html">例 3-1 HTML 格式标记实例</a>
```

当单击"内部链接"下的"例 3-1HTML 格式标记实例"时，网页跳转到 ch3-1.htm 内容。ch3-5.htm 与 ch3-1.htm 同在一个站点内，这种跳转属于内部链接。这里的地址为相对路径。

➢ 外部链接：在不同站点的网页之间跳转的链接。如：

```
<a href="http://www.csai.cn" target="_blank">http://www.csai.cn</a>
```

单击 http://www.csai.cn 文字链接，在新窗口中将打开 CSAI 网站。这种跳转为典型的外部链接。

➢ 邮件链接：邮件链接也属于外部链接的一种，链接地址为"mailto:完整的邮箱地址"；如：

```
<a href="mailto:yuanxin_523@163.com">yuanxin_523@163.com</a>
```

就创建了一个自动发送到电子邮件的链接。

➢ 空链接：不跳转到其他地址的链接，链接地址为"#"。如：

```
<a href="#">例 3-5 HTML 链接标记实例</a>
```

就创建了一个没有目标地址的链接，单击后跳转到自己。一般在网页设计过程中对不确定跳转地址的链接采取空链接。

➢ 锚记链接：分为定义锚记与定义链接。

在实际应用中定义了 name 属性的称为锚点，定义了 href 属性的称为链接。锚点可以看作是定义了一个被访问的点，而链接则是通往某个点的出发点。当然，也可以同时定义 href 和 name 属性。

href 属性的使用我们一般都很熟悉，name 属性的使用如下：

```
<a name="锚记名">锚记内容</a>
```

如本例中的<a name="a1" id="a1">内部链接</a> </p>

定义锚点，默认情况下并不会在锚记内容上产生"链接样式"，如下划线和颜色等。

如果要访问当前文档的某个部分，可以通过下面的链接：

```
<a href="#锚记名">链接文本</a>
```

这样就产生了一个链接，单击，会跳转到"<a name="锚记名">锚记内容</a> "锚点定义的文档部分，并且该锚点位于窗口当前位置的最顶端。

如本例中的"<a href="#a1">跳转到内部链接知识</a>"，单击"跳转到内部链接知识"，就跳转到锚记名为 a1 的"内部链接"位置。

注意：

（1）访问锚点的格式是在锚点名称前面加上#，但在定义锚点时，name 属性中并不需要使用# 。

（2）name 属性是大小写敏感的，也就是说 A1 和 a1 是不同的锚点名称，这个在不同的浏览器下可能会有不同的处理效果，所以实际进行 Web 开发时，最好统一大小写。在 Web 标准开发中，所有的属性值都必须采用小写。

（3）通过 a 定义的链接和锚点是不允许嵌套的。

- 链接的样式设置

通过浏览【例 3-5】可以看到，当链接正常时显示为黑色，没有下划线标记。当鼠标移至链接文本上，文本变为红色且有下划线。这种样式是通过 CSS 统一进行的设置，如：

```
<link href="mystyle.css" rel="stylesheet" type="text/css" />
```

【例 3-6】HTML 表单标记实例

〖实例需求〗

网页设计中经常会出现表单，几乎只要是网站就会有表单项，如调查登记表、用户注册、用户登录、信息搜索等都是通过表单项来实现的。本例主要利用 HTML 表单实现用户注册页面的制作。

具体的用户信息提交在第 11 章与 PHP 结合起来详细讲解，此例中不做过多解释。

用户注册一般包括以下信息：姓名、电子邮箱、用户密码、确认密码、性别、婚否、出生日期、兴趣爱好、相片上传、个人描述等内容。

〖开发过程〗

第一步：创建站点。

可以按照【例 2-1】的步骤进行站点配置，建立新 HTML 文件。

第二步：编写代码。

在 Dreamweaver CS3 代码编辑区输入如下代码：

```
<!DOCTYPE html PUBLIC "-//W3C//DTD XHTML 1.0 Transitional//EN" "http://www.w3.org/TR/
xhtml1/DTD/ xhtml1-transitional.dtd">
```

```
<html xmlns="http://www.w3.org/1999/xhtml">
<head>
<meta http-equiv="Content-Type" content="text/html; charset=utf-8" />
<title>表单实例</title>
<link href="mystyle.css" rel="stylesheet" type="text/css" />
</head>
<body>
<p align="center">用户注册</p>
<form action="" method="post" enctype="multipart/form-data" name="form1" id="form1">
  <table width="566" border="1" align="center">
    <tr>
      <td width="84">姓　　名：</td>
      <td width="277" colspan="2"><label>
        <input type="text" name="user" id="user" />
        </label>      </td>
      <td width="47"> </td>
    </tr>
    <tr>
      <td>电子邮箱：</td>
      <td colspan="2"><label>
        <input type="text" name="email" id="email" />
      </label></td>
      <td> </td>
    </tr>
    <tr>
      <td>用户密码：</td>
      <td colspan="2"><label>
        <input type="password" name="pass1" id="pass1" />
      </label></td>
      <td> </td>
    </tr>
    <tr>
      <td>确认密码：</td>
      <td colspan="2"><input type="password" name="pass2" id="pass2" /></td>
      <td> </td>
    </tr>
    <tr>
      <td>性　　别：</td>
      <td colspan="2"><label>
        <select name="sex" id="sex">
          <option value="男">男</option>
          <option value="女">女</option>
        </select>
      </label></td>
      <td> </td>
    </tr>
    <tr>
      <td>婚　　否：</td>
      <td colspan="2"><label>
        <input type="radio" name="radio" id="marriage" value="marriage" />
      </label>
      已婚
      <input type="radio" name="radio" id="marriage2" value="marriage" />
```

```
      未婚</td>
      <td> </td>
    </tr>
    <tr>
      <td>出生日期：</td>
      <td colspan="2"><input name="year" type="text" id="year" size="4" /> 年
       <input name="month" type="text" id="month" size="4" /> 月
        <input name="day" type="text" id="day" size="4" /> 日</td>
      <td> </td>
    </tr>
    <tr>
      <td>兴趣爱好：</td>
      <td colspan="2"><label>
        <input name="favorites[]" type="checkbox" id="favorites" value="阅读"
        checked="checked" />阅读
        <input name="favorites[]" type="checkbox" id="favorites" value="音乐"  />音乐
        <input name="favorites[]" type="checkbox" id="favorites" value="旅游" /> 旅游
        <input name="favorites[]" type="checkbox" id="favorites" value="游泳" />   游泳
      </label></td>
      <td> </td>
    </tr>
    <tr>
      <td>相片上传：</td>
      <td colspan="2"><label>
        <input type="file" name="imageupload" id="imageupload" />
        <input type="submit" name="upload" id="upload" value="上传" />
      </label></td>
      <td> </td>
    </tr>
    <tr>
      <td>个人描述：</td>
      <td colspan="2"><label>
        <textarea name="content" cols="40" rows="5" id="content"></textarea>
      </label></td>
      <td> </td>
    </tr>
    <tr>
      <td> </td>
      <td><input type="submit" name="button" id="button" value="填好了!OK" /></td>
      <td><input type="reset" name="button2" id="button2" value="又出错了！" /></td>
      <td> </td>
    </tr>
  </table>
</form>
<p> </p>
</body>
</html>
```

第三步：保存网页

单击“文件”→“保存”命令，或者按快捷键 Ctrl+S，以文件名 ch3-6.htm 保存页面，文件自动保存到 mywebs 文件夹中。

第四步：修改 **CSS** 文件 **mystyle.css**。

为了让添加的表格更美观，我们在原有样式的基础上进一步修改样式。
打开 mystyle.css 文件，将下列的样式内容添加至文档后边，然后保存。

```
td {
    border-top-width: 1px;
    border-right-width: 1px;
    border-bottom-width: 1px;
    border-left-width: 1px;
    border-top-style: none;
    border-right-style: none;
    border-bottom-style: dashed;
    border-left-style: none;
    border-top-color: #999999;
    border-right-color: #999999;
    border-bottom-color: #999999;
    border-left-color: #999999;
}
table {
    border: 1px solid #000000;
}
```

第五步：运行调试 ch3-6.htm。

打开 ch3-6.htm 文件，按 F12 键对该网页进行运行与调试，效果如图 3-10 所示。

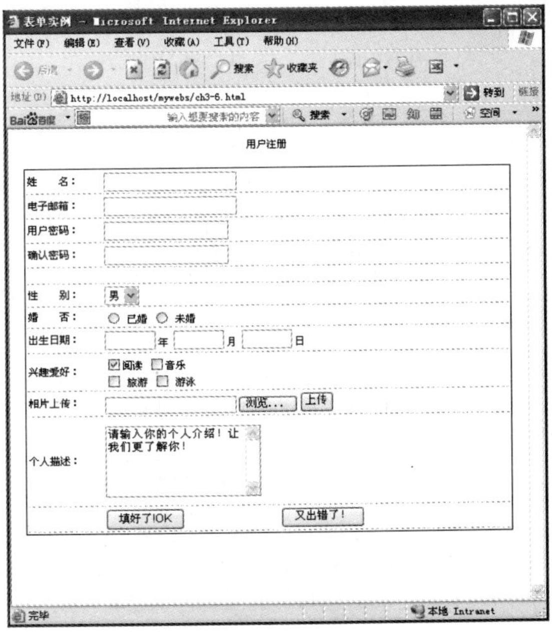

图 3-10

〖实例剖析与知识讲解〗

表单在 Web 网页中用来让访问者填写信息，从而能获得用户信息，使网页具有交互的功能。

一般是将表单设计在一个 HTML 文档中，当用户填写完信息后做提交（Submit）操作，于是表单的内容就从客户端的浏览器传送到服务器上，经过服务器上的 PHP 或 CGI 等处理程序处理后，再将用户所需的信息传送回客户端的浏览器上，这样网页就具有了交互性。这里只讲解怎样使用 HTML 标记来设计表单。

- <form></form>

<form></form>标记对用来创建一个表单，也即定义表单的开始和结束位置，在标记对之间的一切都属于表单的内容。<form>标记具有 action、method 和 target 属性。具体如表 3-5 所示。

表 3-5 <form>的属性

属性	作用
action	其值是处理程序的程序名（包括网络路径:网址或相对路径），如：<form action="form1pro.php">，当用户提交表单时，服务器将执行 form1pro.php 程序
method	用来定义处理程序从表单中获得信息的方式，可取值为 GET 和 POST 中的一个。GET 方式是处理程序从当前 HTML 文档中获取数据，然而这种方式传送的数据量是有限制的，一般限制在 1KB 以下。POST 方式与 GET 方式相反，它是当前的 HTML 文档把数据传送给处理程序，传送的数据量要比使用 GET 方式大得多
target	用来指定目标窗口或目标框架

- <input type="">

<input type="">标记用来定义一个用户输入区，用户可在其中输入信息。此标记必须放在<form></form>标记对之间。<input type="">标记中共提供了 8 种类型的输入区域，具体是哪一种类型由 type 属性来决定，如表 3-6 所示。

表 3-6 type 的取值

type 属性的取值	说明	效果显示
text	单行文本输入区域，size 与 maxlength 属性用来定义此种输入区域显示的尺寸大小与输入的最大字符数	
submit	将表单内容提交给服务器的按钮	填好了!OK
reset	将表单内容全部清除，重新填写的按钮	又出错了!
checkbox	复选框，checked 属性用来设置该复选框默认时是否被选中，右边示例中使用了 4 个复选框	☑阅读 ☐音乐 ☐旅游 ☐游泳
hidden	隐藏区域，用户不能在其中输入，用来预设某些要传送的信息	
image	使用图像来代替 Submit 按钮，图像的源文件名由 src 属性指定，单击后，表单中的信息和单击位置的 X、Y 坐标一起传送给服务器	
password	输入密码的区域，当输入密码时，区域内将会显示●号	●●●●●●
radio	单选按钮类型，checked 属性用来设置该单选框默认时是否被选中，右边示例中使用了 2 个单选框	○ 已婚 ○ 未婚

此外，8 种类型的输入区域有一个公共的属性 name，此属性给每一个输入区域一个名字。这个名字与输入区域是一一对应的，即一个输入区域对应一个名字。服务器就是通过调用某一输入区域的名字的 value 属性来获得该区域的数据的。而 value 属性是另一个公共属性，它可用来指定输入区域的默认值。

- <select></select>

<select></select>标记对用来创建一个下拉列表框或可以复选的列表框。此标记对用于<form></form>标记对之间。<select>具有 multiple、name 和 size 属性：

- multiple 属性：不用赋值，直接加入标记中即可使用，加入了此属性后列表框就变成可多选的了。
- name 属性：列表框的名字，它与上面讲的 name 属性作用是一样的。
- size 属性：用来设置列表的高度，默认时值为 1，若没有设置（加入）multiple 属性，显示的将是一个弹出式的列表框。
- <option>标记用来指定列表框中的一个选项，它放在<select></select>标记对之间。此标记具有 selected 和 value 属性：
- selected 用来指定默认的选项。
- value 属性用来给<option>指定的那一个选项赋值，这个值是要传送到服务器上的，服务器正是通过调用<select>区域的名字的 value 属性来获得该区域选中的数据项。

表 3-7 给出了 size 的不同取值所表现出的两种不同的效果：

- <textarea></textarea>

<textarea></textarea>用来创建一个可以输入多行的文本框，此标记对用于<form></form>标记对之间。<textarea>具有 name、cols 和 rows 属性。cols 和 rows 属性分别用来设置文本框的列数和行数，这里列与行是以字符数为单位的，如表 3-8 所示。

表 3-7　size 的不同取值

代码	浏览显示效果
请选择您最近正在研究的技术： <select name="it" size="1"> <option value="data">数据挖掘 <option value="net" selected>计算机网络 <option value="xp">敏捷开发 <option value="intelligence">人工智能 <option value="email">电子商务 </select>	请选择您最近正在研究的技术： 计算机网络
<select name="it"size="3" multiple="multiple"> <option value="data">数据挖掘 <option value="net" selected>计算机网络 <option value="xp">敏捷开发 <option value="intelligence">人工智能 <option value="email">电子商务 </select>	数据挖掘 计算机网络 敏捷开发

表 3-8　textarea 的实例效果

代码	浏览显示效果
<textarea name="content" cols="20" rows="5" id="content"> 请输入你的个人介绍！让我们更了解你！ </textarea>	请输入你的个人介绍！让我们更了解你！

【例 3-7】HTML 框架标记实例——保护环境网站

〖实例需求〗

通过主题“保护环境”的小型网站的创建与实现，掌握 HTML 框架的知识。

本网站采取如图 3-11 所示的框架结构。可以看到，整个框架分成了 4 个部分：

一部分是用来存放 LOGO 与网页横幅的 top.html 页面；一部分是用来保存版权信息的 bottom.html 页面；左边的部分是用来设置导航条的 left.html 页面，页面设定 4 个导航项，分别是“首页”、“生态危机”、“环保知识”、“图片展示”；右边是主体部分，当单击 left.html 页面中的某个导航项时，就会在右边的页面中显示相应的内容。

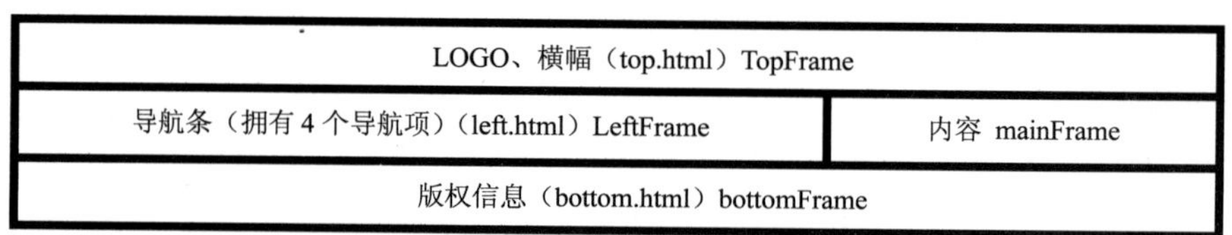

图 3-11

这 4 个部分就相当于是一间房子内的 4 件家具，家具有了，我们还得找一个房子装着，那么“框架”就是这个房子，所以除了 4 个页面之外，还应该建立一个容纳 top.html、bottom.html、left.html 和其他主体页面的文件 index.html，同时也是这个网站的主页，当单击 index.html 时，就会看到整个框架的面貌，从而能够进行相应内容的访问。

第一步：创建站点。

可以按照【例 2-1】的步骤进行站点配置，建立新 HTML 文件。

第二步：创建子文件夹 FrameExample。

在站点 mywebs 目录下新建子文件夹 FrameExample，同时给 FrameExample 创建如图 3-12 所示的文件夹结构。

图 3-12

FrameExample 目录下的三个子文件夹的作用分别是：

file：存放框架中的各框架网页。

images：存放网站中所需要的全部图片。

other：存放网站中所需的样式表文件。

设置好站点与子文件夹后，就可以对整个网站的内容进行代码实现了。

第三步：top.htm 页面实现。

（1）编写代码。按照实例需求一步步地进行网页代码的编写与保存，首先进行 top.html 的编写。在 Dreamweaver CS3 代码编辑区输入如下代码：

```
<!DOCTYPE HTML PUBLIC "-//W3C//DTD HTML 4.01 Transitional//EN"
"http://www.w3.org/TR/html4/loose.dtd">
<html>
<head>
<meta http-equiv="Content-Type" content="text/html; charset=gb2312">
<title>无标题文档</title>
<style type="text/css">    /*内部样式表，进行样式设置*/
<!--
body {                      /*设置背景颜色与边距*/
     background-color: #009900;
     margin-left: 0px;
     margin-top: 0px;
}
.STYLE2 {/*设置“保护环境，关爱我们的地球”的字体信息*/
     font-size: 50px;
     font-family: "华文行楷";
     font-weight: bold;
     color: #FFFFFF;
}
-->
</style>
</head>
<body>
<table width="800" border="0" cellpadding="0" cellspacing="0">
   <tr>
    <td width="154" rowspan="3" valign="top">
<img src="../images/natur127.JPG" width="154" height="120">
</td>
    <td width="34" height="18"> </td>
    <td width="400"> </td>
    <td width="212"> </td>
  </tr>
  <tr>
    <td height="66"> </td>
    <td colspan="2" valign="middle">
<span class="STYLE2">保护环境，关爱我们的地球</span>
</td>
  </tr>
  <tr>
    <td height="36"> </td>
    <td> </td>
```

```
      <td> </td>
    </tr>
    <tr>
      <td height="18"> </td>
      <td></td>
      <td></td>
      <td></td>
    </tr>
  </table>
  </body>
  </html>
```

（2）保存网页。单击“文件”→“保存”命令，或者按快捷键 Ctrl+S，以文件名 top.htm 保存页面，将文件保存至 FrameExample 下的 file 子目录中，如图 3-13 所示。

（3）运行调试。按 F12 键或者单击图标的预览在 IExplore 6.0 F12 即可进行网页的运行与调试，效果如图 3-14 所示。

图 3-13

图 3-14

第四步：bottom.html 页面实现。

（1）编写代码。在 Dreamweaver CS3 代码编辑区输入如下代码：

```
<!DOCTYPE HTML PUBLIC "-//W3C//DTD HTML 4.01 Transitional//EN"
"http://www.w3.org/TR/html4/loose.dtd">
<html>
<head>
<meta http-equiv="Content-Type" content="text/html; charset=gb2312">
<title>无标题文档</title>
<style type="text/css">/*内部样式设置*/
<!--
body {  /*设置背景颜色与边距*/
    background-color: #009A00;
}
.style1 {  /*设置字体颜色*/
color: #FFFFFF
}
-->
</style></head>
<body>
<div align="center">
  <p class="style1">联系方法：yuanxin_523@163.com</p>
</div>
</body>
</html>
```

（2）保存网页。单击“文件”→“保存”命令，或者按快捷键 Ctrl+S，以文件名 bottom.htm

保存页面，将文件保存至 FrameExample 下的 file 子目录中，如图 3-15 所示。

（3）运行调试。按 F12 键或者单击 图标的 预览在 IExplore 6.0 F12 即可进行网页的运行与调试，效果如图 3-16 所示。

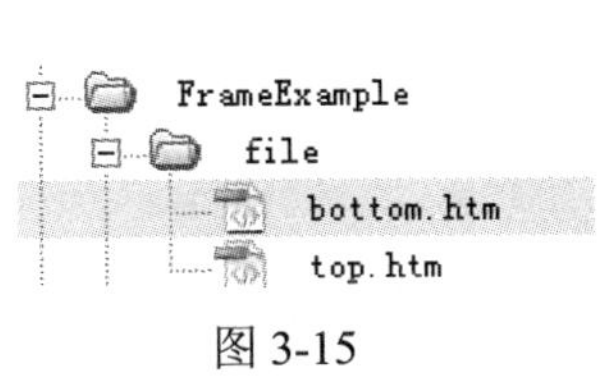

图 3-15

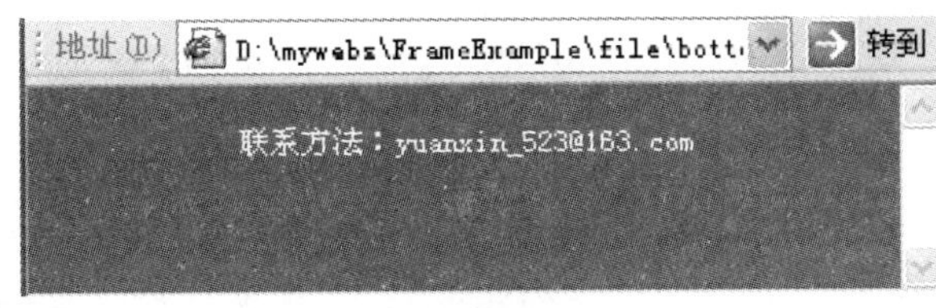

图 3-16

第五步：第 1 个导航项——首页的 main1.htm 页面实现。

（1）编写代码。在 Dreamweaver CS3 代码编辑区输入如下代码：

```
<!DOCTYPE HTML PUBLIC "-//W3C//DTD HTML 4.01 Transitional//EN"
"http://www.w3.org/TR/html4/loose.dtd">
<html>
<head>
<meta http-equiv="Content-Type" content="text/html; charset=gb2312">
<title>无标题文档</title>
<link href="../other/mystyle.css" rel="stylesheet" type="text/css">
/*链接外部样式表文件*/
</head>
<body>
<table width="816" border="0" align="center" cellpadding="0" cellspacing="0">
  <tr>
   <td width="40" rowspan="6"> </td>
   <td width="274" rowspan="7" valign="middle" class="wz">
   <p>    一个绿色的地球是我们人类生存的先决条件，但是，现在人类的大部分活动都是在使我们绿色的地球发黄、发黑。两千年的人类文明进程没有牺牲地球的绿色，但是两百年的现代文明却使我们绿色的地球日渐披黄蒙黑。人类在毁灭地球绿色的同时，也就是在逐步毁灭人类自己。让我们立即行动起来吧！为了保护地球的绿色、还我地球绿色！为了我们子孙后代、地球生命的延续！防止消灭污染，保护发展环境，这是每一个生存在地球上的人所应负起的责任，还有什么比这个更重要、更迫切，还有什么比这更有意义、更具使命！！！ </p>    </td>
   <td width="36" rowspan="6"> </td>
   <td width="102" height="18"> </td>
   <td width="38" rowspan="6"> </td>
   <td width="300" rowspan="7" valign="top" class="wz">
   <p>    为此我们建立了这小小的绿色地球村，为大力宣传环境保护，致力参与环境保护，构筑一个开放的活动家园。我们希望绿色地球村能做到： 一：致力收集、整理有关环境保护的各类信息，并持之以恒不断充实完善，为有志参加环境保护活动的人士提供尽可能的详情。 二：在网络上大力宣传环境保护，唤起民众的环保意识。包括刊登国家有关环境保护的法律、规定、政策等；介绍国内外环境保护组织、活动和动态。 三：系统介绍环境保护知识、小常识；介绍最新国内外环境保护科技；搜集报道国内外环境状况。</p>    </td>
   <td width="26" rowspan="6"> </td>
  </tr>
  <tr>
   <td  height="64"  valign="top"><img  src="../images/067-1.jpg"  width="102"
height="64"></td>
  </tr>
  <tr>
```

```
        <td height="38"> </td>
      </tr>
      <tr>
        <td    height="68"    valign="top"><img    src="../images/02030901.jpg"    width="102"
height="68"></td>
      </tr>
      <tr>
        <td height="39"> </td>
      </tr>
      <tr>
        <td    height="68"    valign="top"><img    src="../images/02030481.jpg"    width="102"
height="66"></td>
      </tr>
      <tr>
        <td height="4"></td>
        <td></td>
        <td></td>
        <td></td>
        <td></td>
      </tr>
    </table>
    </body>
    </html>
```

（2）保存网页。单击“文件”→“保存”命令，或者按快捷键 Ctrl+S，以文件名 main1.htm 保存页面，将文件保存至 FrameExample\file 目录中，如图 3-17 所示。

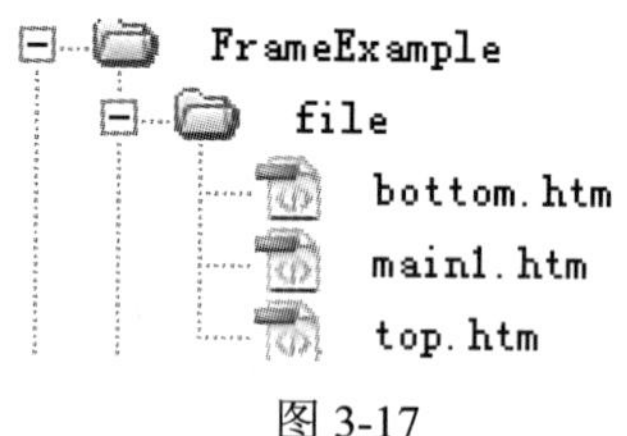

图 3-17

（3）运行调试。按 F12 键或者单击图标的“预览在 IExplore 6.0 F12”即可进行网页的运行与调试，效果如图 3-18 所示。

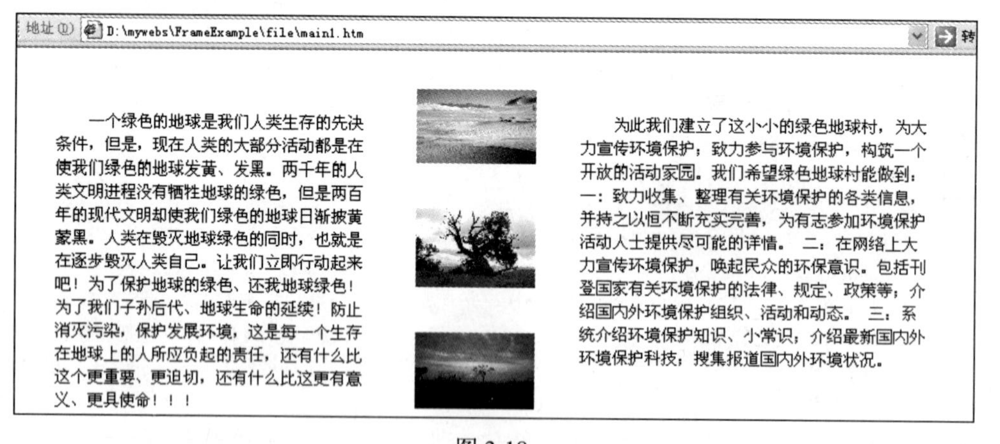

图 3-18

第六步：第 2 个导航项——首页的 main2.htm 页面实现。

（1）编写代码。在 Dreamweaver CS3 代码编辑区输入如下代码：

```
<!DOCTYPE HTML PUBLIC "-//W3C//DTD HTML 4.01 Transitional//EN"
"http://www.w3.org/TR/html4/loose.dtd">
<html>
<head>
<meta http-equiv="Content-Type" content="text/html; charset=gb2312">
<title>无标题文档</title>
<link href="../other/mystyle.css" rel="stylesheet" type="text/css">
</head>

<body>
<table width="816" border="0" cellpadding="0" cellspacing="0">
  <!--DWLayoutTable-->
  <tr>
    <td width="37" rowspan="3"></td>
    <td width="305" rowspan="3" valign="top" class="wz"><p> </p>
      <p>    “草海”两个字所包含的内容也十分丰富。被称为世界十大“观鸟圣地”的草海，是我国重要的高原湿地生态系统保护区。每年秋冬季节，10 万只近 180 种鸟类成群飞到这里，目前尚算良好的湿地生态为它们提供了越冬的条件。在草海观鸟，实在是一件赏心悦目的大快事，无论是在湖中，还是在农民的地里，鸟类永远是这块天地的主人，它们在这块属于自己的天地里或鸥翔鹤舞；或跟在劳作的农民身后，悠闲地啄食地里的食物；或在枝头尽情地调情嘻戏……在草海，农民与鸟和谐相处的场面随处可见，农民爱鸟护鸟的故事不胜枚举。<br>
      </p></td>
    <td width="30" rowspan="3"></td>
    <td width="303" rowspan="3" valign="top" class="wz">
    <p>     草海紧邻威宁县城，每天有 2000 吨生活污水流入草海，使部分水域已呈负营养化态势，威宁县的垃圾已开始“围湖”堆放。草海集水域内的过度砍伐也使水士流失加剧。10 年间，草海的生态系统在人为的作用下正悄悄发生着变化：由于食物结构出现短缺，灰鹤、斑头雁等珍稀鸟类在草海越冬的数量明显减少……</p>
    <p>    从 1994 年起，贵州省环保局和美国国际鹤类基金会、国际渐进组织在草海开展了村寨发展与环保合作项目，1000 多户草海农民得到经济上的资助，有效缓解了他们对草海的依赖。保护草海已成为有识之士的共识和行动。留住草海、留住我们心中那美丽的草海晚霞依然大有希望。 </p></td>
    <td width="29" rowspan="3"> </td>
    <td width="96" height="83"> </td>
    <td width="16" rowspan="3"> </td>
  </tr>
  <tr>
    <td  height="135"  valign="top"><img  src="../images/0612060l.jpg"  width="96" height="135"></td>
  </tr>
  <tr>
    <td height="100"> </td>
  </tr>
</table>
</body>
</html>
```

（2）保存网页。单击“文件”→“保存”命令，或者按快捷键 Ctrl+S，以文件名 main2.htm 保存页面，将文件保存至 FrameExample 下的 file 子目录中，如图 3-19 所示。

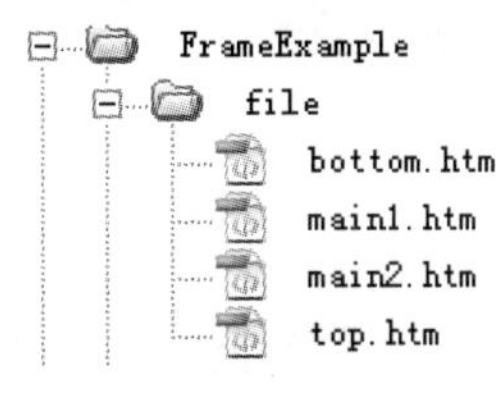

图 3-19

（3）运行调试。按 F12 键或者单击图标的 预览在 IExplore 6.0 F12 即可进行网页的运行与调试，效果如图 3-20 所示。

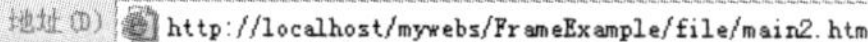

"草海"两个字所包含的内容也十分丰富。被称为世界十大"观鸟圣地"的草海，是我国重要的高原湿地生态系统保护区。每年秋冬季节，10 万只近 180 种鸟类成群飞到这里，目前尚算良好的湿地生态为它们提供了越冬的条件。在草海观鸟，实在是一件赏心悦目的大快事，无论是在湖中，还是在农民的地里，鸟类永远是这块天地的主人，它们在这块属于自己的天地里或鸥翔鹤舞；或跟在劳作的农民身后，悠闲地啄食地里的食物；或在枝头尽情地调情嘻戏……在草海，农民与鸟和谐相处的场面随处可见，农民爱鸟护鸟的故事不胜枚举。

草海紧邻威宁县城，每天有 2000 吨生活污水流入草海，使部分水域已呈负营养化态势，威宁县的垃圾已开始"围湖"堆放。草海集水域内的过度砍伐也使水土流失加剧。10 年间，草海的生态系统在人为的作用下正悄悄发生着变化：由于食物结构出现短缺，灰鹤、斑头雁等珍稀鸟类在草海越冬的数量明显减少……

从 1994 年起，贵州省环保局和美国国际鹤类基金会、国际渐进组织在草海开展了村寨发展与环保合作项目，1000 多户草海农民得到经济上的资助，有效缓解了他们对草海的依赖。保护草海已成为有识之士的共识和行动。留住草海、留住我们心中那美丽的草海晚霞依然大有希望。

图 3-20

第七步：第 3 个导航项——首页的 main3.htm 页面实现。

（1）编写代码。在 Dreamweaver CS3 代码编辑区输入如下代码：

```
<!DOCTYPE HTML PUBLIC "-//W3C//DTD HTML 4.01 Transitional//EN"
"http://www.w3.org/TR/html4/loose.dtd">
<html>
<head>
<meta http-equiv="Content-Type" content="text/html; charset=gb2312">
<title>无标题文档</title>
<link href="../other/mystyle.css" rel="stylesheet" type="text/css">
</head>
<body>
<table width="816" border="0" cellpadding="0" cellspacing="0">
  <!--DWLayoutTable-->
  <tr>
    <td width="37" height="250"> </td>
    <td colspan="4" valign="top" class="wz"><p>    太阳系内迄今发现了八颗大行星。有时称它们为"八行星"。按照距离太阳的远近，这八大行星依次是：最近的水星、金星、地球、火星、木星、土星、天王星、海王星。水星、金星、地球和火星也被称为类地行星，木星和土星也被称为巨行星，天王星、海王星也被称为远日行星。除了水星和金星外，其他的行星都有卫星。在火星和木星之间还存在着数十万个大小不等，形态各异的小行星，天文学家将这个区域称为小行星带。此外，太阳系中还有超过 1000 颗的彗星，以及不计其数的尘埃、冰团、碎块等小天体。</p>     </td>
    <td width="65"> </td>
    <td colspan="4" valign="top" class="wz">
      <p>    而我们的地球正好位于一个适当的位置，接受适当的阳光，温度适宜，有含氧、氮、二氧化碳等气体的大气层保护着地球。产生云、雨等天气现象，水份充足，生物蓬勃地生长。 46 亿年前地球诞生，生命现象出现在 20 亿年前，而人类出现至今只有 700 万年；如果把地球的年龄以一小时来计算的话，人类在最后 1、2 秒才出现！地球是目前在太阳系中唯一有生物生存的星球。 <br> </p></td>
    <td width="106"> </td>
  </tr>
  <tr>
    <td height="68"> </td>
    <td width="80"> </td>
    <td width="103" valign="top"><img src="../images/Imc0028.jpg" width="103" height="68"></td>
    <td width="99"> </td>
    <td colspan="3" valign="top"><img src="../images/11160221.jpg" width="103" height="68"></td>
```

```
        <td width="96"> </td>
        <td   width="103"   valign="top"><img   src="../images/19180101.jpg"   width="103"
height="68"></td>
        <td width="89"> </td>
        <td> </td>
      </tr>
      <tr>
        <td height="0"></td>
        <td></td>
        <td></td>
        <td></td>
        <td width="23"></td>
        <td></td>
        <td width="15"></td>
        <td></td>
        <td></td>
        <td></td>
        <td></td>
      </tr>
    </table>
    </body>
    </html>
```

（2）保存网页。单击“文件”→“保存”命令，或者按快捷键 Ctrl+S，以文件名 main3.htm 保存页面，将文件保存至 FrameExample\file 目录中，如图 3-21 所示。

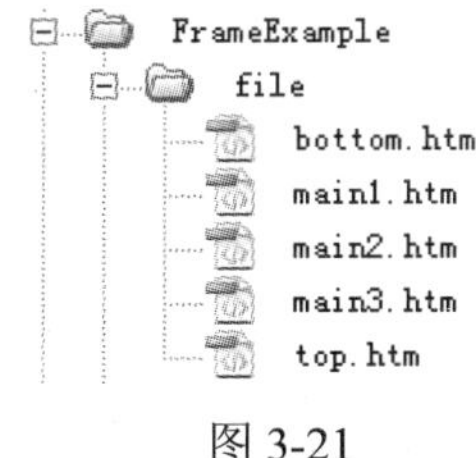

图 3-21

（3）运行调试。按 F12 键或者单击图标的 预览在 IExplore 6.0 F12 即可进行网页的运行与调试，效果如图 3-22 所示。

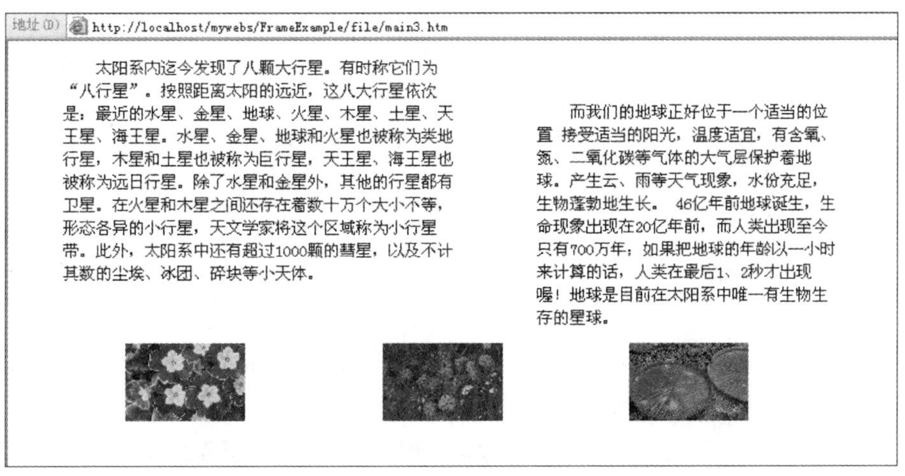

图 3-22

第八步：main4.html 页面实现。

main4.html 页面采取嵌入式框架 iframe 实现。Iframe 即嵌入式框架，可以理解为在某一个网页中直接嵌入另外一个网页。即在当前 main4.html 页面中什么也不需要做，只需要将另一个做好的页面嵌入进来就可以了。下面介绍如何实现页面的嵌入。

（1）被嵌入页面 main4iframe.html 的制作。

1）编写代码。在 Dreamweaver CS3 代码编辑区输入如下代码：

```
<!DOCTYPE html PUBLIC "-//W3C//DTD XHTML 1.0 Transitional//EN" "http://www.w3.org/TR/xhtml1/DTD/xhtml1-transitional.dtd">
<html xmlns="http://www.w3.org/1999/xhtml">
<head>
<meta http-equiv="Content-Type" content="text/html; charset=utf-8" />
<title>无标题文档</title>
</head>
<body>
<table width="200" border="0" align="center">
  <tr>
    <td>
<img src="FrameExample/images/067-1.jpg" width="237" height="139" />
</td>
    <td>
<img src="FrameExample/images/02030481.jpg" width="237" height="139" />
</td>
  </tr>
  <tr>
    <td>
<img src="FrameExample/images/06120601.jpg" width="237" height="139" />
</td>
    <td>
<img src="FrameExample/images/11160221.jpg" width="237" height="139" /></td>
  </tr>
  <tr>
    <td><img src="FrameExample/images/natur127.JPG" width="237" height="139" />
</td>
    <td>
<img src="FrameExample/images/19180101.jpg" width="237" height="139" />
</td>
  </tr>
</table>
</body>
</html>
```

2）保存页面。单击“文件”→“保存”命令，或者按快捷键 Ctrl+S，以文件名 main4iframe.html 保存页面，将文件保存至 FrameExample\file 目录中。

3）运行页面。按 F12 键或者单击 图标的 预览在 IExplore 6.0 F12 即可进行网页的运行与调试，效果如图 3-23 所示。

图 3-23

被嵌入的页面已经完成，那么如何把这个页面嵌入到 main4.html 中呢？

（2）main4.html 的代码实现。在 Dreamweaver CS3 代码编辑区输入如下代码：

```
<!DOCTYPE html PUBLIC "-//W3C//DTD XHTML 1.0 Transitional//EN" "http://www.w3.org/TR/
xhtml1/DTD/xhtml1-transitional.dtd">
<html xmlns="http://www.w3.org/1999/xhtml">
<head>
<meta http-equiv="Content-Type" content="text/html; charset=utf-8" />
<title>无标题文档</title>
</head>
<body>
<iframe src="main4iframe.html" frameborder="0" width="515" height="500"></iframe>
</body>
</html>
```

（3）main4.html 的保存。单击“文件”→“保存”命令，或者按快捷键 Ctrl+S，以文件名 main4.html 保存页面，将文件保存至 FrameExample\file 目录中，如图 3-24 所示。

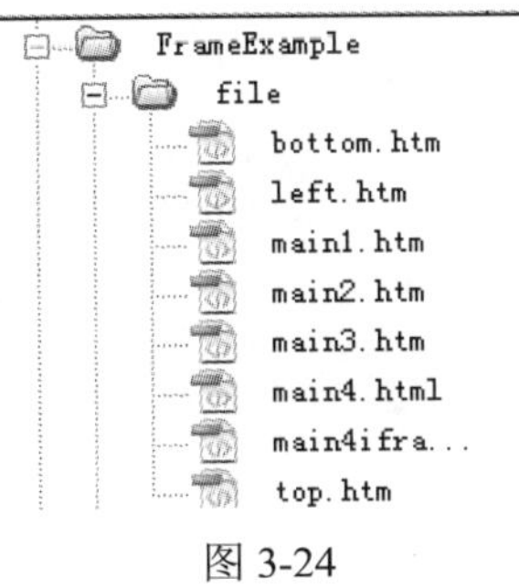

图 3-24

（4）main4.html 的运行。按 F12 键或者单击 图标的 预览在 IExplore 6.0 F12 即可进行网页的运行与调试，效果如图 3-25 所示。

图 3-25

可以看到，main4.html 显示的结果正是 main4iframe.html 页面的内容，而实际上 main4.html 只不过加了一条语句，并没有进行图片的添加与编辑，所加的这条语句就是：

```
<iframe src="main4iframe.html" frameborder="0" width="515" height="500"></iframe>
```

这条语句就是嵌入式框架，具体的语法将在实例讲解中进行详细说明。

第九步：left.htm 页面实现。

（1）编写代码。在 Dreamweaver CS3 代码编辑区输入如下代码：

```
<!DOCTYPE HTML PUBLIC "-//W3C//DTD HTML 4.01 Transitional//EN"
"http://www.w3.org/TR/html4/loose.dtd">
<html>
<head>
<meta http-equiv="Content-Type" content="text/html; charset=gb2312">
<title>保护环境</title>
<style type="text/css">
<!--
body {
    background-color: #CCFF99;
}
.a1 {
    font-size: 12px;
    color: #333333;
    text-decoration: none;
}
a:link {
    font-size: 12px;
    color: #000000;
    text-decoration: none;
}
a:visited {
```

```
    font-size: 12px;
    color: #000000;
    text-decoration: none;
}
a:hover {
    font-size: 12px;
    color: #009900;
    text-decoration: none;
}

-->
</style></head>

<body>
<table width="101" border="0" cellpadding="0" cellspacing="0">
  <!--DWLayoutTable-->
  <tr>
    <td width="10" height="21"> </td>
    <td width="80"> </td>
    <td width="11"></td>
  </tr>
  <tr>
    <td height="30"> </td>
    <td valign="middle"><a href="main1.htm" target="mainFrame">首页</a></td>
    <td></td>
  </tr>
  <tr>
    <td height="19"> </td>
    <td> </td>
    <td></td>
  </tr>
  <tr>
    <td height="30"> </td>
    <td valign="middle"><a href="main2.htm" target="mainFrame">生态危机</a></td>
    <td></td>
  </tr>
  <tr>
    <td height="19"> </td>
    <td> </td>
    <td></td>
  </tr>
  <tr>
    <td height="30"> </td>
    <td valign="middle"><a href="main3.htm" target="mainFrame">环保知识</a></td>
    <td></td>
  </tr>
  <tr>
    <td height="16"> </td>
    <td> </td>
    <td></td>
```

```
    </tr>
    <tr>
      <td height="16"> </td>
      <td><a href="main4.html" target="mainFrame">图片展示</a></td>
      <td></td>
    </tr>
  </table>
  </body>
  </html>
```

（2）保存网页。单击“文件”→“保存”命令，或者按快捷键 Ctrl+S，以文件名 left.htm 保存页面，将文件保存至 FrameExample\file 目录中，如图 3-26 所示。

（3）运行调试。按 F12 键或者单击图标的 预览在 IExplore 6.0 F12 即可进行网页的运行与调试，效果如图 3-27 所示。

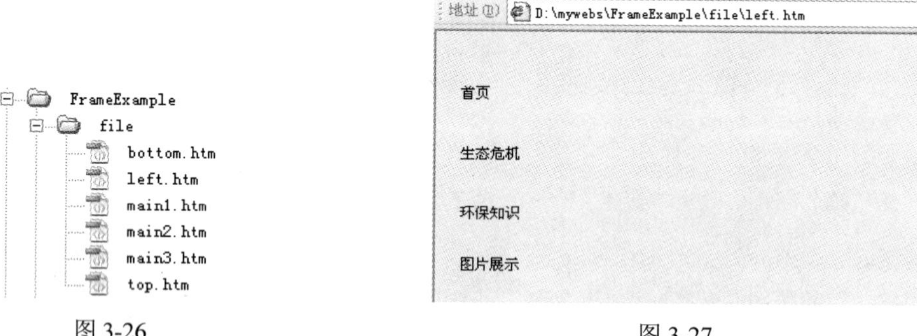

图 3-26　　图 3-27

创建完以上网页后，接下来要将这些页面装入我们的“房间”index.htm 中。

第十步：框架集 index.htm 实现。

（1）编写代码。在 Dreamweaver CS3 代码编辑区输入如下代码：

```
<!DOCTYPE HTML PUBLIC "-//W3C//DTD HTML 4.01 Frameset//EN" "http://www.w3.org/TR/ html4/
frameset.dtd">
<html>
<head>
<meta http-equiv="Content-Type" content="text/html; charset=gb2312">
<title>保护环境</title>
</head>
<frameset rows="100,*,100" cols="*" framespacing="0" frameborder="no" border="0">
<frame src="file/top.htm" name="topFrame" scrolling="NO" noresize>
  <frameset rows="*" cols="120,665">
    <frame src="file/left.htm" name="leftframe" id="leftframe">
    <frame src="file/main1.htm" name="mainFrame">
  </frameset>
  <frame src="file/bottom.htm" name="bottomFrame" scrolling="NO" noresize>
</frameset>
<noframes><body>
</body></noframes>
</html>
```

（2）保存网页。单击“文件”→“保存”命令，或者按快捷键 Ctrl+S，以文件名 index.htm 保存页面，将文件保存至 FrameExample 的根目录中，如图 3-28 所示。

图 3-28

说明：把 index.htm 保存在根目录下，而其他的文件保存在 file 子目录下是为了让文件管理得更清晰、更整洁，以便于对代码的管理。当然，如果觉得这种方法不适合你的习惯，可以采取其他方式进行保存。文件夹的创建、命名等与网站的实现无关，只与你的习惯以及管理有关，在此不过多讲解。

（3）运行调试。按 F12 键或者单击 图标的 预览在 IExplore 6.0 F12 即可进行网页的运行与调试，效果如图 3-29 所示。

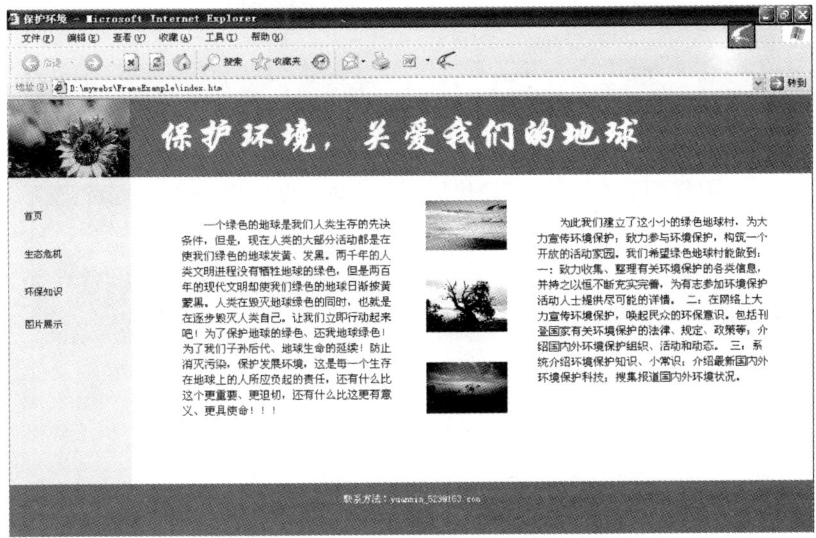

图 3-29

单击左侧的“首页”、“生态危机”、“环境知识”、“图片展示”4 个导航项，将依次显示如图 3-30 至图 3-33 所示的页面。

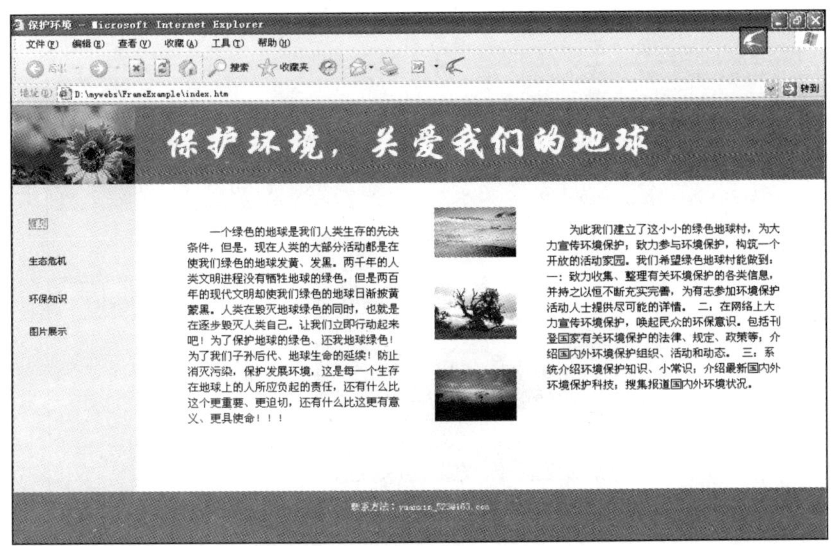

图 3-30

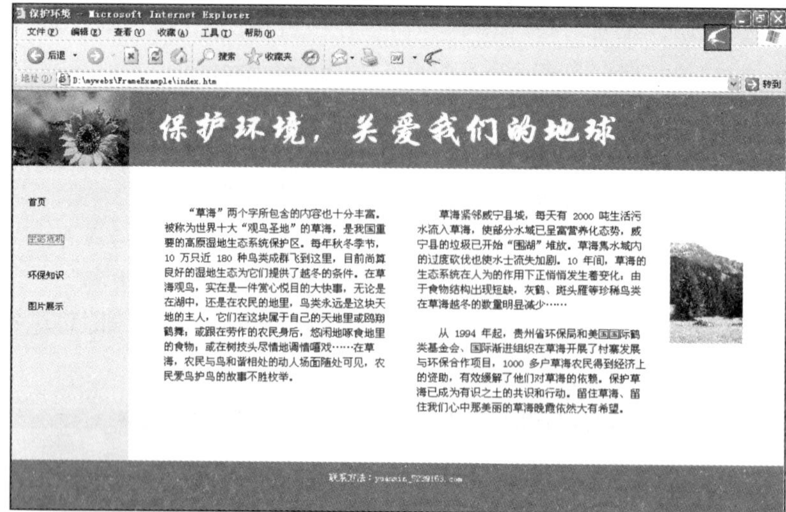

图 3-31

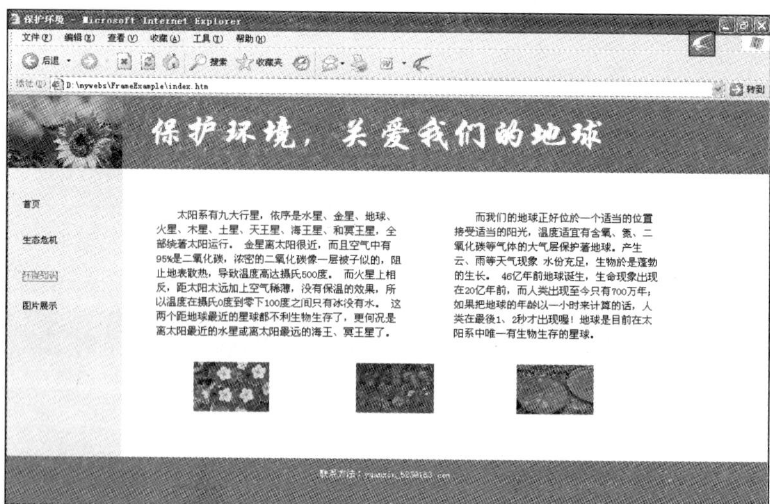

图 3-32

图 3-33

〖实例剖析与知识讲解〗

框架是由英文 Frame 翻译过来的，它可以用来向浏览器窗口中装载多个 HTML 文件。即每个 HTML 文件占据一个框架，而多个框架可以同时显示在同一个浏览器窗口中，它们组成了一个最大的框架，也即是一个包含多个 HTML 文档的 HTML 文件（我们称之为框架集）。框架通常的使用方法是在一个框架中放置导航栏目（带可供选择的链接），然后将导航项所对应的链接跳转目标 HTML 文件显示在另一个框架中。我们平时用到的邮箱和聊天室很多都是采取框架结构来布局的。

框架的基本结构如下：

```
<frameset>
<frame>
<frame>
......
</frameset>
```

框架的基本结构分为两部分：标记符 frameset 和标记符 frame，其中 frameset 相当于前面实例中讲到的“房间”，专用的名词为“框架集”。所谓框架集就是指构造整个框架结构的文档，它不包含任何可以显示的内容，只包含如何组织各个框架的信息和框架中的初始页面信息。而每一个<frame>就是这个房间里面包含的每一个物品。

- <frameset></frameset>

<frameset></frameset>标记对放在框架的主文档的<body></body>标记对的外边，也可以嵌在其他框架文档中，并且可以嵌套使用。此标记对用来定义主文档中有几个框架并且各个框架是如何排列的。它具有 rows 和 cols 属性，使用<frameset>标记时这两个属性至少选择一个，否则浏览器只显示第一个定义的框架，剩下的一概不管，<frameset></frameset>标记对也就没有起到任何作用了。rows 用来规定主文档中各个框架的行定位，cols 用来规定主文档中各个框架的列定位。这两个属性的取值可以是百分数、绝对像素值或星号（“*”），其中星号代表那些未被说明的空间，如果同一个属性中出现多个星号则将剩下的未被说明的空间平均分配。同时，所有的框架按照 rows 和 cols 的值从左到右，然后从上到下排列。示例如表 3-9 所示。

表 3-9　框架示例

示例	说明
<frameset rows="*,*,*">	总共有 3 个按列排列的框架，每个框架占整个浏览器窗口的 1/3
<frameset cols="40%,*,*">	总共有 3 个按行排列的框架，第一个框架占整个浏览器窗口的 40%，剩下的空间平均分配给另外两个框架
<frameset rows="40%,*" cols="50%,*,200">	总共有 6 个框架，先是在第一行中从左到右排列三个框架，然后在第二行中从左到右再排列三个框架，即两行三列，所占空间依据 rows 和 cols 属性的值，其中 200 的单位是像素

- <frame>

<frame>标记放在<frameset></frameset>之间，用来定义某一个具体的框架。<frame>标记有以下一些属性：

➢ src 是此框架的源 HTML 文件名（包括网络路径，即相对路径或网址），浏览器将会在此框架中显示 src 指定的 HTML 文件。

➢ name 是此框架的名字，这个名字用来供超文本链接标记“<a href="" target="">”中的 target 属性指定链接的 HTML 文件将显示在哪一个框架中。

例 1：定义了一个框架，名字是 main，若要在 main 框架中显示 index.htm 网页，代码为：

```
<frame src="index.htm" name="main">
```

例 2：当有一个链接，在单击了这个链接后，文件 content.htm 将要显示在名为 main 的框架中，代码为：

```
<a href="content.htm" target="main">需要链接的文本</a>。
```

这样一来，就可以在一个框架中建立网站的目录，加入一系列链接，当单击链接以后在另一个框架中显示被链接的 HTML 文件。

- scrolling 用来指定是否显示滚动轴，取值可以是 yes（显示）、no（不显示）或 auto（若需要则会自动显示，不需要则自动不显示）。
- noresize 属性直接加入标记中即可使用，不需赋值，它用来禁止用户调整一个框架的大小。

- <noframes></noframes>

<noframes></noframes>标记对也是放在<frameset></frameset>标记对之间，用来在那些不支持框架的浏览器中显示文本或图像信息。在此标记对之间先紧跟<body></body>标记对，然后才可以使用其他的 HTML 标记。

- <iframe></iframe>

iframe 标记符在很多教材中称为“浮动框架”，即并非当时页面真正的内容，而是仿佛只不过从别的地方拿过来的网页。有些教材也称为嵌入式框架，意思也为将另一个页面嵌入到当前页面中。

iframe 标记符定义了一个页面内的框架，该框架可以容纳其他的 HTML 文档。iframe 标记符是成对使用的，以<iframe>开始，</iframe>结束。

<iframe>标记有以下一些属性：

- name：定义了内容页的名称，此名称在框架页内链接时使用到。
- frameborder：定义了内容页的边框，取值为（1|0），默认值为 1。
- marginwidth：定义了框架中 HTML 文件显示的上下边界的宽度，取值为 px，默认值由浏览器决定。
- marginheight：定义了框架中 HTML 文件显示的左右边界的宽度，取值为 px，默认值由浏览器决定。
- align：垂直或水平对齐方式。
- height：框架的高度。
- width：框架的宽度。

注意：如果浏览器支持 iframe 框架结构，则框架中将显示属性 src 中所定义的 HTML 文档；如果浏览器不支持 iframe 框架结构，则框架将显示标记符<iframe>与标记符</iframe>之间的内容，不过目前几乎所有浏览器均支持框架结构。

【例 3-8】HTML 多媒体标记实例

〖实例需求〗

现在的网页都是丰富多彩的，除了有文字、图片等元素外，更少不了声音、Flash 动画以及视频元素的加入，那么如何在主页中加入这些元素呢？

本实例内容很简单，只介绍两个标记：一个背景音乐标记<bgsound>，一个用于在网页中嵌入 Flash、视频及音频文件的标记<embed>。

〖开发过程〗

第一步：创建站点。

可以按照【例 2-1】的步骤进行站点配置，建立新 HTML 文件。

第二步：编写代码。

在 Dreamweaver CS3 代码编辑区输入如下代码：

```
<!DOCTYPE html PUBLIC "-//W3C//DTD XHTML 1.0 Transitional//EN" "http://www.w3.org/TR/xhtml1/DTD/xhtml1-transitional.dtd">
<html xmlns="http://www.w3.org/1999/xhtml">
<head>
<meta http-equiv="Content-Type" content="text/html; charset=utf-8" />
<title>多媒体标记</title>
</head>
<body>
<bgsound src="44.mid" loop="-1" />
<object classid="clsid:D27CDB6E-AE6D-11cf-96B8-444553540000" codebase="http://download.macromedia.com/pub/shockwave/cabs/flash/swflash.cab#version=9,0,28,0" width="680" height="350">
  <param name="movie" value="5.swf" />
  <param name="quality" value="high" />
  <embed src="5.swf" quality="high" pluginspage="http://www.adobe.com/shockwave/download/ download.cgi?P1_Prod_Version=ShockwaveFlash" type="application/x-shockwave-flash" width="680" height="350"></embed>
</object>
</body>
</html>
```

第三步：保存网页。

单击“文件”→“保存”命令，或者按快捷键 Ctrl+S，以文件名 ch3-8.html 保存页面，文件自动保存到 mywebs 文件夹中。

第四步：运行调试。

按 F12 键或者单击 图标的 预览在 IExplore 6.0 F12 即可进行网页的运行与调试，效果如图 3-34 所示。

图 3-34

〖实例剖析与知识讲解〗

在主页中加入声音有三种方法：

（1）用<bgsound>标记加入背景音乐。

（2）用<embed>标记嵌入声音。

（3）用 ActiveX 控件中的 ActiveMovie 控件。

第 3 种方法稍微复杂一些，在网页多媒体开发方面有一定的用处。这里讲解最常用的前两种方法。

- <bgsound>

用<bgsound>标记加入背景音乐的格式如下：

```
<bgsound="你要添加的音乐文件文件" loop="播放的次数">
```

其中，loop 属性为 0 时表示循环播放，为-1 时表示无限循环，默认值为-1。但 bgsound 标记只适用于 Internet Explorer 浏览器。

- <embed>

用<embed>标记嵌入声音引用的格式如下：

```
<embed SRC="你要加的音频文件.wav" WIDTH=145 HEIGHT=60>
```

声音文件使用的是 Windows 的.wav 或 WWW 的.au 格式，但最适合做主页背景音乐的是以.mid 为后缀的 MIDI 音乐文件。

<embed>>标记还可以引用如动画文件、视频文件等。本例中的代码：

```
<embed src="5.swf" quality="high" pluginspage="http://www.adobe.com/shockwave/download/
download.cgi?P1_Prod_Version=ShockwaveFlash"          type="application/x-shockwave-flash"
width="680" height="350"></embed>
```

即为引用了 Flash 动画文件 5.swf 文件，若想当前的 Flash 文件透明背景显示，则应该添加属性 wmode=transparent。

embed 标记有如下属性：

- src="文件名称和路径"：设置背景音乐的路径和名称；
- autostart="true/false"：设置是否音乐文件一传完后就开始播放，默认为 FALSE（否）。
- loop="true/false/整数"：设置重播次数，true 为无限次重播，false 为不重播，loop=某个整数，为重播多少次。
- volume="0～100"：设置音量，默认为系统本身的音量；
- starttime="分:秒"：设置歌曲开始播放的时间，如 starttime="00:20"为从第 20 秒开始播放。
- endtime="分:秒"：设置歌曲播放结束的时间。
- width 和 height="整数"：设置控制面板的宽和高。
- controls="console/smallconsole/playbutton/pausebutton/stopbutton/volumelever"：设置控制面板的外观。console 为正常大小的面板，smallconsole 为较小的面板，playbutton 为显示播放按钮，pausebutton 为显示暂停按钮，stopbutton 为显示停止按钮，volumelever 为显示音量调节，若要隐藏控制面板可用 hidden=true。

【例 3-9】<marquee>标记实例

〖实例需求〗

打开大多数的网站，我们都会看到有一些或上下或左右滚动的公告或者通知，这些移动的信息就是通过<marquee>标记来实现的。本实例将详细讲解<marquee>标记的用法。

〖开发过程〗

第一步：创建站点。

可以按照【例 2-1】的步骤进行站点配置，建立新 HTML 文件。

第二步：编写代码。

在 Dreamweaver CS3 代码编辑区输入如下代码：

```
<!DOCTYPE html PUBLIC "-//W3C//DTD XHTML 1.0 Transitional//EN" "http://www.w3.org/TR/xhtml1/ DTD/xhtml1-transitional.dtd">
<html xmlns="http://www.w3.org/1999/xhtml">
<head>
<meta http-equiv="Content-Type" content="text/html; charset=utf-8" />
<title>文字移动标记实例</title>
<link href="mystyle.css" rel="stylesheet" type="text/css" />
</head>
<body>
<table width="200" border="0" align="center">
<tr>
<td>公告栏</td>
</tr>
<tr>
<td>
<marquee direction="up" scrollamount="5" onmouseover="this.stop()" onmouseout="this.start()">
<p><a href="#">1.第一条新闻</a></p>
<p><a href="#">2.第二条新闻</a></p>
<p><a href="#">3.第三条新闻</a></p>
<p><a href="#">4.第四条新闻</a></p>
<p><a href="#">5.第五条新闻</a></p>
</marquee>
</td>
</tr>
</table>
</body>
</html>
```

第三步：保存网页。

单击“文件”→“保存”命令，或者按快捷键 Ctrl+S，以文件名 ch3-9.html 保存页面，文件自动保存到 mywebs 文件夹中。

第四步：运行调试。

按 F12 键或者单击图标的“预览在 IExplore 6.0 F12”即可进行网页的运行与调试，可以看到有 5 条新闻由下往上移动，效果如图 3-35 所示。

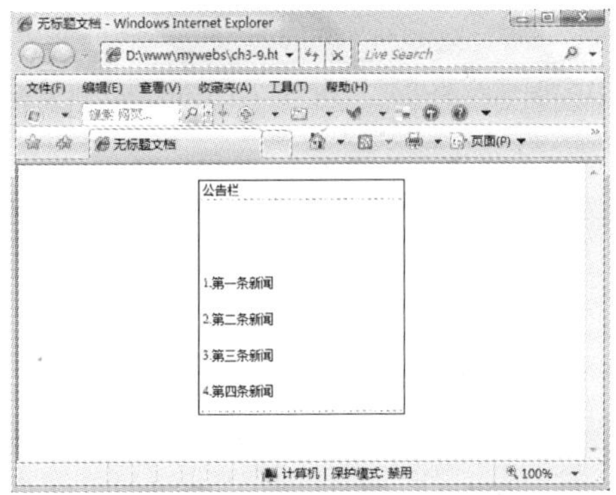

图 3-35

当把鼠标移至移动区域时，移动停止；把鼠标移开后，文字又继续往上移动。

〖**实例剖析与知识讲解**〗

文字移动标记<marquee>的应用非常广泛，既可以用于滚动文字，也可以用于滚动图片等元素。语法如下：

```
<marquee>
滚动的文字或者图片等
</ marquee >
```

<marquee>标记有以下一些主要的属性：

- direction（方向）：定义滚动文本的移动方向。该属性有 4 种取值，分别为 left（向左移动）、right（向右移动）、up（向上移动）、down（向下移动），默认值为 left。
- behavior（行为、方式）：定义滚动文本的滚动方式。该属性有 3 个取值，分别为 scroll（一圈圈滚动）、slide（只滚动一次）和 alternate（来回滚动），默认值为 scroll。
- loop（循环）：指定循环滚动的次数。若没有设置该值，则表示无限次循环。
- scrollamout（滚动的速度）：用来设置滚动文本的速度。该属性的值是数字，数字越大，移动的越快。
- scrolldelay（滚动延时）：定义滚动字幕移动的延时。该属性的值是数字，单位是千分之一秒。
- align（对齐方式）：定义滚动文本与周围其他页面元素之间的对齐方式。该属性有 3 个取值：top（顶端对齐）、middle（居中对齐）、bottom（底端对齐）。
- bgcolor（背景颜色）：定义滚动文本的背景色。该属性的值可以是 16 进制数字（如#ff0000）或者具体的颜色名称（如 red）等。
- height（高度）和 width（宽度）：定义滚动文本的尺寸。两个属性的值都是数字，表示像素数。
- hspace（垂直间距）和 vspace（水平间距）：定义滚动文本与周围页面元素之间的间隔。两个属性的值都是数字，表示像素数。
- onmouseover 与 onmouseout：是两个行为，onmouseover 表示当鼠标悬停在滚动文本上方时进行相应的操作；onmouseout 表示鼠标移开滚动文本时进行相应的操作。本例的事件处理调用 JavaScript 语句来实现。

下面的代码实现了将若干个链接文字向上滚动：

```
<marquee direction="up" scrollamount="5" onmouseover="this.stop()" onmouseout="this.start()">
<p><a href="#">1.第一条新闻</a></p>
<p><a href="#">2.第二条新闻</a></p>
<p><a href="#">3.第三条新闻</a></p>
<p><a href="#">4.第四条新闻</a></p>
<p><a href="#">5.第五条新闻</a></p>
</marquee>
```

其中的 onmouseover="this.stop()"表示当鼠标悬停在滚动文本上方时，滚动停止；onmouseout="this.start()"表示鼠标从滚动文本上移动开时，滚动文本继续移动。

小结

本章的 9 个实例完整而又详细地讲解了 HTML 标记的语法与使用方法，从这些实例中可以掌握 HTML 中的大部分标记，为以后用 PHP 进行 Web 程序开发奠定扎实的基础。

第 4 章　JavaScript 脚本编程语言

【本章导读语】

说到现在最热门的技术，从事 Web 开发的读者肯定会想到 Ajax，而 Ajax 中关键的技术就是 JavaScript。Ajax 利用 JavaScript 的特性实现 Web 应用程序对用户行为触发的实时响应和处理，包括鼠标事件、键盘事件、页面载入或者离开事件、焦点事件等。JavaScript 将 HTML 与 DOM、XMLHttpRequest 等对象联系起来，作为它们之间沟通的渠道。

JavaScript 是 WWW 上的一种功能强大的脚本编程语言，用于开发交互式的 Web 页面。它不仅可以直接应用于 HTML 文档以获得交互式效果或其他动态效果，而且可以运行于服务器端，从而替代传统的 CGI 程序。

JavaScript 可以运行在客户端，也可以运行在服务器端，本书中的实例均运行于客户端。运行于客户端也是 JavaScript 的优势所在，能够减轻服务器的压力，让常见的一些网页效果在用户的浏览器端直接运行，而不经过服务器。

JavaScript 是一种基于对象的编程语言，包括两类对象：一类是 JavaScript 自带的对象，即内置对象；另一类是浏览器对象，由客户浏览器支持。通过使用这些对象，我们可以控制页面元素的显示以及完成某种特定的功能。

本章用 3 个实例来讲解 JavaScript 对象的功能，这些实例都是我们在进行网页设计时经常用到的效果。其中包括内置对象 date 对象，浏览器对象 window 对象、document 对象、event 对象等。

【例 4-1】时间日期实例——数字时钟

〖实例需求〗

本实例通过对当前时间与日期的显示，以及对指定日期倒计时的计算来讲解在 JavaScript 中如何创建一个新对象，以及对象的操作，并详细讲解 date 对象的运用。

〖开发过程〗

第一步：创建站点。

可以按照例【2-1】的步骤进行站点配置，建立新 HTML 文件。

第二步：编写代码。

在 Dreamweaver CS3 代码编辑区输入如下代码：

```
<!DOCTYPE html PUBLIC "-//W3C//DTD XHTML 1.0 Transitional//EN" "http://www.w3.org/TR/xhtml1/DTD/xhtml1-transitional.dtd">
<html xmlns="http://www.w3.org/1999/xhtml">
<head>
<meta http-equiv="Content-Type" content="text/html; charset=utf-8" />
<title>时间日期类实例</title>
</head>
<body>
<script language="JavaScript">
<!-- 输出当前日期与时间// -->
today = new Date();                              //创建日期对象
document.write("<font size:'12pt' face='Times New Roman'><B>当前时间: ");
document.write (today.getYear() + "年");         //获取年
document.write (today.getMonth() + 1 +"月");     //获取月
document.write (today.getDate()+"日");           //获取日
var day=today.getDay();                          //获取星期
switch(day)
{
case 0:document.write ("星期日");
break;
case 1:document.write ("星期一");
break;
case 2:document.write ("星期二");
break;
case 3:document.write ("星期三");
break;
case 4:document.write ("星期四");
break;
case 5:document.write ("星期五");
break;
case 6:document.write ("星期六");
}
document.write (" " +"</B></font>");
var Hours;   //创建小时变量
var Mins;    //创建分钟变量
var Time;    //创建秒钟变量
Hours = today.getHours();                        //获取小时
if (Hours >= 12)                                 //判断上午或下午
{
Time = " 下午";
}
else
{
Time = " 上午";
}
if (Hours > 12)                                  //采用 12 小时制设置下午时间
{
Hours -= 12;
}
if (Hours == 0)                                  //设置 12 点至 1 点之间的小时
{
```

```
Hours = 12;
}
Mins = today.getMinutes();                    //获取分钟
if (Mins < 10)                                //若小于10，则加前导0
{
Mins = "0" + Mins;
}
document.write("<font size:'9pt' face='Arial'><B>");
document.write (Hours + ":" + Mins + Time + "</B></font>");
document.write ("<br>");
var endtime= new Date("10/1/2008");      //设置结束日期
var specialday="国庆节";                       //设置结束日期说明
var times = endtime.getTime() - today.getTime();
//计算两个时间之间的时间戳差值
var days = Math.floor(times / (1000 * 60 * 60 * 24));
//计算差值的天数
if (days > 1)
document.write("今天离"+specialday+"还有"+days +"天")
else if (days == 1)
document.write("只有2天啦！")
else if (days == 0)
document.write("只有1天啦！")
else
document.write("好象已经过了哦！");
</script>
</body>
</html>
```

第三步：保存网页并运行调试。

单击“文件”→“保存”命令，或者按快捷键 Ctrl+S，以文件名 ch4-1.htm 保存页面，将文件保存到 chapter4 目录下。按 F12 键进行网页的运行与调试，效果如图 4-1 所示。

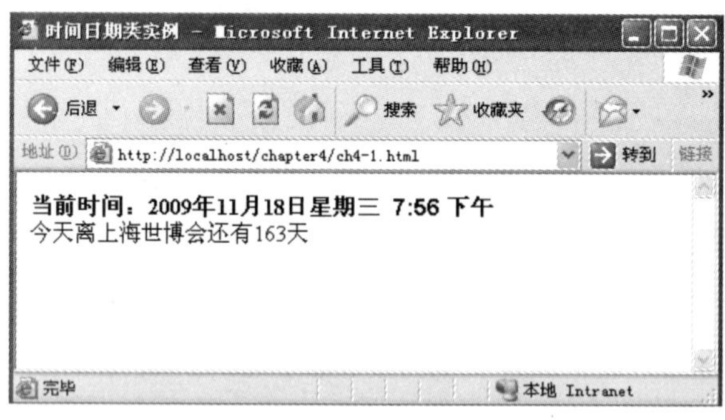

图 4-1

〖实例剖析与知识讲解〗

JavaScript 是基于对象的编程语言，在 HTML 文档中插入 JavaScript 脚本代码有三种方式：

（1）使用 script 标记符。

可以在 HTML 文档中的<head>和<body>中放置 JavaScript 脚本。放在<head>中的语句与放在<body>中的语句有什么不同呢？

当脚本被调用时，或者当事件被触发时，脚本就要求被执行。这时把脚本放置到 <head></head>之间，就可以确保在需要使用脚本之前它已经被载入了。格式为：

```
<html>
<head>
    <script type="text/javascript">
    ....
    </script>
</head>
....
```

若有些脚本在页面载入时脚本才被执行，可以把脚本放置于<body>与</body>之间，一旦运行到该脚本，就会生成页面的内容。格式为：

```
<html>
<head>
</head>
<body>
    <script type="text/javascript">
    ....
    </script>
</body>
</html>
```

也可以同时在<head>与<body>两个部分都插入脚本，格式如下：

```
<html>
<head>
    <script type="text/javascript">
    ....
    </script>
</head>
<body>
    <script type="text/javascript">
    ....
    </script>
</body>
</html>
```

（2）直接添加脚本。

同在 HTML 标记符中运用 style 属性添加 CSS 样式一样，也可以直接在 HTML 标记符中添加 JavaScript 脚本来响应页面元素的事件。

如以下代码，在网页中显示一按钮，单击该按钮则在窗口状态栏中显示当前的时间信息：

```
<html xmlns="http://www.w3.org/1999/xhtml">
<head>
<meta http-equiv="Content-Type" content="text/html; charset=utf-8" />
<title>无标题文档</title>
</head>
<body>
<input type="button" onclick="javascript:window.status=Date()"; value="显示时间" />
</body>
</html>
```

（3）链接外部脚本。

如果同一段脚本程序需要在很多程序中引用，可以将这段脚本放在一个单独的文件中。如上例的 window.status=Date()需要运用到很多页面，我们可以将其保存为扩展名为.js 的外部脚本文件，然后使用 script 标记符中的 src 属性来指定外部脚本的 URL 地址。

如已经存在 showdate.js 文件，内容如下：

```
window.status=Date();
```

创建一个名为 showdate.html 文件，该文件链接了 showdate.js 的外部脚本文件，代码如下：

```
<html xmlns="http://www.w3.org/1999/xhtml">
<head>
<meta http-equiv="Content-Type" content="text/html; charset=utf-8" />
<title>无标题文档</title>
</head>
<body>
<script language="javascript" src="showdate.js">
</script>
</body>
</html>
```

接下来讲解如何操作对象：

- 创建新对象 new。

在 JavaScript 中创建一个新的对象十分简单。首先它必须定义一个对象，而后再为该对象创建一个实例。这个实例就是一个新对象，它具有对象定义中的基本特征。若要创建一个新对象实例，可以采用 new 运算符，语法如下：

```
新对象实例名=new 对象名()
```

如本例中，若要创建一个名为 today 的新日期对象实例，则采用如下语句：

```
today = new Date();                    //创建日期对象
```

- 删除对象 delete。

若某个对象实例不再需要时，就必须及时的删除，语法如下：

```
delete 对象实例名
```

- 属性与方法的使用。

每个对象都有若干属性与方法，若要使用这些对象和属性，直接用对象实例名·方法或属性即可，语法如下：

```
对象实例名.方法
对象实例名.属性
```

如像本例中一样，要显示当前日期的小时，则直接用 today.getHours()即可获取。

- 日期对象 Date。

Date 对象是 JavaScript 中的内置对象，该对象提供了十分灵活与全面的获取时间与日期的方法，它拥有一系列的属性与方法，可以用来表示任意的日期和时间。Date 对象的属性和方法如表 4-1 和表 4-2 所示。

表 4-1　Date 对象的属性

属性	说明
constructor	一个对创建对象的函数的引用
prototype	使您有能力向对象添加属性和方法

表 4-2　Date 对象的方法

方法	说明
Date()	返回当天的日期和时间
getDate()	从 Date 对象返回一个月中的某一天（1～31）
gctDay()	从 Date 对象返回一周中的某一天（0～6）
getMonth()	从 Date 对象返回月份（0～11）
getFullYear()	从 Date 对象以四位数字返回年份
getYear()	从 Date 对象以两位或四位数字返回年份。
getHours()	返回 Date 对象的小时（0～23）
getMinutes()	返回 Date 对象的分钟（0～59）
getSeconds()	返回 Date 对象的秒（0～59）
getMilliseconds()	返回 Date 对象的毫秒（0～999）
getTime()	返回 1970 年 1 月 1 日至今的毫秒数
getTimezoneOffset()	返回本地时间与格林威治标准时间的分钟差（GMT）
getUTCDate()	根据世界时从 Date 对象返回月中的一天（1～31）
getUTCDay()	根据世界时从 Date 对象返回周中的一天（0～6）
getUTCMonth()	根据世界时从 Date 对象返回月份（0～11）
getUTCFullYear()	根据世界时从 Date 对象返回四位数的年份
getUTCHours()	根据世界时返回 Date 对象的小时（0～23）
getUTCMinutes()	根据世界时返回 Date 对象的分钟（0～59）
getUTCSeconds()	根据世界时返回 Date 对象的秒钟（0～59）
getUTCMilliseconds()	根据世界时返回 Date 对象的毫秒（0～999）
parse()	返回 1970 年 1 月 1 日午夜到指定日期（字符串）的毫秒数
setDate()	设置 Date 对象中月的某一天（1～31）
setMonth()	设置 Date 对象中的月份（0～11）
setFullYear()	设置 Date 对象中的年份（四位数字）
setYear()	设置 Date 对象中的年份（两位或四位数字）
setHours()	设置 Date 对象中的小时（0～23）
setMinutes()	设置 Date 对象中的分钟（0～59）
setSeconds()	设置 Date 对象中的秒钟（0～59）
setMilliseconds()	设置 Date 对象中的毫秒（0～999）
setTime()	通过向或从 1970 年 1 月 1 日零点添加或减去指定数目的毫秒来计算日期和时间
setUTCDate()	根据世界时设置 Date 对象中月份的一天（1～31）
setUTCMonth()	根据世界时设置 Date 对象中的月份（0～11）
setUTCFullYear()	根据世界时设置 Date 对象中的年份（四位数字）
setUTCHours()	根据世界时设置 Date 对象中的小时（0～23）
setUTCMinutes()	根据世界时设置 Date 对象中的分钟（0～59）
setUTCSeconds()	根据世界时设置 Date 对象中的秒钟（0～59）
setUTCMilliseconds()	根据世界时设置 Date 对象中的毫秒（0～999）
toSource()	代表对象的源代码
toString()	把 Date 对象转换为字符串
toTimeString()	把 Date 对象的时间部分转换为字符串
toDateString()	把 Date 对象的日期部分转换为字符串

（续表）

方法	说明
toGMTString()	根据格林威治时间，把 Date 对象转换为字符串
toUTCString()	根据世界时，把 Date 对象转换为字符串
toLocaleString()	根据本地时间格式，把 Date 对象转换为字符串
toLocaleTimeString()	根据本地时间格式，把 Date 对象的时间部分转换为字符串
toLocaleDateString()	根据本地时间格式，把 Date 对象的日期部分转换为字符串
UTC()	根据世界时，获得一个日期，然后返回 1970 年 1 月 1 日午夜到该日期的毫秒数
valueOf()	返回 Date 对象的原始值。

在使用 Date 对象时要注意，在获取星期和月份时，Date 对象是从 0 开始，即第 0 天是星期天，第 1 天是星期一，第 0 月是 1 月，第 1 月是 2 月。所以本例中获取月份的代码如下：

```
document.write (today.getMonth() + 1 +"月");      //获取月
```

获取星期的代码如下：

```
var day=today.getDay();                          //获取星期
switch(day)
{
case 0:document.write ("星期日");
break;
case 1:document.write ("星期一");
break;
case 2:document.write ("星期二");
break;
case 3:document.write ("星期三");
break;
case 4:document.write ("星期四");
break;
case 5:document.write ("星期五");
break;
case 6:document.write ("星期六");
}
```

- 计算两个日期之间的差值。

我们常常要进行某个日期的倒计时计算，即计算两个时间之间所相差的间隔。本例计算当天至 10 月 1 日（国庆节）的相隔天数，首先定义存放结束日期以及日期的变量，然后将结束日期减去当前日期，获取两个日期相隔的时间间隔数，若要获取相隔的天数，则将间隔数除以 1000*60*60*24。代码如下：

```
var endtime= new Date("05/1/2010");      //设置结束日期
var specialday="上海世博会";              //设置结束日期说明
var times = endtime.getTime() - today.getTime();
//计算两个时间之间的时间差值
var days = Math.floor(times / (1000 * 60 * 60 * 24));
 //计算差值的天数
if (days > 1)
document.write("今天离"+specialday+"还有"+days +"天")
else if (days == 1)
document.write("只有 2 天啦！")
```

```
else if (days == 0)
document.write("只有1天啦！")
else
document.write("好象已经过了哦！");
```

- window 对象。

window 对象是 JavaScript 中的浏览器对象。文档对象模型（Document Object Model，DOM）是用来表示 HTML 元素以及浏览器信息的一个模型，它使脚本能够访问 web 页上的信息。JavaScript 对象模型中，window 对象是整个模型的最高层，代表当前的浏览器窗口；之下是文档（document）对象、事件（event）对象、框架（frame）对象、历史（history）对象、地址（location）对象、浏览器（navigator）对象和屏幕（screen）对象；在文档对象之下有表单（form）对象、图像（image）对象和链接（link）对象、锚记（anchor）对象等；表单对象下还有按钮（button）对象、单选按钮（radio）对象、复选框（checkbox）对象、文件上传（file）对象等多种对象。

window 对象是文档对象模型中的顶级对象，它代表着当前浏览器窗口，是其他所有对象的父对象。window 对象的属性与方法很多，如表 4-3 至表 4-5 所示。

表 4-3　window 对象的集合

集合	说明
frames	返回窗口中所有命名的框架。该集合是 window 对象的数组，每个 window 对象在窗口中含有一个框架或<iframe>。属性 frames.length 存放数组 frames[]中含有的元素个数。注意，frames[]数组中引用的框架可能还包括框架，它们自己也具有 frames[]数组

表 4-4　window 对象的属性

属性	说明
closed	返回窗口是否已被关闭
defaultStatus	设置或返回窗口状态栏中的默认文本
document	对 document 对象的只读引用
history	对 history 对象的只读引用
innerheight	返回窗口的文档显示区的高度
innerwidth	返回窗口的文档显示区的宽度
length	设置或返回窗口中的框架数量
location	用于窗口或框架的 location 对象
name	设置或返回窗口的名称
navigator	对 navigator 对象的只读引用
opener	返回对创建此窗口的窗口的引用
outerheight	返回窗口的外部高度
outerwidth	返回窗口的外部宽度
pageXOffset	设置或返回当前页面相对于窗口显示区左上角的 X 位置
pageYOffset	设置或返回当前页面相对于窗口显示区左上角的 Y 位置
parent	返回父窗口
screen	对 screen 对象的只读引用
self	返回对当前窗口的引用。等价于 window 属性
status	设置窗口状态栏的文本
top	返回最顶层的父窗口
window	window 属性等价于 self 属性，它包含了对窗口自身的引用

（续表）

属性	说明
screenLeft screenTop screenX screenY	只读整数。声明了窗口的左上角在屏幕上的 x 坐标和 y 坐标。IE、Safari 和 Opera 支持 screenLeft 和 screenTop，而 Firefox 和 Safari 支持 screenX 和 screenY

表 4-5　window 对象的方法

方法	说明
alert()	显示带有一段消息和一个确认按钮的警告框
blur()	把键盘焦点从顶层窗口移开
clearInterval()	取消由 setInterval() 设置的 timeout
clearTimeout()	取消由 setTimeout() 方法设置的 timeout
close()	关闭浏览器窗口
confirm()	显示带有一段消息以及确认按钮和取消按钮的对话框
createPopup()	创建一个 pop-up 窗口
focus()	把键盘焦点给予一个窗口
moveBy()	相对窗口的当前坐标把它移动指定的像素
moveTo()	把窗口的左上角移动到一个指定的坐标
open()	打开一个新的浏览器窗口或查找一个已命名的窗口
print()	打印当前窗口的内容
prompt()	显示可提示用户输入的对话框
resizeBy()	按照指定的像素调整窗口的大小
resizeTo()	把窗口的大小调整到指定的宽度和高度
scrollBy()	按照指定的像素值来滚动内容
scrollTo()	把内容滚动到指定的坐标
setInterval()	按照指定的周期（以毫秒计）来调用函数或计算表达式
setTimeout()	在指定的毫秒数后调用函数或计算表达式

- document 对象。

本例中反复出现了一个语句 document.write，这个语句在 JavaScript 中是用来输出字符串的。语法如下：

```
document.write (字符串1,字符串2);
```

document 对象指的是当前浏览器窗口中的文档，使用该对象可以访问到文档中所有其他的对象。表 4-6 至表 4-8 列出了 document 对象的各种集合、属性与方法。

表 4-6　document 对象的集合

集合	说明
all	提供对文档中所有 HTML 元素的访问
anchors	返回对文档中所有 anchor 对象的引用
applets	返回对文档中所有 applet 对象的引用
froms	返回对文档中所有 form 对象的引用
images	返回对文档中所有 image 对象的引用
links	返回对文档中所有 area 和 link 对象的引用

表 4-7　document 对象的属性

属性	说明
body	提供对<body>元素的直接访问。对于定义了框架集的文档，该属性引用最外层的<frameset>
cookie	设置或返回与当前文档有关的所有 cookie
domain	返回当前文档的域名
lastModified	返回文档被最后修改的日期和时间
referrer	返回载入当前文档的文档的 URL
title	返回当前文档的标题
URL	返回当前文档的 URL

表 4-8　document 对象的方法

方法	说明
close()	关闭用 document.open()方法打开的输出流，并显示选定的数据
getElementById()	返回对拥有指定 id 的第一个对象的引用
getElementsByName()	返回带有指定名称的对象集合
getElementsByTagName()	返回带有指定标签名的对象集合
open()	打开一个流，以收集来自任何 document.write()或 document.writeln()方法的输出
write()	向文档写 HTML 表达式或 JavaScript 代码
writeln()	等同于 write()方法，不同的是在每个表达式之后写一个换行符

【例 4-2】鼠标类实例——获取鼠标位置和禁止键的使用

〖实例需求〗

本实例通过讲解鼠标位置获取以及禁止使用右键的实例，让读者掌握 event 事件对象的语法以及操作方法。

本实例在<head>与</head>中定义了两个函数：一个是 my_onmousemove()函数，主要用于在状态栏显示当前鼠标的坐标值；另一个是 myclick()函数，用于判断单击的是否是右键，若单击是右键，则弹出警告框，显示信息“禁止使用右键！”。

〖开发过程〗

第一步：创建站点。

可以按照例【2-1】的步骤进行站点配置，建立新 HTML 文件。

第二步：编写代码。

在 Dreamweaver CS3 代码编辑区输入如下代码：

```
<html>
<head>
<title>鼠标事件实例</title>
<script language=JavaScript>
function my_onmousemove()          //定义函数
{
window.status = "X=" + window.event.x + ",Y=" + window.event.y;
```

```
//状态栏显示鼠标位置
}
function myclick()                    //定义函数
{
if (event.button==2)                  //判断是否是右键
{
alert('禁止使用右键')                  //弹出警告信息
}
}
</script>
</head>
<body onmousemove="return my_onmousemove()">
<a href="javascript:void(0)" onMouseDown="myclick()">
<img name="img1" src="images/07.gif"/>
</a>
</body>
</html>
```

第三步：保存网页并运行调试。

单击“文件”→“保存”命令，或者按快捷键 Ctrl+S，以文件名 ch4-2.htm 保存页面。按 F12 键进行网页的运行与调试，效果如图 4-2 所示。

图 4-2

状态栏上显示当前鼠标的坐标位置，随着鼠标的移动而不停地变化。当想要对图片进行复制时会用到鼠标右键，右击，则弹出信息为“禁止使用右键”的警告框。

〖实例剖析与知识讲解〗

本例中在<head>与</head>中定义了两个函数，一个为 my_onmousemove()，主要实现在状态栏显示当前鼠标的坐标值。函数如下：

```
function my_onmousemove()             //定义函数
{
window.status = "X=" + window.event.x + ",Y=" + window.event.y;
//状态栏显示鼠标位置
}
```

另一个函数为 myclick()，主要实现对鼠标按键的判断，若单击右键，则弹出警告框。函数如下：

```
function myclick()                    //定义函数
{
if (event.button==2)                  //判断是否是右键
{
alert('禁止使用右键')                 //弹出警告信息
}
}
```

在<body>中应用这两个函数，首先当鼠标在整个页面中移动时，调用函数 my_onmousemove()，代码如下：

```
<body onmousemove="return my_onmousemove()">
```

同时，在<body>中放置一张带空链接的图片，当单击图片链接时调用函数 myclick()，代码如下：

```
<a href="javascript:void(0)" onMouseDown="myclick()">
<img name="img1" src="images/07.gif"/>
</a>
```

下面讲解本实例中所出现的相关对象及其特征。

- 事件的使用。

JavaScript 是一种基于对象的编程语言，采用事件驱动。通常鼠标或者键的操作称为事件（event），当用户进行单击鼠标等操作时，就产生了一个事件，这个事件需要浏览器进行处理，浏览器响应并进行事件处理的过程称为事件处理，进行这种处理的代码称为事件响应函数。

本例中的 onmousedown、onmousemove 就是两个事件，当按下鼠标（onmousedown）时，调用函数 myclick()进行处理，这里的 myclick()为事件响应函数。

除了本例中使用到的利用事件响应函数来处理事件外，还可以直接将 JavaScript 语句作为事件处理属性的值。

若单击某张图片，会弹出信息如“不要单击我！”的警告框，可以直接用如下代码：

```
<a href="javascript:void(0)" onclick="alert('不要单击我！')">
<img name="img1" src="images/07.gif"/>
</a>
```

一般采用这种方式时，事件处理比较简单，若事件稍微复杂一些，还是用事件响应函数会更清晰和有效一些。

除了 onmousedown、onmousemove 事件外，JavaScript 还有一些比较常用的事件，如表 4-9 所示。

表 4-9　常用的 JavaScript 事件

JavaScript 事件	说明
onabort	图像加载被中断时
onblur	元素失去焦点
onchange	用户改变域的内容
onclick	鼠标单击某个对象
ondblclick	鼠标双击某个对象
onerror	当加载文档或图像时发生某个错误
onfocus	元素获得焦点
onkeydown	某个键盘的键被按下

（续表）

JavaScript 事件	说明
onkeypress	某个键盘的键被按下或按住
onkeyup	某个键盘的键被松开
onload	某个页面或图像被完成加载
onmousedown	某个鼠标按键被按下
onmousemove	鼠标被移动
onmouseout	鼠标从某元素移开
onmouseover	鼠标被移到某元素之上
onmouseup	某个鼠标按键被松开
onreset	重置按钮被单击
onresize	窗口或框架被调整尺寸
onselect	文本被选定
onsubmit	提交按钮被单击
onunload	用户退出页面

- event 事件对象。

event 事件有时非常有用，比如要获取鼠标的坐标值、现在按下的是鼠标左键还是右键，或者通过键盘获取按下的是哪个键。通过 event 对象，可以访问键盘、鼠标动作等事件的状态，从而实现对键盘、鼠标动作进行控制与处理。event 对象是 window 对象的子对象。

本例中要获取鼠标水平坐标值与垂直坐标值，采用如下语句：

```
window.event.x      //获取水平坐标值
window.event.y      //获取垂直坐标值
```

表 4-10 列出了 event 对象常用的属性。

表 4-10　event 对象的属性

属性	说明
altKey	检测 Alt 键是否被按下，若按下，则为真，否则为假
ctrlKey	检测 Ctrl 键是否被按下，若按下，则为真，否则为假
shiftKey	检测 Shift 键是否被按下，若按下，则为真，否则为假
button	检测按下的鼠标键（0 表示没有按键，1 按左键，2 按右键，3 按左右键，4 按中间键，5 按左键和中间键，6 按右键和中间键，7 按所有的键）
clientX	鼠标光标相对于事件所在窗口客户区域的水平坐标
clientY	鼠标光标相对于事件所在窗口客户区域的垂直坐标
X	鼠标光标相对于事件所在文档的水平坐标
Y	鼠标光标相对于事件所在文档的垂直坐标
screenX	鼠标光标相对于用户屏幕的水平坐标
screenY	鼠标光标相对于用户屏幕的垂直坐标
offsetX	鼠标光标相对于事件所在对象的水平坐标
offsetY	鼠标光标相对于事件所在对象的垂直坐标
cancelBubble	如果想要阻止事件传递给下一个事件处理层次的对象，必须把该属性设为 true
fromElement	对于 mouseover 和 mouseout 事件，fromElement 引用移出鼠标的元素
toElement	对于 mouseover 和 mouseout 事件，该属性引用移入鼠标的元素
keyCode	对于 keypress 事件，该属性声明了被按的键生成的 Unicode 字符码。对于 keydown 和 keyup 事件，它指定了被按的键的虚拟键盘码。虚拟键盘码可能和使用的键盘的布局相关

本例中还用到了 button 属性来进行判断是否按下了鼠标的右键，代码如下：

```
if (event.button==2)   //判断是否是右键
{
alert('禁止使用右键')     //弹出警告信息
}
```

其中，event.button 能够获取当前按下的鼠标键，若值为 0 表示没有按下任何键，1 按左键，2 按右键，3 按左右键，4 按中间键，5 按左键和中间键，6 按右键和中间键，7 按所有的键。这样，我们就可以自由控制鼠标的按键了。

- window.status 状态栏设置。

本例在浏览器窗口的状态栏中显示鼠标的当前位置，代码如下：

```
window.status = "X=" + window.event.x + ",Y=" + window.event.y;
```

还可以在状态栏显示静态或者动态的文本，若是静态文本，直接用如下代码：

```
window.status="欢迎你来到这里！";
```

在状态栏上也可以动态地显示文字或者时间，详见【例 4-3】。

- 消息对话框的使用

JavaScript 中有 3 种常用对话框：显示警告的对话框 alert()、显示确认消息的对话框 confirm() 以及显示提示信息的对话框 prompt()。

本例中使用到了警告框 alert()，从演示中可以看到，当在图片上右击，会弹出一个警告框，框中显示提示信息“禁止使用右键！”。

三种对话框的语法分别如下：

```
window.alert("消息")                          //alert()方法的语法
window.confirm("消息")                        //confirm()方法的语法
result=window.prompt(提示信息，默认文本)        //prompt()方法的语法
```

具体实例这里不再多列举，读者可以查阅相关 JavaScript 教程。

【例 4-3】状态栏实例——状态栏显示的动态时钟

〖实例需求〗

本实例通过运用 setTimeout()与 clearTimeout()来进行定时设置的方法，实现 1 秒钟重复调用某函数来动态显示时间的不断变化。

实例中设置一个变量 timerRunning，用来设置定时器开启的状态，若开启则状态为 true，否则为 false。默认状态为 false。

实例中定义了三个函数，第一个是 showtime()函数，用来在状态栏上显示当前时间，并运用 setTimeout()函数设置每隔 1000ms（即 1s）执行 showtime()函数一次。同时赋予定时器对象一个名称，为 timeID，并设置 timerRunning 值为 true。

第二个函数是 stopclock()，采用 clearTimeout()函数停止 setTimeout 方法激活的定时器，同时将 timerRunning 变量设置为 false。

第三个函数是 startclock()，首先停止定时器，接着重新打开定时器，并显示时间。

〖开发过程〗

第一步：创建站点。

可以按照【例 2-1】的步骤进行站点配置，建立新 HTML 文件。

第二步：编写代码。

在 Dreamweaver CS3 代码编辑区输入如下代码：

```
<head>
<title>不断变化的时钟显示</title>
<script Language="JavaScript">
var timerID = null;
var timerRunning = false;                    //设置定时器运行状态
function stopclock ()                        //停止定时器
{
if(timerRunning)
clearTimeout(timerID);                       //关闭定时器
timerRunning = false;                        //设置定时器运行状态
}
//如果timeRunning的值是真，则取消定时操作，并将timeRunning的值设置为假。
function showtime ()                         //显示时间
{
var now = new Date();                        //定义日期对象实例
var hours = now.getHours();                  //获取小时
var minutes = now.getMinutes();              //获取分钟
var seconds = now.getSeconds()               //获取秒钟
var timeValue = "" + ((hours >12) ? hours -12 :hours)
//定义变量timeValue的值为当小时数大于12时，则小时数减12
timeValue += ((minutes < 10) ? ":0" : ":") + minutes
//设置timeValue的值为小时数加分钟数，当分钟数小于10时，前面加0
timeValue += ((seconds < 10) ? ":0" : ":") + seconds
//设置timeValue的值为小时数加分钟数加秒数，当秒数小于10时，前面加0
timeValue += (hours >= 12) ? " P.M." : " A.M."
//设置timeValue的值为小时数加分钟数加秒数再加一个PM或AM
window.status = timeValue;
//在状态栏内显示timeValue的值
timerID = setTimeout("showtime()",1000);
//设置一个时间间隔，为1秒，每一个时间间隔调用一次showtime()函数。
timerRunning = true;
//设置timerRunning 的值为真。
}
function startclock ()
{
stopclock();                                 //停止计时器
```

```
showtime();                    //显示时间
}
</script>
</head>
<body onLoad="startclock()">
</body>
</html>
```

第三步：保存网页并运行调试。

单击“文件”→“保存”命令，或者按快捷键 Ctrl+S，以文件名 ch4-3.htm 保存页面，按 F12 键进行网页的运行与调试，效果如图 4-3 和图 4-4 所示。

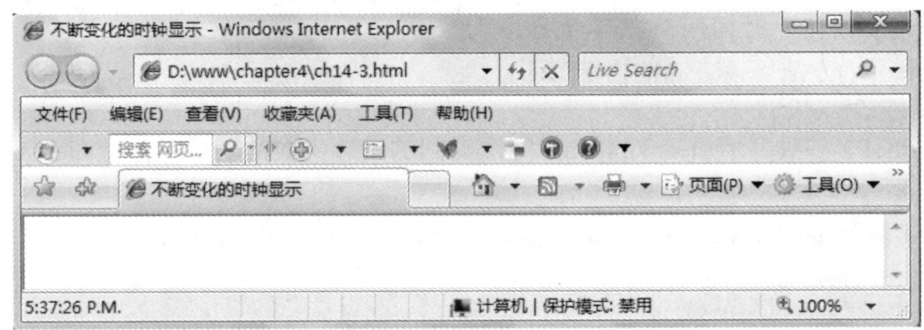

图 4-3

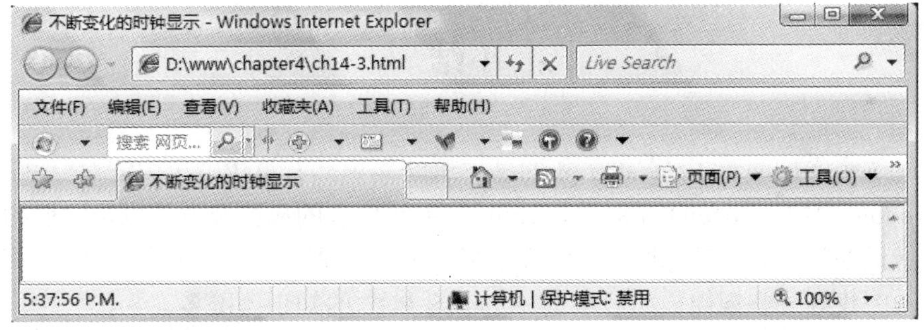

图 4-4

可以看到，时钟的秒数在一秒一秒地增加，这就实现了动态时钟的效果。

〖**实例剖析与知识讲解**〗

本例是在浏览器的状态栏上动态显示时间，需要掌握的知识点是定时设置方法。

window 对象的方法中有 4 种进行定时设置的方法，其中 setInterval()和 clearInterval()方法用于设置和取消循环定时操作；setTimeout()和 clearTimeout()方法用于设置和取消延时定时操作。

- setInterval()方法。该方法的语法如下：

```
timeID=setInterval(code, milliseconds)
```

其中，code 可以是要调用的函数或者要执行的代码表达式，milliseconds 表示循环操作的定时时间间隔，以毫秒为单位，setInterval()方法可按照指定的周期 milliseconds（以毫秒计）来调用函数或计算表达式，即每隔 milliseconds 毫秒，执行 code 一次，直到 clearInterval()被调用或窗口被关闭。由 setInterval()返回的 timeID 值可用作 clearInterval()方法的参数。

● clearInterval()方法。该方法的语法如下：

```
clearInterval(timeID);
```

其中，timeID 参数表示 setInterval()方法返回的值。函数的功能是停止 setInterval 方法激活的定时器。

● setTimeout()方法。该方法的语法如下：

```
timeID=setTimeout(code, milliseconds)
```

其中，code 可以是要调用的函数或者要执行的代码表达式，milliseconds 表示循环操作的定时时间间隔，以毫秒为单位，setTimeout()方法可按照指定的周期 milliseconds（以毫秒计）来调用函数或计算表达式，即每隔 milliseconds 毫秒，执行 code 一次，直到 clearTimeout()被调用或窗口被关闭。由 setTimeout()返回的 timeID 值可用作 clearTimeout()方法的参数。

注意：setTimeout()与 setInterval()两者的区别在于：setTimeout()只在延时到来时执行一次，setInterval()按指定时间间隔循环执行。

clearTimeout()方法。该方法的语法如下：

```
clearTimeout(timeID);
```

其中，timeID 参数表示 clearTimeout()方法返回的值。函数的功能是停止 clearTimeout 方法激活的定时器。

本例是采用的 setTimeout()与 clearTimeout()方法来设置时间的定时显示。

```
timerID = setTimeout("showtime()",1000);
//每隔1秒钟调用showtime()函数一次
clearTimeout(timerID);          //关闭定时器
```

小结

本章通过 3 个实例演示了 JavaScript 的基本语法知识，着重讲解了内置对象 date 对象，浏览器对象 window 对象、document 对象、event 对象等内容的属性及方法以及它们的使用方法。并对如何显示日期与时间、动态时钟的显示、状态栏的设置等进行了详细的说明，希望读者能从这 3 个实例中找到一些规律，为后续进一步学习 PHP 的知识做准备。

本章只是做为一个引导性的意义来讲解 JavaScript，全面的 JavaScript 知识还需要读者参考相关教程进行深入地学习。

第 5 章　PHP 中的常量与变量

【本章导读语】

任何一段程序，都有一个最基本的元素，那就是常量与变量。

在程序运行过程中其值不能被改变的量称为常量。在 PHP 编程中到处可以见到常量的身影，比如指定的文件名、文件路径或者某一个固定的值（圆周率 PI＝3.1415926）等，常量常常用来表示程序中所需要的一些特定的值。

变量是计算机编程中的一个重要概念。变量是一个可以存储值的字母或名称。当编程时可使用变量来存储数字，例如建筑物的高度，或者存储单词，例如人的名字。简单地说，可使用变量表示程序所需的任何信息。

本章将介绍常量与变量的知识，这些都是任何编程语言的基本组成部分。

【例 5-1】PHP 中常量的定义与使用

〖**实例需求**〗

本例旨在说明 PHP 中常量是如何定义的，以及常量的命名规则。本例使用的编辑工具为 Dreamweaver CS3。

本例定义了一个名为 NICKNAME 的常量，并给其赋予一个固定值 sunny，然后将其输出。

〖**开发过程**〗

第一步：创建文件。

首先，在确保已经配置好相应的 PHP 环境后，根据【例 2-2】所示的步骤配置好站点。接下来打开 Dreamweaver CS3，弹出如图 5-1 所示的界面，选择“新建”→PHP，创建新文件，如图 5-2 所示。

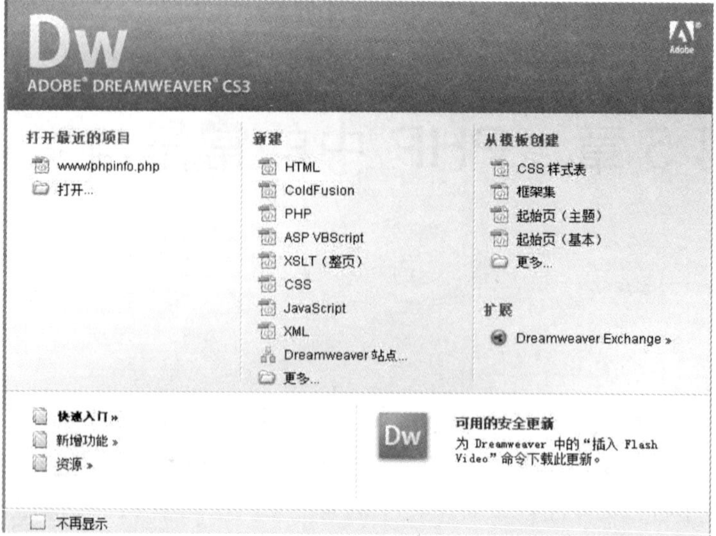

图 5-1

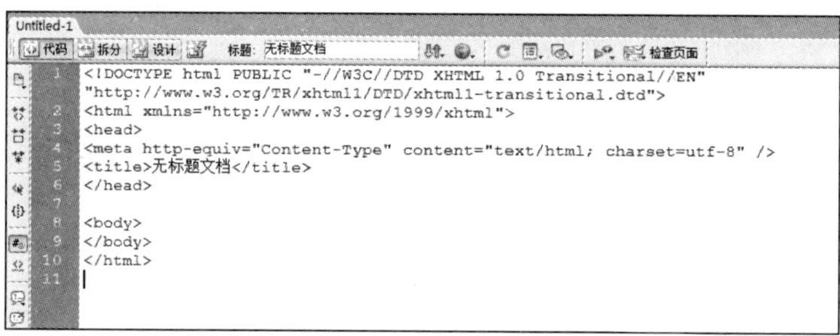

图 5-2

第二步：编写代码。

此实例主要是为了掌握常量的定义以及使用方法。在新文件的代码编辑区输入如下代码：

```
<!DOCTYPE html PUBLIC "-//W3C//DTD XHTML 1.0 Transitional//EN" "http://www.w3.org/TR/ xhtml1/DTD/xhtml1-transitional.dtd">
<html xmlns="http://www.w3.org/1999/xhtml">
<head>
<meta http-equiv="Content-Type" content="text/html; charset=utf-8" />
<title>常量的定义与使用</title>
</head>
<body>
<?
echo "输出未定义的常量NICK"."<br>";
echo NICK;                           //输出未定义的常量NICK
echo "<br>";                         //输出换行符
echo "定义并输出常量NICKNAME"."<br>";
define("NICKNAME","sunny");          //定义常量NICKNAME，并赋值为 sunny
echo "hello,".NICKNAME."<BR>";       //输出常量
?>
</body>
</html>
```

第三步：保存网页。

单击“文件”→“保存”命令，或者按快捷键 Ctrl+S，以文件名 ch5-1.php 保存页面，文件自动保存到站点中。

第四步：调试运行。

按 F12 键或者单击 图标的 预览在 IExplore 6.0　F12 即可进行网页的运行与调试，效果如图 5-3 所示。

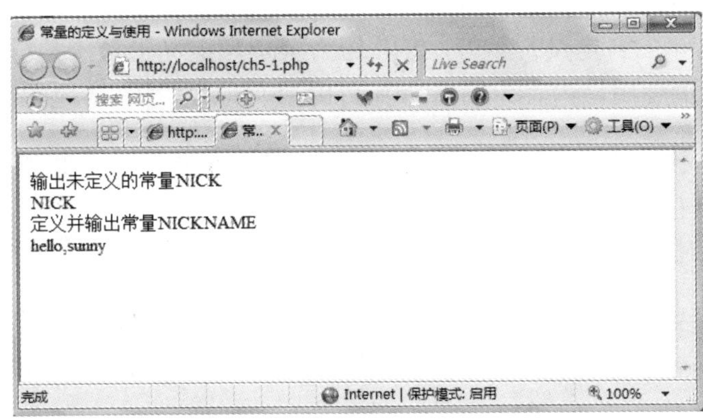

图 5-3

〖实例剖析与知识讲解〗

常量是在程序运行中值始终保持不变的一类量。

由本例代码：

```
define("NICKNAME","sunny");        //定义常量 NICKNAME，并赋值为 sunny
echo "hello,".NICKNAME."<BR>";     //输出常量
```

可以总结出以下几点：

（1）常量定义的语法格式如下：

```
Define("Name","value");
```

其中，Name 为定义常量的常量名，value 为常量所代表的值。

（2）常量的属性如下：

- 只能用 define()函数定义，不能用其他赋值语句进行定义。
- 常量区分大小写。虽然常量在默认情况下要区分大写，也可以使用 define 函数规定它们不区分大小写。如：

```
define("NICKNAME","sunny");        //创建一个区分大小写的常量 NICKNAME
define("NICKNAME","sunny",1);      //创建一个不区分大小写的常量 NICKNAME
```

- 默认情况下，它为全局变量。
- 常量可以有 4 种类型的值：字符串、布尔值、双精度数或者整数。
- 一旦定义了某个常量，就不能再进行改动。

常量的命名不是随意的，必须符合一定的规则。PHP 中常量的命名有以下规则：合法的常量名必须以字母或者下划线开始，后面跟着字母、数字或下划线。

- 常量在使用之前必须定义，否则程序在执行过程中会出错。

如本例中的代码：

```
echo NICK;                          //输出未定义的常量NICK
```

这里的 NICK 并没有事先定义，那么在输出时就不会显示某一个特定的值，而是将 NICK 做为一个字符串原样输出。

【例 5-2】PHP 中的预定义常量

〖实例需求〗

除了【例 5-1】所示的自定义常量外，PHP 还为用户预定义了系统常量，本例旨在说明 PHP 中常用的预定义常量的使用。内容为输出当前 PHP 文件以及 PHP 环境的相关信息。

〖开发过程〗

第一步：创建文件。

首先，在确保已经配置好相应的 PHP 环境后，根据【例 2-2】所示的步骤配置好站点。接下来打开 Dreamweaver CS3，弹出如图 5-4 所示的界面，选择“新建”→PHP，创建新文件，如图 5-5 所示。

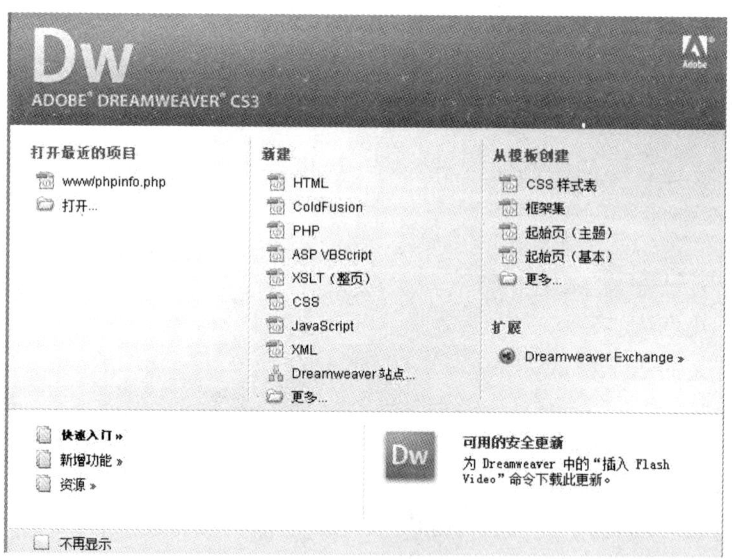

图 5-4

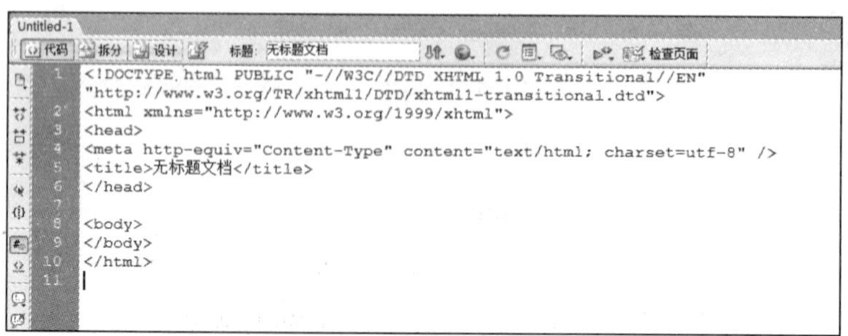

图 5-5

第二步：编写代码。

此实例主要是为了掌握预定义常量的使用方法。在新文件的代码编辑区输入如下代码：

```
<!DOCTYPE html PUBLIC "-//W3C//DTD XHTML 1.0 Transitional//EN" "http://www.w3.org/TR/ xhtml1/DTD/
xhtml1-transitional.dtd">
<html xmlns="http://www.w3.org/1999/xhtml">
<head>
<meta http-equiv="Content-Type" content="text/html; charset=utf-8" />
<title>预定义常量的使用</title>
</head>
<body>
<?
echo "所使用的文件名是：";
echo __FILE__;                          //输出当前文件名
echo "<br>";                            //输出 HTML 换行符
echo "文件的行数为：";
echo __LINE__;                          //输出文件行数
echo "<br>";
echo "PHP 的版本是：";
echo PHP_VERSION;                       //输出 PHP 版本
echo "<br>";
echo "所使用的操作系统为：";
echo PHP_OS;                            //输出操作系统类型
?>
</body>
</html>
```

第三步：保存网页。

单击“文件”→“保存”命令，或者按快捷键 Ctrl+S，以文件名 ch5-2.php 保存页面，文件自动保存到站点中。

第四步：调试运行。

按 F12 键或者单击图标的 预览在 IExplore 6.0 F12 即可进行网页的运行与调试，效果如图 5-6 所示。

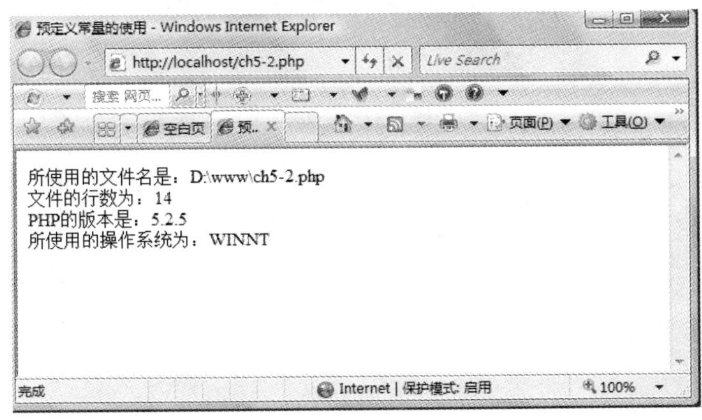

图 5-6

〖实例剖析与知识讲解〗

PHP 中有一些预定义常量，可以使用这些常量获取 PHP 中的信息。表 5-1 列出了这些常量及其含义。

表 5-1　常用的预定义常量

常量名	含义
__FILE__	获取当前正在解析的文件名
__LINE__	获取当前正在解析的文件的行数
PHP_VERSION	获取当前使用的 PHP 版本
PHP_OS	获取执行 PHP 解释器的操作系统
TRUE	显示真值
FALSE	显示假值
E_ERROR	显示发生的错误
E_WARNING	显示 PHP 遇到错误而给出的警告，但程序仍然可以执行
E_PARSE	显示解析器由于脚本中的语法错误而中止，并且无法恢复
E_NOTICE	显示需要注意的问题，但它们不是错误
NULL	显示空值
E_ALL	代表所有结合在一起的 E_*常量

不论是使用自定义常量还是预定义常量，大小写都必须一致。如使用系统预定义常量时把大写改为小写，就不能正确返回预定义常量的值，只会将预定义常量做为普通的字符串原样输出。

如以下代码：

```
<?
echo PHP_VERSION;                                    //输出 PHP 版本
echo "<br>";
echo php_version;
echo "<br>";
echo PHP_OS;
echo "<br>";
echo php_os;
?>
```

将以上代码保存至 ch5-2-1.php 中，在 PHP 执行环境下运行，效果如图 5-7 所示。

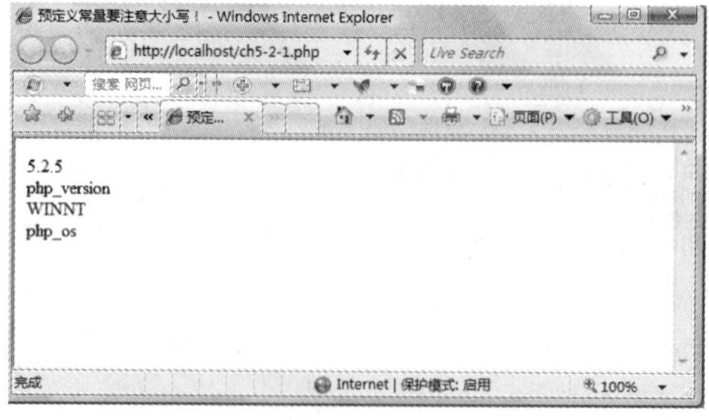

图 5-7

一定要注意预定义常量以及自定义常量的大小写问题，不同的大小写也会有不同的输出结果。

【例 5-3】PHP 中变量的定义与使用

〖实例需求〗

本例旨在说明 PHP 中变量是如何定义的，以及变量的使用和命名规则，同时介绍变量类型的设置与转换。

〖开发过程〗

第一步：创建文件。

首先，在确保已经配置好相应的 PHP 环境后，根据【例 2-2】所示的步骤配置好站点。接下来打开 Dreamweaver CS3，弹出如图 5-8 所示的界面，选择“新建”→PHP，创建新文件，如图 5-9 所示。

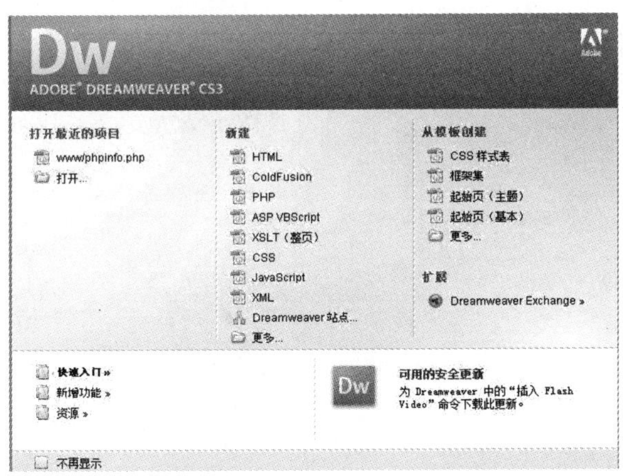

图 5-8

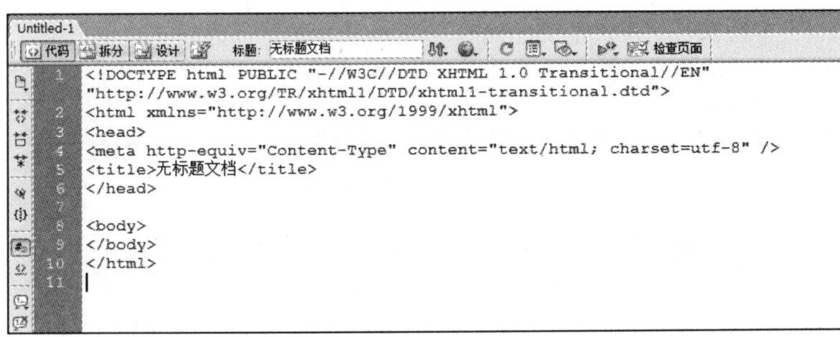

图 5-9

第二步：编写代码。

此实例主要是为了掌握常量的定义以及使用方法。在新文件的代码编辑区输入如下代码：

```
<!DOCTYPE html PUBLIC "-//W3C//DTD XHTML 1.0 Transitional//EN" "http://www.w3.org/TR/ xhtml1/DTD/xhtml1-transitional.dtd">
<html xmlns="http://www.w3.org/1999/xhtml">
```

```
<head>
<meta http-equiv="Content-Type" content="text/html; charset=utf-8" />
<title>变量的定义与使用</title>
</head>
<body>
<?
$foo = 'sunny';                              // 赋值sunny给foo
$bar = &$foo;                                //通过$bar引用，注意&符号
$bar = "My name is $bar";                    //修改 $bar
echo $bar;                                   //输出$bar
echo $foo;                                   //输出$foo
echo "<br>";                                 //输出换行符
$txt1="Hello World,";                        //赋值“Hello World,”给$txt1
$txt2="sunny";                               //赋值“sunny”给$txt2
echo $txt1 . " " . $txt2 ."<br>";            //输出两个字符串的连接
$num="5foo";                                 //定义字符型变量$num
echo $num."<br>";                            //输出字符型变量$num
settype($num,"integer");                     //转换变量$num的类型为整型
echo $num."<br>";                            //输出整型变量$num
$student=array(
"sunny","moon","cat","happy"
);                                           //定义了数组型变量$student
for($i=0;$i<count($student);$i++)            //循环输出数组型变量$student的值
{
echo $student[$i];
echo " ";
}
?>
</body>
</html>
```

第三步：保存网页。

单击“文件”→“保存”命令，或者按快捷键 Ctrl+S，以文件名 ch5-3.php 保存页面，文件自动保存到站点中。

第四步：调试运行。

按 F12 键或者单击图标的 预览在 IExplore 6.0 F12 即可进行网页的运行与调试，效果如图 5-10 所示。

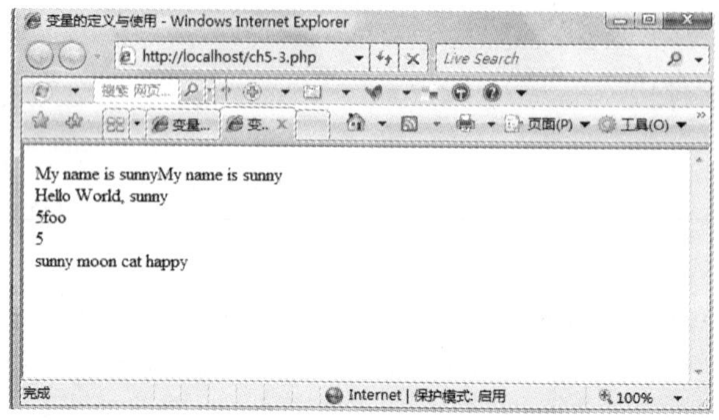

图 5-10

〖实例剖析与知识讲解〗

变量是指在程序运行过程中值可以随时发生变化的一类值。本例中定义了一些变量，如变量$foo、$bar、$txt1、$txt2、$num。同时还运用 settype()函数对变量$num 进行类型的转换。

读者到现在为止，大概已经知道变量定义的一些基本规则，比如，变量名前必须加$符号，否则就提示出错。

1. 变量的相关知识点

● PHP 的变量必须以$符号开始。PHP 的变量声明语法如下：

```
$variable_name = value
```

如：

```
$foo = 'sunny';
```

语句定义了一个名为$foo 的变量，同时赋值为 sunny。

很多初学 PHP 的人会忘记在变量名前加$符号，这是初学者常犯的错误。

● PHP 语言是区分大小写的，变量$a 和$A 不是同一个变量，而表示两个不同的变量。

● 如果一个变量的值是字符串，要用双引号或单引号将字符串括起来。如：

```
$txt = "hello,world!"
```

● 如果一个变量的值是数字类型，直接写数字即可，不用双引号，如：

```
$score = 100;
```

● PHP 是一种弱类型的语言。弱类型就是当你声明变量时，不需要事先声明变量的数据类型，PHP 会自动将变量转换成适当的数据类型。

● 转换变量类型采用 settype()函数。在实际使用 PHP 的过程中，有时需要对变量的类型进行强制转换，如要把字符型变量改变为数值型变量，把数值型变为字符型等。在 PHP 中可通过 settype()函数来重新设置一个变量的类型。

如：

```
$num="5foo";                    //定义字符型变量$num
echo $num."<br>";               //输出字符型变量$num
settype($num,"integer");        //转换变量$num 的类型为整型
```

语句将变量$num 从字符型重新设置为整型（integer）。

● PHP 变量（Variables）的命名规则如下：

 ➢ 变量名必须以字母或者下划线 "_" 开头。
 ➢ 变量名只能包含字母、数字和下划线（a-Z,0-9,_）。
 ➢ 变量名不能包含空格。如果变量名是两个词以上，可以用下划线分隔，如 $my_name，或者可以使用大写来区分，采取驼峰命名方式，如 $myName。

● 数组型变量是一组具有相同类型和名称的变量的集合。

如：

```
$student=array(
"sunny","moon","cat","happy"
);                              //定义了数组型变量$student
```

语句定义了一个名为$student 的数组变量，该变量包含 4 个元素，分别给其赋值 sunny, moon,cat,happy。

若要获取数组中的某个元素，则只需使用数组加上括号加所需要元素的序号就可以了，数组下标从 0 开始，比如要获取第 2 个元素，则用$student[1]进行读取。下面这段语句就是实现

对数组$student 各个元素的循环显示。

如：

```
for($i=0;$i<count($student);$i++)                    //循环输出数组型变量$student 的值
{
echo $student[$i];
echo " ";
}
```

2. 变量的相关函数

- isset()函数：检测一个或者多个变量是否设置。

语法格式为：

```
bool isset ( mixed var [, mixed var [, ...]] )
```

如果 var 存在则返回 TRUE，否则返回 FALSE。如果已经使用 unset()释放了一个变量之后，它将不再是 isset()。若使用 isset()测试一个被设置成 NULL 的变量，将返回 FALSE。同时要注意的是，一个 NULL 字节（"\0"）并不等同于 PHP 的 NULL 常数。

注意：isset()只能用于变量，因为传递任何其他参数都将造成解析错误。若想检测常量是否已设置，可使用 defined()函数。

- unset()函数：释放指定的一个或者多个变量。

语法格式为：

```
void unset ( mixed var [, mixed var [, ...]] )
```

unset()销毁指定的变量。从 PHP4 开始，unset 可以看成是一个语句，这样就没有了返回值，试图获取 unset()的返回值将导致解析错误。

【例 5-4】PHP 中的预定义变量

【例 5-3】中主要讲到的是用户自定义的变量。PHP 自身还提供了很多预定义的变量，在此只列出所有的预定义变量，具体的讲解在以后的章节会有详细的实例。

从 PHP 4.1.0 版本以后，PHP 提供了一些超全局变量（superglobals），通过这些超全局变量可以获得有关 Web 服务器、环境和用户输入的信息。之所以叫超全局变量 （superglobals），是因为它们在任何范围都可用。表 5-2 列出了 PHP 的超全局变量。

表 5-2 常用的预定义变量

变量名称	作用
$GLOBALS	包含一个引用指向每个当前脚本的全局范围内有效的变量。该数组的键名为全局变量的名称。从 PHP 3 开始存在$GLOBALS 数组
$_COOKIE	经由 HTTP Cookies 方法提交至脚本的变量。类似于旧数组$HTTP_COOKIE_VARS 数组（依然有效，但反对使用）
$_FILES	经由 HTTP POST 文件上传而提交至脚本的变量。类似于旧数组$HTTP_POST_FILES 数组（依然有效，但反对使用）
$_SERVER	变量由 Web 服务器设定或者直接与当前脚本的执行环境相关联。类似于旧数组$HTTP_SERVER_VARS 数组（依然有效，但反对使用）
$_SERVER[PHP_SELF]	当前正在执行的文件名
$_SERVER[REQUEST_METHOD]	访问页面时的请求方法，如 GET、POST、HEAD、PUT
$_SERVER[DOCUMENT_ROOT]	前运行脚本所在的文档根目录。在服务器配置文件中定义

（续表）

变量名称	作用
$_SERVER[REMOTE_ADDR]	正在浏览当前页面用户的 IP 地址
$_SERVER['QUERY_STRING']	查询（query）的字符串（URL 中第一个问号 ? 之后的内容）
$_SERVER['SCRIPT_FILENAME']	当前执行脚本的绝对路径名
$_SERVER['SERVER_NAME']	返回当前主机名
$_REQUEST	经由 GET、POST 和 COOKIE 机制提交至脚本的变量，因此该数组并不值得信任。所有包含在该数组中的变量的存在与否以及变量的顺序均按照 php.ini 中的 variables_order 配置指示来定义。此数组在 PHP 4.1.0 之前没有直接对应的版本。参见 import_request_variables()
$_SESSION	当前注册给脚本会话的变量。类似于旧数组 $HTTP_SESSION_VARS 数组（依然有效，但反对使用）
$_ENV	执行环境提交至脚本的变量。类似于旧数组 $HTTP_ENV_VARS 数组（依然有效，但反对使用）
$_GET	经由 URL 请求提交至脚本的变量。类似于旧数组$HTTP_GET_VARS 数组（依然有效，但反对使用）
$_POST	经由 HTTP POST 方法提交至脚本的变量。类似于旧数组 $HTTP_POST_VARS 数组（依然有效，但反对使用）
$_REQUEST	经由 GET、POST 和 COOKIE 机制提交至脚本的变量，因此该数组并不值得信任。所有包含在该数组中的变量的存在与否以及变量的顺序均按照 php.ini 中的 variables_order 配置指示来定义。此数组在 PHP 4.1.0 之前没有直接对应的版本。参见 import_request_variables()

小结

本章详细说明了常量的定义与使用、预定义常量和变量的定义与使用，并列举出了常用的预定义变量。需要掌握的是变量前必须带$符号，且变量名区分大小写。

第 6 章　PHP 中的运算符与表达式

【本章导读语】

运算符与表达式是PHP中十分重要的概念，复杂的PHP程序都由运算符与表达式组成的。本章主要讲解算术运算符、赋值运算符、位运算符、比较运算符、错误控制运算符、执行运算符、递增/递减运算符、逻辑运算符、字符串运算符、数组运算符及类型运算符等各种运算符的使用，以及各种运算符的优先级。要想学好 PHP，这一章是最基本的知识，必须认真掌握，为以后的 PHP 编程奠定坚实的基础。

【例 6-1】算术运算符

〖**实例需求**〗

本例主要对算术运算符中的 6 种运算符进行了演示，其中包括加法、减法、乘法、除法、取模、取反运算符。

〖**开发过程**〗

第一步：创建文件。

配置同第 5 章实例。若没有特别提示，在以后的实例中，PHP 配置以及站点设置与第 5 章的一样，不再重复。在 Dreamweaver CS3 代码编辑区输入如下代码：

```
<!DOCTYPE html PUBLIC "-//W3C//DTD XHTML 1.0 Transitional//EN" "http://www.w3.org/TR/ xhtml1/DTD/xhtml1-transitional.dtd">
<html xmlns="http://www.w3.org/1999/xhtml">
<head>
<meta http-equiv="Content-Type" content="text/html; charset=utf-8" />
<title>算术运算符</title>
</head>
<body>
<?
$a = 12;
$b = 5;
echo $a + $b;       //结果为17
echo "<br>";
echo $a - $b;       //结果为7
echo "<br>";
echo $a * $b;       //结果为60
echo "<br>";
echo $a / $b;       //结果为2.4
```

```
    echo "<br>";
    echo $a % $b;        //结果为 2
    echo "<br>";
    echo -$a;            //结果为-12
    echo "<br>";
    ?>
    </body>
    </html>
```

第二步：保存文件并调试运行。

单击“文件”→“保存”命令，或者按快捷键 Ctrl+S，以文件名 ch6-1.php 保存页面，文件自动保存到站点中。

按 F12 键或者单击图标的 预览在 IExplore 6.0 F12 即可进行网页的运行与调试，效果如图 6-1 所示。

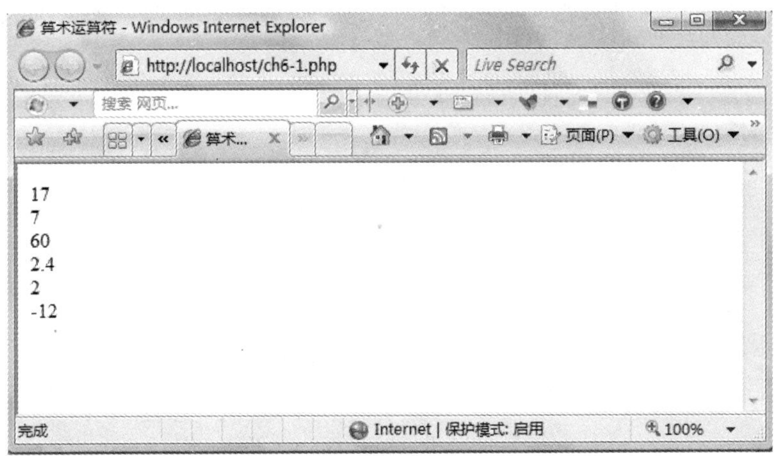

图 6-1

〖实例剖析与知识讲解〗

算术运算符就是基本数学，如表 6-1 所示。

表 6-1　算术运算符

实例	名称	结果
$a + $b	加法	$a 和 $b 的和
$a - $b	减法	$a 和 $b 的差
$a * $b	乘法	$a 和 $b 的积
$a / $b	除法	$a 除以 $b 的商
$a % $b	取模	$a 除以 $b 的余数
-$a	取反	$a 的负值

注意：

（1）除号（“/”）总是返回浮点数，即使两个运算数是整数（或由字符串转换成的整数）也是这样。

（2）取模 $a % $b 在 $a 为负值时的结果也是负值。

【例 6-2】赋值运算符

〖实例需求〗

本例主要对赋值运算符进行介绍，其中包括=、+=、.=。

〖开发过程〗

第一步：创建文件。

创建新文件，在 Dreamweaver CS3 代码编辑区输入如下代码：

```
<!DOCTYPE html PUBLIC "-//W3C//DTD XHTML 1.0 Transitional//EN" "http://www.w3.org/TR/xhtml1/DTD/xhtml1-transitional.dtd">
<html xmlns="http://www.w3.org/1999/xhtml">
<head>
<meta http-equiv="Content-Type" content="text/html; charset=utf-8" />
<title>赋值运算符</title>
</head>

<body>
<?
echo $a = 3;                    //结果为 3
echo "<br>";
echo $a += 5;                   //结果为 8
echo "<br>";
echo $b = "Hello ";             //结果为 Hello
echo "<br>";
echo $b .= "There!";            //结果为 Hello There!
echo "<br>";
echo $a = ($b = 4) + 5;         //结果为 9
echo "<br>";
$a = 'a';
$b = 'b';
$a .= $b .= "foo";
echo $a,"<br>",$b;              //结果为 abfoo（中间一个换行符） bfoo
?>
</body>
</html>
```

第二步：保存文件并调试运行。

单击“文件”→“保存”命令，或者按快捷键 Ctrl+S，以文件名 ch6-2.php 保存页面，文件自动保存到站点中。

按 F12 键或者单击 图标的 预览在 IExplore 6.0 F12 即可进行网页的运行与调试，效果如图 6-2 所示。

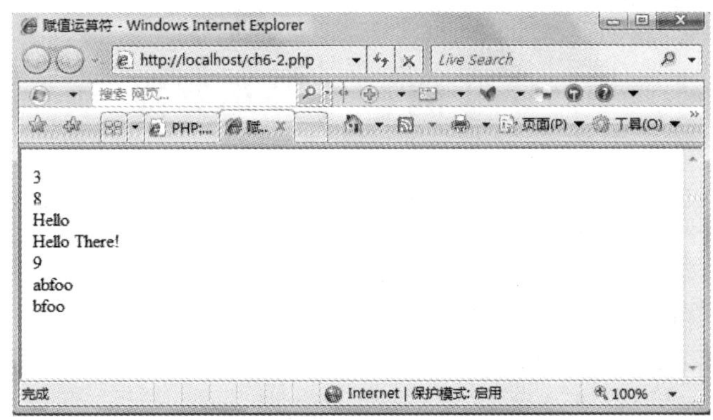

图 6-2

〖实例剖析与知识讲解〗

基本的赋值运算符是“=”，但可不要理解为是“等于”符号，在 PHP 语言中，“=”表示赋值，“==”才表示等于。由赋值运算符、赋值变量名以及值三个元素构成了赋值表达式。如$a=3，即为一个最简单的赋值表达式，它实现的功能是将“=”右边的值 3 赋给左边的变量$a。

● 赋值表达式的运算顺序是从右到左的，如本例中的如下语句：

```
echo $a = ($b = 4) + 5;
```

执行顺序为：首先将 4 赋值给$b 变量，然后将$b+5=9，将最后的 9 赋值给$a，所以最后$a 的值为 9。

又如：

```
$a = 'a';
$b = 'b';
$a .= $b .= "foo";
```

执行顺序为：已知$a=“a”，$b=“b”，首先将字符串“foo”连接到$b 的后面，这时$b 的值为“bfoo”，然后再将$b 的值连接到$a 的后面，则$a 的值变成了“abfoo”。

除了基本赋值符“=”外，还有组合赋值运算符，如表 6-2 所示。

表 6-2　组合赋值运算符

组合赋值表达表	等价于	说明
$a += $b	$a = $a + $b	加法
$a -= $b	$a = $a - $b	减法
$a *= $b	$a = $a * $b	乘法
$a /= $b	$a = $a / $b	除法
$a %= $b	$a = $a % $b	取模
$a &= $b	$a = $a & $b	与
$a |= $b	$a = $a | $b	或
$a ^= $b	$a = $a ^ $b	异或
$a <<= $b	$a = $a << $b	左移
$a >>= $b	$a = $a >> $b	右移
$a .= $b	$a = $a . $b	字符串连接

【例 6-3】位运算符

〖实例需求〗

本例主要对各种位运算符进行介绍。

〖开发过程〗

第一步：创建文件。

创建新文件，在 Dreamweaver CS3 代码编辑区输入如下代码：

```
<!DOCTYPE html PUBLIC "-//W3C//DTD XHTML 1.0 Transitional//EN" "http://www.w3.org/TR/xhtml1/DTD/xhtml1-transitional.dtd">
<html xmlns="http://www.w3.org/1999/xhtml">
<head>
<meta http-equiv="Content-Type" content="text/html; charset=utf-8" />
<title>位运算符</title>
</head>
<body>
<?
$a=12;
$b=9;
echo $a & $b;           //And（按位与）
echo "<br>";
echo  $a | $b;          //Or（按位或）
echo "<br>";
echo $a^$b;             //Xor（按位异或）
echo "<br>";
echo ~ $a;              //Not（按位非）
echo "<br>";
echo $a << $b;          //Shift left（左移）
echo "<br>";
echo $a >> $b;          //Shift right（右移）
echo "<br>";
?>
</body>
</html>
```

第二步：保存文件并调试运行。

单击“文件”→“保存”命令，或者按快捷键 Ctrl+S，以文件名 ch6-3.php 保存页面，文件自动保存到站点中。

按 F12 键或者单击 图标的 预览在 IExplore 6.0 F12 即可进行网页的运行与调试，效果如图 6-3 所示。

图 6-3

〖实例剖析与知识讲解〗

位运算符允许对整型数中指定的位进行置位。如果左右参数都是字符串，则位运算符将操作字符的 ASCII 值，如表 6-3 所示。

表 6-3　位运算符

位运算实例	名称	结果
$a & $b	And（按位与）	将把 $a 和 $b 中都为 1 的位设为 1
$a | $b	Or（按位或）	将把 $a 或者 $b 中为 1 的位设为 1
$a ^ $b	Xor（按位异或）	将把 $a 和 $b 中不同的位设为 1
~ $a	Not（按位非）	将 $a 中为 0 的位设为 1，反之亦然
$a << $b	左移	将 $a 中的位向左移动 $b 次（每一次移动都表示“乘以 2”）
$a >> $b	右移	将 $a 中的位向右移动 $b 次（每一次移动都表示“除以 2”）

【例 6-4】比较运算符

〖实例需求〗

本例主要对各种比较运算符进行介绍。

〖开发过程〗

第一步：创建文件。

创建新文件，在 Dreamweaver CS3 代码编辑区输入如下代码：

```
<!DOCTYPE html PUBLIC "-//W3C//DTD XHTML 1.0 Transitional//EN" "http://www.w3.org/TR/xhtml1/DTD/xhtml1-transitional.dtd">
<html xmlns="http://www.w3.org/1999/xhtml">
<head>
<meta http-equiv="Content-Type" content="text/html; charset=utf-8" />
<title>比较运算符</title>
</head>
<body>
```

```
<?
$a = "0e2";
$b = "0e3";
echo $a,"==",$b,"=",$a==$b,"<br>";
echo $a," ===",$b,"=",$a === $b,"<br>";
$c=12;
$d=12.0;
echo $c,"!=",$d,"=",$c!=$d,"<br>";
$c=12;
$d=13;
echo $c,"!=",$d,"=",$c!=$d,"<br>";
echo $c,"<",$d,"=",$c<$d,"<br>";
echo $c,">",$d,"=",$c>$d,"<br>";
echo $c,"<=",$d,"=",$c<=$d,"<br>";
echo $c,">=",$d,"=",$c>=$d,"<br>";
//三目运算符
echo "三目运算符: "."<br>";
($c=12)?($b= "数据对了！"):($b= "数据不对吧;！");
echo $b;
?>
</body>
</html>
```

第二步：保存文件并调试运行。

单击“文件”→“保存”命令，或者按快捷键 Ctrl+S，以文件名 ch6-4.php 保存页面，文件自动保存到站点中。

按 F12 键或者单击图标的 预览在 IExplore 6.0 F12 即可进行网页的运行与调试，效果如图 6-4 所示。

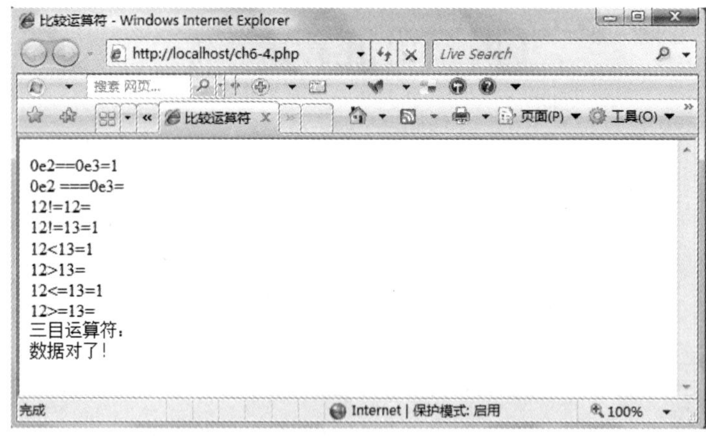

图 6-4

〖实例剖析与知识讲解〗

比较运算符用来比较表达式的值。比较操作符表达式根据比较的结果返回逻辑值：true 或 false，显示在网页上 true 为 1，false 则为什么都没有。

各比较运算符如表 6-4 所示。

表 6-4　比较运算符

比较运算符实例	名称	结果
$a == $b	等于	TRUE，如果 $a 等于 $b
$a === $b	全等	TRUE，如果 $a 等于 $b，并且它们的类型也相同
$a != $b	不等	TRUE，如果 $a 不等于 $b
$a <> $b	不等	TRUE，如果 $a 不等于 $b
$a !== $b	非全等	TRUE，如果 $a 不等于 $b，或者它们的类型不同
$a < $b	小与	TRUE，如果 $a 严格小于 $b
$a > $b	大于	TRUE，如果 $a 严格大于 $b
$a <= $b	小于等于	TRUE，如果 $a 小于或者等于 $b
$a >= $b	大于等于	TRUE，如果 $a 大于或者等于 $b

注意：如果比较一个整数和字符串，则字符串会被转换为整数。如果比较两个数字字符串，则作为整数比较。

除了以上这些，例子中还讲到了一个三目运算符？，？运算符是一个条件运算符，语法格式如下：

```
(表达式 1) ? (表达式 2) : (表达式 3);
```

当表达式 1 条件满足时，就执行表达式 2；否则执行表达式 3。

本例中的语句：

```
($c=12)?($b= "数据对了！"):($b= "数据不对吧;！");
```

已知$c=12，结果为真，所以$b 的结果为“数据对了！”。

【例 6-5】错误控制运算符

〖实例需求〗

本例介绍错误控制运算符的使用方法。

〖开发过程〗

第一步：创建文件。

创建新文件，在 Dreamweaver CS3 代码编辑区输入如下代码：

```
<!DOCTYPE html PUBLIC "-//W3C//DTD XHTML 1.0 Transitional//EN" "http://www.w3.org/TR/xhtml1/DTD/xhtml1-transitional.dtd">
<html xmlns="http://www.w3.org/1999/xhtml">
<head>
<meta http-equiv="Content-Type" content="text/html; charset=utf-8" />
<title>无标题文档</title>
</head>
<body>
<?php
$my_file = @file ('non_existent_file') or die ("Failed opening file: error was '$php_errormsg'");
$value = @$cache[$key];
?>
</body>
```

```
</html>
```

第二步：保存文件并调试运行。

单击“文件”→“保存”命令，或者按快捷键 Ctrl+S，以文件名 ch6-5.php 保存页面，文件自动保存到站点中。

按 F12 键或者单击 图标的 预览在 IExplore 6.0 F12 即可进行网页的运行与调试，效果如图 6-5 所示。

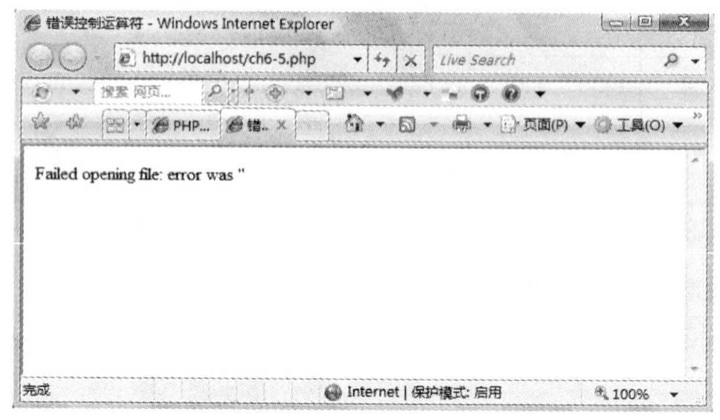

图 6-5

〖实例剖析与知识讲解〗

PHP 支持一个错误控制运算符：@。当将其放置在一个 PHP 表达式之前，该表达式可能产生的任何错误信息都被忽略掉。

如果激活了 track_errors 特性，表达式所产生的任何错误信息都被存放在变量 $php_errormsg 中。

注意：@运算符只对表达式有效。对新手来说一个简单的规则就是：如果你能从某处得到值，你就能在它前面加上@运算符。例如，可以把它放在变量、函数和 include()调用、常量等之前。不能把它放在函数或类的定义之前，也不能用于条件结构例如 if 和 foreach 等。

【例 6-6】执行运算符

〖实例需求〗

本例主要介绍执行运算符的使用环境。

〖开发过程〗

第一步：配置环境。

关闭 PHP 的安全模式或者打开 shell_exec()，直接在 PHP 中设置安全模式为 off 即可。

第二步：创建文件。

创建新文件，在 Dreamweaver CS3 代码编辑区输入如下代码：

```
<!DOCTYPE html PUBLIC "-//W3C//DTD XHTML 1.0 Transitional//EN" "http://www.w3.org/TR/xhtml1/DTD/xhtml1-transitional.dtd">
<html xmlns="http://www.w3.org/1999/xhtml">
<head>
<meta http-equiv="Content-Type" content="text/html; charset=gb2312" />
<title>执行运算符</title>
</head>

<body>
<?
$output = `dir c:`;
echo "<pre>$output</pre>";
?>
</body>
</html>
```

第三步：保存文件并调试运行。

单击“文件”→“保存”命令，或者按快捷键 Ctrl+S，以文件名 ch6-6.php 保存页面，文件自动保存到站点中。

按 F12 键或者单击 图标的 预览在 IExplore 6.0 F12 即可进行网页的运行与调试，效果如图 6-6 所示。

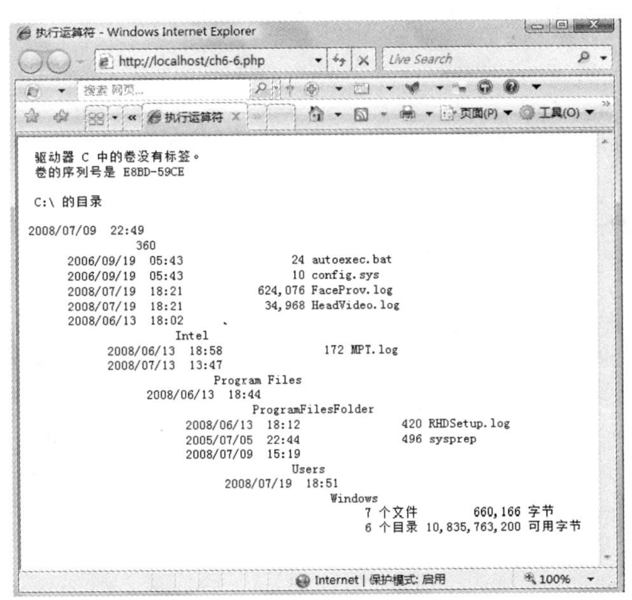

图 6-6

〖实例剖析与知识讲解〗

本例显示结果为：显示 C 盘的基本信息，命令为 dir c:，而在 PHP 中对 Windows 的命令进行执行，依靠执行运算符（`），即反引号（`）。注意这不是单引号，通常，它与~位于键盘的相同位置！PHP 尝试将反引号中的内容作为服务器端命令来执行，并将其输出信息返回（例如，可以赋给一个变量而不是简单地丢弃到标准输出）。表达式的值就是命令的执行结果。使用反引号运算符（`）的效果与函数 shell_exec()相同。

反引号运算符在激活了安全模式或者关闭了 shell_exec()时是无效的。

【例 6-7】递增/递减运算符

〖实例需求〗

本例主要介绍递增运算符与递减运算符的使用，同时区分前递增与后递增运算符的区别，以及前递减与后递减运算符的区别。

〖开发过程〗

第一步：创建文件。

创建新文件，在 Dreamweaver CS3 代码编辑区输入如下代码：

```
<!DOCTYPE html PUBLIC "-//W3C//DTD XHTML 1.0 Transitional//EN" "http://www.w3.org/TR/xhtml1/DTD/xhtml1-transitional.dtd">
<html xmlns="http://www.w3.org/1999/xhtml">
<head>
<meta http-equiv="Content-Type" content="text/html; charset=utf-8" />
<title>递增与递减运算符</title>
</head>
<body>
<?php
echo "<h3>后递增</h3>";
$a = 5;
echo "$a= " . $a++ . "<br />\n";
echo "<h3>前递增</h3>";
$a = 5;
echo "$a= " . ++$a . "<br />\n";
echo "<h3>后递减</h3>";
$a = 5;
echo "$a= " . $a-- . "<br />\n";
echo "<h3>前递减</h3>";
$a = 5;
echo "$a= " . --$a . "<br />\n";
?>
</body>
</html>
```

第二步：保存文件并调试运行。

单击“文件”→“保存”命令或者按快捷键 Ctrl+S，以文件名 ch6-7.php 保存页面，文件自动保存到站点中。

按 F12 键或者单击图标的 预览在 IExplore 6.0 F12 即可进行网页的运行与调试，效果如图 6-7 所示。

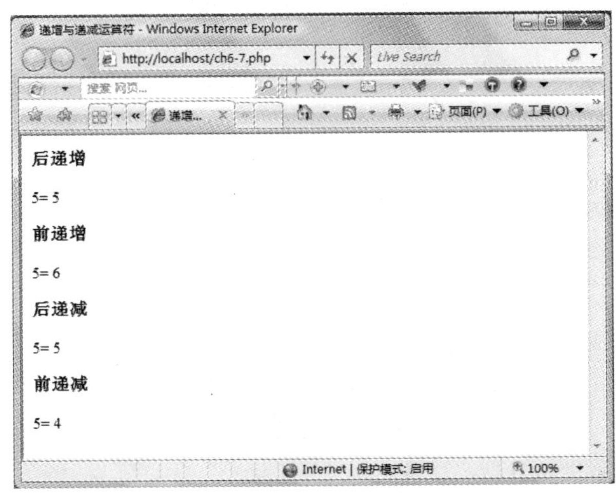

图 6-7

〖实例剖析与知识讲解〗

当我们要将变量$a 加 1 时，可以写为$a=$a+1；这样的代码虽然没有错，但总是将相同的变量重复多次，表达式就会变得冗长。如何缩短表达式呢？

采用递增或者递减运算符，可以减少表达式的冗长。递增运算符为++，递减运算符为--，统称为一元运算符。在使用一元运算符时，变量值增加，并且增加后所得到的值又返回来赋给这个变量。

无论是递增运算符还是递减运算符，都有两种情况：一种情况是变量在前，运算符在后；另一种情况是运算符在前，变量在后。两种情况的区别如表 6-5 所示。

表 6-5　递增与递减运算符

实例	名称	效果
++$a	前加	$a 的值加 1，然后返回$a
$a++	后加	返回$a，然后将$a 的值加一
--$a	前减	$a 的值减 1，然后返回$a
$a--	后减	返回$a，然后将$a 的值减 1

本例中，$a=5:

$a++=5，先将$a 的值返回，然后再加 1；++$a=6，则先对$a 加 1，然后再返回$a 的值 6。

$a--=5，先将$a 的值返回，然后再减 1；--$a=4，则先对$a 减 1，然后再返回$a 的值 4。

注意：递增/递减运算符对布尔值没有影响，递减 NULL 值也没有效果，但是递增 NULL 的结果是 1。

【例 6-8】逻辑运算符

〖实例需求〗

本例介绍各种逻辑运算符的使用。

〖开发过程〗

第一步：创建文件。

创建新文件，在 Dreamweaver CS3 代码编辑区输入如下代码：

```
<!DOCTYPE html PUBLIC "-//W3C//DTD XHTML 1.0 Transitional//EN" "http://www.w3.org/TR/xhtml1/DTD/xhtml1-transitional.dtd">
<html xmlns="http://www.w3.org/1999/xhtml">
<head>
<meta http-equiv="Content-Type" content="text/html; charset=utf-8" />
<title>逻辑运算符</title>
</head>
<body>
<?php
$a = 2;
$b = 3;
$c = 6;
echo ($a > $b && $b < $c);          //true
echo "<br>";
echo (($a > $b) and ($b < $c));  //false
echo "<br>";
echo ($a == $b or $b < $c);         //true
echo "<br>";
echo $a == $b || $b < $c;           //true
echo "<br>";
$x = $a < $b;                       //$x = true
echo "<br>";
$y = $b === $c;                     //$y = false
echo "<br>";
echo  $x xor $y;                    //true
echo "<br>";
?>
</body>
</html>
```

第二步：保存文件并调试运行。

单击“文件”→“保存”命令，或者按快捷键 Ctrl+S，以文件名 ch6-8.php 保存页面，文件自动保存到站点中。

按 F12 键或者单击 图标的 预览在 IExplore 6.0 F12 即可进行网页的运行与调试，效果如图 6-8 所示。

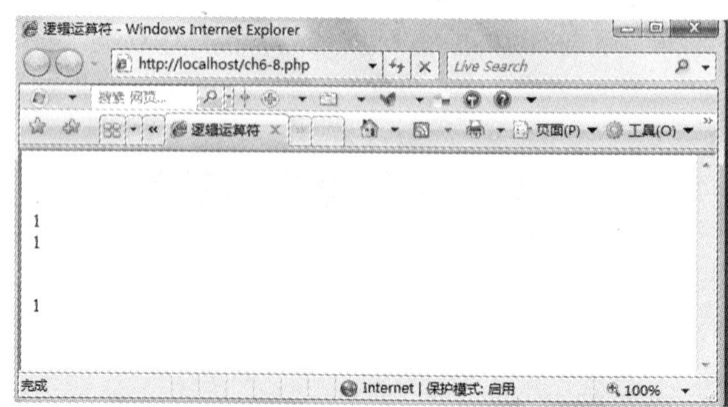

图 6-8

〖实例剖析与知识讲解〗

逻辑运算符用来组合逻辑条件的结果。PHP 支持逻辑与、逻辑或、逻辑异或以及逻辑非的运算，具体如表 6-6 所示。

表 6-6　逻辑运算符

实例	名称	结果
$a and $b	and（逻辑与）	TRUE，如果 $a 与 $b 都为 TRUE
$a or $b	or（逻辑或）	TRUE，如果 $a 或 $b 任一为 TRUE
$a xor $b	xor（逻辑异或）	TRUE，如果 $a 或 $b 任一为 TRUE，但不同时是
! $a	not（逻辑非）	TRUE，如果 $a 不为 TRUE
$a && $b	and（逻辑与）	TRUE，如果 $a 与 $b 都为 TRUE
$a || $b	or（逻辑或）	TRUE，如果 $a 或 $b 任一为 TRUE

【例 6-9】字符串运算符

〖实例需求〗

本例主要介绍字符串运算符的使用，以及使用时应该注意的事项。

〖开发过程〗

第一步：创建文件。

创建新文件，在 Dreamweaver CS3 代码编辑区输入如下代码：

```
<!DOCTYPE html PUBLIC "-//W3C//DTD XHTML 1.0 Transitional//EN" "http://www.w3.org/TR/xhtml1/DTD/xhtml1-transitional.dtd">
<html xmlns="http://www.w3.org/1999/xhtml">
<head>
<meta http-equiv="Content-Type" content="text/html; charset=utf-8" />
<title>字符串运算符</title>
</head>
<body>
<?
$a = "Hello ";
$b="world";
echo $c=$a.$b."<br>";
$a = "Hello ";
echo $a .= "World!"."<br>";
echo "5sunny"+" hello!";
?>
</body>
</html>
```

第二步：保存文件并调试运行。

单击“文件”→“保存”命令，或者按快捷键 Ctrl+S，以文件名 ch6-9.php 保存页面，文

件自动保存到站点中。

按 F12 键或者单击 图标的 预览在 IExplore 6.0 F12 即可进行网页的运行与调试，效果如图 6-9 所示。

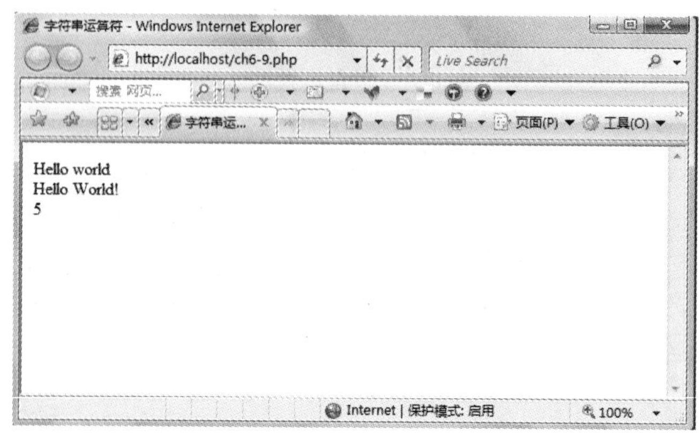

图 6-9

〖实例剖析与知识讲解〗

在前面的实例中已经多次运用到了字符串连接运算符“.”，同时在组合赋值运算符中也讲到了“.=”运算符。

PHP 中共有两个字符串运算符：第 1 个是连接运算符（.），它返回其左右参数连接后的字符串；第 2 个是连接赋值运算符（.=），它将右边参数附加到左边的参数后。“$a.=$b”等价于“$a=$a.$b”。

注意：与其他很多编程语言不同，PHP 不会将“+”运算符识别为字符串连接符，若“+”两边连接的是字符串，则会自动将字符串转化为数值，如将字符串“5sunny”转化为数值 5；若字符串的开头为非数值字符，则将字符串转化为数值 0，如将“ hello!”转化为数值 0。

【例 6-10】数组运算符

〖实例需求〗

本例主要介绍数组运算符的使用。

〖开发过程〗

第一步：创建文件。

创建新文件，在 Dreamweaver CS3 代码编辑区输入如下代码：

```
<!DOCTYPE html PUBLIC "-//W3C//DTD XHTML 1.0 Transitional//EN" "http://www.w3.org/TR/xhtml1/DTD/xhtml1-transitional.dtd">
<head>
<meta http-equiv="Content-Type" content="text/html; charset=utf-8" />
<title>数组操作符</title>
</head>
```

```
<body>
<?
$student1=array("pear","apple","banana");
$student2=array("sunny","rain","moon","happy!");
$student=$student1+$student2;  //联合运算符
for($i=0;$i<count($student);$i++)
{
echo $student[$i];
echo "   ";
}
echo "<br>";
$a=array("pear","apple","banana");
$b=array("pear","apple","banana");
$c=array("apple","pear","banana");
$d=array("sunny","rain","moon","happy!");
echo $a==$b;          //等价运算符，结果为1
echo "<br>";
echo $a===$b;         //恒等运算符，结果为1
echo "<br>";
echo $a==$c;          //等价运算符，结果为假
echo "<br>";
echo $a===$c;         //恒等运算符，结果为假
echo "<br>";
echo $a<>$c;          //非等价运算符，结果为1
echo "<br>";
echo $a!==$c;         //非恒等运算符，结果为1
echo "<br>";
echo $a!=$d;          //非等价运算符，结果为1
echo "<br>";
?>
</body>
</html>
```

第二步：保存文件并调试运行。

单击“文件”→“保存”命令，或者按快捷键 Ctrl+S，以文件名 ch6-10.php 保存页面，文件自动保存到站点中。

按 F12 键或者单击图标的 预览在 IExplore 6.0 F12 即可进行网页的运行与调试，效果如图 6-10 所示。

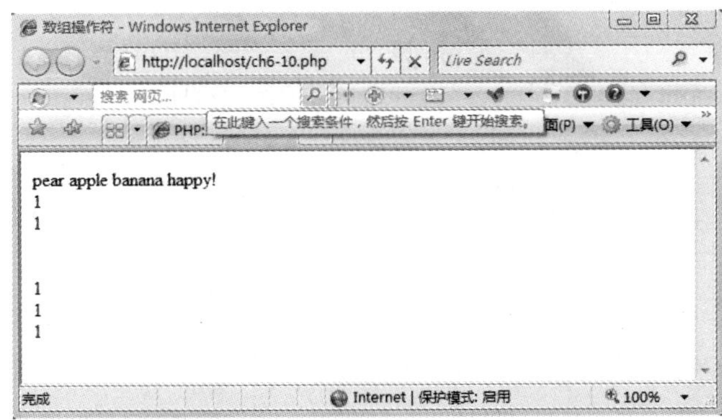

图 6-10

〖实例剖析与知识讲解〗

PHP 提供了一些数组操作符，可以用 array 来定义数组，也可以用数组元素操作符（[]）访问数组元素，还可以用=>操作符对数组元素进行访问。PHP 数组操作符如表 6-7 所示。

表 6-7　数组操作符

实例	名称	结果
$a + $b	联合	$a 和 $b 的联合
$a == $b	相等	如果 $a 和 $b 具有相同的键/值对，则为 TRUE
$a === $b	全等	如果 $a 和 $b 具有相同的键/值对并且顺序和类型都相同，则为 TRUE
$a != $b	不等	如果 $a 不等于 $b 则为 TRUE
$a <> $b	不等	如果 $a 不等于 $b 则为 TRUE
$a !== $b	不全等	如果 $a 不全等于 $b 则为 TRUE

需要注意的是：

（1）“+ ”运算符把右边的数组附加到左边的数组后面，但是重复的键值不会被覆盖。键值默认为“0”、“1”、……。例如数组$a、$b 的键值及对应的元素为：

```
$a=array("pear","apple","banana");
```

即“0”=>“pear”，“1”=>“apple”，“2”=>“banana”。

```
$b=array("apple","pear","banana");
```

即“0”=>“apple”，“1”=>“pear”，“2”=>“banana”。

若$a+$b，因为$a 拥有三个键“0”、“1”、“2”，$b 也拥有三个相同的键“0”、“1”、“2”，那么$a+$b 的结果值为$a 的值。若$b 拥有一个不同于$a 所有的键盘“a”=>“HAPPY”，那么$a+$b 的结果值为$a 的所有元素加上“HAPPY”。转换为代码如下：

```
$a=array("pear","apple","banana");
$b=array("apple","pear","banana","a"=>"HAPPY");
```

则：

```
$a+$b=array("pear","apple","banana","HAPPY");
```

（2）注意“==”与“===”两个符号的区别，“==”是等价，当比较的两个数组具有相同的键/值对则为 TRUE；“===”是全等，当比较的两个数组具有相同的键/值对并且顺序和类型都相同则为 TRUE。本例中的$a 与$b 的比较如下：

```
$a=array("pear","apple","banana");
$b=array("apple","pear","banana");
```

本例中，相应的键值对应如下：

$a 中“0”=>“pear”，“1”=>“apple”，“2”=>“banana”。

$b 中“0”=>“apple”，“1”=>“pear”，“2”=>“banana”。

很明显，$a 与$b 的键不相同，见以下程序：

```
$a=array("pear","apple","banana");
$b=array("apple","pear","banana");
if($a==$b)
echo "等价";
else
echo "不等价"; //结果为不等价，因为它们有不同的键与值
if($a===$b)
echo "等价";
else
```

```
echo "不等价";//结果为不等价，因为它们有不同的键与值
```

又如下例：

```
$a = array("apple", "banana");
$b = array(1 => "banana", "0" => "apple");
if($a==$b)
echo "等价";
else
echo "不等价"; //结果为等价，因为它们有相同的键与值
if($a===$b)
echo "等价";
else
echo "不等价";  //结果为不等价，因为它们虽然有相同的键与值，但它们的顺序不是一样的
```

其他数组操作符从实例中很容易了解，这里不再一一介绍。

【例 6-11】类型运算符

〖实例需求〗

本例主要介绍唯一的类型运算符 instanceof，此例采用的是面向对象编程。面向对象编程的知识在此不做过多解释。

〖开发过程〗

第一步：创建文件。

创建新文件，在 Dreamweaver CS3 代码编辑区输入如下代码：

```
<!DOCTYPE html PUBLIC "-//W3C//DTD XHTML 1.0 Transitional//EN" "http://www.w3.org/TR/ xhtml1/DTD/xhtml1-transitional.dtd">
<html xmlns="http://www.w3.org/1999/xhtml">
<head>
<meta http-equiv="Content-Type" content="text/html; charset=gb2312" />
<title>类型操作符</title>
</head>

<body>
<?
class person                              //定义一个类，名为 person
{
var $name;                                //定义属性$name
var $age;                                 //定义属性$age
var $sex;                                 //定义属性$sex
}
$myperson=new person();                   //为 person 类指定一个实例
$myperson->name="sunny";                  //为属性 name 赋值
$myperson->age="22";                      //为属性 age 赋值
$myperson->sex="girl";                    //为属性 sex 赋值
if($myperson instanceof person)           //运用类型操作符进行判断$myperson
```

```
echo "myperson是person的一个实例！";
echo "<br>";
if($myperson1 instanceof person)        //运用类型操作符进行判断$myperson1
echo "myperson1是person的一个实例！";
else
echo "myperson1不是person的一个实例！";
?>
</body>
</html>
```

第二步：保存文件并调试运行。

单击“文件”→“保存”命令，或者按快捷键 Ctrl+S，以文件名 ch6-11.php 保存页面，文件自动保存到站点中。

按 F12 键或者单击 图标的 预览在 IExplore 6.0 F12 即可进行网页的运行与调试，效果如图 6-11 所示。

图 6-11

〖实例剖析与知识讲解〗

PHP 只有一个类型运算符，即 instanceof，该操作符主要用来测定一个给定的对象的父对象或它们所实现的接口是否来自指定的对象类。

instanceof 运算符是 PHP 5 引进的，在此之前用 is_a()，但是 is_a() 已经过时了，最好用 instanceof。

本例中定义了一个 person 类，类中包括 3 个属性：$name、$age、$sex；同时还对 person 类创建一个具体的实例 myperson。

在后面语句中利用 instanceof 判断 myperson 是否是 person 类的实例时，答案当然是肯定的。

而判断 myperson1 是否是 person 类的实例的结果，很显示是一个假值，因为在上面的语句中并没有将 myperson1 指定为是 person 类的实例。

【例 6-12】运算符的优先级

〖实例需求〗

本实例主要介绍运算符的优先级。

〖开发过程〗

第一步：创建文件。

创建新文件，在 Dreamweaver CS3 代码编辑区输入如下代码：

```
<!DOCTYPE html PUBLIC "-//W3C//DTD XHTML 1.0 Transitional//EN" "http://www.w3.org/TR/xhtml1/DTD/xhtml1-transitional.dtd">
<html xmlns="http://www.w3.org/1999/xhtml">
<head>
<meta http-equiv="Content-Type" content="text/html; charset=utf-8" />
<title>运算符的优先级实例</title>
</head>
<body>
<?
$expr1=8+5*2+6/3+5%3;                          //语句 1
echo $expr1."<br>";
$expr2=(3>4)?5:(4<5)?8:10;                     //语句 2
echo $expr2."<br>";
$expr1=$expr2+=2*$expr2+$expr1;                //语句 3
echo $expr1.",",$expr2."<br>";
?>
</body>
</html>
```

第二步：保存文件并调试运行。

单击“文件”→“保存”命令，或者按快捷键 Ctrl+S，以文件名 ch6-12.php 保存页面，文件自动保存到站点中。

按 F12 键或者单击图标的 预览在 IExplore 6.0 F12 即可进行网页的运行与调试，效果如图 6-12 所示。

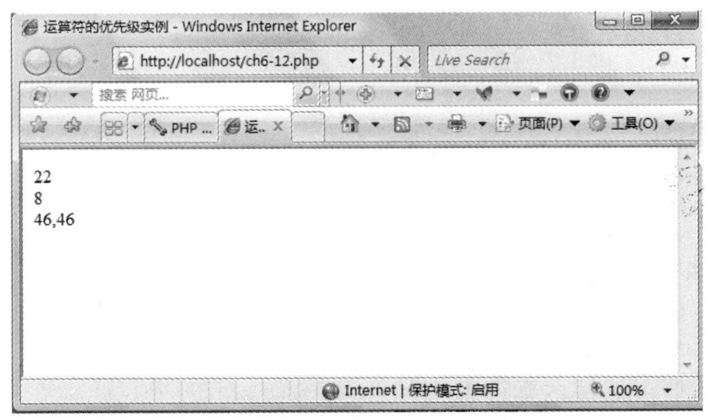

图 6-12

〖实例剖析与知识讲解〗

PHP 中有上述多种运算符，那么在多个运算符一起出现时，哪些应该先运行，哪些应该后运行呢？表 6-8 列出了 PHP 中的运算符，并按照优先级从高到低进行了排列。

表 6-8 运算符的优先级

结合方向	运算符	备注
无	new	new
右	[ ]	array()
右	! ~ ++ -- (int) (float) (string) (array) (object) @	递增/递减运算符及类型转换
左	* / %	乘/除/取模
左	+ - .	加法/减法/字符串连接符
左	<< >>	位运算符
无	< <=> >=	比较运算符
无	== != === !==	比较运算符
左	&	位运算符和引用
左	^	位运算符
左	|	位运算符
左	&&	逻辑与
左	||	逻辑或
左	? :	三目条件运算符
右	= += -= *= /= .= %= &= |= ^= ~= <<= >>=	赋值运算符
右	print	输出
左	and	逻辑与
左	xor	逻辑异或
左	or	逻辑或
左	,	逗号

从表中可以清晰地看到每个运算符的优先级，对于本例中的三个语句得到的结果如图 6-12 所示，那么如何得到这些结果呢？下面一一对这 3 个语句进行讲解。

第 1 个语句的执行过程为：

```
$expr1=8+5*2+6/3+5%3;                    //语句1
```

步骤如下：

（1）5*2＝10

（2）6/3＝2

（3）5%3＝2

（4）8+（1）+（2）+（3）＝8+10+2+2＝22

所以$expr1 最后的结果为 22。

第 2 个语句的执行过程为：

```
$expr2=(3>4)?5:(4<5)?8:10;               //语句2
```

步骤如下：

（1）3>4 结果为假，三目运算符去执行“：”后的语句。

（2）4<5 结果为真，三目运算符结果为？后的结果：8

所以，$expr2 最后的结果为 8。

第 3 个语句的执行过程为：

```
$expr1=$expr2+=2*$expr2+$expr1;          //语句3
```

步骤如下：

（1）先执行 2*$expr2，结果为 16。

（2）再执行 16+$expr1，结果为 38。

（3）然后$expr2＝$expr2+38＝46。

所以，$expr1＝$expr2＝46。

【例 6-13】运算符与表达式综合实例

〖实例需求〗

说到运算符就不能不提表达式，其实在上面的所有的实例中都运用到了表达式。在 PHP 程序中，几乎所写的任何东西都是一个表达式。表达式可以是常量、变量或者函数，像前面实例中讲到的递增或者递减运算符所形成的递增/递减表达式等。

本例旨在将运算符与表达式进行综合运用，让读者对本章的内容有更清晰的认识。

〖开发过程〗

第一步：创建文件。

创建新文件，在 Dreamweaver CS3 代码编辑区输入如下代码：

```
<html>
<head>
<title>PHP 运算符表达式综合运用实例</title>
<body>
<?
$a="123";
$b=321;
echo $a+$b;                                    //字符当数字用
echo "<br>";
echo $a.$b;                                    //数字当字符用
echo "<br>";
$a=123;
$b=321;
echo $b>$a;                                    //比较大小
echo "<br>";
echo $a-23+$b+=$a%3?50:30;                     //三目运算符与赋值四则运算
echo "<br>";
$a=123;
$b=321;
$a=$b;                                         //赋值表达式
echo $a==$b;
echo "<br>";?>
</body>
</html>
```

第二步：保存文件并调试运行。

单击“文件”→“保存”命令，或者按快捷键 Ctrl+S，以文件名 ch6-13.php 保存页面，文件自动保存到站点中。

按 F12 键或者单击图标的 预览在 IExplore 6.0　F12 即可进行网页的运行与调试，效果如

图 6-13 所示。

图 6-13

〖实例剖析与知识讲解〗

本例中的“$a+$b”是实现了把数字字符当作数字来用，两数字相加值为 444。而“$a.$b”则是把数字当成字符用，两字符相加为 123321。我们在使用过程中一定要分清楚什么情况下用什么符号。

“$b>$a”即为比较表达式，当比较的两个操作数类型不同时，自动转化为数值型进行比较，所以本例中$b=321，$a=123，所以$b>$a 的结果为真，返回真值“1”。

“$a-23+$b+=$a%3?50:30”则为三目运算符与赋值运算符的综合运用，有些复杂，其执行过程如下：

（1）$a%3=0，0 即为假值。

（2）（1）的结果为假，则三目运算符结果为 30。

（3）$b+=30，即相当于$b=$b+30=351。

（4）然后按从左至右执行$a-23+351，结果为 451。

小结

本章主要讲解了运算符与表达式。内容包括 PHP 的算术运算符、赋值运算符、位运算符、比较运算符、错误控制运算符、执行运算符、递增/递减运算符、逻辑运算符、字符串运算符、数组运算符及类型运算符等各种运算符的使用，以及各种运算符的优先级。同时将表达式的概念融合到每一个实例。只有熟练掌握了运算符与表达式，才能进一步学习 PHP 以后的知识。

第 7 章　PHP 的控制语句

【本章导读语】

到目前为止，我们已经熟悉了 PHP 中的常量、变量以及运算符与表达式，这些都是基础知识。本章将介绍 PHP 中用到的各种类型的控制语句。无论在什么编程语言中，控制语句都是非常重要的内容。由于 PHP 的大部分语法都继承了 C 语言的特点，因此在控制语句方面，PHP 有着和 C 语言类似的控制结构。本章将介绍 PHP 中的判断与循环语句，包括 if…else 判断、switch…case 判断、while 循环、do…while 循环、for 循环、for…each 循环、break 语句、continue 语句等内容。通过本章的学习，将使读者掌握 PHP 控制语句的知识，为更好地进行 PHP 编程奠定基础。

任何 PHP 脚本都是由一系列语句构成的。一条语句可以是一个赋值语句、一个函数调用、一个循环，甚至一个什么也不做的（空语句）条件语句。语句通常以分号结束。此外，还可以用花括号将一组语句封装成一个语句组。语句组本身可以当作是一行语句。

【例 7-1】if…else 判断

〖实例需求〗

本例就 if 判断、if…else 判断以及 if…else…else 多重判断三种形式的 if 结构进行实例讲解，让读者通过实例完全掌握该判断语句的使用规则。

〖开发过程〗

第一步：创建文件。

创建新文件，在 Dreamweaver CS3 代码编辑区输入如下代码：

```
<!DOCTYPE html PUBLIC "-//W3C//DTD XHTML 1.0 Transitional//EN" "http://www.w3.org/TR/ xhtml1/DTD/xhtml1-transitional.dtd">
<html xmlns="http://www.w3.org/1999/xhtml">
<head>
<meta http-equiv="Content-Type" content="text/html; charset=utf-8" />
<title>if...else 语句</title>
</head>
<body>
<?
$name="sunny";
$age="22";
$sex="girl";
//简单的 if 语句
```

```
if($name=="sunny")
echo "你的名字是对的！"."<br>";
//if…else 判断
if($name=="moon")
echo "你是moon!";
else
echo "对不起，你不是moon!<br>";
//if…else…else 多重判断
if($age>18)
echo "恭喜你成年了！<br>";
elseif($age>30)
echo "祝贺你已经步入中年人的队伍了！祝福你事业顺利！<br>";
elseif($age>50)
echo "要好好锻炼身体，祝您身体健康!<br>";
else
echo "你还是小孩子，要好好读书哦！<br>";
?>
</body>
</html>
```

第二步：保存文件并调试运行。

单击“文件”→“保存”命令，或者按快捷键 Ctrl+S，以文件名 ch7-1.php 保存页面，文件自动保存到站点中。

按 F12 键或者单击图标的 预览在 IExplore 6.0 F12 即可进行网页的运行与调试，效果如图 7-1 所示。

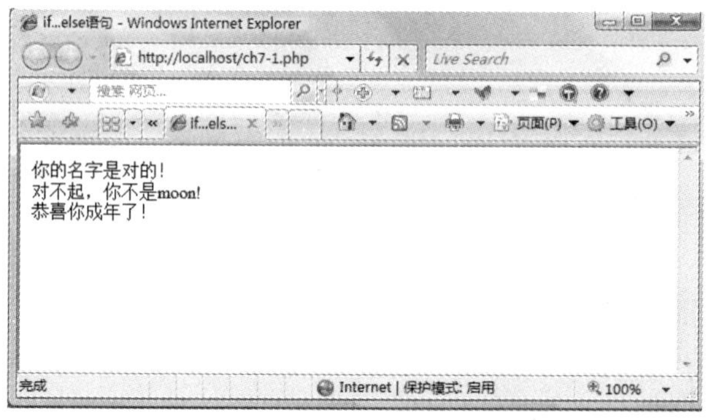

图 7-1

〖实例剖析与知识讲解〗

if 结构是很多语言（包括 PHP 在内）最重要的特性之一，它允许按照条件执行代码片段。PHP 的 if 结构和 C 语言相似：

if 判断分为 if 判断、if…else 判断以及 if…else…else 多重判断等三种形式。本例中对这三种结构进行了举例说明。

● if 判断

语句结构为：

```
if (expr)
   statement
```

如果 expr 的值为 TRUE，PHP 将执行 statement；如果值为 FALSE，将忽略 statement。

如：

```
if($name=="sunny")
echo "你的名字是对的！"."<br>";
```

判断$name 是否等于“sunny”，若等于则输出“你的名字是对的！”字符串，否则直接执行后续语句。

- if…else 判断

语句结构为：

```
if (expr)
   statement1
else
   statement2
```

如果 expr 的值为 TRUE，PHP 将执行 statement1；如果值为 FALSE，PHP 将执行 statement2。

如：

```
if($name=="moon")
echo "你是moon!";
else
echo "对不起，你不是moon!<br>";
```

判断$name 是否等于“moon”，若等于则输出“你是 moon！”字符串，否则输出“对不起，你不是 moon!”。

- if…else…else 多重判断

语句结构为：

```
if (expr1)
   statement1
elseif(expr2)
   statement2
……
elseif(exprn)
statementn
else
statement
```

判断第一个表达式 expr1，如果为 TRUE 则执行 statement1 语句，然后跳出，执行后续语句；如果为 FALSE，再接着判断 expr2，如果为 TRUE 则执行 statement2 语句，然后跳出，执行后续语句；如果为 FALSE，再接着判断 expr3……一直到 exprn，若条件仍然为 FALSE，则执行 else 后的 statement 语句。

如：

```
if($age>18)
echo "恭喜你成年了！<br>";
elseif($age>30)
echo "祝贺你已经步入中年人的队伍了！祝福你事业顺利！<br>";
elseif($age>50)
echo "要好好锻炼身体，祝您身体健康!<br>";
else
echo "你还是小孩子，要好好读书哦！<br>";
```

对$age 初始化值为 22，当进行$age>18 判断时，条件满足，输出“恭喜你成年了！”，直接跳出，执行后续语句，不去理会其他的语句；若条件不满足，将一一判断下去，直到遇到满足条件的，就跳出，否则执行 elsc 后的语句。

if 语句可以无限层地嵌套在其他 if 语句中，这给程序的不同部分的条件执行提供了充分的弹性。

注意：

（1）若 statement 不是一条语句，而是若干条语句组，记住，一定要用{}括起来。

（2）else 后不能跟条件表达式，若要指定新的条件表达式，则使用 elseif 语句。

（3）在 PHP 中，elseif 与 else if 是一样的，两者显示的效果一样。

【例 7-2】switch…case 判断

〖**实例需求**〗

本例列举了 switch…case 语句的两种情况，一种是不带 break 语句的结构，另一种是带 break 语句的结构。通过实例显示了 break 语句的作用，以及 switch…case 语句的语法以及使用方法。

〖**开发过程**〗

第一步：创建文件。

创建新文件，在 Dreamweaver CS3 代码编辑区输入如下代码：

```
<!DOCTYPE html PUBLIC "-//W3C//DTD XHTML 1.0 Transitional//EN" "http://www.w3.org/TR/ xhtml1/DTD/xhtml1-transitional.dtd">
<html xmlns="http://www.w3.org/1999/xhtml">
<head>
<meta http-equiv="Content-Type" content="text/html; charset=utf-8" />
<title>switch.....case 语句</title>
</head>
<body>
<?
//不带break 语句的 switch…case 语句
echo "不带break 语句的 switch…case 语句<br>";
$today=date("D");
switch ($today){
case "Mon":
echo "今天是星期一！";
case "Tue":
echo "今天是星期二！";
case "Wed":
echo "今天是星期三！";
case "Thu":
echo "今天是星期四！";
case "Fri":
echo "今天是星期五！";
default:
echo "今天是周末！";
}
echo"<br>";
echo "带break 语句的 switch…case 语句<br>";
//带break 语句的 switch…case 语句
```

```
switch ($today){
case "Mon":
echo "今天是星期一！";
break;
case "Tue":
echo "今天是星期二！";
break;
case "Wed":
echo "今天是星期三!";
break;
case "Thu":
echo  "今天是星期四！";
break;
case "Fri":
echo "今天是星期五！";
break;
default:
echo "今天是周末！";
}
?>
</body>
</html>
```

第二步：保存文件并调试运行。

单击“文件”→“保存”命令，或者按快捷键 Ctrl+S，以文件名 ch7-2.php 保存页面，文件自动保存到站点中。

按 F12 键或者单击图标的 预览在 IExplore 6.0　F12 即可进行网页的运行与调试，效果如图 7-2 所示。

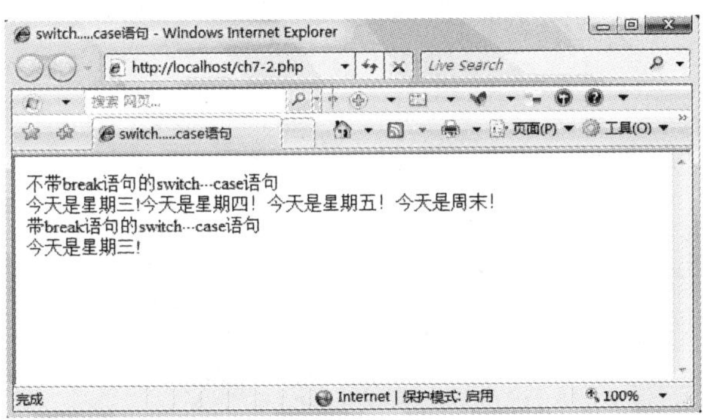

图 7-2

〖实例剖析与知识讲解〗

switch 语句和具有同样表达式的一系列的 if 语句相似。很多场合下需要把同一个变量（或表达式）与很多不同的值比较，并根据它等于哪个值来执行不同的代码，若采用 if 语句则会是一个很复杂的结构，此时，switch 语句最合适不过了。

switch 语句的语法结构如下：

```
switch(expr)
{
case 表达式1:
```

```
statement;
statement;
case 表达式2:
statement;
statement;
……
default:
statement;
statement;
}
```

执行过程为：首先计算表达式 expr，然后将这个值与第一个 case 后的表达式 1 进行比较，若相等，则执行该 case 后的相应语句；否则与第二个 case 后的表达式 2 进行比较……，若一直没有找到匹配项，则执行 default 下的 statement 语句块，直到遇到语句块的结尾或者遇到 break 语句为止。

这里不得不提到 break 语句，break 语句的意思是结束当前循环的执行，并把控制返回给紧跟在该循环后面的下一个语句。

分析本例，当没有添加 break 语句时，expr 从第一个 case 语句开始匹配，直到遇到匹配项，就输出相应的值，但因为没有退出的 break 语句，而是逐一执行后续的 case 语句，显然，这种结果不是我们想要的。

采取了 break 语句的 switch 实例，结果就完全不同了，代码如下：

```
switch ($today){
case "Mon":
echo "今天是星期一！";
break;
case "Tue":
echo "今天是星期二！";
break;
case "Wed":
echo "今天是星期三!";
break;
case "Thu":
echo "今天是星期四！";
break;
case "Fri":
echo "今天是星期五！";
break;
default:
echo "今天是周末！";
}
```

在每一个 case 执行语句后，都带有一个 break 语句，假设现在的时间为星期三，所以$today="Wed"，通过三次匹配，找到匹配项，输出“今天是星期三！”，然后遇到 break 语句，退出 switch 语句，执行后续程序。

注意：

（1）并不是每一个 case 语句都需要包含一个值，可以让某个 case 语句为空，这表示可以忽略向 case 结构中添加新的语句。当变量与某个值匹配，但又不希望程序执行任何操作，就可以采取这种方法。

（2）在 case 语句中指定的表达式只能是整数、字符串、浮点数据类型，不能使用数组或对象值作为 case 表达式。

【例 7-3】while 循环

〖实例需求〗

本实例主要介绍 while 循环的使用，实例循环输出 1~20 的整数。

〖开发过程〗

第一步：创建文件。

创建新文件，在 Dreamweaver CS3 代码编辑区输入如下代码：

```
<!DOCTYPE html PUBLIC "-//W3C//DTD XHTML 1.0 Transitional//EN" "http://www.w3.org/TR/xhtml1/DTD/xhtml1-transitional.dtd">
<html xmlns="http://www.w3.org/1999/xhtml">
<head>
<meta http-equiv="Content-Type" content="text/html; charset=utf-8" />
<title>while 循环</title>
</head>
<body>
<?
$i=0;                                        //初始化变量
while($i<20)                                 //判断变量是否小于 20
{
$i++;                                        //变量自增
echo "  ".$i."  ";       //用空格分隔输出每一个整数
}
?>
</body>
</html>
```

第二步：保存文件并调试运行。

单击“文件”→“保存”命令，或者按快捷键 Ctrl+S，以文件名 ch7-3.php 保存页面，文件自动保存到站点中。

按 F12 键或者单击 图标的 预览在 IExplore 6.0 F12 即可进行网页的运行与调试，效果如图 7-3 所示。

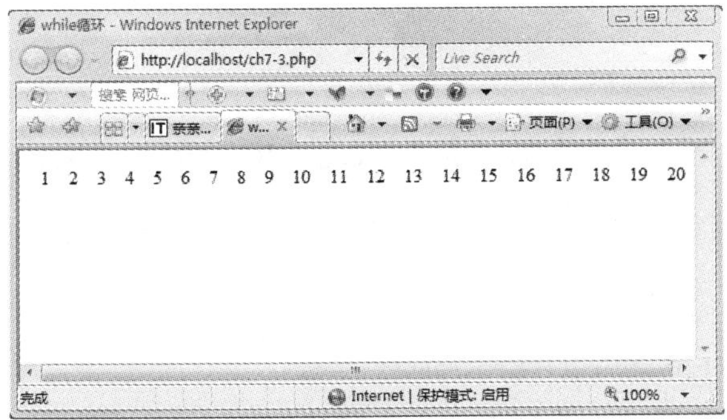

图 7-3

〖实例剖析与知识讲解〗

while 循环是 PHP 中最简单的循环类型，和 C 语言中的 while 循环一样。while 语句的基本格式是：

```
while (expr)
{
   statement1;
   statement2;
}
```

或：

```
while (expr)
 statement;
```

while 语句的含义很简单，它告诉 PHP 只要 while 表达式的值为 TRUE 就重复执行嵌套中的循环语句。表达式的值在每次开始循环时检查，所以即使这个值在循环语句中改变了，语句也不会停止执行，直到本次循环结束。有时如果 while 表达式的值一开始就是 FALSE，则循环语句一次都不会执行。

本例中的代码：

```
<?
$i=0;                                  //初始化变量
while($i<20)                           //判断变量是否小于 20
{
$i++;                                  //变量自增
echo "  ".$i."  ";     //用空格分隔输出每一个整数
}
?>
```

执行过程为：在 while 语句开始之前，先进行初始化变量，遇到 while 语句时，开始判断表达式$i<20 是否为真，当然此时$i=0<20，则进入循环体中执行$i++语句，让$i 自增 1，现在的变量值为 1。以此类推，当循环执行到第 20 次，变量值就为 20，再来进行表达式$i<20 的判断，结果为假，已经不符合条件了，于是跳出循环，执行循环结构的后续语句。

注意：

（1）实例中的“ ”代表一个半角空格；HTML 用“&”加字符串表示一些特殊字符。空格是“ ”。一个汉字要占 2 个英文字符的大小，空 2 个汉字的位置就需要加 4 个“ ”。

（2）使用 while 循环时，必须在 while 执行体中使判断条件有所改变。如果没有的话就成为死循环，永无止境地执行下去。你会感觉到电脑越来越慢，简直不堪重负，这是因为死循环在耗尽系统资源。所以一定要给 while 循环设置一个退出循环的出口。

（3）while 的判断表达式支持所有合法的表达式，包括带有运算符的表达式。

【例 7-4】do…while 循环

〖实例需求〗

本例主要演示 do…while 循环的使用。通过输出 1~20 的整数来展现该循环的操作，同时还指出了 do…while 循环即使条件一次也不满足也会执行循环体一次的结果。

〖开发过程〗

第一步：创建文件。

创建新文件，在 Dreamweaver CS3 代码编辑区输入如下代码：

```
<!DOCTYPE html PUBLIC "-//W3C//DTD XHTML 1.0 Transitional//EN" "http://www.w3.org/TR/ xhtml1/
DTD/xhtml1-transitional.dtd">
<html xmlns="http://www.w3.org/1999/xhtml">
<head>
<meta http-equiv="Content-Type" content="text/html; charset=utf-8" />
<title>do...while 循环</title>
</head>

<body>
<?
$i=0;                                        //初始化变量$i
 do                                          //判断变量是否小于 20
{
$i++;                                        //变量自增
echo "  ".$i."  ";       //用空格分隔输出每一个整数
}while($i<20);
echo "<br>";
$j=1;                                        //初始化变量$j
do
{
$j++;                                        //变量自增
echo "  ".$j."  ";       //用空格分隔输出每一个整数
}while($j<1);                                //判断变量是否小于 1
?>
</body>
</html>
```

第二步：保存文件并调试运行。

单击“文件”→“保存”命令，或者按快捷键 Ctrl+S，以文件名 ch7-4.php 保存页面，文件自动保存到站点中。

按 F12 键或者单击 图标的 预览在 IExplore 6.0 F12 即可进行网页的运行与调试，效果如图 7-4 所示。

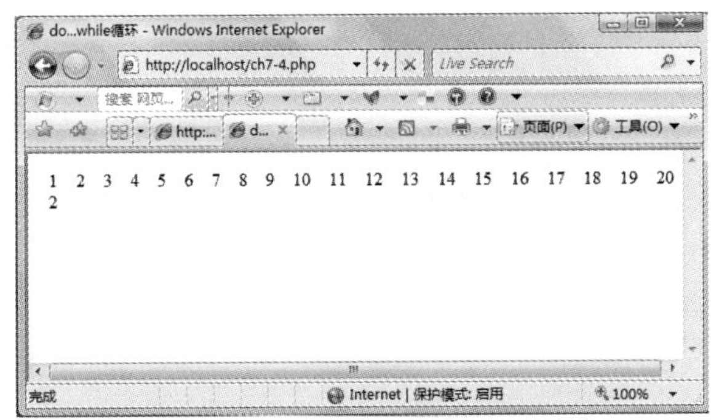

图 7-4

〖实例剖析与知识讲解〗

从语法单词上看，do…while 语句与 while 语句非常相似，实际上也能用 do…while 语句实现 while 循环所实现的效果。但仔细比较会发现两者的区别，首先来看一下 do…while 语句的语法结构：

```
do
{
statement;
}while(expr);
```

而比较 while 循环：

```
while (expr)
{
   statement1;
   statement2;
}
```

此时发现，while 循环一开始就进行条件表达式的判断，若不满足，则一次也不执行循环体的结构；但 do…while 循环则不同，先执行一次循环体语句，再来判断条件表达式的值，如果为真则继续执行循环体，否则跳出循环。

像本例的语句：

```
$j=1;      //初始化变量$j
do
{
$j++;      //变量自增
echo "  ".$j."  ";        //用空格分隔输出每个整数
}while($j<1);                                  //判断变量是否小于1
```

执行过程为：初始化变量$j 的值等于 1，然后进入循环体中，将$j 自增 1，$j 变为 2，然后将 2 输出，之后才进入 while 语句进行判断$j<1，结果为假，退出循环。

【例 7-5】for 循环

〖实例需求〗

本例主要通过 for 循环输出 1~20 的整数介绍 for 循环的语法以及使用。

〖开发过程〗

第一步：创建文件。

创建新文件，在 Dreamweaver CS3 代码编辑区输入如下代码：

```
<!DOCTYPE html PUBLIC "-//W3C//DTD XHTML 1.0 Transitional//EN" "http://www.w3.org/TR/ xhtml1/DTD/xhtml1-transitional.dtd">
<html xmlns="http://www.w3.org/1999/xhtml">
<head>
<meta http-equiv="Content-Type" content="text/html; charset=utf-8" />
<title>for 循环</title>
```

```
</head>

<body>
<?
for($i=1;$i<=20;$i++)
{
echo "  ".$i."  ";  //用空格分隔输出每一个整数
}
?>
</body>
</html>
```

第二步：保存文件并调试运行。

单击“文件”→“保存”命令，或者按快捷键 Ctrl+S，以文件名 ch7-5.hp 保存页面，文件自动保存到站点中。

按 F12 键或者单击图标的 预览在 IExplore 6.0 F12 即可进行网页的运行与调试，效果如图 7-5 所示。

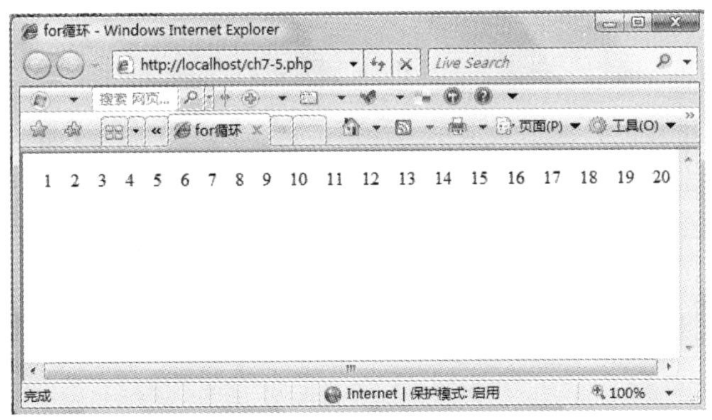

图 7-5

〖实例剖析与知识讲解〗

在实例使用过程中，如果设置了初始值，并且需要进行固定的累加或者递减，换言之，若已固定了循环执行次数时，for 循环是最好的选择。

for 循环的语法结构如下：

```
for(expr1;expr2;expr3)
{
statement;
}
```

其中三个表达式 expr1、expr2、expr3 分别有以下特点：

- expr1：在循环开始时执行一次，初始化循环控制变量。
- expr2：循环控制表达式，每一次循环开始之前都要对这个表达式进行判断，若为真，则继续执行循环；否则，退出循环。
- expr3：对循环控制变量进行递增或者递减，控制循环变量的计数；这个表达式在每次循环结束之后进行。
- 每个表达式都可以为空，expr2 为空则无限循环下去。

本例的语句：

```
for($i=1;$i<=20;$i++)
{
echo "  ".$i."  ";  //用空格分隔输出每个整数
}
```

执行过程为：首先给循环控制变量$i 赋值为 1，然后判断$i<=20，第一次循环结果为真，则进入循环体输出 1。然后依次类推，循环输出直到 20 的整数，此时$i 已经为 20 了，在执行完$i++语句后，$i 的值为 21，再次进行判断$i<=20，结果为假，退出循环。

【例 7-6】for…each 循环

〖实例需求〗

本例主要介绍 for…each 循环的语法以及使用方法。

〖开发过程〗

第一步：创建文件。

创建新文件，在 Dreamweaver CS3 代码编辑区输入如下代码：

```
<!DOCTYPE html PUBLIC "-//W3C//DTD XHTML 1.0 Transitional//EN" "http://www.w3.org/TR/xhtml1/DTD/xhtml1-transitional.dtd">
<html xmlns="http://www.w3.org/1999/xhtml">
<head>
<meta http-equiv="Content-Type" content="text/html; charset=utf-8" />
<title>foreach 循环</title>
</head>
<body>
<?
$student = array("sunny","moon","happy","rain");        //定义数组
foreach ($student as $value) {                          //循环输出数组元素
  echo "  ".$value."  ";
}
echo "<br>";
foreach ($student as $key => $value) {                  //循环输出数组元素
   echo "\$student[$key] => $value.\n";
}
?> </body>
</html>
```

第二步：保存文件并调试运行。

单击“文件”→“保存”命令，或者按快捷键 Ctrl+S，以文件名 ch7-6.php 保存页面，文件自动保存到站点中。

按 F12 键或者单击 图标的 预览在 IExplore 6.0 F12 即可进行网页的运行与调试，效果如图 7-6 所示。

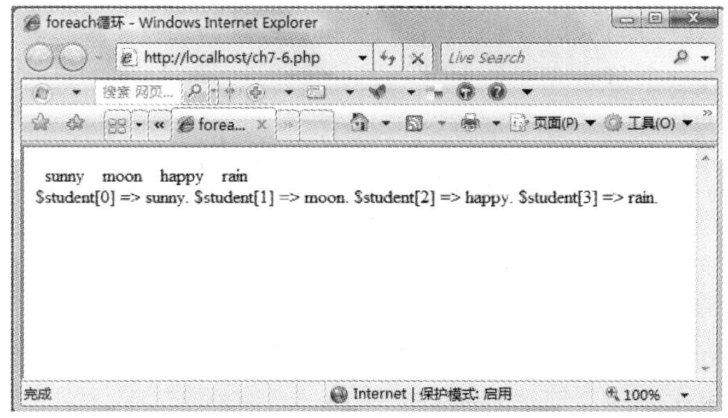

图 7-6

〖实例剖析与知识讲解〗

foreach 循环和 Perl 以及其他语言很像，这只是一种遍历数组的方法。foreach 循环仅能用于数组，当试图将其用于其他数据类型或者一个未初始化的变量时会产生错误。它有两种语法，第二种比较次要，但却是第一种的有用的扩展。

- `foreach (array_expr as $value)`
  `statement`
- `foreach (array_expr as $key => $value)`
  `statement`

第一种格式遍历给定的 array_expr 数组。每次循环中，当前单元的值被赋给$value 并且数组内部的指针向前移一步（因此下一次循环中将会得到下一个单元）。

如本例的语句：

```
foreach ($student as $value) {                    //循环输出数组元素
  echo "  ".$value."  ";
}
```

执行过程为：每次循环开始，指针指向第一个元素，将第一个元素的值赋给$value，在循环体中将$value 值输出；然后指针后移一步，再把第二个元素的值赋给$value，在循环体中将$value 值输出；依次类推，直到指针指向数组的最后一个元素之后，退出循环。

第二种格式做同样的事情，不同的是当前单元的键名也会在每次循环中被赋给变量$key。

也可以将本例改成第二种格式，修改如下：

```
foreach ($student as $key => $value) {        //循环输出数组元素
    echo "\$student[$key] => $value.\n";
}
```

注意：

（1）foreach 目前只能遍历数组和对象。

（2）foreach 不支持用“@”来抑制错误信息的能力。

（3）当 foreach 开始执行时，数组内部的指针会自动指向第一个单元。这意味着不需要在 foreach 循环之前调用 reset()。

（4）除非数组是被引用，foreach 所操作的是指定数组的一个拷贝，而不是该数组本身。因此数组指针不会被 each() 结构改变，对返回的数组单元的修改也不会影响原数组。不过原数组的内部指针的确在处理数组的过程中向前移动了。假定 foreach 循环运行到结束，原数组的内部指针将指向数组的结尾。

（5）自 PHP 5 起，可以很容易地通过在 $value 之前加上&来修改数组的单元。此方法将以引用赋值而不是拷贝一个值。

【例 7-7】break 语句

〖实例需求〗

本例实现对 1~100 之间的数进行累加，当累加和大于 100 时，退出循环，同时依次输出累加的每一个数，其中退出循环采用了 break 语句。

〖开发过程〗

第一步：创建文件。

创建新文件，在 Dreamweaver CS3 代码编辑区输入如下代码：

```
<!DOCTYPE html PUBLIC "-//W3C//DTD XHTML 1.0 Transitional//EN" "http://www.w3.org/TR/xhtml1/DTD/xhtml1-transitional.dtd">
<html xmlns="http://www.w3.org/1999/xhtml">
<head>
<meta http-equiv="Content-Type" content="text/html; charset=utf-8" />
<title>break 语句</title>
</head>
<body>
<?
echo "对 1~100 之间的数进行累加，当累加和大于 100 时，退出循环，同时依次输出累加的每一个数！<BR>";
$i=1;                                          //初始化循环变量
$sum=0;                                        //初始化累加和变量
while($i<=100)                                 //进入循环
{
if($sum>100)
break;                                         //如果累加和大于 100，则退出循环
else
{
echo "  ".$i."  "; //输出每一个值
$sum=$sum+$i;                                  //累加和
$i++;                                          //自增循环变量
}
}
?>
</body>
</html>
```

第二步：保存文件并调试运行。

单击“文件”→“保存”命令，或者按快捷键 Ctrl+S，以文件名 ch7-7.php 保存页面，文件自动保存到站点中。

按 F12 键或者单击图标的 预览在 IExplore 6.0 F12 即可进行网页的运行与调试，效果如图 7-7 所示。

图 7-7

〖实例剖析与知识讲解〗

在使用 while 循环、do…while 循环、for 循环或者在【例 7-2】中出现的 switch…case 判断时，有时并不需要执行到满足循环控制变量的条件为止。若想在循环体中满足某一特定条件时退出循环，就会采用 break 语句。break 语句的作用就是退出循环语句或者 switch…case 判断。

在 for 循环中使用的语法如下：

```
for(expr1;expr2;expr3)
{
if(expr4)
break;
}
```

【例 7-8】continue 语句

〖实例需求〗

本例通过实现输出 1~30 之间的偶数来说明 continue 语句的执行原理。

〖开发过程〗

第一步：创建文件。

创建新文件，在 Dreamweaver CS3 代码编辑区输入如下代码：

```
<!DOCTYPE html PUBLIC "-//W3C//DTD XHTML 1.0 Transitional//EN" "http://www.w3.org/TR/xhtml1/DTD/xhtml1-transitional.dtd">
<html xmlns="http://www.w3.org/1999/xhtml">
<head>
<meta http-equiv="Content-Type" content="text/html; charset=utf-8" />
<title>continue 语句</title>
</head>
<body>
<?
echo "输出 1—30 之间的偶数! <br>";
```

```
for($i=1;$i<=30;$i++)
{
if($i%2==0)                //判断是否为偶数
echo $i."<br>";            //是偶数则输出
else
continue;                  //不是偶数则跳过
}
?>
</body>
</html>
```

第二步：保存文件并调试运行。

单击“文件”→“保存”命令，或者按快捷键 Ctrl+S，以文件名 ch7-8.php 保存页面，文件自动保存到站点中。

按 F12 键或者单击 图标的 预览在 IExplore 6.0 F12 即可进行网页的运行与调试，效果如图 7-8 所示。

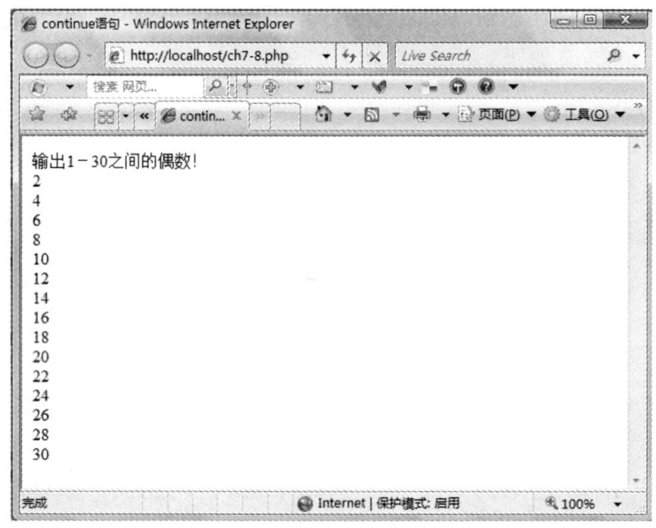

图 7-8

〖实例剖析与知识讲解〗

continue 语句在循环结构中用来跳过本次循环中剩余的代码并在条件求值为真时开始执行下一次循环，可用于 while 循环、do…while 循环、for 循环或者 switch…case 判断中，功能为跳出本次循环，转而进入下一次循环的判断。

【例 7-9】嵌套控制结构

〖实例需求〗

本例通过演示 9*9 的乘法表的实现来说明嵌套控制结构。

〖开发过程〗

第一步：创建文件。

创建新文件，在 Dreamweaver CS3 代码编辑区输入如下代码：

```
<!DOCTYPE html PUBLIC "-//W3C//DTD XHTML 1.0 Transitional//EN" "http://www.w3.org/TR/xhtml1/DTD/xhtml1-transitional.dtd">
<html xmlns="http://www.w3.org/1999/xhtml">
<head>
<meta http-equiv="Content-Type" content="text/html; charset=utf-8" />
<title>循环嵌套结构</title>
</head>

<body>
<?
for($i=0;$i<=9;$i++)                         //外层循环
{
for($j=0;$j<=9;$j++)                         //内层循环
{
$sum=$i*$j;                                  //乘法
echo $i."*".$j."=".$sum."  ";      //输出
}
echo "<br>";                                 //换行
}
?>
</body>
</html>
```

第二步：保存文件并调试运行。

单击“文件”→“保存”命令，或者按快捷键 Ctrl+S，以文件名 ch7-9.php 保存页面，文件自动保存到站点中。

按 F12 键或者单击图标的 预览在 IExplore 6.0 F12 即可进行网页的运行与调试，效果如图 7-9 所示。

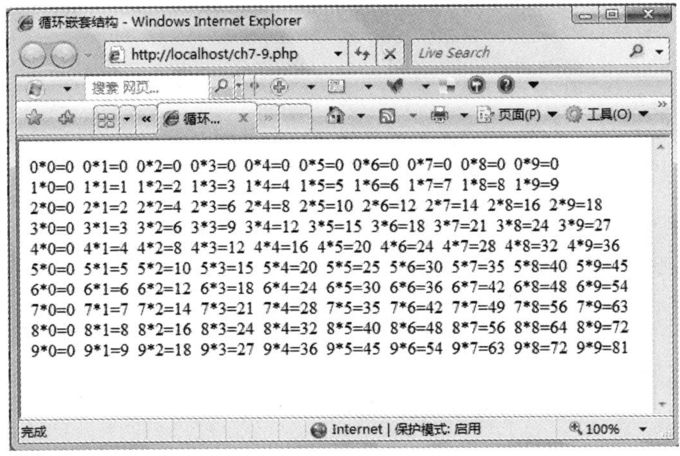

图 7-9

〖实例剖析与知识讲解〗

前面实例都是单独使用各种控制语句，也可以将一种控制语句嵌套在另一种控制语句中，比如，for 循环中可以嵌套 for 循环或者其他的 while 循环等，像本例中，for 循环就嵌套了 for 循环。这种结构称为嵌套控制结构。

在书写时，为了增加程序的可读性与可理解性，应该采用阶梯状的程序结构，如以下代码所示。

```
for($i=0;$i<=9;$i++)                        //外层循环
{
for($j=0;$j<=9;$j++)                        //内层循环
{
$sum=$i*$j;                                 //乘法
echo $i."*".$j."=".$sum."  ";     //输出
}
echo "<br>";                                //换行
}
```

上面的代码执行过程为：外层的 for 循环首先进行计算，并执行直到$i 不再小于等于 9 为止。外层循环执行 1 次，内层循环执行 10 次。因此，整个循环执行了 10*10 次。

小结

本章主要介绍了控制语句的相关知识，包含 PHP 中的判断与循环语句，包括 if…else 判断、switch…case 判断、while 循环、do…while 循环、for 循环、foreach 循环、break 语句、continue 语句、嵌套控制语句等内容。详细介绍了每一个条件判断语句与循环语句的使用。通过本章的学习可以使读者掌握 PHP 的程序控制流程，为今后开发大型 PHP 程序奠定扎实的基础。

第 8 章 PHP 的函数

【本章导读语】

PHP 的一个目标就是通过重复使用代码来避免编写新的代码，从而在软件开发中降低成本、增加代码的可靠性并提高代码的一致性。许多程序员的理想状态是：一个项目是将已有的可重新利用的代码组件进行组合，并将新的开发难度降低到最小。当然，这种理想的状态很难实现，但却体现了我们共同追求的一种目标：实现代码的可重用性与一致性。当我们为了求几个数的立方需要重复地编写几段内容相同的代码时，你肯定会想，有什么样的办法能够让代码简洁化，如何减少代码的冗余长度呢？

比如有 6 个立方体，它们的边长分别为 3、4、5、6、7、8，分别求每一个立方体的体积，学过前面几章的同学，会立即写出如下的代码：

```
$num1=3;
$sum1=$num1*$num1*$num1;
$num2=4;
$sum2=$num2*$num2*$num2;
$num3=5;
$sum3=$num3*$num3*$num3;
$num4=6;
$sum4=$num4*$num4*$num4;
$num5=7;
$sum5=$num5*$num5*$num5;
$num6=8;
$sum6=$num6*$num6*$num6;
```

这么写当然没有错，但你会发现，若要求 500 个立方体的体积，对于这一重复的两个语句就要重复 500 遍，你的感觉会是什么样？

所以为了解决这个问题，我们来看 PHP 中另一个重要的主体内容——函数。

简单地说，函数就是为了完成特定任务而作为一个独立的整体存在的代码块，而这个任务需要重复执行多次。

PHP 提供了两种类型的函数，一种是用户自定义函数，完全由用户自己定义，通过讲解用户自定义函数，掌握函数的工作流程、函数的返回值、函数的作用域以及函数的两种值传递方式，并对递归函数做举例说明；一种是内置库函数，内置库函数是 PHP 中已经预定义的函数，并且它的运行方式在创建时就已预定义。可以使用的函数有数百种，本章介绍常见的数学函数、字符串函数以及类型判断函数，数组函数在第 9 章进行详细讲解。

【例 8-1】用户自定义函数与函数值的返回

〖实例需求〗

本例通过三个函数的定义，介绍函数的工作流程，以及如何自定义函数和函数值的返回。

〖开发过程〗

第一步：创建文件。

创建新文件，在 Dreamweaver CS3 代码编辑区输入如下代码：

```
<!DOCTYPE html PUBLIC "-//W3C//DTD XHTML 1.0 Transitional//EN" "http://www.w3.org/TR/ xhtml1/DTD/xhtml1-transitional.dtd">
<html xmlns="http://www.w3.org/1999/xhtml">
<head>
<meta http-equiv="Content-Type" content="text/html; charset=utf-8" />
<title>用户自定义函数</title>
</head>

<body>
<?
function cube($value)                    //立方体体积函数定义
{
return $value*$value*$value;             //返回体积值
}
function EvenNum($num1,$num2)            //判断两个数之间的所有偶数
{
if($num1>$num2)                          //比较两个数的大小，若第一个数为大者则两数互换
{
$temp=$num1;
$num1=$num2;
$num2=$temp;
}
for($i=$num1;$i<=$num2;$i++)             //循环比较两数之间的值
{
if($i%2==0)                              //选出其中的偶数
{
echo $i."  ";                  //输出偶数
}
}
echo"<br>";
}
function welcome()                       //定义一个没有参数的函数
{
echo "welcome!<br>";                     //输出信息
}
//显示欢迎信息
welcome();
//求出 2~20 之间的偶数
```

```
EvenNum(2,20);
//求出 12~50 之间的偶数
EvenNum(12,50);
//求边长为 9 的立方体的体积
$side=9;                                       //定义边长为 9
$VOL=cube($side);                              //计算体积
echo "边长为".$side."的体积为: ".$VOL."<BR>";     //输出值
//求边长为 9 的立方体的体积
$side=19;                                      //定义边长为 9
$VOL=cube($side);                              //计算体积
echo "边长为".$side."的体积为: ".$VOL."<BR>";     //输出值
?>
</body>
</html>
```

第二步：保存文件并调试运行。

单击“文件”→“保存”命令，或者按快捷键 Ctrl+S，以文件名 ch8-1.php 保存页面，文件自动保存到站点中。

按 F12 键或者单击图标的 预览在 IExplore 6.0 F12 即可进行网页的运行与调试，效果如图 8-1 所示。

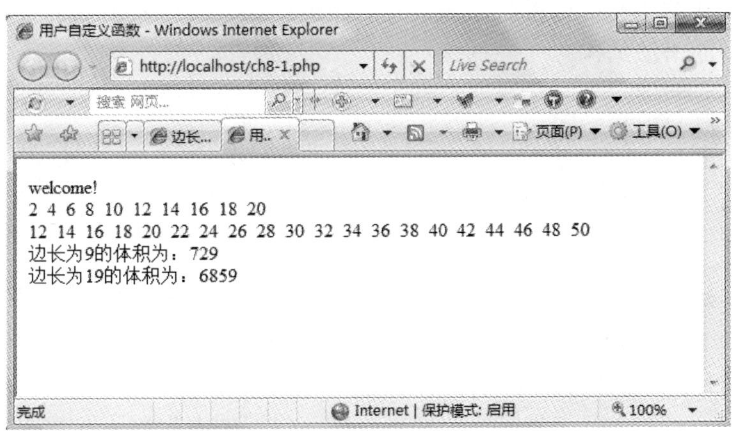

图 8-1

〖实例剖析与知识讲解〗

可以看到在本例中定义了三个函数。

第一个函数：

```
function cube($value)              //立方体体积函数定义
{
return $value*$value*$value;       //返回体积值
}
```

此函数的特点：有一个参数，有一个返回值。

第二个函数：

```
function EvenNum($num1,$num2)      //判断两个数之间的所有偶数
{
if($num1>$num2)                    //比较两个数的大小，若第一个数为大者则两数互换
```

```
{
$temp=$num1;
$num1=$num2;
$num2=$temp;
}
for($i=$num1;$i<=$num2;$i++)          //循环比较两数之间的值
{
if($i%2==0)                           //选出其中的偶数
{
echo $i."  ";               //输出偶数
}
}
echo"<br>";
}
```

此函数的特点：有两个参数，没有返回值，值直接在函数中输出。

第三个函数：

```
function welcome()                    //定义一个没有参数的函数
{
echo "welcome!<br>";                  //输出信息
}
```

此函数的特点：没有参数，没有返回值。

从以上三个函数的定义中可以得出如下几点结论：

（1）函数声明的语法结构：

```
function 函数名(参数列表)
{
函数体;
return 返回值;
}
```

其中：

- 函数名：是希望创建的函数名，以后要引用或者调用该函数就必须使用这个函数名，函数名必须是唯一的。函数名的命名规则与变量的命名规则一样，但切记：函数名前面不加$符号，这是与变量的不同之处。
- 参数列表：函数名后必须有一个括号，里面包括的内容称为参数或者参数列表，允许参数为空，或者只有一个参数，或者有多个参数。参数分成两种，一种是形参，形参不能是常量值；另一种是实参。像上面函数定义过程中的$value、$num1、$num2 就是形参，而实例中调用函数传递过来的参数，如$side、2、30 等为实参。当然，参数也可以省略，如第三个函数。切记：定义的函数形式参数个数与类型应与调用时的实参的个数与类型保持一致，否则得不到正确的结果。
- 函数体：函数独立完成某一特定任务的一组语句，如果有两个或者多个语句，代码必须放在大括号内部（{}），但是，如果函数的代码部分只包含有一个语句，则可以不使用大括号。
- return 返回值：返回值不是每个函数都必须有的，这和函数的功能以及用户的需求与自定义有关。返回值指完成函数后返回到主程序中的值。函数的返回值可以是数值、字符等变量。返回值不能有多个返回值，但是如果要返回多个值，则可以将数组作为一个函数的返回值。如上例中的第二个函数可以改为如下结构：

```
function EvenNum($num1,$num2)//判断两个数之间的所有偶数
```

```
{
if($num1>$num2)                  //比较两个数的大小，若第一个数为大者则两数互换
{
$temp=$num1;
$num1=$num2;
$num2=$temp;
}
for($i=$num1;$i<=$num2;$i++) //循环比较两数之间的值
{
if($i%2==0)                      //选出其中的偶数
{
$t[$j]=$i;                       //把结果赋值给数组元素
$j++;
}
}
return $t;                       //将数组$t 作为函数返回值
}
```

主程序中的调用改成如下：

```
$c= EvenNum(2,20);               //调用函数
for($i=0;$i<count($c);$i++)      //遍历数组
{
echo $c[$i];                     //显示结果
echo "  ";
}
```

将上述代码保存到文件 ch8-1-1.php 中。

- 在 PHP 5 后，允许将函数定义语句放在函数调用语句之后，即可以先调用一个未被定义的函数，然后再去定义函数。但是如果函数的定义是有条件的，那么在有条件的定义发生前函数是不能被调用的。

（2）函数的工作流程为：

1）定义一个函数。

2）主程序调用函数，传过去值或者空。

3）函数接收值，并进行处理。

4）返回结果到主程序，并把控制返回到调用它的脚本。

【例 8-2】函数的作用域

〖实例需求〗

本例主要介绍函数的使用域概念，以及局部变量、全局变量以及静态变量的定义、使用以及区别。

〖开发过程〗

第一步：创建文件。

创建新文件，在 Dreamweaver CS3 代码编辑区输入如下代码：

```
<!DOCTYPE html PUBLIC "-//W3C//DTD XHTML 1.0 Transitional//EN" "http://www.w3.org/TR/ xhtml1/DTD/
xhtml1-transitional.dtd">
<html xmlns="http://www.w3.org/1999/xhtml">
<head>
<meta http-equiv="Content-Type" content="text/html; charset=utf-8" />
<title>函数的作用域</title>
</head>
<body>
<?
function sum()
{
$result=225;                    //局部变量$result
}
function sum1()
{
global $result1;                //用global 定义全局变量$result1
$result1=225;
echo $result1."<br>";
}
function sum2()
{
static $result2=225;            //用static 定义静态变量$result2
echo $result2,"<br>";
$result2++;
}
echo "函数的局部变量的使用：";
echo $result;
echo "<br>------------------------------------------<br>";
echo "全局变量的使用：";
sum1();
sum1();
echo  $result1=$result1+5;
echo "<br>------------------------------------------<br>";
echo "静态变量的使用：";
sum2();
sum2();
echo "<br>------------------------------------------<br>";
?>
</body>
</html>
```

第二步：保存文件并调试运行。

单击“文件”→“保存”命令，或者按快捷键 Ctrl+S，以文件名 ch8-2.php 保存页面，文件自动保存到站点中。

按 F12 键或者单击 图标的 预览在 IExplore 6.0 F12 即可进行网页的运行与调试，效果如图 8-2 所示。

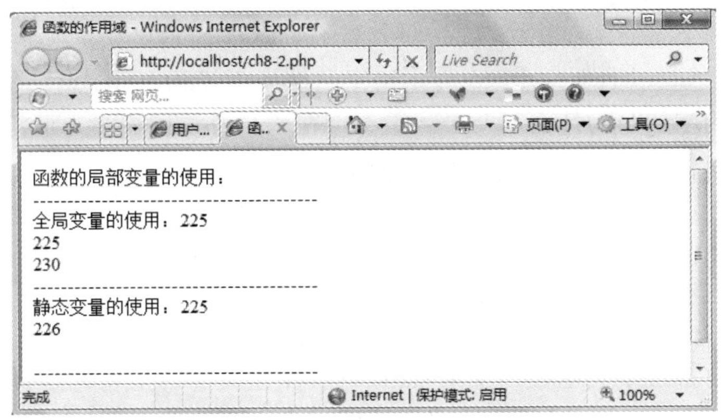

图 8-2

〖实例剖析与知识讲解〗

本例定义了三个函数，分别如下：

```
function sum()              //第一个函数
{
$result=225;                //局部变量$result
}
function sum1()             //第二个函数
{
global $result1;            //用global 定义全局变量$result1
$result1=225;
echo $result1."<br>";
}
function sum2()             //第三个函数
{
static $result2=225;        //用static 定义静态变量$result2
echo $result2,"<br>";
$result2++;
}
```

三个函数分别介绍了三种作用域的变量使用方法，接下来进行分析：

- 第一个函数定义了一个名为 sum()的函数，函数体定义了一个变量，名为$result，并给其赋值 225，在主程序中我们对变量$result 进行了调用输出，结果发现什么也没有显示，显示了一个空值。这是为什么呢？因为变量$result 只是在函数 sum()中定义了，它的作用范围只在函数内，在函数外的任何地方都不能使用在函数内部声明的变量，这就叫做函数内部的局部变量。简单地说，就是该变量只能在函数内部使用，并且对函数外部的任何程序，它一直保持着不可访问性。当在函数外部使用变量$result 时，它仅仅被当成一个新的变量来看待，未指定它的值，所以显示结果为空值。
- 在第二个函数 sum1()中定义了变量$result1，同时在变量名前加了一个 global 关键字，接下来给$result1 赋值为 225，同时在函数内部将$result1 的值输出，很明显，结果为 225；主程序中也对 sum1()函数及$result 变量进行了访问，代码如下：

```
sum1();
sum1();
echo $result1=$result1+5;
```

两次访问 sum1()函数，显示出来的结果都是 225，这说明 global 并不能保存和记忆上一次调用函数时的结果，每一次调用函数，都会对函数进行初始化。

而下一条语句：$result1=$result1+5;显示出来的结果为 230，$result1 在函数内部结果 225 的基础上进行了值的增加，为什么第一个函数不能在函数外访问变量，而第二个函数却能在函数的外部继续访问变量呢？关键在于使用了 global 语句。

global 语句允许从脚本的任何位置访问函数内部定义的变量，因此，在声明变量的时候，前面必须加上 global 语句，语法如下：

```
global $变量名1，$变量名2……;
```

而加上 global 的变量也可以简单地称之为全局变量。

- 第三个函数 sum2()的函数内部用 static 做前缀定义了一个名为$result2 的变量，并赋值为 225，然后输出，并累加。当在主程序中调用第一个 sum2()时，输出 225，第二次再次调用 sum2()函数时，输出结果为 226，与第二个函数的显示结果不同，这次调用保存并记忆了上一次的值。这是如何做到的呢？秘密就在于变量名前面的关键字 static，通过 static 语句，就可以有效地延长函数内部变量的有效期，这种加上了 static 关键字的变量称为静态变量。

① **注意**：static 变量和 global 变量有很大的差别。global 变量可以从整个程序的任何位置访问。而 static 变量仍然是函数内部的局部变量，与普通变量不同的是，一旦函数的执行结束后，这种变量不会丢失自己最后的值。

② 举例说明，代码如下：

③

```
function sum2()          //第三个函数
{
static $result2=225;     //用static定义静态变量$result2
echo $result2,"<br>";
$result2++;
}
sum2();
sum2();
```

【例 8-3】函数的参数传递

〖实例需求〗

本例主要介绍函数传递参数的三种方式，一种是传递默认参数值，一种是用值传递参数，一种是按引用传递参数。

〖开发过程〗

第一步：创建文件。

创建新文件，在 Dreamweaver CS3 代码编辑区输入如下代码：

```
<!DOCTYPE html PUBLIC "-//W3C//DTD XHTML 1.0 Transitional//EN" "http://www.w3.org/TR/ xhtml1/DTD/
xhtml1-transitional.dtd">
<html xmlns="http://www.w3.org/1999/xhtml">
<head>
```

```
<meta http-equiv="Content-Type" content="text/html; charset=utf-8" />
<title>函数的参数传递</title>
</head>
<body>
<?
function cube($value=8)                //立方体体积函数定义
{
$value=$value+1;
return $value*$value*$value;           //返回体积值
}
echo cube();
echo "<br>----------------------<br>";
echo cube(6);
echo "<br>----------------------<br>";
$side=12;
echo cube($side);
echo "<br>";
echo $side;
echo "<br>----------------------<br>";
echo cube(&$side);
echo "<br>";
echo $side;
?>
</body>
</html>
```

第二步：保存文件并调试运行。

单击“文件”→“保存”命令，或者按快捷键 Ctrl+S，以文件名 ch8-3.php 保存页面，文件自动保存到站点中。

按 F12 键或者单击 图标的 预览在 IExplore 6.0 F12 即可进行网页的运行与调试，效果如图 8-3 所示。

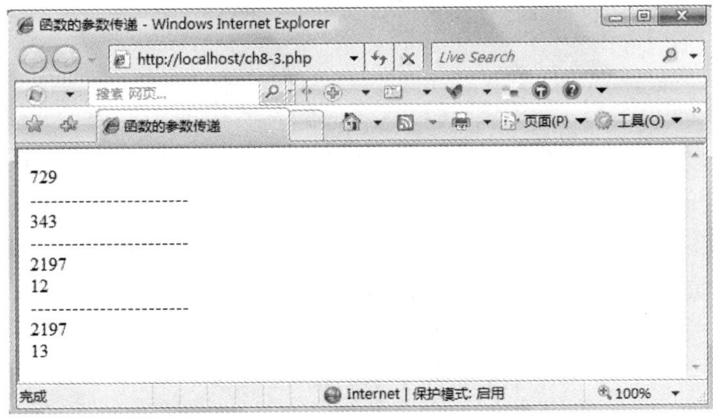

图 8-3

〖实例剖析与知识讲解〗

在 PHP 中有三种方式向函数传递参数：

- 传递默认参数值。

要使用这种方法，函数必须在定义时有一个默认参数，在主程序中对该函数进行调用时，若实参为空，则自动调用默认参数。如本例中定义的函数：

```
function cube($value=8)            //立方体体积函数定义
{
$value=$value+1;
return $value*$value*$value;       //返回体积值
}
```

给定了一个默认值$value 为 8，所以当主程序中出现没有参数的调用：

```
echo cube();                       //传递默认的参数值
```

函数自动按照默认值 8+1 来计算立方体的体积，结果为 9*9*9，等于 729。

- 用值传递参数。

要使用这个方法，必须在主程序中调用函数时传递一个值（或者参数）给函数。如：

```
echo cube(6);                      //用值传递参数
```

传递一个数值 6 给 cube()函数中的$value，然后$value+1，结果为 7*7*7，等于 343。

又如：

```
$side=12;
echo cube($side);
echo "<br>";
echo $side;
```

在主程序中定义了一个变量$side，为其赋值 12，然后传给函数 cube()的$value，然后$value+1，结果为 13*13*13，等于 2197，回到主程序，再输出$side 时，我们会发现，结果仍然为 12，$side 的值没有变化。这里参数传递的只是一个副本，并没有涉及到存储地址内容的变化。

- 按引用传递参数。

在按值传递参数时，只有参数的副本传递给被调用的函数，在被调用函数内部对这些值的任何修改都不会影响到主程序函数中的实参。但如果采取按引用传递参数，就可以直接修改存储地址的内容了。如：

```
echo cube(&$side);
echo "<br>";
echo $side;
```

细心的读者可以发现，与上一个不同，这个函数括号中的实参多了一个地址引用符&，这时传递的实参就不再是传递参数的副本了，而是将实参所在的地址告诉被调用函数，那么被调用函数中的形参$value 的地址就指向了$side 的地址，所以任何修改$value 的举动，都会直接影响$side 值的变化。在调用函数前，$side 的值为 12，因为在函数内部将$value 增加 1，所以也就意味着$side 也增加了一个 1，结果输出为 13。

【例 8-4】函数的递归

〖实例需求〗

本例通过计算阶乘介绍函数的递归操作。求 8 的阶乘＝8*7*6*5*4*3*2*1，所以 n 的阶乘等于 n*n-1 的阶乘。

〖开发过程〗

第一步：创建文件。

创建新文件，在 Dreamweaver CS3 代码编辑区输入如下代码：

```
<!DOCTYPE html PUBLIC "-//W3C//DTD XHTML 1.0 Transitional//EN" "http://www.w3.org/TR/ xhtml1/DTD/
xhtml1-transitional.dtd">
<html xmlns="http://www.w3.org/1999/xhtml">
<head>
<meta http-equiv="Content-Type" content="text/html; charset=utf-8" />
<title>函数的递归</title>
</head>
<body>
<?
function jieche($num){                          //定义阶乘函数
   if ($num <0){                                //如果数据小于 0，则提示错误信息
      echo "error";
   }
   else
   {
   if($num==0 OR $num==1)                       //递归的最后一项和倒数第二项，返回值 1
   {
      return 1;                                 //返回 1
   }
   else{
       return jieche($num-1)*$num;              //递归下一个数的阶乘
     }
   }
}
echo "5 的阶乘为：";
echo jieche(5);                                 //调用函数
echo "<br>";
echo "15 的阶乘为：";
echo jieche(15);                                //调用函数
echo "<br>";
echo "25 的阶乘为：";
echo jieche(25);                                //调用函数
echo "<br>";
?>
</body>
</html>
```

第二步：保存文件并调试运行。

单击“文件”→“保存”命令，或者按快捷键 Ctrl+S，以文件名 ch8-4.php 保存页面，文件自动保存到站点中。

按 F12 键或者单击 图标的 预览在 IExplore 6.0 F12 即可进行网页的运行与调试，效果如图 8-4 所示。

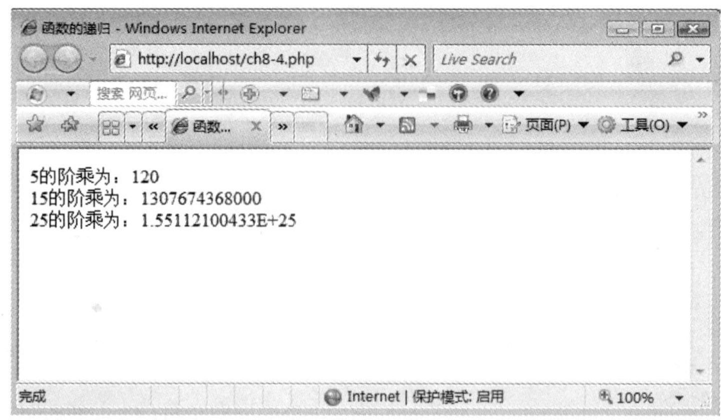

图 8-4

〖实例剖析与知识讲解〗

像本例中的阶乘计算，若编写如下的代码：

```
$sum=$n*($n-1)*($n-2)*.....*1
```

那么当这个 n 数据比较大的时候就会发现，这个$sum 的计算将是一个非常长的计算过程，计算过程完全没有效率可言，更不用说要求多个数的阶乘了。

通过本例的函数递归操作可以看到，5、15、25 阶乘只需要调用 jieche()函数即可，过程简单，有效地去除了程序的冗余。

注意：

（1）在递归中要有使递归中止的代码，不能使递归陷入无限循环之中。

（2）要避免递归函数调用超过 100~200 层的范围，因为这样可能会破坏堆栈从而使当前脚本终止。

【例 8-5】PHP 内置库函数之数学函数

〖实例需求〗

通过列举若干个数学函数掌握数学函数的使用以及语法知识。

〖开发过程〗

第一步：创建文件。

创建新文件，在 Dreamweaver CS3 代码编辑区输入如下代码：

```
<!DOCTYPE html PUBLIC "-//W3C//DTD XHTML 1.0 Transitional//EN" "http://www.w3.org/TR/xhtml1/DTD/xhtml1-transitional.dtd">
<html xmlns="http://www.w3.org/1999/xhtml">
<head>
<meta http-equiv="Content-Type" content="text/html; charset=utf-8" />
<title>PHP 常用数学计算内部函数</title>
</head>
```

```
<body>
<?
echo round(3.4);               //四舍五入函数，结果为 3
echo "<br>";
echo round(3.5);               //四舍五入函数，结果为 4
echo "<br>";
echo round(3.6);               //四舍五入函数，结果为 4
echo "<br>";
echo round(1.95583, 2);        //四舍五入函数，结果为 1.96
echo "<br>";
echo round(1241757, -3);       //四舍五入函数，结 1242000
echo "<br>";
echo floor(4);                 //舍去法取整数函数，结果为 4
echo "<br>";
echo floor(4.3);               //舍去法取整数函数，结果为 4
echo "<br>";
echo floor(9.999);             //舍去法取整数函数，结果为 9
echo "<br>";
echo ceil(4);                  //进一法取整数函数，结果为 4
echo "<br>";
echo ceil(4.3);                //进一法取整数函数，结果为 5
echo "<br>";
echo ceil(9.999);              //进一法取整数函数，结果为 10
echo "<br>";
echo pow(2, 8);                //求幂函数，结果为 256
echo "<br>";
echo rand(2,6);                //随机函数，结果为 2
echo "<br>";
echo max(1, 3, 5, 6, 7);       //最大值函数，结果为 7
echo "<br>";
echo max(array(2, 4, 5));      //最大值函数，结果为 5
echo "<br>";
echo min(1, 3, 5, 6, 7);       //最小值函数，结果为 1
echo "<br>";
echo min(array(2, 4, 5));      //最小值函数，结果为 2
echo "<br>";
echo decbin(12);               //十进制转换为二进制函数，结果为 1100
echo "<br>";
echo bindec("110011");         //二进制转换成十进制函数，结果为 51
echo "<br>";
echo dechex(47);               //十进制转换为十六进制函数，结果为 2f
echo "<br>";
echo hexdec("2f");             //十六进制转换为十进制函数，结果为 47
echo "<br>";
echo decoct(12);               //十进制转换为八进制函数，结果为 14
echo "<br>";
echo octdec("14");             //八进制转换为十进制函数，结果为 12
?>
</body>
</html>
```

第二步：保存文件并调试运行。

单击“文件”→“保存”命令，或者按快捷键 Ctrl+S，以文件名 ch8-5.php 保存页面，文件自动保存到站点中。

按 F12 键或者单击 图标的 预览在 IExplore 6.0 F12 即可进行网页的运行与调试，效果如图 8-5 所示。

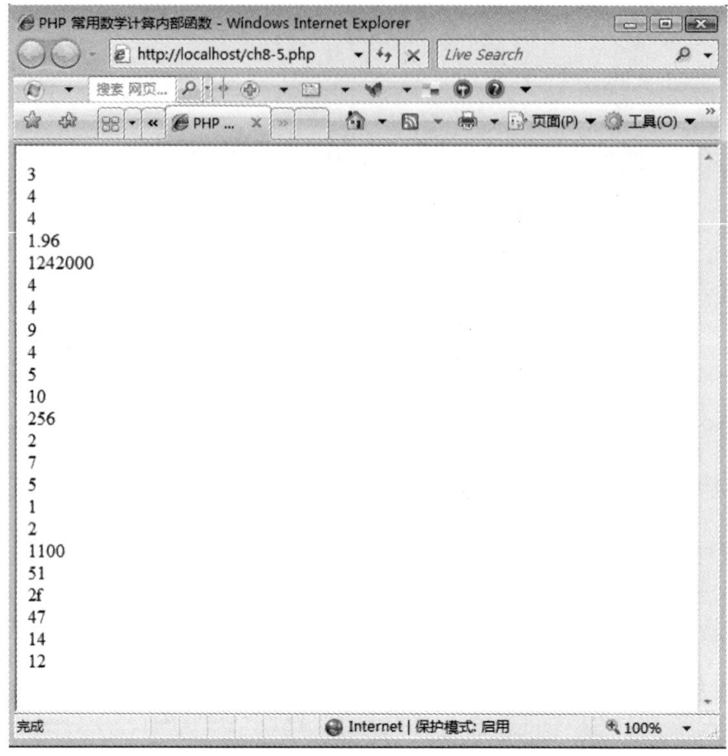

图 8-5

〖实例剖析与知识讲解〗

一般的计算可以通过运算符解决，如加、减、乘、除等。使用 PHP 的数学计算内部函数，可以帮助我们解决一些比较复杂的计算。本例主要讲述 round、floor、ceil、pow、rand、max、min、decbin、bindec、dechex、hexdec、decoct、octdec 等函数。

● round：对浮点数进行四舍五入。

round 函数的语法如下：

```
round(float,precision)
```

其中，参数 precision 表示小数点后面要保持的精度位数。如果不写参数 precision，表示四舍五入到整数位，比如：

```
echo round(3.4);            // 3
echo round(3.5);            // 4
echo round(3.6);            // 4
```

如果 precision 为 2，表示四舍五入到小数点后 2 位。示例如下：

```
echo round(1.95583, 2); // 1.96
```

如果参数 precision 为负数，表示四舍五入到小数点前。比如：

```
echo round(1241757, -3);      // 1242000
```

- floor：舍去法求整。

floor 函数的语法如下：

```
floor (value)
```

floor 函数返回不大于 value 的最大整数，即将 value 的小数部分舍去取整。示例如下：

```
echo floor(4);               //4
echo floor(4.3);             // 4
echo floor(9.999);           // 9
```

- ceil：进一法取整。

ceil 函数的语法如下：

```
ceil (value)
```

ceil 函数返回不小于 value 的最小整数。示例如下：

```
echo ceil(4);                //4
echo ceil(4.3);              // 5
echo ceil(9.999);            // 10
```

- pow：求幂。

pow 函数的语法如下：

```
pow (base,exp)
```

pow 函数返回 base 的 exp 次方的幂。下面的示例表示求 2 的 8 次方，返回结果是 256。

```
echo pow(2, 8);              // 256
```

- rand：产生一个随机整数。

rand 函数的语法如下：

```
rand (min,max)
```

rand 函数返回一个介于最小值 min 和最大值 max 之间（包括 min、max）的随机整数。比如下面的示例返回一个 2~6 之间的随机整数。

```
echo rand(2,6);
```

- max：返回参数中数值最大的值。

如果 max 函数只有一个参数且为数组，max 返回该数组中最大的值。

```
echo max(1, 3, 5, 6, 7);      // 7
echo max(array(2, 4, 5));     // 5
```

- min：返回参数中的最小值。

如果 min 函数只有一个参数且为数组，min 返回该数组中最小的值。

```
echo min(1, 3, 5, 6, 7);      // 1
echo min(array(2, 4, 5));     // 2
```

- decbin：十进制转换为二进制。

decbin 函数的语法如下：

```
decbin (number)
```

decbin 返回一个字符串，即返回参数 number 的二进制表示。

```
echo decbin(12);              //1100
```

- bindec：二进制转换成十进制。

bindec 函数的语法如下：

```
bindec (binary_string)
```

bindec 函数将二进制字符串 binary_string 转换成一个十进制整数。示例如下：

```
echo bindec("110011");        //51
```

- hexdec：十六进制转换为十进制。
- dechex：十进制转换为十六进制。

dechex 和 hexdec 函数示例如下：

```
echo dechex(47);        //2f
echo hexdec("2f");      //47
```

- decoct：十进制转换为八进制。
- octdec：八进制转换为十进制。

```
echo decoct(12);        //14
echo octdec("14");      //12
```

【例 8-6】PHP 内置库函数之字符串函数

〖实例需求〗

通过列举若干个字符串函数掌握字符串函数的使用以及语法知识。

〖开发过程〗

第一步：创建文件。

创建新文件，在 Dreamweaver CS3 代码编辑区输入如下代码：

```
<!DOCTYPE html PUBLIC "-//W3C//DTD XHTML 1.0 Transitional//EN" "http://www.w3.org/TR/ xhtml1/DTD/
xhtml1-transitional.dtd">
<html xmlns="http://www.w3.org/1999/xhtml">
<head>
<meta http-equiv="Content-Type" content="text/html; charset=utf-8" />
<title>字符串函数</title>
</head>
<body>
<?
$a = " it is a sunny day! ";
//$b="快乐生活! ";
echo "字符串".$a."的长度为: ";
echo strlen($a);                        //求字符串的长度，结果为 20
echo "<br>";
//echo "字符串".$b."的长度为: ";
//echo strlen($b);                      //求字符串的长度，结果为 15
//echo "<br>";
echo "去除了两边空格的".$a."的长度为: ";
echo strlen(trim($a));                  //求去除了两边空格的字符串长度，结果为 18
echo "<br>";  //
echo "nice"," try";                     //输出字符串结果为"nice try"
echo "<br>";
echo "nice",ltrim(" try");              //去除第二个字符串左边的空格，结果为 nicetry
echo "<br>";
echo "a ", "b";                         //输出字符串结果为: "a b"
echo "<br>";
echo rtrim("a "),"b";                   //去掉第一个字符串右边的空格，结果为 ab
echo "<br>";
```

```
echo substr("hello,world!",0,3);          //截取函数，截取字符串从第 1 个字符开始起的 3 个字符
echo "<br>";
echo substr("hello,world!",3,5);          //截取函数，截取字符串中从第 4 个字符开始的 5 个字符
echo "<br>";
echo substr("hello,world!", 3);           //截取函数，截取字符串中从第 4 个字符开始到结尾
echo "<br>";
echo strtolower('SUNNY DAY!');            //转化为小写字母函数
echo "<br>";
echo strtoupper("hello,world!");          //转化为大写字母函数
echo "<br>";
echo str_replace("sunny","happy","it is a sunny day!");    //替换函数
echo "<br>";
$text="<font colr=\"#ff0000\">中国加油，奥运加油！</font>";    //定义字符串
$Protext=htmlspecialchars($text);         //对字符串进行处理
echo "输出原字符串："."<br>";
echo $text;
echo "<br>";
echo "输出经过处理后的字符串："."<br>";
echo $Protext;
echo "<br>";
?>
</body>
</html>
```

第二步：保存文件并调试运行。

单击"文件"→"保存"命令，或者按快捷键 Ctrl+S，以文件名 ch8-6.php 保存页面，文件自动保存到站点中。

按 F12 键或者单击 图标的 预览在 IExplore 6.0 F12 即可进行网页的运行与调试，效果如图 8-6 所示。

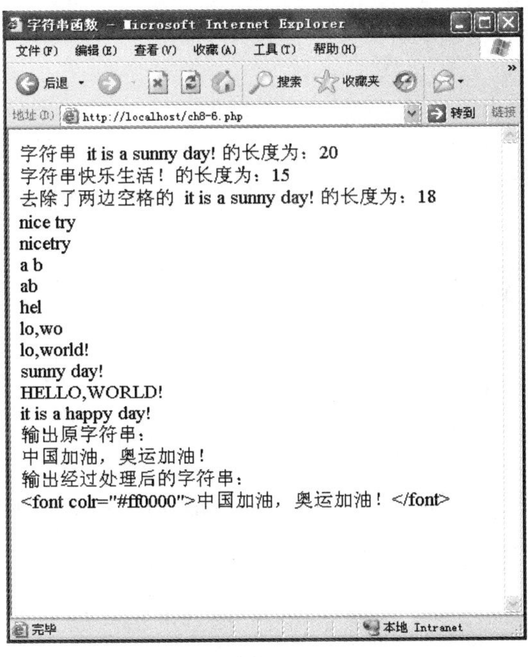

图 8-6

〖实例剖析与知识讲解〗

本例中讲到了 PHP 字符串内部函数有：echo、print、strlen、trim、ltrim、rtrim、substr、strtolower、strtoupper、str_replace。

- strlen

strlen 函数能得到一个字符串的长度。下面的示例中，得到的变量 $a 的长度为 8。

```
$a = " bcdef";
echo strlen($a);                    //8
```

- trim

trim 函数的功能是将字符串两边的空格都去掉。比如下面示例中变量 $a 的值是"abcdef"，字符串两边各有一个空格，trim 之后，由于去掉字符串两边的两个空格，字符串的长度就是 6。

```
$a = " abcdef ";
echo strlen(trim($a));              //6
```

- ltrim

ltrim 函数的功能是将字符串左边的空格去掉。

```
echo "nice"," try";                 //nice try
echo "nice",ltrim(" try");          //nicetry
```

- rtrim

rtrim 函数的功能是将字符串右边的空格去掉。

```
echo "a ", "b";                     //a b
echo rtrim("a "),"b";               //ab
```

- substr

通过 substr 函数可以得到字符串的一部分。substr 函数的语法如下：

```
substr(string,start,length)
```

意思是从字符串 string 的 start 位置开始，截取长度为 length 的字符串。字符串 string 的第一个字符的位置是 0，而不是 1。示例如下：

```
echo substr("hello,world! ",0,3); //hel
```

上面示例表示，从字符串第 1 个字符开始，截取 3 个字符，返回结果是 hel。

```
echo substr("hello,world! ",3,5); //lo,wo
```

上面示例的意思是从字符串 hello,world! 的第 4 个字符开始，截取 5 个字符，得到的结果是 lo,wo。

也可以不写参数 length，表示从 start 位置开始截取后面所有的字符串，比如：

```
echo substr("hello,world!", 3);   //lo,world!
```

- strtolower

strtolower 的功能是将字符串全部变成小写。示例如下：

```
echo strtolower("SUNNY DAY!");    //sunny day!
```

- strtoupper

strtoupper 和 strtolower 相反，功能是将字符串都变成大写。示例如下：

```
echo strtoupper("hello,world!"); // HELLO,WORLD!
```

- str_replace

str_replace 的作用是替换字符串。str_replace 函数的语法如下：

```
str_replace(search,replace,subject)
```

意思是在 subject 字符串中找到任何符合 search 的字符串，然后用 replace 代替所有 search 字符串。

示例如下：

```
echo str_replace("sunny","happy","it is a sunny day!");
```

上面的例子中，用 happy 替代 it is a sunny day! 字符串中所有的 sunny ，返回的结果是 it is a happy day!。

- htmlspecialchars(string string)

函数的功能是：将字符串参数 string 中的特殊符号（如<、>、”等）转化为 HTML 标记。该具体转换内容如下：

&，转换成&。

“，转换成"。

<，转换成<。

>，转换成>。

本例中的 htmlspecialchars($text)函数把字符串$text 中的特殊符号都转换成了 HTML 标记。

【例 8-7】PHP 内置库函数之判断数据类型函数

〖实例需求〗

通过列举若干个函数介绍判断数据类型函数的使用以及语法知识。

〖开发过程〗

第一步：创建文件。

创建新文件，在 Dreamweaver CS3 代码编辑区输入如下代码：

```
<!DOCTYPE html PUBLIC "-//W3C//DTD XHTML 1.0 Transitional//EN" "http://www.w3.org/TR/xhtml1/DTD/xhtml1-transitional.dtd">
<html xmlns="http://www.w3.org/1999/xhtml">
<head>
<meta http-equiv="Content-Type" content="text/html; charset=utf-8" />
<title>判断数据类型函数</title>
</head>
<body>
<?
//设置了一些变量
$num1=123;                                  //定义整型变量
$student=array("sunny","happy","moon");     //定义数组变量
$marriage=false;                            //定义布尔型变量
$content=NULL;                              //定义空值
$num2=3.1415926;                            //定义浮点型变量
$name="sunny";                              //定义字符串变量
$age="22";                                  //定义数字字符串变量
$welcome="hello world!";                    //定义字符串变量
class person                                //定义对象
{
```

```
var $name;
var $age;
function read()
{
echo "I can read()!";
}
}
$myperson=new person();                          //引用对象
if(is_array($student))                           //判断是否为数组
echo $student."是数组";
echo "<br>";
if(!is_array($num1))                             //判断是否为数组
echo $student."不是数组";
echo "<br>";
if(!is_bool($num1))                              //判断是否为布尔型
echo $num1."不是布尔型";
echo "<br>";
if(is_bool($marriage))                           //判断是否为布尔型
echo $marriage."是布尔型";
echo "<br>";
if(!is_float($num1))                             //判断是否为浮点型
echo $num1."不是浮点型！";
echo "<br>";
if(is_float($num2))                              //判断是否为浮点型
echo $num2."是浮点型！";
echo "<br>";
if(!is_int($num2))                               //判断是否为整型
echo $num2."不是整型！";
echo "<br>";
if(is_int($num1))                                //判断是否为整型
echo $num1."是整型！";
echo "<br>";
if(!is_numeric($name))                           //判断是否为数字或者数字字符串
echo $name."不是数字！";
echo "<br>";
if(is_numeric($age))                             //判断是否为数字或者数字字符串
echo $age."是数字！";
echo "<br>";
if(is_object($myperson))                         //判断是否为对象
print_r($myperson);
echo "是对象！";
echo "<br>";
if(is_string($name))                             //判断是否为字符串
echo $name."是字符串!";
echo "<br>";
if(isset($name))                                 //判断是否有值
echo $name."有值！";
echo "<br>";
if(!isset($content))                             //判断是否有值
echo $content."无值或者值为NULL！";
echo "<br>";
?>
</body>
```

```
</html>
```

第二步：保存文件并调试运行。

单击“文件”→“保存”命令，或者按快捷键 Ctrl+S，以文件名 ch8-7.php 保存页面，文件自动保存到站点中。

按 F12 键或者单击 图标的 预览在 IExplore 6.0 F12 即可进行网页的运行与调试，效果如图 8-7 所示。

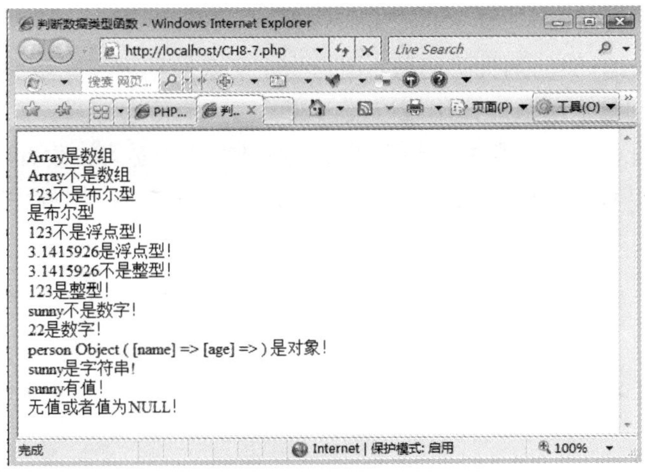

图 8-7

〖实例剖析与知识讲解〗

在使用数据变量时，弄清该变量属于什么类型对于编程是一件很重要的事情。那么如何判断数据类型呢?

- is_array(mixed var)

判断变量是否为数组。如果参数 var 是数组就返回 TRUE，否则返回 FALSE。

- is_bool(mixed var)

判断变量是否为布尔型。如果参数 var 是布尔型就返回 TRUE，否则返回 FALSE。

- is_float(mixed var)

判断变量是否为浮点数。如果参数 var 是浮点数就返回 TRUE，否则返回 FALSE。

- is_int(mixed var)

判断变量是否为整数。如果参数 var 是整数就返回 TRUE，否则返回 FALSE。

如果参数 var 是对象型就返回 TRUE，否则返回 FALSE。判断变量是否为 NULL 值。如果参数 var 未被定义或者被设置为 NULL 或者虽然已经被定义但又被 unset()取消定义，则返回 TRUE，否则返回 FALSE。

- is_numeric(mixed var)

判断变量是否为数字或者数字字符串。如果参数 var 为数字或者数字字符串则返回 TRUE，否则返回 FALSE。

- is_object(mixed var)

判断变量是否为一个对象。如果参数 var 是对象型就返回 TRUE，否则返回 FALSE。

- is_string(mixed var)

判断变量是否为字符串。如果参数 var 是字符串就返回 TRUE，否则返回 FALSE。

- isset(mixed var)

判断变量是否设置。如果变量存在就返回 TRUE，否则返回 FALSE。另外被设置为 NULL 值的变量在使用 isset () 时也将被返回 FALSE。该函数只能用于变量。

小结

本章主要介绍了 PHP 中的两大类函数：用户自定义函数和内置库函数。其中介绍了函数的工作流程、函数的返回值、函数的作用域以及函数的两种值传递方式、递归函数以及系统内置的常见数学函数、字符串函数以及类型判断函数。通过本章的学习，读者可以对 PHP 中函数的使用有一定的了解。只有正确地掌握这些函数才能为后来的大型应用程序的开发提供最基本的数据处理支持。

第 9 章　数组

【本章导读语】

前面讲到了变量以及如何定义变量，因为定义的个数很少，还感觉不到变量定义的压力。试想如果有一天，在程序开发过程中需要定义 200 个变量，你的第一感觉怎样？是不是感觉这是一种极度枯燥而且费时的工作呢？那么，有什么好的办法能够让你摆脱这种困境呢？

数组就是能够轻松解决多个变量定义的方法。为了解决在处理许多变量时出现的困难，可以定义能够保存 200 个值的数组。数组除了可以同时保存一个或者多个值之外，操作起来也非常方便、灵活。一个变量只能保存单个值，但数组却能保存多个值。一个数组可以包含多个具有不同值的元素。

本章主要介绍数组的定义、数组的初始化、多维数组以及数组的使用，还提供了大量数组函数的使用实例。

【例 9-1】数组的定义与使用

〖实例需求〗

本例通过定义$student1、$student2、$student3 三个数组，介绍定义数组的三种方式以及如何循环读取数组元素的内容。

〖开发过程〗

第一步：创建文件。

创建新文件，在 Dreamweaver CS3 代码编辑区输入如下代码：

```
<!DOCTYPE html PUBLIC "-//W3C//DTD XHTML 1.0 Transitional//EN" "http://www.w3.org/TR/ xhtml1/DTD/xhtml1-transitional.dtd">
<html xmlns="http://www.w3.org/1999/xhtml">
<head>
<meta http-equiv="Content-Type" content="text/html; charset=utf-8" />
<title>数组的定义与使用</title>
</head>
<body>
<?
//第 1 种定义数组的方式
$student1=array(                          //定义数组$student，并给数组中的所有元素赋值
"sunny",
"happy",
"rain",
"moon");
```

```
echo "\$student1 的元素有: "."<br>";
for($i=0;$i<count($student1);$i++)              //循环读取数组内容
{
echo $student1[$i],"  ";             //显示数组元素
}
echo "<br>";                                    //显示换行符
//第 2 种定义数组的方式
$student2[0]="lily";                            //定义数组$student2 并给数组每个元素单独赋值
$student2[1]="lucy";
$student2[2]="tom";
$student2[3]="john";
echo "\$student2 的元素有: "."<br>";
for($i=0;$i<count($student2);$i++)              //循环读取数组内容
{
echo $student2[$i],"  ";             //显示数组元素
}
echo "<br>";                                    //显示换行
//第 3 种定义数组的方式
$student3=array("name1"=>"smith","name2"=>"funny","name3"=>"honey");
echo "\$student3 的元素有: "."<br>";
foreach($student3 as $temp=>$cur)               //循环读取数组内容
{
echo "\$student3[$temp]=>$cur"."<br>";          //显示数组元素
}
echo "<br>";                                    //显示换行
?>
</body>
</html>
```

第二步：保存文件并调试运行。

单击“文件”→“保存”命令，或者按快捷键 Ctrl+S，以文件名 ch9-1.php 保存页面，文件自动保存到站点中。

按 F12 键或者单击图标的 预览在 IExplore 6.0 F12 即可进行网页的运行与调试，效果如图 9-1 所示。

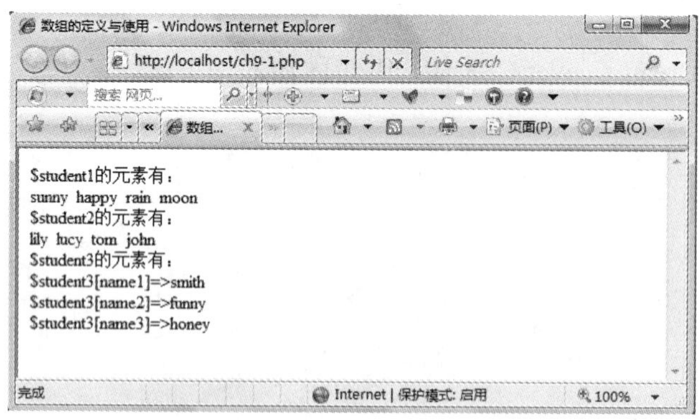

图 9-1

〖实例剖析与知识讲解〗

数组型变量是一组具有相同类型和名称的变量的集合。PHP 中的数组可以是一维的也可以

是多维的，数组内元素的类型可以是数字、字符甚至是数组变量。

接下来介绍数组如何定义、如何赋值、如何访问数组元素、如何显示数组元素内容等知识点。

1. 定义数组

- 可以用 array()语法结构来新建一个数组。它接受一定数量用逗号分隔的 key => value 参数对。语法结构如下：

```
array( [key =>]
value
    , ...
    )
//key 可以是整型或者字符串
//value 可以是任何值
```

key 可以是整型或者字符串。这一选项表示可选。如果键名是一个整型的标准表达方法，则被解释为整数（例如“8”将被解释为 8，而“08”将被解释为“08”）。PHP 中数组下标的变量类型不会对数组造成影响，数组的类型只有一种，它可以同时包含整型和字符串型的下标。数组中的值可以是任何值。

如本例中的第 1 种与第 3 种方法，就是采取 array()进行定义的，见如下的代码：

```
$student1=array(                //定义数组$student，并给数组中所有元素赋值
"sunny",
"happy",
"rain",
"moon");
```

这个是省略了“key =>”的数组定义，定义了数组$student1。

```
$student3=array("name1"=>"smith","name2"=>"funny","name3"=>"honey");
```

这个是定义数组的完整结构，定义了数组$student3，其中包括三个元素，其中的 key 采用的是字符串，key 也可以是整数，如下列代码：

```
$student3=array("1"=>"smith","2"=>"funny","3"=>"honey");
```

与上述代码的作用一样，只是 key 不同，在定义数组时，可以自由将 key 省略，也可以自由定义 key。

若 key 为字符串，那么在调用数组元素时，务必记得在 key 的两边添加上双引号，否则得不到正确的结果。如若要访问$student3 名为 name2 的那个元素，应该使用$student["name2"]进行访问。

- 用方括号的语法新建/修改数组。

这是通过在方括号内指定键名来给数组赋值实现的，也可以省略键名，在这种情况下给变量名加上一对空的方括号（“[]”）。

```
$arr[key] = value;
$arr[] = value;
//key 可以是整型或者字符串
//value 可以是任何值
```

如果$arr 还不存在，将会新建一个。这也是一种定义数组的替换方法。要改变一个值，只要给它赋一个新值。如果要删除一个键名/值对，要对它使用 unset()函数。

```
unset($arr[5]);            //从数组中删除键值为 5 的指定元素
unset($arr);               //删除整个数组
```

本例的第 2 种方法就是采用的这种方式，见如下代码：

```
$student2[0]="lily";                          //定义数组$student2 并给数组的每个元素单独赋值
$student2[1]="lucy";
$student2[2]="tom";
$student2[3]="john";
```

定义了一个名为$student2 的数组，通过指定[]中的键值来确定数组的大小，通过定义，数组$student2 的元素个数为 4。

2. 数组元素的访问

本例中用于循环遍历数组中所有元素的代码如下：

```
for($i=0;$i<count($student1);$i++)            //循环读取数组内容
{
echo $student1[$i],"  ";            //显示数组元素
}
```

以上代码是将数组$student1 中的所有元素显示出来。其中要注意两点：

（1）count（数组名）：用来统计指定数组的元素个数。

（2）数组名[键值/下标值]：用来访问具体的某个数组元素，如$student1[2]返回的是数组$student1 中下标为 2 的元素。

除了用 for 语句可以进行数组内容遍历外，本例中还用到了 foreach 方法：

```
foreach($student3 as $temp=>$cur)             //循环读取数组内容
{
echo "\$student3[$temp]=>$cur"."<br>";        //显示数组元素
}
```

前面控制语句中已经详细讲解了 foreach 语句的使用方法，这里也是循环遍历数组$student3。其中$temp 对应的是数组中的键值 key，$cur 对应的是数组中的值 value。

3. 数组元素的修改

若要修改某个具体的元素，直接对$student[$i]进行操作即可。比如若将$student 的第 3 个元素的值修改为 smith，则可以直接写如下代码：

```
$student[2]="smith";
```

注意：PHP 中的数组下标是从 0 开始的，所以第一个元素为$student[0]，第三个元素为$student[2]。

4. 计算数组中值出现的次数

- array_count_values()函数：统计每个特定的值在数组中出现的次数，此函数将返回一个包含频率表的相关数组。如有数组$stu4：

```
<?
$stu4=array(4,5,1,2,3,1,2,1);                 //定义数组$stu4
$acv=array_count_values($stu4);               //统计数组$stu4 每个值出现的次数
print_r($acv);                                //按照格式输出数组的键和值
 ?>
```

结果显示为：

```
Array ( [4] => 1 [5] => 1 [1] => 3 [2] => 2 [3] => 1 )
```

注意：这段代码中出现了 print_r()函数，我们在 ch2-2.php 中也提到了，这里再详细介绍一下。

- print_r()函数：显示关于一个变量的易于理解的信息。如果给出的是 string、integer 或 float，将打印变量值本身。如果给出的是 array，将会按照一定格式显示键和元素。object 与数组类似。

语法格式如下：

```
bool print_r ( mixed expression [, bool return] )
```

print_r()将把数组的指针移到最后。使用 reset()可让指针回到开始处。如下实例：

```
<pre>
<?php
   $a = array ('a' => 'apple', 'b' => 'banana', 'c' => array ('x','y','z'));
   print_r ($a);
?>
</pre>
```

结果显示为：

```
Array
(
   [a] => apple
   [b] => banana
   [c] => Array
      (
         [0] => x
         [1] => y
         [2] => z
      )
)
```

此代码保存在 ch9-1-2.php 中。

【例 9-2】多维数组

〖实例需求〗

本例通过二维数组创建简单的同学录，通过实例读者可以掌握什么是多维数组，以及多维数组的定义、初始化以及数组元素的访问。

〖开发过程〗

第一步：创建文件。

创建新文件，在 Dreamweaver CS3 代码编辑区输入如下代码：

```
<!DOCTYPE html PUBLIC "-//W3C//DTD XHTML 1.0 Transitional//EN" "http://www.w3.org/TR/xhtml1/DTD/xhtml1-transitional.dtd">
<html xmlns="http://www.w3.org/1999/xhtml">
<head>
<meta http-equiv="Content-Type" content="text/html; charset=utf-8" />
<title>多维数组—同学录</title>
</head>
<body>
<?
$student=array(0=>array("姓名","年龄","地址","联系电话"),
```

```
1=>array("sunny","24","ChangSha","0731-6868686"),
2=>array("moon","22","ShangHai","13523232342"),
3=>array("john","20","ShenYang","none"),
4=>array("lily","21","USA","none")
);                                          //创建二维数组，数组元素也是数组
echo "<table border='1'>";                  ///输出时用表格
for($i=0;$i<count($student);$i++)           //通过循环读取外层数组内容
{
echo "<tr>";
for($j=0;$j<count($student[$i]);$j++)       //通过循环读取内层数组内容
{
echo "<td>";
echo $student[$i][$j];                      //显示数组元素
echo "</td>";
}
echo "</tr>";
}
echo "</table>";
?>
</body>
</html>
```

第二步：保存文件并调试运行。

单击"文件"→"保存"命令，或者按快捷键 Ctrl+S，以文件名 ch9-2.php 保存页面，文件自动保存到站点中。

按 F12 键或者单击图标的 预览在 IExplore 6.0 F12 即可进行网页的运行与调试，效果如图 9-2 所示。

图 9-2

〖实例剖析与知识讲解〗

前面使用到的数组如$student[$i]，只有一个下标，简单地理解一维数组就是下标数只有 1 个的数组，其格式为$student[]，那么，二维数组的格式即为$student[][]，三维数组的格式为$student[][][]。本例主要介绍二维数组，以下是定义二维数组$student[][]的代码：

```
$student=array(
0=>array("姓名","年龄","地址","联系电话"),
```

```
1=>array("sunny","24","ChangSha","0731-6868686"),
2=>array("moon","22","ShangHai","13523232342"),
3=>array("john","20","ShenYang","none"),
4=>array("lily","21","USA","none")
);                                          //创建二维数组，数组元素也是数组
```

从本例中可以掌握二维数组的几个方面：

二维数组的格式如下：

```
$数组名=array(
key=>array([key=>]value),
…
)
//key 可以是整型或字符串
//value 可以是任何值
```

二维数组可以简单地理解为一个矩阵，第一维则看成是矩阵的行，第二维则看成是矩阵的列。本例中定义的数组$student 可以看成是一个 5 行 4 列的矩阵。

count()函数用来统计外层数组的元素个数以及内层数组的元素个数，访问第一维的元素个数用 count($数组名)，访问第二维的元素个数用 count($数组名[第一维的下标/键值])。

数组元素的访问为$数组名[第一维的下标/键值][第二维的下标/键值]。如要访问$student 中的第 2 行第 3 列的元素，即用$student[1][2]，为什么要减一个 1 呢？因为数组的下标都是从 0 开始，所以第 2 行对应的下标应该为 1，第 3 列对应的下标应该为 2。

循环遍历二维数组要采用二层循环才能实现，本例中代码如下：

```
echo "<table border='1'>";                  //输出时用表格
for($i=0;$i<count($student);$i++)           //通过循环读取外层数组内容
{
echo "<tr>";
for($j=0;$j<count($student[$i]);$j++)       //通过循环读取内层数组内容
{
echo "<td>";
echo $student[$i][$j];                      //显示数组元素
echo "</td>";
}
echo "</tr>";
}
echo "</table>";
?>
```

本例采取表格输出各数组元素，可能看着有些乱，下面给出循环读取二维数组的语法格式：

```
for($i=0;$i<count($student);$i++)           //通过循环读取外层数组内容
{
for($j=0;$j<count($student[$i]);$j++)       //通过循环读取内层数组内容
{
echo $student[$i][$j];                      //显示数组元素
}
}
```

若要修改某个具体的元素，直接对$student[$i][$j]进行操作即可。比如若将$student 的第 3 行第 2 个元素的值修改为 18，则可以直接写如下代码：

```
$student[2][1]="18";
```

本书主要讲解二维数组，像三维数组、四维数组等不在此一一讲解，方法与二维数组类似，只是涉及的维数越多，数组就越复杂。

【例 9-3】数组排序

〖设计思想〗

本实例共有 6 个页面，其中包括 1 个实例导航页 ch9-3.php 和 5 个实例子页面（见图 9-3），分别如下：

- ch9-3-1.php：演示 sort、rsort、usort 排序方法。
- ch9-3-2.php：演示 sort 与 asort、arsort 排序方法比较。
- ch9-3-3.php：演示 ksort、krsort 排序方法。
- ch9-3-4.php：演示 shuffle 函数的使用。
- ch9-3-5.php：演示 array_reverse 函数的使用。
- ch9-3.php：建立导航页，指向其他 5 个实例子页面。

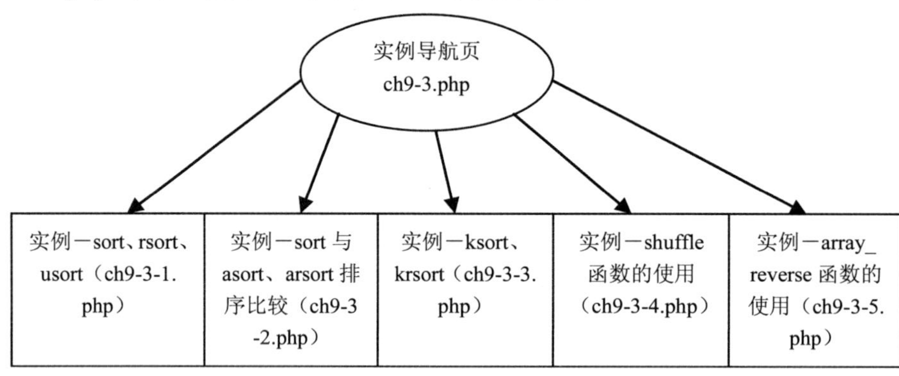

图 9-3

〖实例需求〗

本实例的 5 个页面详细介绍了 sort、rsort 以及自定义排序 usort 的区别，sort 与 asort、arsort 排序方法比较，ksort 与 krsort 排序方法，shuffle 函数以及 array_reverse 函数在数组中的运用。

〖开发过程〗

第一步：创建文件 ch9-3-1.php：sort、rsort、usort 的使用。

创建新文件，在 Dreamweaver CS3 代码编辑区输入如下代码：

```
<!DOCTYPE html PUBLIC "-//W3C//DTD XHTML 1.0 Transitional//EN" "http://www.w3.org/TR/ xhtml1/DTD/xhtml1-transitional.dtd">
<html xmlns="http://www.w3.org/1999/xhtml">
<head>
<meta http-equiv="Content-Type" content="text/html; charset=utf-8" />
<title>数组排序实例</title>
</head>
<body>
<?
//定义三个数组$stu1、$stu2、$stu3
$stu1=array(5,3,6,2,1,4);                        //定义数组$stu1
$stu2=array("长沙","北京","青海","郑州","天津");     //定义数组$stu2
```

```
$stu3=array("院长","副院长","书记","主任");                //定义数组$stu3
//对数组$stu1 与$stu2 进行 sort 与 rsort 排序
echo "数组\$stu1 的初始显示为：  ";
for($i=0;$i<count($stu1);$i++)                          //循环读取数组$stu1 的初始数据
{
echo $stu1[$i]."  ";
}
echo "<br>";
sort($stu1);                                            //对数组$stu1 进行排序
echo "经过 sort 排序后，数组\$stu1 的显示为：  ";
for($i=0;$i<count($stu1);$i++)                          //读取排序后的数组
{
echo $stu1[$i]."  ";
}
echo "<br>";
rsort($stu1);                                           //对数组$stu1 进行逆排序
echo "经过 rsort 排序后，数组\$stu1 的显示为：  ";
for($i=0;$i<count($stu1);$i++)                          //读取排序后的数组
{
echo $stu1[$i]."  ";
}
echo "<br>";
echo "数组\$stu2 的初始显示为：  ";
for($i=0;$i<count($stu2);$i++)
{
echo $stu2[$i]."  ";
}
echo "<br>";
sort($stu2);                                            //对数组$stu2 进行排序
echo "经过 sort 排序后，数组\$stu2 的显示为：  ";
for($i=0;$i<count($stu2);$i++)                          //读取排序后的数组
{
echo $stu2[$i]."  ";
}
echo "<br>";
rsort($stu2);                                           //对数组$stu2 进行逆排序
echo "经过 rsort 排序后，数组\$stu2 的显示为：  ";
for($i=0;$i<count($stu2);$i++)                          //读取排序后的数组
{
echo $stu2[$i]."  ";
}
echo "<br>";
//对数组$stu3 进行自定义排序
function cmp($a,$b){                                    //自定义排序函数 cmp
if($a=="书记")                                          //第一个参数为书记的情况
{
if($b=="书记")
return 1;
elseif($b=="院长")
return -1;
elseif($b="副院长")
return -1;
else
return 0;
}
elseif($a=="院长")                                      //第一个参数为院长的情况
{
if($b=="书记")
```

```
return 0;
elseif($b=="院长")
return -1;
elseif($b="副院长")
return -1;
else
return -1;
}
elseif($a=="副院长")                      //第一个参数为副院长的情况
{
if($b=="书记")
return 1;
elseif($b=="院长")
return 0;
elseif($b="副院长")
return -1;
else
return -1;
}
else                                       //第一个参数为主任的情况
{
if($b=="书记")
return 1;
elseif($b=="院长")
return 1;
elseif($b="副院长")
return 0;
else
return -1;
}
}
echo "数组\$stu3 的初始显示为：  ";
for($i=0;$i<count($stu3);$i++)            //读取数组$stu3 的初始情况
{
echo $stu3[$i]."  ";
}
echo "<br>";
usort($stu3,"cmp");                       //对数组进行 usort 排序
echo "经过 usort 排序后，数组\$stu3 的显示为：  ";
for($i=0;$i<count($stu3);$i++)            //读取排序后的数组$stu3 的情况
{
echo $stu3[$i]."  ";
}
echo "<br>";
?>
</body>
</html>
```

第二步：保存文件并调试运行。

单击“文件”→“保存”命令，或者按快捷键 Ctrl+S，以文件名 ch9-3-1.php 保存页面，文件自动保存到站点中。

按 F12 键或者单击图标的 预览在 IExplore 6.0 F12 即可进行网页的运行与调试，效果如图 9-4 所示。

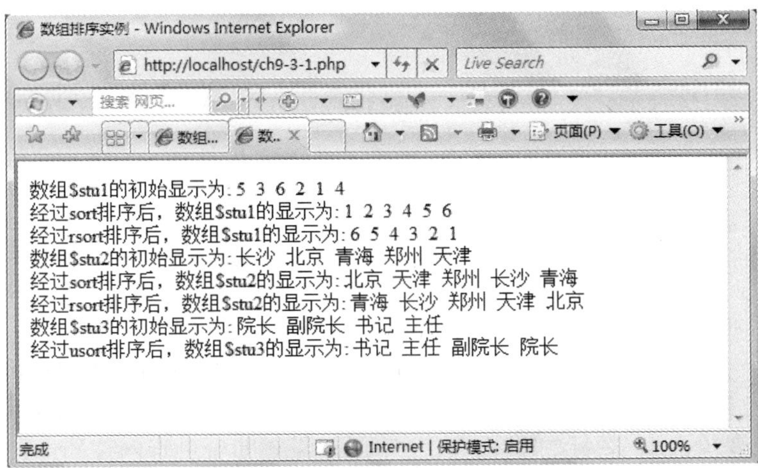

图 9-4

第三步：创建文件 ch9-3-2.php：sort 与 asort、arsort 的比较与使用。

创建新文件，在 Dreamweaver CS3 代码编辑区输入如下代码：

```
<!DOCTYPE html PUBLIC "-//W3C//DTD XHTML 1.0 Transitional//EN" "http://www.w3.org/TR/xhtml1/DTD/xhtml1-transitional.dtd">
<html xmlns="http://www.w3.org/1999/xhtml">
<head>
<meta http-equiv="Content-Type" content="text/html; charset=utf-8" />
<title>数组排序实例—sort 与 asort、arsort 排序的比较</title>
</head>

<body>
<?
echo "sort 与 asort、arsort 排序的比较：<br>";
$student3=array("name1"=>"smith","name2"=>"funny","name3"=>"honey"); //定义数组$student3
echo "数组\$student3 的初始显示为:<br>  ";
foreach($student3 as $temp=>$cur)          //循环读取数组内容
{
echo "\$student3[$temp]=>$cur"."<br>";     //显示数组元素
}
echo "<br>";
asort($student3);                          //按数组值进行排序
echo "经过 asort 排序后，数组\$student3 的显示为：<br>  ";
foreach($student3 as $temp=>$cur)          //循环读取数组内容
{
echo "\$student3[$temp]=>$cur"."<br>";     //显示数组元素
}
echo "<br>";
sort($student3);                           //对数组进行升序排序
echo "经过 sort 排序后，数组\$student3 的显示为：<br>  ";
foreach($student3 as $temp=>$cur)          //循环读取数组内容
{
echo "\$student3[$temp]=>$cur"."<br>";     //显示数组元素
}
echo "<br>";
arsort($student3);                         //按数组值进行降序排序
echo "经过 arsort 排序后，数组\$student3 的显示为：<br>  ";
```

```
foreach($student3 as $temp=>$cur)                //循环读取数组内容
{
echo "\$student3[$temp]=>$cur"."<br>";           //显示数组元素
}
echo "<br>";
?>
</body>
</html>
```

第四步：保存文件并调试运行。

单击“文件”→“保存”命令，或者按快捷键 Ctrl+S，以文件名 ch9-3-2.php 保存页面，文件自动保存到站点中。

按 F12 键或者单击图标的 预览在 IExplore 6.0 F12 即可进行网页的运行与调试，效果如图 9-5 所示。

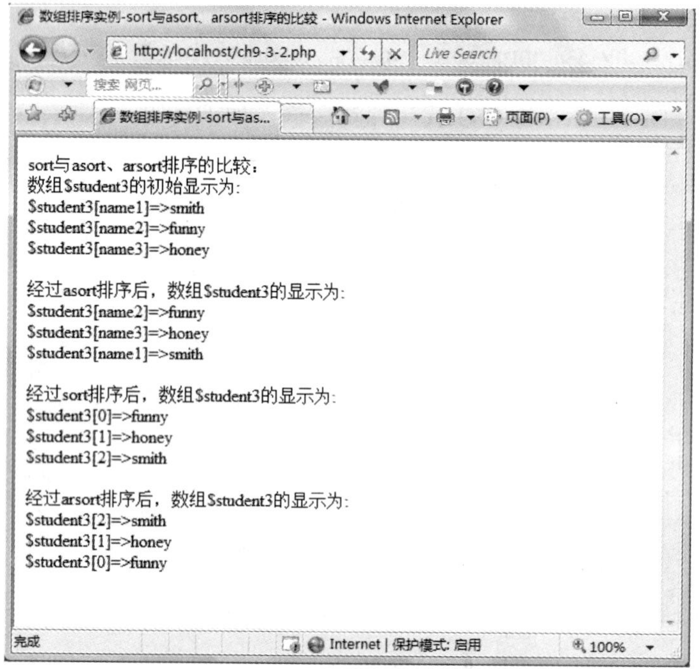

图 9-5

第五步：创建文件 ch9-3-3.php：ksort、krsort 的使用。

创建新文件，在 Dreamweaver CS3 代码编辑区输入如下代码：

```
<!DOCTYPE html PUBLIC "-//W3C//DTD XHTML 1.0 Transitional//EN" "http://www.w3.org/TR/
xhtml1/DTD/xhtml1-transitional.dtd">
<html xmlns="http://www.w3.org/1999/xhtml">
<head>
<meta http-equiv="Content-Type" content="text/html; charset=utf-8" />
<title>数组排序实例—ksort 与 krsort</title>
</head>

<body>
<?
```

```
echo "数组排序实例—ksort 与 krsort:<br>";
$student4=array("b"=>"smith","a"=>"funny","d"=>"honey","c"=>"john");  //定义数组$student4
echo "数组\$student3 的初始显示为:<br>   ";
foreach($student4 as $temp=>$cur)                  //循环读取数组内容
{
echo "\$student4[$temp]=>$cur"."<br>";             //显示数组元素
}
echo "<br>";
ksort($student4);                                  //按数组的下标（键）进行升序排序
echo "经过 ksort 排序后，数组\$student4 的显示为: <br>  ";
foreach($student4 as $temp=>$cur)                  //循环读取数组内容
{
echo "\$student4[$temp]=>$cur"."<br>";             //显示数组元素
}
echo "<br>";
krsort($student4);                                 //按数组的下标（键）进行排序
echo "经过 krsort 排序后，数组\$student4 的显示为: <br>  ";
foreach($student4 as $temp=>$cur)                  //循环读取数组内容
{
echo "\$student4[$temp]=>$cur"."<br>";             //显示数组元素
}
echo "<br>";
?>
</body>
</html>
```

第六步：保存文件并调试运行。

单击“文件”→“保存”命令，或者按快捷键 Ctrl+S，以文件名 ch9-3-3.php 保存页面，文件自动保存到站点中。

按 F12 键或者单击图标的 预览在 IExplore 6.0 F12 即可进行网页的运行与调试，效果如图 9-6 所示。

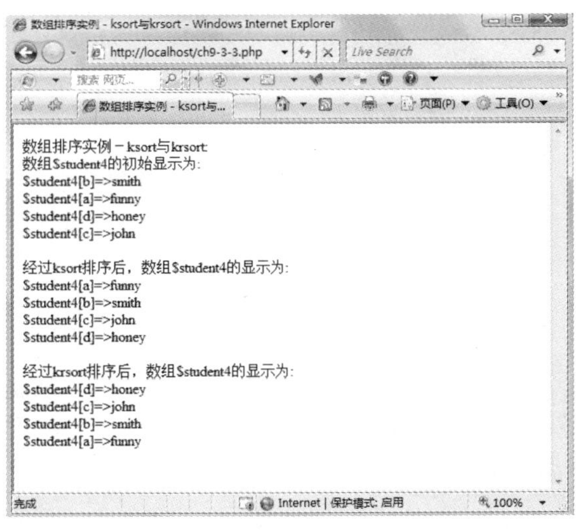

图 9-6

第七步：创建文件 ch9-3-4.php：shuffle 函数的使用。

开始本例前，需要首先在根目录下新建一个存放图片的子目录 images，然后存放若干张图片（多于 3 张），如图 9-7 所示。

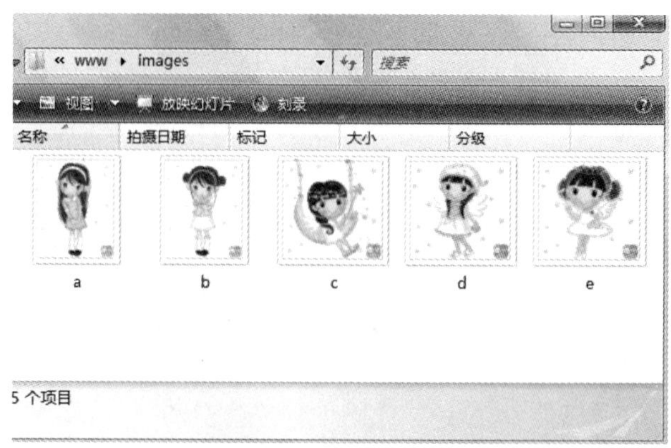

图 9-7

接下来创建新文件，在 Dreamweaver CS3 代码编辑区输入如下代码：

```
<!DOCTYPE html PUBLIC "-//W3C//DTD XHTML 1.0 Transitional//EN" "http://www.w3.org/TR/xhtml1/DTD/xhtml1-transitional.dtd">
<html xmlns="http://www.w3.org/1999/xhtml">
<head>
<meta http-equiv="Content-Type" content="text/html; charset=utf-8" />
<title>数组排序—shuffle 函数的使用</title>
</head>

<body>
<p>随机显示 1—100 之间的数字：</p>
<?
$array_shuffle=range(1,100);                          //返回一个 1～100 之间所有整数的数组
shuffle($array_shuffle);                              //对数组$array_shuffle 随机化处理
for($i=0;$i<count($array_shuffle);$i++)               //循环读取数$array_shuffle
{
if($i%10==0) echo "<br>";
echo $array_shuffle[$i]."  ";
}
echo "<br>";
$pics=array(
"images/a.gif",
"images/b.gif",
"images/c.gif",
"images/d.gif",
"images/e.gif");                                      //定义一个存放图片路径的数组$pics
shuffle($pics);                                       //对数组$pics 进行随机化处理
echo "<p>随机显示 3 张图片：</p>";
echo "<table width=200 border=0>";                    //表格外框
echo "<tr>";                                          //表格行
for($i=0;$i<3;$i++)                                   //以表格的方式随机显示 3 张图片
{
echo "<td>";                                          //表格单元格
echo "<img src='".$pics[$i]."' width=100 height=100>"; //图片显示
echo "</td>";
}
echo "</tr>";
echo "</table>";
?>
```

```
</body>
</html>
```

第八步：保存文件并调试运行。

单击“文件”→“保存”命令，或者按快捷键 Ctrl+S 以文件名 ch9-3-4.php 保存页面，文件自动保存到站点中。

按 F12 键或者单击图标的 预览在 IExplore 6.0 F12 即可进行网页的运行与调试，效果如图 9-8 所示。

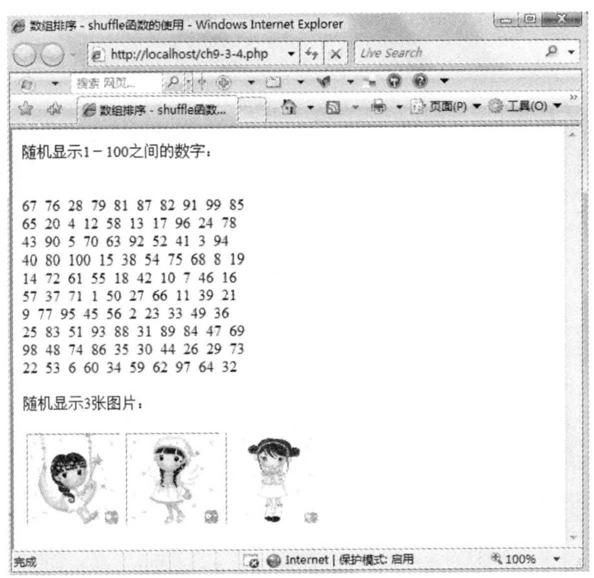

图 9-8

当按 F5 键刷新页面时，会看到数字与图片的显示每次都会不一样，而且顺序是随机的，图 9-9 和图 9-10 给出了两次刷新显示的结果。

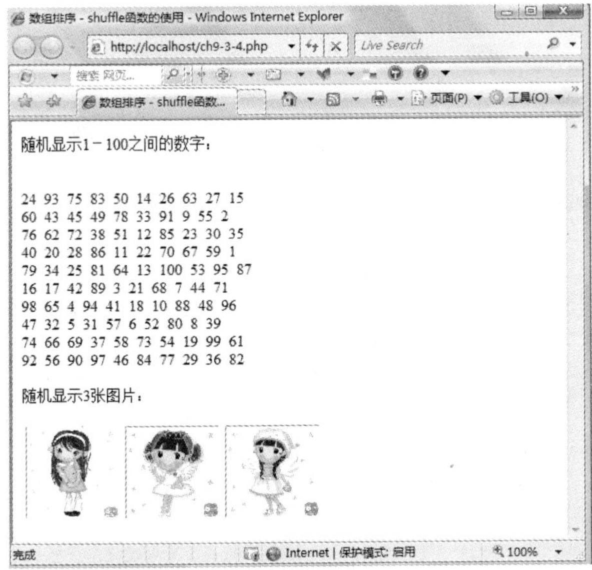

图 9-9

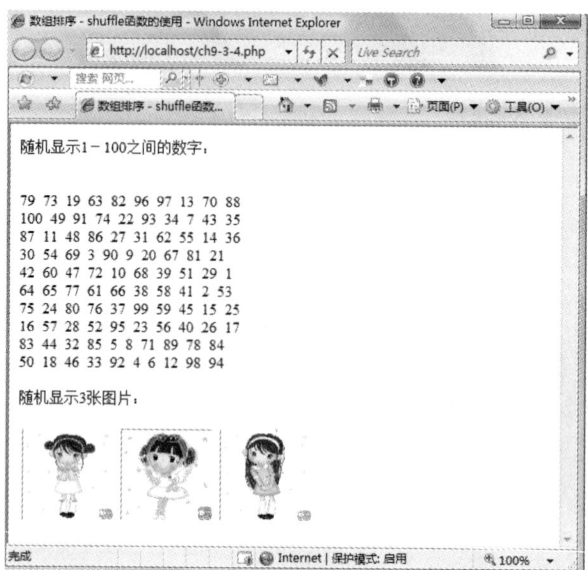

图 9-10

第九步：创建文件 ch9-3-5.php：array_reverse 函数的使用。

创建新文件，在 Dreamweaver CS3 代码编辑区输入如下代码：

```
<!DOCTYPE html PUBLIC "-//W3C//DTD XHTML 1.0 Transitional//EN" "http://www.w3.org/TR/xhtml1/DTD/xhtml1-transitional.dtd">
<html xmlns="http://www.w3.org/1999/xhtml">
<head>
<meta http-equiv="Content-Type" content="text/html; charset=utf-8" />
<title>数组排序—array_reverse 函数的使用</title>
</head>

<body>
<?
$stu1=array(5,3,6,2,1,4);                    //定义数组$stu1
echo "数组\$stu1 的初始显示为： ";
for($i=0;$i<count($stu1);$i++)               //循环读取数组$stu1 的初始数据
{
echo $stu1[$i]."  ";
}
echo "<br>";
$stu2=array_reverse($stu1);                  //将数组$stu1 倒置结果保存至$stu2 数组
echo "\$stu1 数组的倒置数组\$stu2 的数据显示为： ";
for($i=0;$i<count($stu2);$i++)               //循环读取数组$stu1 数组的倒置数组$stu2
{
echo $stu2[$i]."  ";
}
echo "<br>";
?>
</body>
</html>
```

第十步：保存文件并调试运行。

单击“文件”→“保存”命令，或者按快捷键 Ctrl+S，以文件名 ch9-3-5.php 保存页面，文件自动保存到站点中。

按 F12 键或者单击图标的 预览在 IExplore 6.0 F12 即可进行网页的运行与调试，效果如图 9-11 所示。

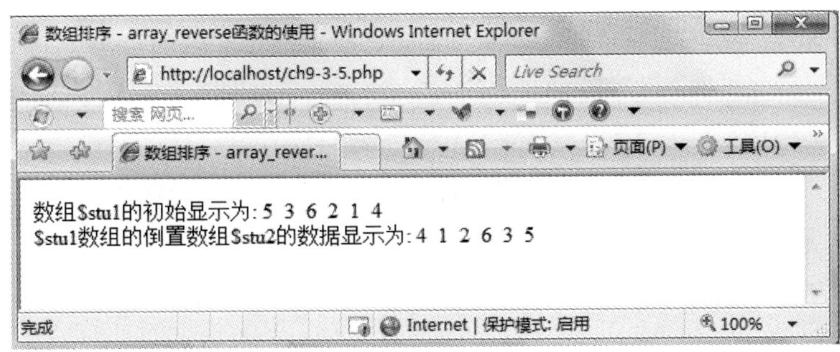

图 9-11

第十一步：创建文件 ch9-3.php：导航目录页。

创建新文件，在 Dreamweaver CS3 代码编辑区输入如下代码：

```
<!DOCTYPE html PUBLIC "-//W3C//DTD XHTML 1.0 Transitional//EN" "http://www.w3.org/TR/xhtml1/DTD/xhtml1-transitional.dtd">
<html xmlns="http://www.w3.org/1999/xhtml">
<head>
<meta http-equiv="Content-Type" content="text/html; charset=utf-8" />
<title>数组排序</title>
</head>
<body>
<p>数组排序实例</p>
<p>
<a href="ch9-3-1.php">数组排序实例—sort 与 asort、arsort 排序的比较</a>
</p>
<p><a href="ch9-3-2.php">数组排序实例—sort 与 asort</a></p>
<p><a href="ch9-3-3.php">数组排序实例—ksort 与 krsort</a></p>
<p><a href="ch9-3-4.php">数组排序—shuffle 函数的使用</a></p>
<p><a href="ch9-3-5.php">数组排序—array_reverse 函数的使用</a></p>
</body>
</html>
```

第十二步：保存文件并调试运行。

单击“文件”→“保存”命令，或者按快捷键 Ctrl+S，以文件名 ch9-3.php 保存页面，文件自动保存到站点中。

按 F12 键或者单击图标的 预览在 IExplore 6.0 F12 即可进行网页的运行与调试，效果如图 9-12 所示。

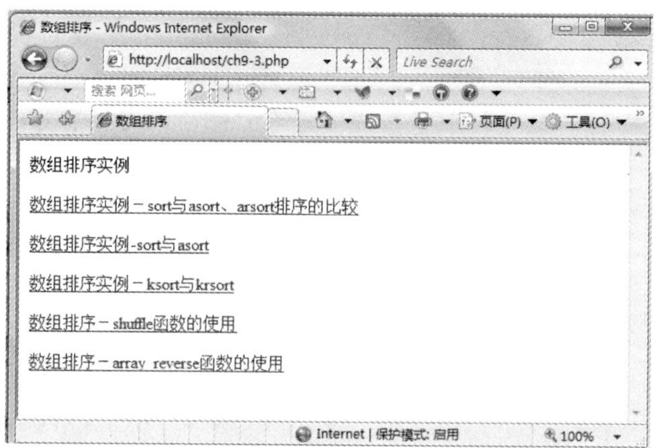

图 9-12

〖实例剖析与知识讲解〗

有时需要对数组进行某种方式的排序，本例中主要介绍了 sort、rsort 以及 usort 的用法。接下来列出 PHP 中数组的排序函数，如表 9-1 所示。

表 9-1　数组的排序函数

排序函数	说明
sort()	将数组按字母升序进行排序
rsort()	将数组按字母进行降序排序
asort()	在不改变数组下标的情况下对数组进行升序排序
arsort()	在不改变数组下标的情况下对数组进行降序排序
ksort()	对数组的下标进行升序排序
krsort()	对数组的下标进行降序排序
usort()	指定用户自定义的函数对数组排序
shuffle()	对数组顺序进行随机化处理
array_reverse()	使用一个数组作参数，返回一个内容与参数数组相同但顺序相反的数组

表 9-1 列出了各排序函数的大概用途，接下来对每个函数以实例演示进行讲解。

本例中所有实例定义的数组如下：

- ch9-3-1.php 中定义了三个数组：

```
$stu1=array(5,3,6,2,1,4);  //定义数组$stu1
$stu2=array("长沙","北京","青海","郑州","天津");     //定义数组$stu2
$stu3=array("院长","副院长","书记","主任");           //定义数组$stu3
```

- ch9-3-2.php 中定义了数组$student3：

```
$student3=array("name1"=>"smith","name2"=>"funny","name3"=>"honey");
```

- ch9-3-3.php 中定义了数组$student4：

```
$student4=array("b"=>"smith","a"=>"funny","d"=>"honey","c"=>"john");
```

- ch9-3-4.php 中定义了数组$array_shuffle 与数组$pics：

```
$array_shuffle=range(1,100);
//返回一个1—100之间所有整数的数组
$pics=array(
"images/a.gif",
"images/b.gif",
```

```
    "images/c.gif",
    "images/d.gif",
    "images/e.gif");
    //定义一个存放图片路径的数组$pics
```

接下来对实例中出现的函数进行讲解：

- sort()：将数组按字母升序进行排序。

使用语法为：

```
sort(数组名);
```

如本例中数组$stu1 元素的原始顺序为：

```
5, 3, 6, 2, 1, 4
```

经过以下语句，对数组$stu1 进行升序排序：

```
sort($stu1);                    //对数组$stu1 进行升序排序
```

输出结果为：

```
1, 2, 3, 4, 5, 6
```

- rsort()：将数组按字母进行降序排序。使用方法类似于 sort()函数，唯一的区别就是它以降序排序数组。

使用语法为：

```
rsort (数组名);
```

如本例中数组$stu1 元素的原始顺序为：

```
5, 3, 6, 2, 1, 4
```

经过以下语句，对数组$stu1 进行降序排序：

```
rsort($stu1);                   //对数组$stu1 进行降序序排序
```

输出结果为：

```
6, 5, 4, 3, 2, 1
```

- asort()：在不改变数组下标的情况下对数组进行升序排序。

使用语法为：

```
asort (数组名);
```

实例中的数组$student3：

```
$student3=array("name1"=>"smith","name2"=>"funny","name3"=>"honey");
```

在这个数组中可以看到，它指明了具体的键名，键名为字符串，当用 sort()进行排序后，显示结果如下：

```
$student3[0]=>funny
$student3[1]=>honey
$student3[2]=>smith
```

可以看到，使用 sort()函数对数组排序后，这个数组的键（下标）已经自动改成了数字下标。这也是使用 sort()函数对数组排序时的一个问题。那么，有没有办法不改变数字下标呢？可以使用 asort()函数。

```
asort($student3);
```

经过 asort 排序后，数组$student3 的显示为:

```
$student3[name2]=>funny
$student3[name3]=>honey
$student3[name1]=>smith
```

- arsort()：在不改变数组下标的情况下对数组进行降序排序。使用方法类似于 asort()函数，唯一的区别就是它以降序排序数组。

使用语法为：

```
arsort(数组名);
```

在不改变下标的情况下，对数组$student3 进行降序排序，采取如下代码：

```
arsort($student3);
```

经过 arsort 排序后，数组$student3 的显示为:

```
$student3[2]=>smith
$student3[1]=>honey
$student3[0]=>funny
```

- ksort()：对数组的下标进行升序排序。

使用语法为：

```
ksort(数组名);
```

实例中的数组$student4:

```
$student4=array("b"=>"smith","a"=>"funny","d"=>"honey","c"=>"john");
```

它的下标依次为“b”、“a”、“d”、“c”。

采用 ksort()函数对它的下标进行升序排序：

```
ksort($student4);
```

经过 ksort 排序后，数组$student4 的显示为:

```
$student4[a]=>funny
$student4[b]=>smith
$student4[c]=>john
$student4[d]=>honey
```

可以看到，数组的下标已经按照升序排好了。

- krsort()：对数组的下标进行降序排序。使用方法类似于 ksort()函数，唯一的区别就是它以降序排序数组。

使用语法为：

```
ksort(数组名);
```

实例中的数组$student4:

```
$student4=array("b"=>"smith","a"=>"funny","d"=>"honey","c"=>"john");
```

采用 krsort()函数对它的下标进行降序排序：

```
krsort($student4);
```

经过 krsort 排序后，数组$student4 的显示为:

```
$student4[d]=>honey
$student4[c]=>john
$student4[b]=>smith
$student4[a]=>funny
```

结果显示出，下标已经按照从大到小的顺序进行排列了。

- usort()：指定用户自定义的函数对数组排序。

很多时候，我们无法判断谁大谁小，比如在一个班，有班长、副班长、团支书或者纪律委员，在这些干部中谁最大，谁最小，我们是无法从给定的字符中进行自动排序的。又比如本例中的院长、书记、副院长、主任，谁是第一把手，谁是第二把手，我们该如何按照从大到小进行排序。这时就需要用到 usort()函数了。

语法格式为：

```
usort($array_name, function_name());
```

其中：

$array_name 为需要进行排序的数组名。

function_name 为自定义谁大谁小的函数名。

在本例的 ch9-3-1.php 中，针对数组$stu3：

```
$stu3=array("院长","副院长","书记","主任");      //定义数组$stu3
```

本数组中定义了 4 个职务，分别为“院长”、“副院长”、“书记”以及“主任”。当然，对于具有常识的我们来说，要分辨出这 4 个职务的大小，的确不是一件难事。但计算机并不知道它们的大小，所以，需要对这 4 个职务确定大小。

我们定义了名为 cmp()的函数，函数对“院长”、“书记”、“副院长”以及“主任”4 个职务进行了自定义大小：“书记”>“院长”>“副院长”>“主任”。代码如下：

```
function cmp($a,$b){                                //自定义排序函数 cmp
if($a=="书记")                                      //第一个参数为书记的情况
{
if($b=="书记")
return 1;
elseif($b=="院长")
return -1;
elseif($b="副院长")
return -1;
else
return 0;
}
elseif($a=="院长")                                  //第一个参数为院长的情况
{
if($b=="书记")
return 0;
elseif($b=="院长")
return -1;
elseif($b="副院长")
return -1;
else
return -1;
}
elseif($a=="副院长")                                //第一个参数为副院长的情况
{
if($b=="书记")
return 1;
elseif($b=="院长")
return 0;
elseif($b="副院长")
return -1;
else
return -1;
}
else                                                //第一个参数为主任的情况
{
if($b=="书记")
return 1;
elseif($b=="院长")
return 1;
elseif($b="副院长")
return 0;
else
return -1;
```

```
    }
}
```

定义完自定义比较大小函数后，用 usort()函数进行排序：

```
usort($stu3,"cmp");                              //对数组进行 usort 排序
```

经过 usort 排序后，数组$stu3 的显示为：

```
书记  主任  副院长  院长
```

- shuffle()：对数组顺序进行随机化处理。

  语法格式为：

shuffle（数组名）；

本例 ch9-3-4.php 中提到了 range()函数，该函数有两个值：起始值和终止值，格式为：

```
range（起始值，终止值，[步幅]
```

作用是从起始值到终止值之间所有整数的集合。其中的第三个参数步幅是可选的。若要建立一个 1~50 之间的数字数组$num1，用如下的语句：

```
$num1=range(1,50);
```

若要建立一个 2~50 之间的偶数数组$num2，用如下的语句：

```
$num2=range(2,50,2);
```

所以，ch9-3-4.php 中定义了一个名为$array_shuffle 的数组，值为 1~100 之间所有整数的集合：

```
$array_shuffle=range(1,100);
```

除了数组$array_shuffle 外，还定义了另一个数组$pics：

```
$pics=array(
"images/a.gif",
"images/b.gif",
"images/c.gif",
"images/d.gif",
"images/e.gif");                                 //定义一个存放图片路径的数组$pics
```

该数组中包括 5 个元素，每个元素保存一个图片的路径。

接下来对两个数组进行 shuffle()排序。

```
shuffle($array_shuffle);
```

对$array_shuffle 数组进行随机排序，结果为 1~100 之间所有整数的随机排列，每一次刷新页面，排序结果都会不同。

这个函数用于随机图片显示上特别有用。

```
shuffle($pics);
```

经过 shuffle()处理过后的$pics，随机进行排序。

- array_reverse()：使用一个数组作参数，返回一个内容与参数数组相同但顺序相反的数组。

语法格式为：

```
数组 2=array_reverse(数组 1);
```

其中：数组 1 为原始数组；数组 2 为使用过 array_reverse()函数后顺序相反的数组。

本例 ch9-3-5.php 中已经定义了一个数组$stu1：

```
$stu1=array(5,3,6,2,1,4);          //定义数组$stu1
$stu2=array_reverse($stu1);        //将数组$stu1 倒置结果保存至$stu2 数组
```

对其进行 array_reverse()操作，数组$stu1 内容相同但顺序完全相反的结果保存至数组$stu2 中，对$stu2 进行循环遍历，结果显示为：

```
4  1  2  6  3  5
```

至此，数组的排序就告一段落了，相信这些内容对进行 PHP 编程有一定的帮助。

【例 9-4】数组指针的移动

〖实例需求〗

数组中有很多元素，但一个数组只有一个内部指针，它指向当前的数组元素。在 PHP 中，需要对数组中的各元素进行访问，这时就会需要进行指针的移动。如何移动数组的内部指针呢？

本例介绍数组指针的使用，并介绍如何利用数组指针的移动来循环遍历数组所有元素的内容。

〖开发过程〗

第一步：创建文件。

创建新文件，在 Dreamweaver CS3 代码编辑区输入如下代码：

```
<!DOCTYPE html PUBLIC "-//W3C//DTD XHTML 1.0 Transitional//EN" "http://www.w3.org/ TR/xhtml1/DTD/
xhtml1-transitional.dtd">
<html xmlns="http://www.w3.org/1999/xhtml">
<head>
<meta http-equiv="Content-Type" content="text/html; charset=utf-8" />
<title>数组指针的移动</title>
</head>
<body>
<?
$num=array("11","22","33","44","55","66","77");          //定义数组$num
echo "\$num 的数据为：<br>";
for($i=0;$i<count($num);$i++)                            //循环显示数组
{
echo $num[$i]."  ";
}
echo "<br>";
echo "current()的演示：当前指针指向：";
echo current($num);                                      //显示当前指针指向的元素：11
echo "<br>";
echo "next()的演示：指针后移一位：";
next($num);                                              //数组指针后移一位，当前元素为：22
echo current($num);
echo "<br>";
echo "end()的演示：指针移至数组尾部：";
end($num);                                               //数组指针移至数组最后的元素，当前元素为：77
echo current($num);
echo "<br>";
echo "prev()的演示：指针上移一位：";
prev($num);                                              //数组指针前移一位，当前元素为：66
echo current($num);
echo "<br>";
```

```
echo "prev()的演示：指针上移一位：";
prev($num);                                              //数组指针前移一位，当前元素为：55
echo current($num);
echo "<br>";
echo "pos()的演示：显示当前指针指向的元素：";
echo pos($num);                          //显示当前指针指向的元素：55
echo "<br>";
echo "each()的演示：指针下移一位：";
each($num);                              //数组指针下移一位，当前元素为：66
echo current($num);
echo "<br>";
echo "reset()的演示：指针移至数组头部：";
reset($num);                             //数组指针移至数组的第一个元素 11
echo current($num);
echo "<br>";
$num2=array_reverse($num);               //将数组$num 完全倒序，保存至数组$num2 中
echo "\$num2 的数据为：<br>";
for($i=0;$i<count($num2);$i++)           //循环显示数组
{
echo $num2[$i]."  ";
}
echo "<br>";
echo "采用移动数组指针从第一个元素开始遍历数组\$num2 的内容：<br>";
while(current($num2))                    //判断当前元素是否为空
{
echo current($num2)."  ";      //输出当前指针指向的元素
next($num2);                             //指针后移一位
}
echo "<br>";
echo "采用移动数组指针从最后一个元素开始反向遍历数组\$num2 的内容：<br>";
$value=end($num2);                       //将指针指向最后一个元素
while(current($num2))                    //判断当前元素是否为空
{
echo current($num2)."  ";      //输出当前指针指向的元素
prev($num2);                             //指针前移一位
}
?>
</body>
</html>
```

第二步：保存文件并调试运行。

单击“文件”→“保存”命令，或者按快捷键 Ctrl+S，以文件名 ch9-4.php 保存页面，文件自动保存到站点中。

按 F12 键或者单击 图标的 预览在 IExplore 6.0 F12 即可进行网页的运行与调试，效果如图 9-13 所示。

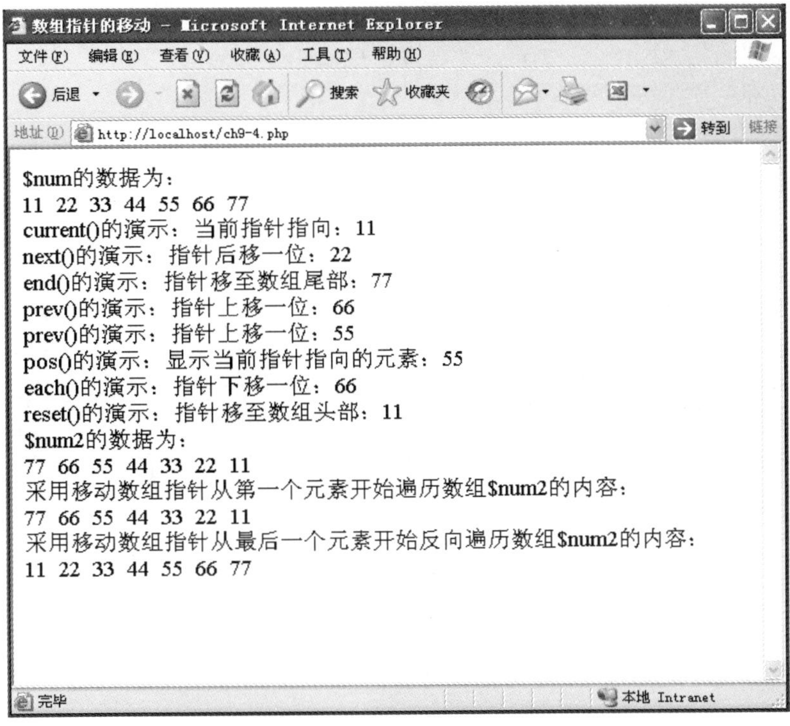

图 9-13

〖实例剖析与知识讲解〗

在 PHP 中，数组指针移动是由某些系统库函数来设置的，如表 9-2 所示。

表 9-2　数组指针移动函数

函数名	说明
current()	返回数组当前指针指向的元素
end()	将数组指针移至数组的尾部，即最后一个元素
reset()	将数组指针移至数组的头部，即第一个元素
next()	将数组指针下移一位，返回下移后指针指向的元素
prev()	将数组指针上移一位，返回上移后指针指向的元素
each()	将数组指针下移一位，在指针前移一个位置前返回当前元素
pos()	返回数组当前指针指向的元素

每个数组都有一个内部指针指向数组中的当前元素。当创建一个新数组时，指针指向数组的第一个元素。显示当前指针指向的元素，采用 current()函数。

指针移动要注意以下几点：

- next()与 each()的区别：next()是将指针后移一位，然后再返回新的当前元素。而 each()是在指针下移一个位置之前返回当前元素。这种区别是很细微的，要注意到。
- current()与 pos()：都是返回数组当前指针指向的元素。

- 利用指针的移动，循环遍历数组所有的内容，代码如下：

```
while(current($num2))                          //判断当前元素是否为空
{
echo current($num2)."  ";            //输出当前指针指向的元素
next($num2);                                   //指针后移一位
}
```

这是从数组的第一个元素开始往后遍历，若当前指针指向数组的最后一个元素，也可以使用 pre($num2)从后往前遍历。

```
$value=end($num2);                             //将指针指向最后一个元素
while(current($num2))                          //判断当前元素是否为空
{
echo current($num2)."  ";            //输出当前指针指向的元素
prev($num2);                                   //指针前移一位
}
```

【例 9-5】合并数组

〖实例需求〗

本例主要介绍两个或者两个以上数组合并的操作。

〖开发过程〗

第一步：创建文件。

创建新文件，在 Dreamweaver CS3 代码编辑区输入如下代码：

```
<!DOCTYPE html PUBLIC "-//W3C//DTD XHTML 1.0 Transitional//EN" "http://www.w3.org/TR/ xhtml1/DTD/
xhtml1-transitional.dtd">
<html xmlns="http://www.w3.org/1999/xhtml">
<head>
<meta http-equiv="Content-Type" content="text/html; charset=utf-8" />
<title>合并数组实例</title>
</head>
<body>
<?
$stu1=array(5,3,6,2,1,4);                              //定义数组$stu1
$stu2=array("长沙","北京","青海","郑州","天津");        //定义数组$stu2
$stu3=array("院长","副院长","书记","主任");             //定义数组$stu3
$student3=array("b"=>"lucy","a"=>"funny","d"=>"happy","e"=>"john");      //定义数组$student3
$student4=array("b"=>"smith","a"=>"funny","d"=>"honey","c"=>"john");     //定义数组$student4
echo "数组\$stu1 的初始显示为：  ";
for($i=0;$i<count($stu1);$i++)                         //循环读取数组$stu1 的初始数据
{
echo $stu1[$i]."  ";
}
echo "<br>";
echo "数组\$stu2 的初始显示为：  ";                      //循环读取数组$stu2 的初始数据
```

```
for($i=0;$i<count($stu2);$i++)
{
echo $stu2[$i]."  ";
}
echo "<br>";
echo "数组\$stu3 的初始显示为:  ";                    //循环读取数组$stu3 的初始数据
for($i=0;$i<count($stu3);$i++)
{
echo $stu3[$i]."  ";
}
echo "<br>";
echo "数组\$student3 的初始显示为:<br>  ";
foreach($student3 as $temp=>$cur)                     //循环读取数组$student3 的内容
{
echo "\$student3[$temp]=>$cur"."<br>";                //显示数组元素
}
echo "数组\$student4 的初始显示为:<br>  ";
foreach($student4 as $temp=>$cur)                     //循环读取数组$student4 的内容
{
echo "\$student4[$temp]=>$cur"."<br>";                //显示数组元素
}
$arr_merge1=array_merge($stu1,$stu2,$stu3);           //合并数组$stu1、$stu2、$stu3
echo "<b>合并数组\$arr_merge1 的初始显示为:</b><br>  ";
for($i=0;$i<count($arr_merge1);$i++)                  //循环读取合并数组的内容
{
echo $arr_merge1[$i]."  ";
}
echo "<br>";
$arr_merge2=array_merge($student3,$student4);         //合并数组$student1、$student2
echo "<b>合并数组\$arr_merge2 的初始显示为:</b><br>  ";
foreach($arr_merge2 as $temp=>$cur)                   //循环读取合并数组的内容
{
echo "\$arr_merge2[$temp]=>$cur"."<br>";              //显示数组元素
}
echo "<br>";
echo "<br>";
?>
</body>
</html>
```

第二步：保存文件并调试运行。

单击“文件”→“保存”命令，或者按快捷键 Ctrl+S，以文件名 ch9-5.php 保存页面，文件自动保存到站点中。

按 F12 键或者单击 图标的 预览在 IExplore 6.0　F12 即可进行网页的运行与调试，效果如图 9-14 所示。

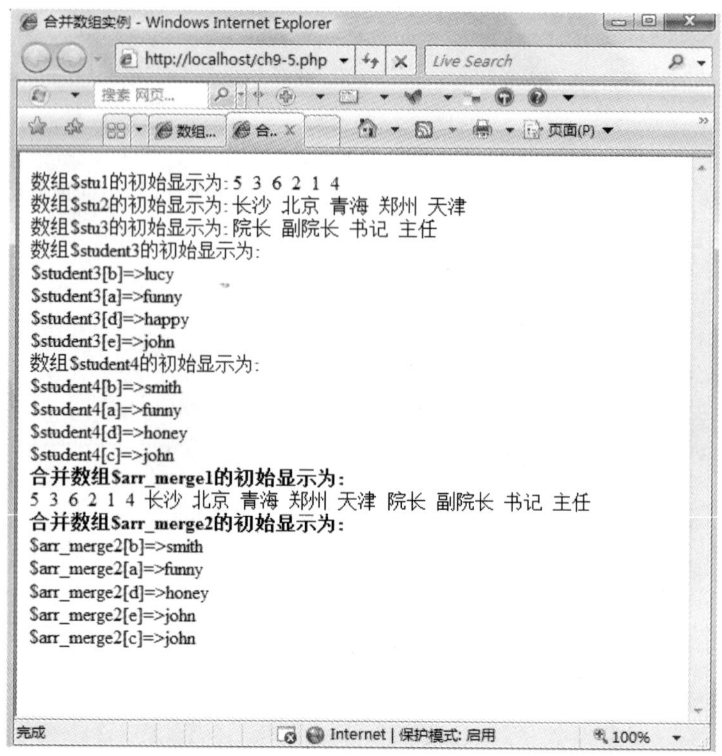

图 9-14

〖实例剖析与知识讲解〗

array_merge()函数：此函数对多个数组进行合并。

语法格式如下：

```
array array_merge(数组1，数组2，数组3，数组4，……)
```

- 一个数组中的值附加在前一个数组后面，把合并后的新数组作为函数的返回值。

本例中主要有两个合并数组，第一个合并数组$arr_merge1 为$stu1、$stu2、$stu3 三个数组的合并；第二个合并数组$arr_merge2 为$student3 与$student4 两个数组的合并。

五个分数组的定义如下：

```
$stu1=array(5,3,6,2,1,4);  //定义数组$stu1
$stu2=array("长沙","北京","青海","郑州","天津");                //定义数组$stu2
$stu3=array("院长","副院长","书记","主任");                     //定义数组$stu3
$student3=array("b"=>"lucy","a"=>"funny","d"=>"happy","e"=>"john");    //定义数组$student3
$student4=array("b"=>"smith","a"=>"funny","d"=>"honey","c"=>"john");   //定义数组$student4
```

前面三个数组$stu1、$stu2、$stu3，都是采用默认的下标，没有指定下标。当使用 array_merge()进行合并所得的数组，则为这三个数组内容的汇总，结果为：

```
5 3 6 2 1 4 长沙 北京 青海 郑州 天津 院长 副院长 书记 主任
```

- 若两个数组中存在相同的字符键名，那么后一个数组中的同键名的值将替换前一个数组中相应元素的值。像$student3 与$student4 两个数组，存在有相同的键名“b”、“a”、“d”，在合并的时候，后一个数组$student4 中的同键名的值将替换前一个数组$student3 中相应元素的值，其他不同键名的值照抄下来。

结果为：

```
$arr_merge2[b]=>smith
$arr_merge2[a]=>funny
$arr_merge2[d]=>honey
$arr_merge2[e]=>john
$arr_merge2[c]=>john
```

所以，array_merge($student3，$student4)与 array_merge($student4，$student3)所得到的结果是不同的。

小结

本章主要介绍数组的相关知识，包括数组的定义、数组的访问、多维数组、数组的排序、合并以及数组内部指针的移动等操作。读者要熟悉掌握数组的操作以及相关函数的使用，为今后的 PHP 编程打下坚实的基础。

第 10 章　人机交互的实现

【本章导读语】

PHP 主要用于进行动态网页的开发，动态网页最显著的一个特点即要实现良好的人机交互功能。对用户输入或者选择的内容能做出相应的回应。这也是动态网页区别于静态网页的一大特征。对于其他的 CGI 等动态技术，同样也具备这种良好的人机交互功能。

人机交互一般通过两种方式：一种方式是采用表单，通过表单不同的选项或者输入不同的内容，返回的结果也不同；另一种方式是采用 URL 地址加上各种参数实现互动，参数不同，返回的内容也不同。

本章将通过实例详细介绍表单数据的提交，以及如何用 PHP 和 JavaScript 进行表单必填项的验证，同时就$_POST、$_GET、$_FILES、$_REQUEST 方式进行实例说明，和读者一起实现人机交互。

【例 10-1】前台表单程序的制作——用户注册表单

〖实例需求〗

网页设计中经常出现表单，几乎只要是网站都会有表单项，如调查登记表、用户注册、用户登录、信息搜索等都是通过表单项来实现的。本例主要利用 HTML 表单实现用户注册页面的制作。

用户注册一般包括以下信息：姓名、电子邮箱、用户密码、确认密码、性别、婚否、出生日期、兴趣爱好、相片上传、个人描述等内容。

〖开发过程〗

第一步：创建站点。

按照【例 2-2】的步骤进行站点配置，建立新的 PHP 文件。

第二步：编写代码。

在 Dreamweaver CS3 代码编辑区输入如下代码：

```
<!DOCTYPE html PUBLIC "-//W3C//DTD XHTML 1.0 Transitional//EN" "http://www.w3.org/TR/ xhtml1/DTD/xhtml1-transitional.dtd">
<html xmlns="http://www.w3.org/1999/xhtml">
<head>
<meta http-equiv="Content-Type" content="text/html; charset=utf-8" />
<title>表单实例</title>
```

```
<link href="mystyle.css" rel="stylesheet" type="text/css" />
</head>
<body>
<p align="center">用户注册</p>
<form action="ch10-2.php" method="post" enctype="multipart/form-data" name="form1" id="form1">
  <table width="563" border="1" align="center">
    <tr>
      <td width="81">姓　　名：</td>
      <td colspan="2"><label>
        <input type="text" name="user" id="user" />
        </label>　　*必填上 4—16 个字符　</td>
      <td width="8"> </td>
    </tr>
    <tr>
      <td>电子邮箱：</td>
      <td colspan="2"><label>
        <input type="text" name="email" id="email" />
      *必填上合法的电子邮箱地址</label></td>
      <td> </td>
    </tr>
    <tr>
      <td>用户密码：</td>
      <td colspan="2"><label>
        <input type="password" name="pass1" id="pass1" />
      *与确认密码保持一致</label></td>
      <td> </td>
    </tr>
    <tr>
      <td>确认密码：</td>
<td colspan="2"><input type="password" name="pass2" id="pass2" /></td>
      <td> </td>
    </tr>
    <tr>
      <td> </td>
      <td colspan="2">
  <p> </td>
      <td> </td>
    </tr>
    <tr>
      <td>性　　别：</td>
      <td colspan="2"><label>
      <select name="sex" id="sex">
        <option value="男">男</option>
        <option value="女">女</option>
      </select>
      </label></td>
      <td> </td>
    </tr>
    <tr>
      <td>婚　　否：</td>
      <td colspan="2"><label>
```

```
    <input name="marriage" type="radio" id="marriage" value="已婚" />
      </label>    已婚
      <input name="marriage" type="radio" id="marriage2" value="未婚" />
      未婚</td>
      <td> </td>
    </tr>
    <tr>
      <td>出生日期：</td>
      <td colspan="2"><input name="year" type="text" id="year" size="4" maxlength="4" />年
      <input name="month" type="text" id="month" size="2" maxlength="2" />      月
  <input name="day" type="text" id="day" size="2" maxlength="2" />
        日          *日期要合法</td>
      <td> </td>
    </tr>
    <tr>
      <td>兴趣爱好：</td>
      <td colspan="2"><label>
  <input name="favorites[]" type="checkbox" id="favorites" value="阅读" checked="checked" />阅读
  <input name="favorites[]" type="checkbox" id="favorites" value="音乐" />音乐<br />
  <input name="favorites[]" type="checkbox" id="favorites" value="旅游" />旅游
  <input name="favorites[]" type="checkbox" id="favorites" value="游泳" />游泳
      </label></td>
      <td> </td>
    </tr>
    <tr>
      <td>相片上传：</td>
      <td colspan="2"><label>
        <input type="file" name="upfile" id="upfile" />
      </label></td>
      <td> </td>
    </tr>
    <tr>
      <td height="102">个人描述：</td>
      <td colspan="2"><label>
        <textarea name="content" cols="20" rows="5" id="content">请输入你的个人介绍！让我们更了解你！
</textarea>
      </label></td>
      <td> </td>
    </tr>
    <tr>
      <td> </td>
       <td width="153"><input type="submit" name="button" id="button" value="填好了!OK" /></td>
       <td width="302"><input type="reset" name="button2" id="button2" value="又出错了！" /></td>
      <td> </td>
    </tr>
   </table>
  </form>
  <p> </p>
  </body>
  </html>
```

第三步：保存网页。

单击“文件”→“保存”命令，或者按快捷键 Ctrl+S，以文件名 ch10-1.php 保存页面，文件自动保存到站点中。

按 F12 键或者单击图标的 预览在 IExplore 6.0 F12 即可进行网页的运行与调试，效果如图 10-1 所示。

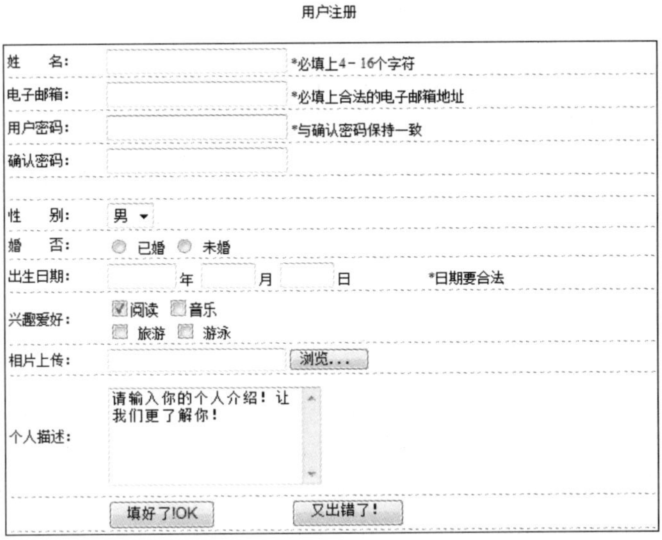

图 10-1

〖实例剖析与知识讲解〗

本实例也可以直接保存为.html 的静态页面，具体的表单元素已经在【例 3-6】中详细介绍了，这里不再重复讲解。但有一点要注意，复选框 checkbox 的值的获取，在命名表单时使用 favorites[]形式，这样在提交时，提交的内容就会以 favorites [0]、favorites [1]、…、favorites [n]的形式出现。获取时使用循环来遍历数组。

【例 10-2】用 PHP 验证表单——$_POST 与$_FILES 的运用

〖实例需求〗

本例主要是对【例 10-1】的表单进行后台处理，需要新建一个 PHP 的动态页面。获取 form1 中的所有信息，输出在页面中。具体程序中要考虑到以下几点问题：

- 表单中各表单元素信息的获取。
- 姓名相对应的 user 输入框的获取，要考虑到 user 不能为空，并且一般对于姓名的输入都有字符长度的限制，不得少于 4 个字符，不得大于 16 个字符。
- 电子邮箱地址是否合法。
- 密码与确认密码是否相同。

- 日期中“年”是否是 1～4 个字符，“月”是否在 1～12 范围内，“日”是否在 1～31 范围内。
- 如何循环读出复选框的信息，如没有选中任何选项，则显示“无”；否则，显示所选项列表。

〖开发过程〗

第一步：建立后台处理文件 ch10-2.php。

新建一个 PHP 的动态网页，该页面为 ch10-1.php 表单的处理程序，将其保存到与 ch10-1.php 同一个目录中，文件名为 ch10-2.php。在 Dreamweaver CS 3 代码编辑区输入如下代码：

```
<!DOCTYPE html PUBLIC "-//W3C//DTD XHTML 1.0 Transitional//EN" "http://www.w3.org/TR/ xhtml1/DTD/xhtml1-transitional.dtd">
<html xmlns="http://www.w3.org/1999/xhtml">
<head>
<meta http-equiv="Content-Type" content="text/html; charset=utf-8" />
<title>
<?
echo $_POST["user"]."的注册信息页"          //标题上显示用户名信息
?>
</title>
<link href="mystyle.css" rel="stylesheet" type="text/css" />
</head>
<body>
<?
function valid_email($email)               //该函数检查邮件地址是否有效
{
if(ereg("^[_a-zA-Z0-9-]+(\.[_a-zA-Z0-9-]+)*@[a-zA-Z0-9-]+(\.[a-zA-Z0-9-]+)*$",$email))
return true;
else
return false;
}
$user=$_POST["user"];                      //获取输入框 user 的值
$email=$_POST["email"];                    //获取输入框 email 的值
$pass1=$_POST["pass1"];                    //获取密码框 pass1 的值
$pass2=$_POST["pass2"];                    //获取确认密码框 pass2 的值
$marriage=$_POST["marriage"];              //获取单选按钮 marriage 的值
$year=$_POST["year"];                      //获取日期年
$month=$_POST["month"];                    //获取日期月
$day=$_POST["day"];                        //获取日期日
$birthday=$year."年".$month."月".$day."日";  //连接年月日，获取出生日期
$sex=$_POST["sex"];                        //获取下拉列表 sex 的值
$content=$_POST["content"];                //获取文本字段 content 的值
if(!$user || !$email||!$pass1||!$year||!$month||!$day)          //判断带*的选项是否为空
{
echo "信息填写不完整，填写完整后再继续……<a href='ch10-1.php'>返回</a>";  //为空的提示信息
}
elseif(strlen($user)<4 || strlen($user)>16)       //判断姓名长度是否在 4～16 个字符之间
echo "姓名字段长度不够！ <a href='ch10-1.php'>返回</a>";
elseif(!valid_email($email))   //利用自定义函数 valid_email()验证电子邮件地址是否合法
{
```

```
echo "电子邮件地址不正确！请确认后填写！<a href='ch10-1.php'>返回</a>";
}
elseif($pass1!=$pass2)                //判断两次密码输入是否一致
{
echo "两次输入的密码不一致！<a href='ch10-1.php'>返回</a>";
}
elseif(strlen($year)>4||$day>31||$day<=0||$month<=0||$month>12)      //判断日期年月日是否输入正确
{
echo "日期格式不对，请核对后继续……<a href='ch10-1.php'>返回</a>";
}
else                                  //全部正确合法地填写完，以表格的形式输出表单提交的注册信息
{
?>
<table width="465" height="286" border="1" align="center">
 <tr>
  <td colspan="2"><? echo $_POST["user"]."的注册信息页" ?></td>
 </tr>
 <tr>
  <td>姓　　名：</td>
  <td><? echo $_POST["user"] ?></td>
 </tr>
 <tr>
  <td>电子邮箱：</td>
  <td><? echo $_POST["email"] ?></td>
 </tr>
 <tr>
  <td>密　　码：</td>
  <td><? echo $pass1 ?></td>
 </tr>
 <tr>
  <td>性　　别：</td>
  <td><? echo $_POST["sex"] ?></td>
 </tr>
 <tr>
  <td>婚姻状况：</td>
  <td><? echo $_POST["marriage"] ?></td>
 </tr>
 <tr>
  <td>出生日期：</td>
  <td><? echo $birthday ?></td>
 </tr>
 <tr>
  <td>兴趣爱好：</td>
  <td><?
    //获取复选框 favorites[]的值
    if(count($_POST[favorites])==0)         //判断是否没有选择一项
echo "无";
else
{
for($i=0;$i<count($_POST[favorites]);$i++)      //循环遍历所有选项，并输出
{
echo $_POST[favorites][$i];
echo "  ";
```

```
}
} ?></td>
  </tr>
  <tr>
    <td>相片是否成功上传：</td>
    <td><?
      //获取文件控件内容，并实现相片上传
      if($_FILES[upfile][name]=="")                    //没有选定文件的处理
{
 echo "没有选择文件";                                  //显示提示信息
 }
else                                                   //选定文件
{
 $filepath="images/";                                  //定义路径
 $filename=$filepath.$_FILES[upfile][name];            //新的路径及文件名

 if(copy($_FILES[upfile][tmp_name],$filename))         //复制文件的目标路径
 {
  unlink($_FILES[upfile][tmp_name]);                   //删除原有文件
  echo "<p>";
  echo "指定文件已经成功上传至本地文件夹".$filepath."中！";
  echo "<p>";
 }
 else
 {
  echo "文件上传失败!";
 }
}
    ?></td>
  </tr>
  <tr>
    <td>个人描述：</td>
    <td><? echo $_POST["content"]?></td>
  </tr>
</table>
<?
}
?>
</body>
</html>
```

第二步：将前台程序与后台程序建立联系。

打开 ch10-1.php 文件，选中所建立的表单，属性框内容的设置如图 10-2 所示。

图 10-2

第三步：运行调试。

打开 ch10-1.php 文件，按 F12 键或者单击图标的 预览在 IExplore 6.0 F12 即可进行网页

的运行与调试，在表单中填写如图 10-3 所示的内容。

用户注册

姓　　名：	袁鑫	*必填上4－16个字符
电子邮箱：	xinxin@163.com	*必填上合法的电子邮箱地址
用户密码：	•••	*与确认密码保持一致
确认密码：	•••	
性　　别：	女	
婚　　否：	○ 已婚 ◉ 未婚	
出生日期：	1988 年 5 月 23 日	*日期要合法
兴趣爱好：	☑阅读 ☑音乐 ☑旅游 ☑游泳	
相片上传：	I:\桌面图片\4_38173.jpg 浏览...	
个人描述：	开心快乐的一个人！！	
	填好了!OK	又出错了!

图 10-3

注意：带*的选项是必填项，同时还有格式的要求，填写时务必认真。

填写完上述信息后，单击“填好了！OK”按钮，会通过 ch10-2.php 程序对表单进行处理，处理后的结果页显示如图 10-4 所示。

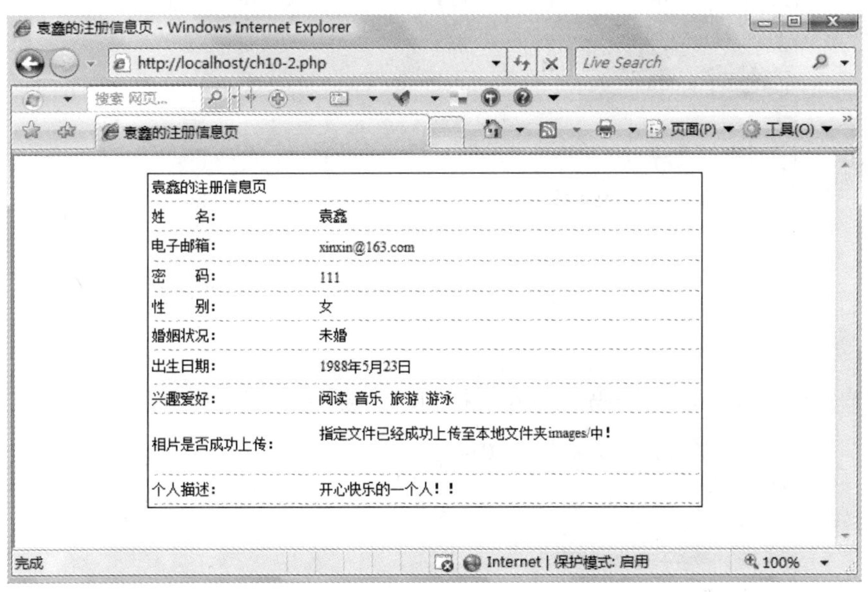

袁鑫的注册信息页	
姓　　名：	袁鑫
电子邮箱：	xinxin@163.com
密　　码：	111
性　　别：	女
婚姻状况：	未婚
出生日期：	1988年5月23日
兴趣爱好：	阅读 音乐 旅游 游泳
相片是否成功上传：	指定文件已经成功上传至本地文件夹images/中！
个人描述：	开心快乐的一个人！！

图 10-4

当然，这是填写的数据完全符合要求后显示出的结果，若填写的数据不符合要求也会显示相应的结果。

当“姓名”或者“电子邮箱”、“密码”、出生日期的“年”、“月”、“日”为空，没有填写任何数据时，会显示如图 10-5 所示的提示信息。

图 10-5

单击“返回”链接，返回到 ch10-1.php 页面重新进行填写。

当“姓名”长度小于 4 个字符时，会显示如图 10-6 所示的提示信息。

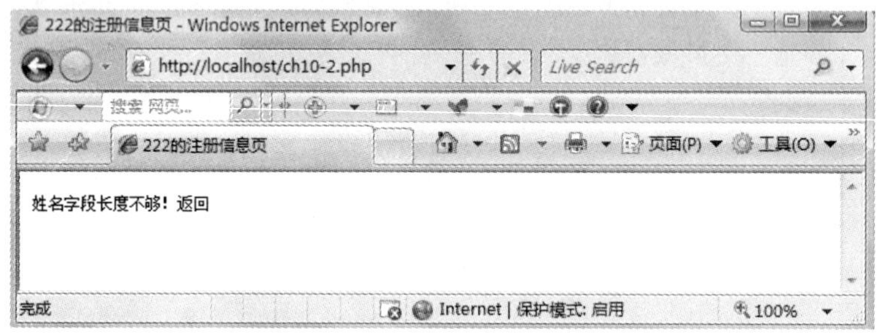

图 10-6

当输入的“电子邮件”地址不符合要求时，会显示如图 10-7 所示的提示信息。

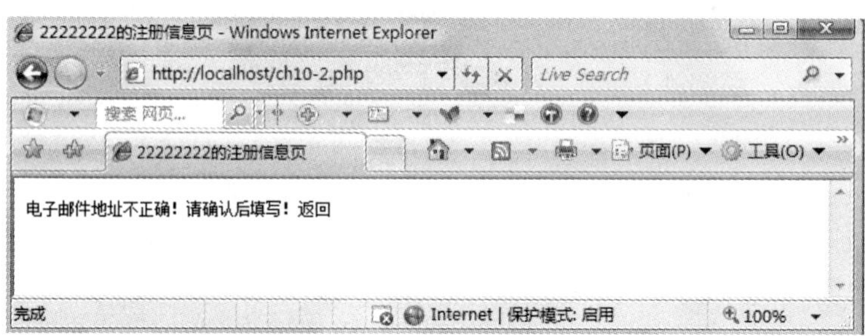

图 10-7

当“用户密码”与“确认密码”输入不相同时，会显示如图 10-8 所示的提示信息。

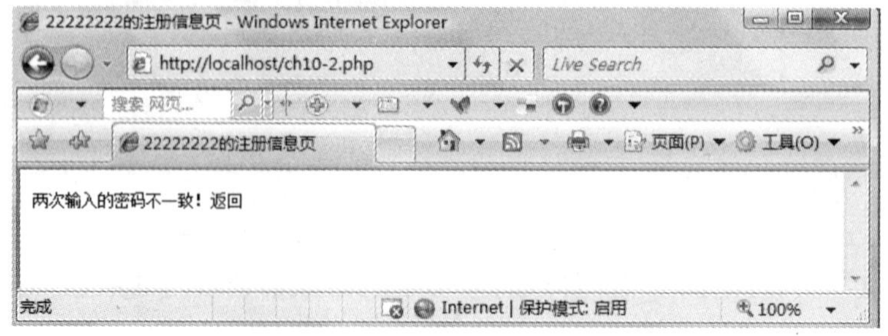

图 10-8

当输入的“年”、“月”、“日”不合法时，会显示如图 10-9 所示的提示信息。

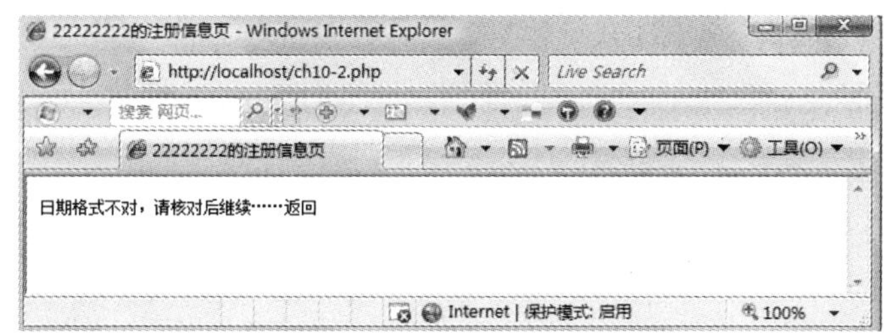

图 10-9

〖实例剖析与知识讲解〗

本例介绍了如何从表单程序中获取相关的输入信息，主要采用$_POST 与$_FILES 对表单元素进行获取。要说明的是，在 ch10-1.php 中设置表单方式（METHOD）为 POST 才能采用全局变量$_POST。若方法为 GET，则采用全局变量$_GET 进行获取。

表单的 METHOD 属性指代表单数据的发送方式。通常，表单数据通过两种方式发送到目标 URL：POST 方式和 GET 方式，这两种方式有一定的区别。

用 GET 方法提交的表单，提交的数据被附加到 URL 上，作为 URL 的一部分发送到服务器端，这种方式类似于采用 URL 方式实现互动，有利于收藏该网页内容（相关的实例将在【例 10-4】中讲到）；而 POST 方式则是将表单中的信息作为一个数据块发送到服务器端，这种方式不依赖于 URL。

因为 GET 方法中的数据依赖于 URL，故安全性不够高，传递的信息长度有限制，不能太多，适合于用于收藏或传递少量数据的情况；而 POST 方式的数据，收藏效果不好，但安全性比较高，同时也能传递不多于 255 个字符，适合于安全性要求高、传递数据量较大的情况。

通过本例应该掌握以下知识点：

- 若将 php.ini 中的 GLOBAL 值设置为 on，则这些被提交的变量，如 user 等，可以用$_POST[user]引用，也可以直接用全局变量$user 进行引用。
- 获取文本框、密码框、文本字段、单选按钮、下拉列表/菜单等表单元素的值，可以使用$_POST[“表单元素名”]进行获取，见如下代码：

```
$user=$_POST["user"];                           //获取输入框 user 的值
$email=$_POST["email"];                         //获取输入框 email 的值
$pass1=$_POST["pass1"];                         //获取密码框 pass1 的值
$pass2=$_POST["pass2"];                         //获取确认密码框 pass2 的值
$marriage=$_POST["marriage"];                   //获取单选按钮 marriage 的值
$year=$_POST["year"];                           //获取日期年
$month=$_POST["month"];                         //获取日期月
$day=$_POST["day"];                             //获取日期日
$birthday=$year."年".$month."月".$day."日";     //连接年月日，获取出生日期
$sex=$_POST["sex"];                             //获取下拉列表 sex 的值
$content=$_POST["content"];                     //获取文本字段 content 的值
```

- 复选框 checkbox 的值的获取应采取遍历数组的方式。在命名表单时使用 favorites []这种形式。这样在提交时，提交的内容就会以 favorites [0]、favorites [1]、……、favorites [n]的形式出现。获取时只需要使用循环来遍历数组即可访问复选框选项，见如下代码：

```
<?
//获取复选框 favorites[]的值
if(count($_POST[favorites])==0)                 //判断是否没有选择一项
echo "无";                                      //若没有选择，则显示“无”
```

```
else
{
for($i=0;$i<count($_POST[favorites]);$i++)          //循环遍历所有选项
{
echo $_POST[favorites][$i];                          //显示每个选项
echo "  ";
}
} ?>
```

- 其中$_POST[]以及后面要讲到的$_GET[]可以用全局变量$_REQUEST[]来替换，效果相同。如$_POST[user]等价于$_REQUEST["user"]，当你不记得或者分辨不出什么时候该用$_POST 或$_GET 时，改用$_REQUEST 是最安全的方法。
- 电子邮件地址合法性的判断需要用到正则表达式，正则表达式在附录中可以找到，这里不多讲，只给出正确电子邮件地址的正则表达式。正确的 E-mail 地址包括三个部分：POP3 用户名（“@”左边的字符）、“@”、服务器名（“@”右边的字符）。用户名与服务器名都可以为大小写字母、阿拉伯数字、句号（“.”）、减号（“-”），用户名还可以用下划线（“_”），但服务器名不能用下划线。所以，正确的电子邮件地址的匹配正则表达式为：

```
^[_a-zA-Z0-9-]+(\.[_ a-zA-Z 0-9-]+)*@[ a-zA-Z 0-9-]+(\.[ a-zA-Z 0-9-]+)*$
用 ereg()函数或者 ereg()函数对$email 与此正则表达式进行匹配，ereg()在匹配字符串严格区分大小写，eregi()在匹配
字符中不区分大小写
```

匹配表达式为：

```
eregi('^[_a-z0-9-]+(\.[_a-z0-9-]+)*@[a-z0-9-]+(\.[a-z0-9-]+)*$',$email)
```

或：

```
ereg('^[_a-zA-Z0-9-]+(\.[_ a-zA-Z 0-9-]+)*@[ a-zA-Z 0-9-]+(\.[ a-zA-Z 0-9-]+)*$',$email)
```

该例中用于检查电子邮件地址是否正确的函数定义如下：

```
function valid_email($email)    //该函数检查邮件地址是否有效
{
if(ereg("^[_a-zA-Z0-9-]+(\.[_a-zA-Z0-9-]+)*@[a-zA-Z0-9-]+(\.[a-zA-Z0-9-]+)*$",$email))
return true;
else
return false;
}
```

- 文件组件值采用全局变量$_FILES[]进行获取。全局变量 $_FILES 自 PHP 4.1.0 起存在（在更早的版本中用$HTTP_POST_FILES 替代）。此数组包含所有上传的文件信息。本例中在进行相片上传中用到了该变量，我们假设文件上传字段的名称如本例所示，为 upfile，名称可随意命名。表 10-1 列举了$_FILES 数组的内容。

表 10-1 $_FILES 数组

名称	说明
$_FILES[userfile][name]	客户端机器文件的原名称
$_FILES[userfile][type]	文件的 MIME 类型，如果浏览器提供此信息的话。一个例子是“image/gif”不过此 MIME 类型在 PHP 端并不检查，因此不要想当然认为有这个值
$_FILES[userfile][size]	已上传文件的大小，单位为字节
$_FILES[userfile][tmp_name]	文件被上传后在服务端储存的临时文件名
$_FILES[userfile][error]	和该文件上传相关的错误代码。此项目是在 PHP 4.2.0 版本中增加的

文件被上传后，默认会被储存到服务端的默认临时目录中，除非 php.ini 中的 upload_tmp_dir

设置为其他的路径。服务端的默认临时目录可以通过更改 PHP 运行环境的环境变量 TMPDIR 来重新设置，但是在 PHP 脚本内部通过运行 putenv()函数来设置是不起作用的。该环境变量也可以用来确认其他的操作也是在上传的文件中进行的。

接受上传文件的 PHP 脚本为了决定接下来要对该文件进行哪些操作，应该实现任何逻辑上必要的检查。例如可以用$_FILES[userfile][size]变量来排除过大或过小的文件，也可以通过$_FILES[userfile][type]变量排除文件类型和某种标准不相符合的文件，但只把这个当作一系列检查中的第一步，因为此值完全由客户端控制而在 PHP 端并不检查。自 PHP 4.2.0 起，还可以通过$_FILES[userfile][error]变量根据不同的错误代码来计划下一步如何处理。不管怎样，要么将该文件从临时目录中删除，要么将其移动到其他地方。

如果表单中没有选择上传的文件，则 PHP 变量$_FILES[userfile][size]的值将为 0，$_FILES[userfile][tmp_name]将为空。

如果该文件没有被移动到其他地方也没有被改名，则该文件将在表单请求结束时被删除。

本例只是上传一张图片，若要上传多张图片，则需要定义一个命名为数组形式的文件组件组，如下面的文件组件名统一为 pics[]，这样才能用循环遍历数组的方法进行一组图片的上传。在不改变图片文件名的前提下，上传多张图片至文件夹 images 下的代码组如下：

```
<!DOCTYPE html PUBLIC "-//W3C//DTD XHTML 1.0 Transitional//EN" "http://www.w3.org/ TR/xhtml1/DTD/xhtml1-transitional.dtd">
<html xmlns="http://www.w3.org/1999/xhtml">
<head>
<meta http-equiv="Content-Type" content="text/html; charset=utf-8" />
<title>
</title>
</head>
<body>
<form action="ch10-2-2.php" method="post" enctype="multipart/form-data">
<p>上传多张图片:</p>
<p> <input type="file" name="pics[]" /></p>
<p> <input type="file" name="pics[]" /></p>
<p> <input type="file" name="pics[]" /></p>
<p> <input type="submit" value="上传" /></p>
</form>
</body>
</html>
```

上述代码保存在 ch10-2-1.php 中。

其对应的处理程序 ch10-2-2.php 的代码如下：

```
<!DOCTYPE html PUBLIC "-//W3C//DTD XHTML 1.0 Transitional//EN" "http://www.w3.org/TR/xhtml1/DTD/xhtml1-transitional.dtd">
<html xmlns="http://www.w3.org/1999/xhtml">
<head>
<meta http-equiv="Content-Type" content="text/html; charset=utf-8" />
<title>
</title>
</head>
<body>
<?
foreach ($_FILES["pics"]["error"] as $key => $error) {
   if ($error == UPLOAD_ERR_OK) {
      $tmp_name = $_FILES["pics"]["tmp_name"][$key];
```

```
            $name = $_FILES["pics"]["name"][$key];
            move_uploaded_file($tmp_name, "images/$name");
        }
    }
?>
</body>
</html>
```

ch10-2-2.php 中的 move_uploaded_file(filename, destination)函数检查并确保由 filename 指定的文件是合法的上传文件（即通过 PHP 的 HTTP POST 上传机制所上传的）。如果文件合法，则将其移动为由 destination 指定的文件。

如果 filename 不是合法的上传文件，不会出现任何操作，move_uploaded_file()将返回 FALSE。

如果 filename 是合法的上传文件，但出于某些原因无法移动，不会出现任何操作，move_uploaded_file()将返回 FALSE。此外还会发出一条警告。

ch10-2-1.php 与 ch10-2-2.php 调试运行的效果如图 10-10 所示。

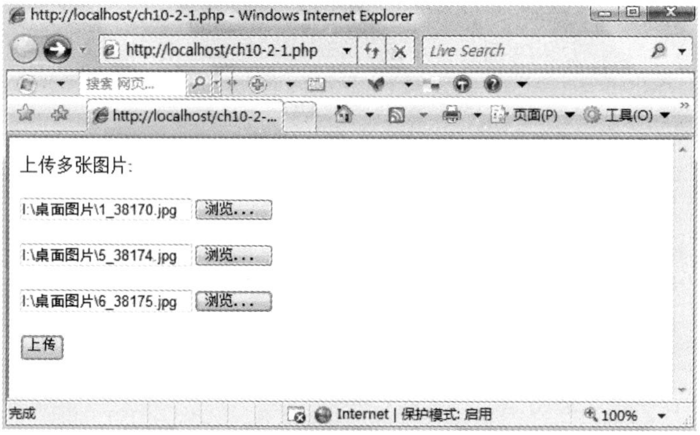

图 10-10

单击“上传”按钮，若上传成功，则站点中的 images 文件夹如图 10-11 所示。

图 10-11

【例 10-3】用 JavaScript 验证表单

〖实例需求〗

除了使用 PHP 进行表单验证，还可以利用 JavaScript 验证表单。本例将 ch10-1.php 另存为

ch10-3.php，仅对其中带“*”号的必填项进行验证，要求如下：

- 姓名、电子邮件地址、密码不能为空。
- 姓名字段的长度必须在 4～16 个字符范围。
- 电子邮件地址必须是合法的地址。
- 确认密码与用户密码要求一致。

〖**开发过程**〗

第一步：创建站点。

按照【例 2-2】的步骤进行站点配置，建立新的 PHP 文件。将 ch10-1.php 另存为 ch10-3.php。

第二步：编写代码。

打开 ch10-3.php，在<head></head>之间加入形如格式<script language="javascript"> </script>的 JavaScript 语句，该语句用来进行表单必填项的验证。加入的语句如下：

```
<script language="javascript">
function valid_form(theForm)            //定义验证表单函数valid_form()
{
if(theForm.user.value==""||theForm.email.value==""||theForm.pass1.value==""||theForm.pass2.va
lue=="")                                //判断必填项
{
alert("必填项不能为空，原因在于以下几点：\n1.姓名为空；\n2.电子邮箱地址为空；\n3.用户密码为空；\n4.确认密码为
空。");
}
else if(theForm.user.value.length<4||theForm.user.value.length>16)  //判断姓名字段的长度
{
alert("“姓名”长度不合格！要求填写4—16个字符\n");
theForm.user.focus();
return false;
}
else if(theForm.pass1.value!=theForm.pass2.value)                   //判断两次密码是否一致
{
alert("确认密码与用户密码不一致！\n");
theForm.pass2.focus();
return false;
}
else                                                                //输出注册信息
{
alert("你的注册信息：\n你的姓名："+theForm.user.value+"\n你的电子邮箱地址为："+theForm.email.value+"\n
你的密码为："+theForm.pass1.value+"\n");
}
}
</script>
```

定义完验证表单函数 valid_form()后，应该将该函数应用至表单中，所以，对于表单部分做了如下修改：

```
<form action="ch10-3.php" method="post" enctype="multipart/form-data" name="form1" id="form1"
onsubmit="valid_form(this)">
```

所有代码修改完毕，下面是 ch10-3.php 的全部代码：

```
<!DOCTYPE html PUBLIC "-//W3C//DTD XHTML 1.0 Transitional//EN" "http://www.w3.org/TR/ xhtml1/DTD/xhtml1-transitional.dtd">
<html xmlns="http://www.w3.org/1999/xhtml">
<head>
<meta http-equiv="Content-Type" content="text/html; charset=utf-8" />
<title>用 JavaScript 验证表单</title>
<link href="mystyle.css" rel="stylesheet" type="text/css" />
<script language="javascript">
function valid_form(theForm)                //定义验证表单函数
{
if(theForm.user.value==""||theForm.email.value==""||theForm.pass1.value==""||theForm.pass2.value=="")              //判断必填项
{
alert("必填项不能为空，原因在于以下几点：\n1.姓名为空；\n2.电子邮箱地址为空；\n3.用户密码为空；\n4.确认密码为空。");
//return false;
}
else if(theForm.user.value.length<4||theForm.user.value.length>16)  //判断姓名字段的长度
{
alert("“姓名”长度不合格！要求填写 4－16 个字符 \n");
theForm.user.focus();
return false;
}
else if(theForm.pass1.value!=theForm.pass2.value)                         //判断两次密码是否一致
{
alert("确认密码与用户密码不一致！\n");
theForm.pass2.focus();
return false;
}
else                                        //输出注册信息
{
alert("你的注册信息：\n 你的姓名："+theForm.user.value+"\n 你的电子邮箱地址为："+theForm.email.value+"\n你的密码为："+theForm.pass1.value+"\n");
}
}
</script>
</head>
<body>
<p align="center">用户注册</p>
<form action="ch10-3.php" method="post" enctype="multipart/form-data" name="form1" id="form1" onsubmit="valid_form(this)">
  <table width="563" border="1" align="center">
    <tr>
      <td width="81">姓    名：</td>
      <td colspan="2"><label>
        <input type="text" name="user" id="user" />
        </label>
      *必填项，填写 4－16 个字符    </td>
      <td width="8"> </td>
```

```
    </tr>
    <tr>
      <td>电子邮箱：</td>
      <td colspan="2"><label>
        <input type="text" name="email" id="email" />
      *必填项，要求是合法的电子邮箱地址</label></td>
      <td> </td>
    </tr>
    <tr>
      <td>用户密码：</td>
      <td colspan="2"><label>
        <input type="password" name="pass1" id="pass1" />
      *必填项，要求用户密码与确认密码保持一致</label></td>
      <td> </td>
    </tr>
    <tr>
    <td>确认密码：</td>
    <td colspan="2">
<input type="password" name="pass2" id="pass2" />
</td>
     <td> </td>
    </tr>
    <tr>
      <td> </td>
      <td colspan="2">
  <p> </td>
      <td> </td>
    </tr>
    <tr>
      <td>性    别：</td>
      <td colspan="2"><label>
      <select name="sex" id="sex">
        <option value="男">男</option>
        <option value="女">女</option>
      </select>
      </label></td>
      <td> </td>
    </tr>
    <tr>
      <td>婚    否：</td>
      <td colspan="2"><label>
    <input name="marriage" type="radio" id="marriage" value="已婚" />
      </label>     已婚
      <input name="marriage" type="radio" id="marriage2" value="未婚" />
      未婚</td>
      <td> </td>
    </tr>
    <tr>
      <td>出生日期：</td>
```

```
        <td colspan="2"><input name="year" type="text" id="year" size="4" maxlength="4" />年
          <input name="month" type="text" id="month" size="2" maxlength="2" />   月
         <input name="day" type="text" id="day" size="2" maxlength="2" />   日 *非必填项，但填写时注意
日期要合法</td>
        <td> </td>
      </tr>
      <tr>
        <td>兴趣爱好：</td>
        <td colspan="2"><label>
         <input name="favorites[]" type="checkbox" id="favorites" value="阅读" checked="checked"/>
阅读
         <input name="favorites[]" type="checkbox" id="favorites" value="音乐" />音乐<br />
         <input name="favorites[]" type="checkbox" id="favorites" value="旅游" />旅游
         <input name="favorites[]" type="checkbox" id="favorites" value="游泳" />游泳
        </label></td>
        <td> </td>
      </tr>
      <tr>
        <td>相片上传：</td>
        <td colspan="2"><label>
         <input type="file" name="upfile" id="upfile" />
        </label></td>
        <td> </td>
      </tr>
      <tr>
        <td height="102">个人描述：</td>
        <td colspan="2"><label>
         <textarea name="content" cols="20" rows="5" id="content">请输入你的个人介绍！让我们更了解你！
</textarea>
        </label></td>
        <td> </td>
      </tr>
      <tr>
        <td> </td>
        <td width="153"><input type="submit" name="button" id="button" value="填好了!OK"/></td>
        <td width="302"><input type="reset" name="button2" id="button2" value="又出错了！"/>
</td>
        <td> </td>
      </tr>
    </table>
  </form>
  <p> </p>
  </body>
  </html>
```

第三步：运行调试。

按 F12 键或者单击图标的 预览在 IExplore 6.0 F12 即可进行网页的运行与调试，效果如图 10-12 所示。

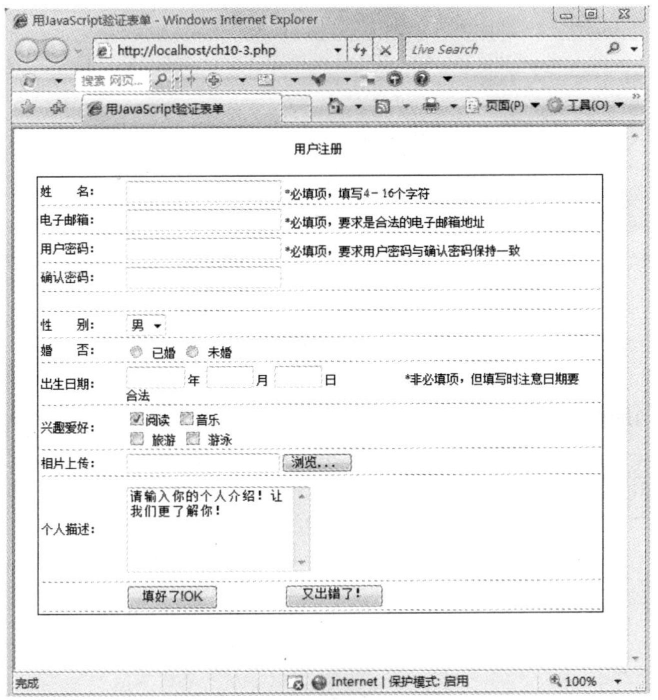

图 10-12

当“姓名”、“电子邮箱”或者“密码”为空，没有填写任何数据时，会弹出如图 10-13 所示的提示信息。

单击“确定”按钮，返回到 ch10-3.php 页面重新进行填写。

当“姓名”长度小于 4 个字符，长于 16 个字符，会弹出如图 10-14 所示的提示信息。

图 10-13

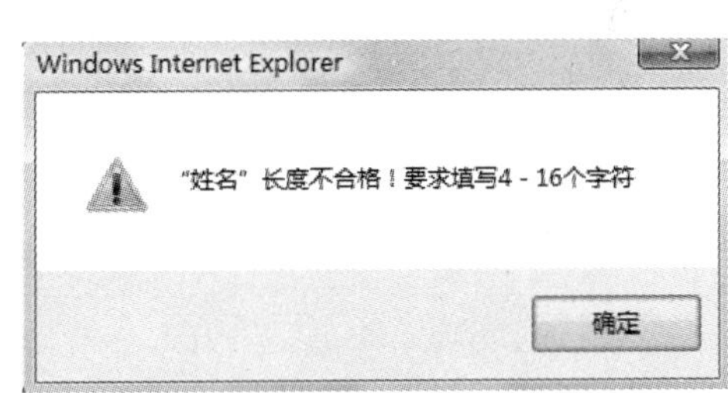

图 10-14

当“用户密码”与“确认密码”输入不相同时，会弹出如图 10-15 所示的提示信息。

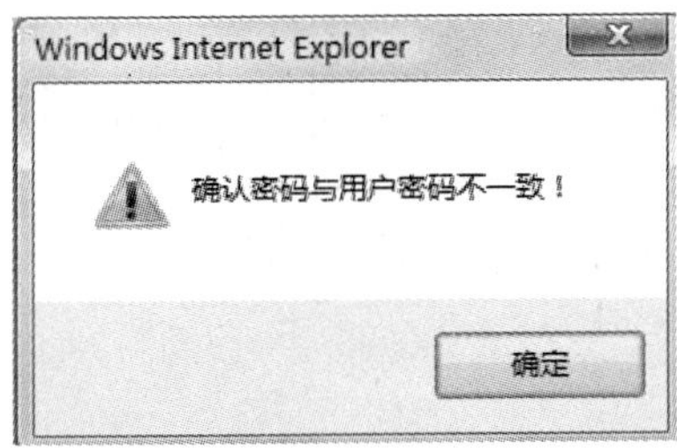

图 10-15

当输入的必填项全部合法，则会弹出如图 10-16 所示的结果信息。

图 10-16

【实例剖析与知识讲解】

本例创建了一个用来验证表单的函数 valid_form()，该函数的功能如下：

● 判断姓名、电子邮件地址、密码字段是否填写。

代码如下：

```
if(theForm.user.value==""||theForm.email.value==""||theForm.pass1.value==""||theForm.pass2.value=="")                                   //判断必填项
{
alert("必填项不能为空，原因在于以下几点：\n1.姓名为空；\n2.电子邮箱地址为空；\n3.用户密码为空；\n4.确认密码为空。");
}
```

● 判断姓名字段的长度是否在 4～16 个字符范围内。

代码如下：

```
if(theForm.user.value.length<4||theForm.user.value.length>16)   //判断姓名字段的长度
{
alert("“姓名”长度不合格！要求填写 4-16 个字符 \n");
theForm.user.focus();
return false;
}
```

● 判断确认密码与用户密码是否一致。

代码如下：

```
if(theForm.pass1.value!=theForm.pass2.value)                    //判断两次密码是否一致
{
alert("确认密码与用户密码不一致！\n");
theForm.pass2.focus();
return false;
}
```

创建完函数后，我们应在表单 form1 上运用该函数，本例在 form1 表单中添加了一个 onSubmit 的事件，onSubmit 事件为单击“提交”按钮时触发的事件，在这里，onSubmit="valid_form(this)"，当单击“提交”按钮时，转去执行 JavaScritpt 进行表单项的判断。

● 判断电子邮件地址是否为合法的地址。

本例中没有给出电子邮件地址的合法性判断，下面用 checkEmail()函数来实现。代码如下：

```
<script language="Javascript">
function checkEmail()
{
   if (document.theForm.email.value=="") {
      alert("请输入电子邮件地址");
```

```
        document.theForm.email.focus();
        return false;
    }
    var email = document.theForm.email.value;
    var is_error = false;
    var str1 = email.indexOf("@");
    var str2 = email.indexOf(".",pn_0);
    var str3 = email.Length;
    if (str1<1 ||str2<str1+2 ||str2+2>str3)
  is_error=true;
    if (is_error)
  {
        alert("请输入正确的电子邮件地址");
        document.theForm.email.focus();
        return false;
  }
    alert("正确的电子邮件地址");
    return true;
  }
  </script>
```

【例 10-4】笑话集展示——$_GET 的运用

〖实例需求〗

本例通过对 4 个笑话的分别显示来说明全局变量$_GET[]是如何使用的。实例由两个页面构成：ch10-4.php 为笑话集导航页，ch10-4-1.php 为笑话具体显示页。

〖开发过程〗

第一步：创建 ch10-4.php 页面。

按照【例 2-2】的步骤进行站点配置，建立新的 PHP 文件。在 Dreamweaver CS3 代码编辑区输入如下代码：

```
<!DOCTYPE html PUBLIC "-//W3C//DTD XHTML 1.0 Transitional//EN" "http://www.w3.org/TR/xhtml1/DTD/xhtml1-transitional.dtd">
<html xmlns="http://www.w3.org/1999/xhtml">
<head>
<meta http-equiv="Content-Type" content="text/html; charset=utf-8" />
<title>笑话集首页 $_GET 的运用</title>
</head>
<body>
<p>笑话集</p>
<p><a href="ch10-4-1.php?title=乐观派">乐观派</a></p>
<p><a href="ch10-4-1.php?title=留学生">留学生</a></p>
<p><a href="ch10-4-1.php?title=减肥的原因">减肥的原因</a></p>
<p><a href="ch10-4-1.php?title=当心狗">当心狗</a></p>
<p> </p>
</body>
</html>
```

第二步：保存网页。

单击“文件”→“保存”命令，或者按快捷键 Ctrl+S，以文件名 ch10-4.php 保存页面，文件自动保存到站点中。

第三步：创建 ch10-4-1.php 页面。

建立新的 PHP 文件，在 Dreamweaver CS3 代码编辑区输入如下代码：

```
<!DOCTYPE html PUBLIC "-//W3C//DTD XHTML 1.0 Transitional//EN" "http://www.w3.org/TR/xhtml1/DTD/xhtml1-transitional.dtd">
<html xmlns="http://www.w3.org/1999/xhtml">
<head>
<meta http-equiv="Content-Type" content="text/html; charset=utf-8" />
<title>
<?
echo "笑话集之".$_GET["title"]."";
?></title>
</head>
<body>
<?
$title=$_GET["title"];
if($title=="乐观派")
{
echo "<center><a href='ch10-4.php'>笑话集</a>之".$title."</center><br>";
echo "甲：什么叫乐观派的人？<br>";
echo "乙：这个，就像茶壶一样，屁股都烧得红红的，它还有心情在吹口哨！<br>";
echo "</center>";
}
if($title=="留学生")
{
echo "<center><a href='ch10-4.php'>笑话集</a>之".$title."</center><br>";
echo "一日，某中国留学生在美国最繁华的大街闲逛，说来巧，正好目击了一场车祸。<br>";
echo "警察迅速地赶来，询问这位留学生刚才的车祸发生的经过。<br>";
echo "留学生想了想说：“One car come,one car go,two car 碰碰,one car die。”<br>";
}
if($title=="减肥的原因")
{
echo "<center><a href='ch10-4.php'>笑话集</a>之".$title."</center><br>";
echo "隔壁小胖终于发誓要减肥了。<br>";
echo "因为，毕业招聘会上，有人对他说：“哥们儿，让一下，你挡着我的手机信号了。”<br>";
}
if($title=="当心狗")
{
echo "<center><a href='ch10-4.php'>笑话集</a>之".$title."</center><br>";
echo "一位先生去看他朋友，见门口竖着一块牌子，上面写着“当心狗！”他不敢进门，怕狗咬他。<br>";
echo "后来，他问他朋友：“你为什么竖这块牌子？你的狗只有这么一点儿大！！”<br>";
echo "“正是这样，我怕人们踩着它。”他的朋友说。<br>";
}
?>
</body>
</html>
```

第四步：保存网页。

单击“文件”→“保存”命令，或者按快捷键 Ctrl+S，以文件名 ch10-4-1.php 保存页面，文件自动保存到站点中。

第五步：调试程序。

打开 ch10-4.php，按 F12 键或者单击 图标的 预览在 IExplore 6.0 F12 即可进行网页的运行与调试，效果如图 10-17 所示。

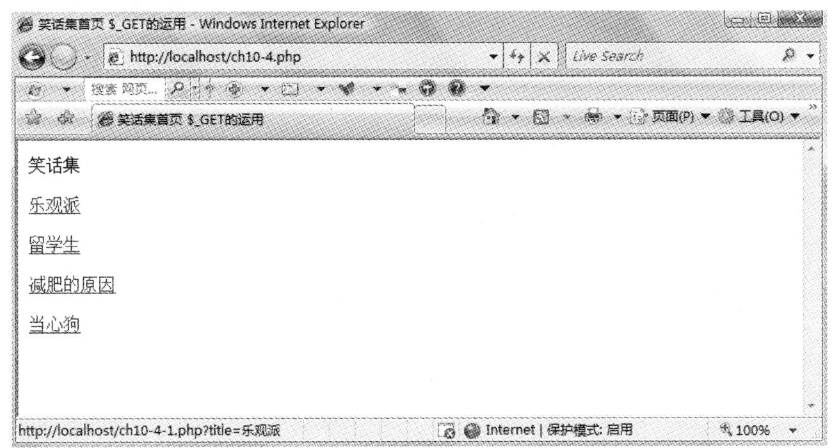

图 10-17

在图中可以看到，当鼠标停留在每个笑话的标题上时，会在网页的状态栏显示信息：

```
http://localhost/ch10-4-1.php?title=乐观派
```

或：

```
http://localhost/ch10-4-1.php?title=留学生
```

或：

```
http://localhost/ch10-4-1.php?title=减肥的原因
```

或：

```
http://localhost/ch10-4-1.php?title=当心狗
```

单击任何一个笑话标题，会进入如图 10-18 至图 10-21 所示的笑话详细内容页。

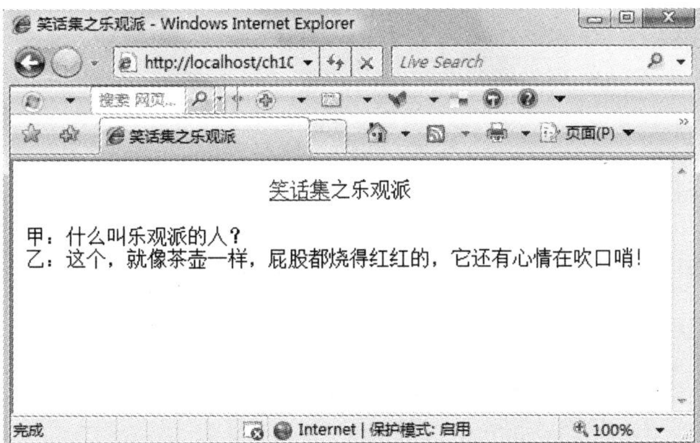

图 10-18

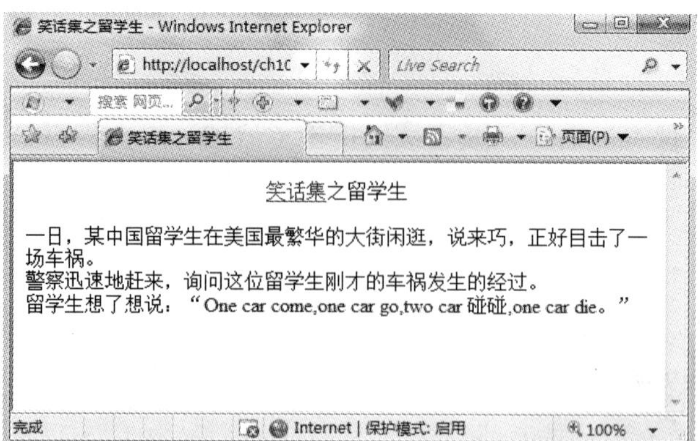

图 10-19

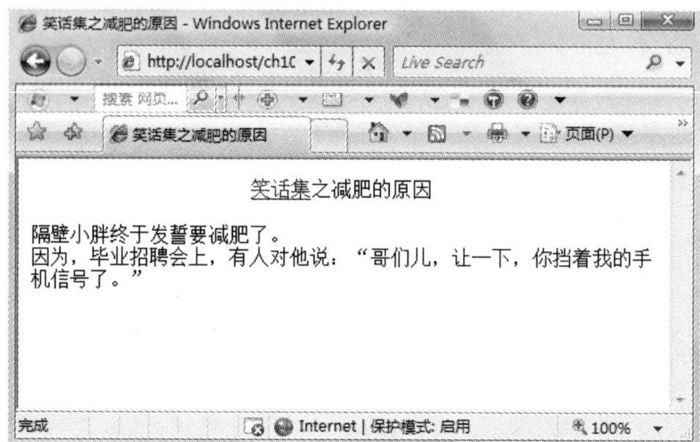

图 10-20

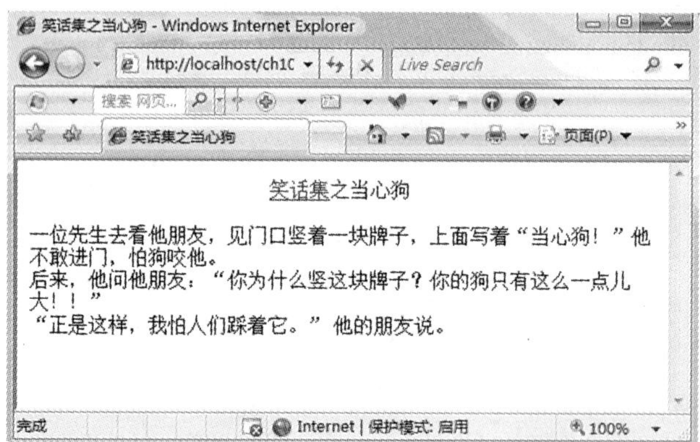

图 10-21

〖实例剖析与知识讲解〗

下面详细介绍在这个实例中出现的知识点。实例中的 ch10-4.php 页面很简单，代码都是 HTML 代码：

```
<p>笑话集</p>
<p><a href="ch10-4-1.php?title=乐观派">乐观派</a></p>
<p><a href="ch10-4-1.php?title=留学生">留学生</a></p>
<p><a href="ch10-4-1.php?title=减肥的原因">减肥的原因</a></p>
<p><a href="ch10-4-1.php?title=当心狗">当心狗</a></p>
```

<a>是链接的标记，href 是 a 标记中链接的目标地址，与前面所讲实例不同的是，这里的 href 中的值多了一个“？”，并且这个“？”后还有一个“参数＝参数值”。这种方法就是利用 URL 附带一些参数给另一个页面，在这个实例中，URL 中都有一个参数 title，分别给参数赋值为每个笑话的标题。

在 URL 地址后面加参数，一定要在完整的 URL 后加“？”符号，然后接“参数＝参数值”，若有多个参数，则多个参数之间要使用“&”符号，来表示参数与参数之间的连接。

那么，在另一个页面中如何获取 URL 传递过来的值呢？

这时，就需要用到全局变量$_GET[]来获取了。像本例中的参数 title 值的获取，使用如下的语句：

```
$title=$_GET["title"];
```

小结

实现人机交互是动态网页技术的重要特征。本章主要介绍用 PHP 实现交互的两种方式：GET 方式和 POST 方式。因为 GET 方法中的数据依赖于 URL，安全性不高，传递的信息长度有限制，不能太多，适合于用于收藏或传递少量数据的情况；而 POST 方式的数据，收藏效果不好，但安全性比较高，同时也能传递不多于 255 个字符，适合于安全性要求高、传递数据量较大的情况。

本章内容还包括全局变量$_FILES[]的用法以及如何使用 PHP 和 JavaScript 实现表单验证。这些内容对以后进行表单的验证有很大帮助。

同时，编写人机交互程序时，要注意 php.ini 中 GLOBAL 的状态，以及对复选框值的获取方式。

第 11 章　PHP 中的主机信息获取

【本章导读语】

在 PHP 进行程序开发时，用户需要对自己所处主机的环境以及访问者的信息做一定的了解。比如，想要记录访问者的 IP 地址或者浏览器的类型、了解当前服务器的相关特征等，这些都属于主机信息。本章将详细介绍如何获取主机信息。

主机信息中少不了系统时间的获取，想要知道访问者于何时访问了你的程序，需要在程序中进行系统时间的获取，如用户注册与访问的时间、用户留言的时间等。本章详细讲解时间函数 date()、time()、mktime()等函数的用法，并就如何计算两个时间之间的间隔进行讨论与分析，还对 checkdate()函数、strtotime()函数以及 getdate()函数进行简单介绍。

【例 11-1】系统主机信息获取——$_SERVER[]的运用

〖实例需求〗

本例列出了当前服务器的相关信息。

〖开发过程〗

第一步：创建文件。

创建新文件，在 Dreamweaver CS3 代码编辑区输入如下代码：

```
<!DOCTYPE html PUBLIC "-//W3C//DTD XHTML 1.0 Transitional//EN" "http: //www.w3.org/TR/ xhtml1/DTD/xhtml1-transitional.dtd">
<html xmlns="http: //www.w3.org/1999/xhtml">
<head>
<meta http-equiv="Content-Type" content="text/html; charset=utf-8" />
<title>$_SERVER 变量的使用</title>
</head>
<body>
<?
echo "当前运行的程序为：";
echo $_SERVER["PHP_SELF"];
echo "<br>";
echo "当前运行脚本所在服务器主机的名称"."：";
echo $_SERVER["SERVER_NAME"];
echo "<br>";
echo "您的服务器标识的字符串为"."：";
echo $_SERVER["SERVER_SOFTWARE"];
echo "<br>";
echo "当前请求的 Connection 状态为：";
```

```
echo $_SERVER["HTTP_CONNECTION"];
echo "<br>";
echo "服务器所使用的端口为：";
echo $_SERVER["SERVER_PORT"];
echo "<br>";
echo "请求页面时通信协议的名称和版本"."：";
echo $_SERVER["SERVER_PROTOCOL"];
echo "<br>";
echo "访问页面时的请求方法 "."：";
echo $_SERVER["REQUEST_METHOD"];
echo "<br>";
echo "查询（query）的字符串（URL 中第一个问号 ? 之后的内容）"."：";
echo $_SERVER["QUERY_STRING"];
echo "<br>";
echo "当前运行脚本所在的文档根目录"."：";
echo $_SERVER["DOCUMENT_ROOT"];
echo "<br>";
echo "当前请求的 Accept：".": ";
echo $_SERVER["HTTP_ACCEPT"];
echo "<br>";
echo "当前请求的 Accept-Charset： ".": ";
echo $_SERVER["HTTP_ACCEPT_CHARSET"];
echo "<br>";
echo "当前请求的 Accept-Encoding"."：";
echo $_SERVER["HTTP_ACCEPT_ENCODING"];
echo "<br>";
echo "当前请求的 Accept-Language"."：";
echo $_SERVER["HTTP_ACCEPT_LANGUAGE"];
echo "<br>";
echo "当前请求的 Host"."：";
echo $_SERVER["HTTP_HOST"];
echo "<br>";
//echo "链接到当前页面的前一页面的 URL 地址"."：";
//echo $_SERVER["HTTP_REFERER"];
//echo "<br>";
echo "当前您的浏览器为："."：";
if (strstr($_SERVER["HTTP_USER_AGENT"],"MSIE"))
echo "Internet Explorer";
echo "<br>";
echo "您的 IP 地址"."：";
echo $_SERVER["REMOTE_ADDR"];
echo "<br>";
echo "您的用户的主机名"."：";
echo $_SERVER["REMOTE_HOST"];
echo "<br>";
echo "用户连接到服务器时所使用的端口为"."：";
echo $_SERVER["REMOTE_PORT"];
echo "<br>";
echo "当前执行脚本的绝对路径名"."：";
echo $_SERVER["SCRIPT_FILENAME"];
echo "<br>";
//echo "Apache 服务器配置文件中的 SERVER_ADMIN 参数"."：";
//echo $_SERVER["SERVER_ADMIN"];
```

```
//echo "<br>";
echo "服务器所使用的端口".": ";
echo $_SERVER["SERVER_PORT"];
echo "<br>";
echo "包含服务器版本和虚拟主机名的字符串".": ";
echo $_SERVER["SERVER_SIGNATURE"];
echo "<br>";
echo "当前脚本所在文件系统（不是文档根目录）的基本路径".": ";
echo $_SERVER["PATH_TRANSLATED"];
echo "<br>";
echo "包含当前脚本的路径".": ";
echo $_SERVER["SCRIPT_NAME"];
echo "<br>";
echo "访问此页面所需的 URI".": ";
echo $_SERVER["REQUEST_URI"];
echo "<br>";
echo "服务器使用的 CGI 规范的版本: ";
echo $_SERVER["GATEWAY_INTERFACE"];
echo "<br>";
?>
</body>
</html>
```

第二步：保存文件并调试运行。

单击“文件”→“保存”命令，或者按快捷键 Ctrl+S，以文件名 ch11-1.php 保存页面，文件自动保存到站点中。

按 F12 键或者单击图标的 预览在 IExplore 6.0 F12 即可进行网页的运行与调试，效果如图 11-1 所示。

图 11-1

〖实例剖析与知识讲解〗

用户对服务器信息的获取，可以直接通过访问根目录下的 http://localhost/phpinfo.php 文件来实现。在 phpinfo.php 文件中只有一行语句，即：

```
<?  phpinfo();  ?>
```

phpinfo()函数直接返回主机的全部信息。为了防止用户看到主机的相关安全信息，有些服务提供商将这个函数禁用了。

运行该程序后，弹出如图 11-2 所示的结果。

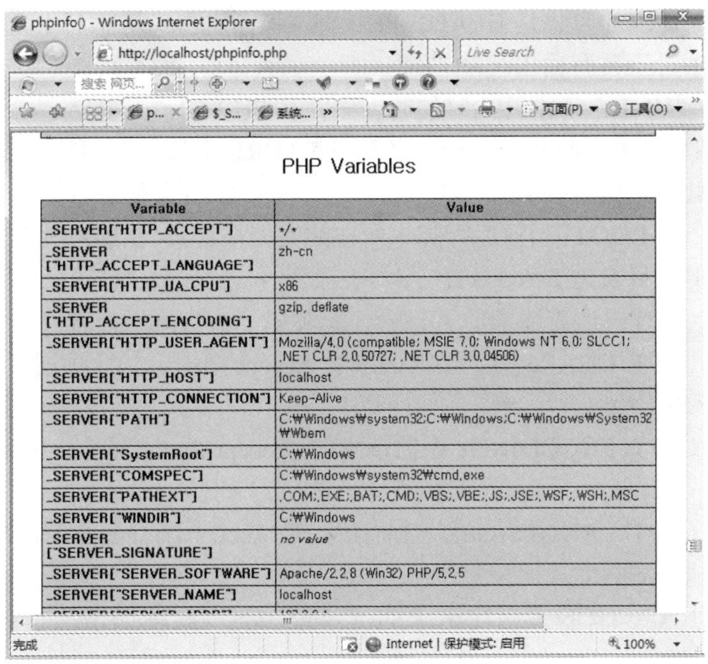

Variable	Value
_SERVER["HTTP_ACCEPT"]	*/*
_SERVER["HTTP_ACCEPT_LANGUAGE"]	zh-cn
_SERVER["HTTP_UA_CPU"]	x86
_SERVER["HTTP_ACCEPT_ENCODING"]	gzip, deflate
_SERVER["HTTP_USER_AGENT"]	Mozilla/4.0 (compatible; MSIE 7.0; Windows NT 6.0; SLCC1; .NET CLR 2.0.50727; .NET CLR 3.0.04506)
_SERVER["HTTP_HOST"]	localhost
_SERVER["HTTP_CONNECTION"]	Keep-Alive
_SERVER["PATH"]	C:₩Windows₩system32;C:₩Windows;C:₩Windows₩System32₩Wbem
_SERVER["SystemRoot"]	C:₩Windows
_SERVER["COMSPEC"]	C:₩Windows₩system32₩cmd.exe
_SERVER["PATHEXT"]	.COM;.EXE;.BAT;.CMD;.VBS;.VBE;.JS;.JSE;.WSF;.WSH;.MSC
_SERVER["WINDIR"]	C:₩Windows
_SERVER["SERVER_SIGNATURE"]	*no value*
_SERVER["SERVER_SOFTWARE"]	Apache/2.2.8 (Win32) PHP/5.2.5
_SERVER["SERVER_NAME"]	localhost

图 11-2

拖动右边的垂直滚动条，可以查看到 phpinfo()返回的好几屏的主机信息。下面讲解其中的某些常用服务器信息。

若要在网页中对主机信息进行获取，需运用服务器变量$_SERVER。在第 5 章已经知道，$_SERVER 是一个特殊的 PHP 预定义变量，它包含了主机提供的所有信息，在所有的脚本中都有效，称为超级全局变量（或“自动全局变量”）。要显示相关主机信息，只需按如下语法结构进行即可：

```
$_SERVER[“主机信息”];
```

这种$_SERVER 变量出现在 PHP 4.1.0 及以后版本使用。之前的版本使用$HTTP_SERVER_VARS。

$_SERVER 是一个包含诸如头信息（header）、路径（path）和脚本位置（script locations）的数组。数组的实体由 Web 服务器创建。不能保证所有的服务器都能产生所有的信息；服务器可能忽略了一些信息，或者产生了一些未在下面列出的新的信息。这意味着大量的这些变量在 CGI 1.1 规范中说明，应该仔细研究一下。

接下来看实例中出现的这些服务器信息：

● PHP_SELF：当前正在执行脚本的文件名，与 document root 相关。本例中的

$_SERVER["PHP_SELF"]得到的结果就为当前的网页：/ch11-1.php

- GATEWAY_INTERFACE：服务器使用的 CGI 规范的版本，如：CGI/1.1。
- SERVER_NAME：当前运行脚本所在服务器主机的名称。如果该脚本运行在一个虚拟主机上，该名称是由那个虚拟主机所设置的值决定的。当前服务器名为 localhost。
- SERVER_SOFTWARE：返回服务器的标识字符串，在响应请求时的头信息中给出。当前服务器使用的软件集为 Apache/2.2.8 (Win32) PHP/5.2.5。
- SERVER_PROTOCOL：请求页面时通信协议的名称和版本。当前信息为 HTTP/1.0。
- REQUEST_METHOD：访问页面时的请求方法。例如：GET、HEAD、POST、PUT。注意，如果请求的方式是 HEAD，PHP 脚本将在送出头信息后中止（这意味着在产生任何输出后，不再有输出缓冲）。
- REQUEST_TIME：请求开始时的时间戳，从 PHP 5.1.0 起有效。
- QUERY_STRING：查询（query）的字符串（URL 中第一个问号 ? 之后的内容）。本例中没有此相关信息。
- DOCUMENT_ROOT：当前运行脚本所在的文档根目录。在服务器配置文件中定义。本程序所在的根目录为 D:/www。
- HTTP_ACCEPT：当前请求的 Accept，此项属于头信息的内容。
- HTTP_ACCEPT_CHARSET：当前请求的 Accept-Charset，此项属于头信息的内容。例如：iso-8859-1,*,utf-8。
- HTTP_ACCEPT_ENCODING：当前请求的 Accept-Encoding，此项属于头信息的内容。例如：gzip, deflate。
- HTTP_ACCEPT_LANGUAGE：当前请求的 Accept-Language，此项属于头信息的内容。例如：zh-cn。
- HTTP_CONNECTION：当前请求的 Connection，此项属于头信息的内容。例如：Keep-Alive。
- HTTP_HOST：当前请求的 Host，此项属于头信息的内容。如：localhost。
- HTTP_REFERER：链接到当前页面的前一页面的 URL 地址。不是所有的用户代理（浏览器）都会设置这个变量，而且有的还可以手工修改 HTTP_REFERER。因此，这个变量不总是真实正确的。
- HTTP_USER_AGENT：当前请求的 User-Agent，此项属于头信息的内容。该字符串表明了访问该页面的用户代理的信息。一个典型的例子是：Mozilla/4.0 (compatible; MSIE 7.0;Windows NT 6.0;SLCC1;.NET CLR 2.0.50727;.NET CLR)。也可以使用 get_browser()得到此信息。
- HTTPS：如果脚本是通过 HTTPS 协议被访问，则被设为一个非空的值。
- REMOTE_ADDR：正在浏览当前页面用户的 IP 地址。如：127.0.0.1。
- REMOTE_HOST：正在浏览当前页面用户的主机名。反向域名解析基于该用户的 REMOTE_ADDR。注意：必须配置 Web 服务器来建立此变量。例如 Apache 需要在 httpd.conf 中有 HostnameLookups On。参见 gethostbyaddr()。
- REMOTE_PORT：用户连接到服务器时所使用的端口。如：49772。
- SCRIPT_FILENAME：当前执行脚本的绝对路径名。注意：如果脚本在 CLI 中被执行，作为相对路径，例如 file.php 或../file.php，$_SERVER['SCRIPT_FILENAME']将包含用

户指定的相对路径。当前文件的绝对路径名为 D:/www/ch11-1.php。

- SERVER_ADMIN：该值指明了 Apache 服务器配置文件中的 SERVER_ADMIN 参数。如果脚本运行在一个虚拟主机上，则该值是那个虚拟主机的值。
- SERVER_PORT：服务器所使用的端口。默认值为 80。如果使用 SSL 安全连接，则这个值为用户设置的 HTTP 端口。
- SERVER_SIGNATURE：包含服务器版本和虚拟主机名的字符串。
- PATH_TRANSLATED：当前脚本所在文件系统（不是文档根目录）的基本路径。这是在服务器进行虚拟到真实路径的映像后的结果。注意，PHP4.3.2 之后，PATH_TRANSLATED 在 Apache 2 SAPI 模式下不再和 Apache 1 一样隐含赋值，而是若 Apache 不生成此值，PHP 便自己生成并将其值放入 SCRIPT_FILENAME 服务器常量中。这个修改遵守了 CGI 规范，PATH_TRANSLATED 仅在 PATH_INFO 被定义的条件下才存在。Apache 2 用户可以使用 httpd.conf 中的 AcceptPathInfo On 来定义 PATH_INFO。
- SCRIPT_NAME：包含当前脚本的路径。这在页面需要指向自己时非常有用。__FILE__ 包含当前文件的绝对路径和文件名（例如包含文件）。如：/ch11-1.php。
- REQUEST_URI：访问此页面所需的 URI。例如，/ch11-1.php。
- PHP_AUTH_DIGEST：当作为 Apache 模块运行时，进行 HTTP Digest 认证的过程中，此变量被设置成客户端发送的 Authorization HTTP 头内容（以便作进一步的认证操作）。
- PHP_AUTH_USER：当 PHP 运行在 Apache 或 IIS（PHP 5 是 ISAPI）模块方式下，并且正在使用 HTTP 认证功能，这个变量便是用户输入的用户名。
- PHP_AUTH_PW：当 PHP 运行在 Apache 或 IIS（PHP 5 是 ISAPI）模块方式下，并且正在使用 HTTP 认证功能，这个变量便是用户输入的密码。
- AUTH_TYPE：当 PHP 运行在 Apache 模块方式下，并且正在使用 HTTP 认证功能，这个变量便是认证的类型。

【例 11-2】系统时间的获取——计算两个时间的间隔长度

〖实例需求〗

本例通过获取两个时间之间的间隔数，进一步分析如何获取间隔的天数、小时数、分钟数以及秒钟数。掌握 date()、timc()、mktime()以及 floor()函数的使用，并了解时间戳的概念以及 checkdate()、getdate()以及 strtotime()等函数。

〖开发过程〗

第一步：创建文件。

创建新文件，在 Dreamweaver CS3 代码编辑区输入如下代码：

```
<!DOCTYPE html PUBLIC "-//W3C//DTD XHTML 1.0 Transitional//EN" "http://www.w3.org/TR/xhtml1/DTD/xhtml1-transitional.dtd">
<html xmlns="http://www.w3.org/1999/xhtml">
```

```
<head>
<meta http-equiv="Content-Type" content="text/html; charset=utf-8" />
<title>系统时间的获取实例</title>
</head>
<body>
<?
echo "现在的时间为：";
echo date("Y年m月d日G点i分");              //输出当前时间
echo "<br>";
$nowtime=time();                           //设置开始时间：返回当前日期和时间的UNIX时间戳
$final=mktime(10,10,10,10,10,2010);        //设置结束时间：将2010-10-10 10:10:10 转化成UNIX时间戳
echo "<br>";
$day=floor(($final-$nowtime)/(60*60*24));                      //取出两个时间间隔的天数
$hour=floor((($final-$nowtime)%(60*60*24))/(60*60));           //取出两个时间间隔的小时数
$second=floor((($final-$nowtime)%(60*60*24))%(60*60)/60);      //取出两个时间间隔的分钟数
$minute=(($final-$nowtime)%(60*60*24))%(60*60)%60;             //取出两个时间间隔的秒数
echo "距离2010年10月10日10时10分10秒还有".$day."天".$hour."小时".$second."分钟".$minute."秒！";
?>
</body>
</html>
```

第二步：保存文件并调试运行。

单击“文件”→“保存”命令，或者按快捷键 Ctrl+S，以文件名 ch11-2.php 保存页面，文件自动保存到站点中。

按 F12 或者点击图标的 预览在 IExplore 6.0 F12 即可进行网页的运行与调试，效果如图 11-3 所示。

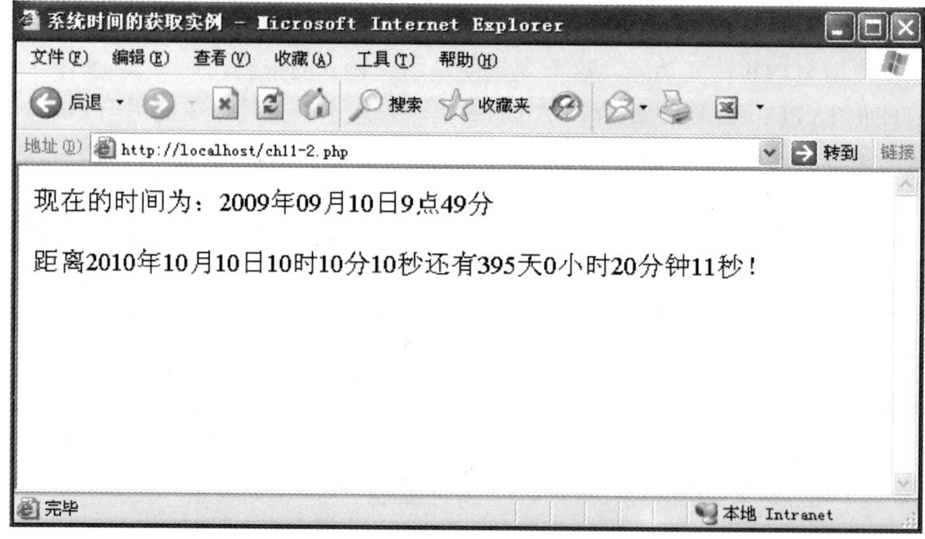

图 11-3

〖实例剖析与知识讲解〗

本例计算了 2010 年 10 月 10 日 10 点 10 分 10 秒与当前系统时间的间隔长度。在 PHP 中，计算两个日期之间长度的最简单方法就是通过计算两个 UNIX 时间戳之差来获得。

那么什么是 UNIX 时间戳呢？

在 UNIX 系统中保存当前日期和时间的方法为：保存格林威治标准时间从 1970 年 1 月 1 日 0 点起到当前时刻的秒数，以 32 位整数表示，其中 1970 年 1 月 1 日 0 点称为 UNIX 纪元。

虽然是 UNIX 时间戳，但是同样也可以在 Windows 下正常地运行，但要记住，UNIX 时间戳在 Windows 下必须是正数。

若要将某一个时间与日期转变成 UNIX 时间戳，可以使用 mktime()函数。

- mktime()函数的相关语法如下：

格式如下：

```
int mktime ([int hour[,int minute[,int second[,int month[,int day[,int year[,int is_dst]]]]]]])
```

说明：根据给出的参数返回 UNIX 时间戳。时间戳是一个长整数，包含了从 UNIX 纪元（January 1 1970 00:00:00 GMT）到给定时间的秒数。函数中的 7 个参数均是可选的，若这 7 项参数有缺少，则自动判断从右向左省略，任何省略的参数会被设置成本地日期和时间的当前值。

每个参数对应如表 11-1 所示。

表 11-1　mktime 的参数

参数名	说明
hour	小时数
minute	分钟数
second	秒数（一分钟之内）
month	月份数
day	天数
year	年份数，可以是两位或四位数字，0～69 对应于 2000-2069，70～100 对应于 1970-2000
is_dst	本参数可以设为 1，表示正处于夏时制时间（DST），0 表示不是夏时制，或者-1（默认值）表示不知道是否是夏时制。如果未知，PHP 会尝试自己弄明白。这可能产生不可预知（但并非不正确）的结果。注：自 PHP 5.1.0 起，本参数已被废弃。应该使用新的时区处理特性来替代

本例中，想要将 2010-10-10 10:10:10 转化成 UNIX 时间戳，语句如下：

```
$final=mktime(10,10,10,10,10,2010);
```

定义好了，我们用 echo $final; 语句将该 UNIX 时间戳输出，结果为：

```
1286676610
```

这个结果为 2010-10-10 10:10:10 到 1970-7-1 0:0:0 两个时间之间相隔的秒数，当这样一个数字输出时，没有专业知识的用户，根本不会明白这是什么意思，又是表示的什么日期与时间。所以，我们需要获取让用户一目了然的日期与时间，date()函数与 time()函数就是最佳的选择。接下来详细说说这两个函数。

- date()函数：对某一个日期或者时间进行格式化。

语法如下：

```
string date (string 格式字符串 [, int 时间戳] )
```

date()函数有两个参数，第一个是格式字符串，第二个是 UNIX 时间戳。函数将返回将整数时间戳按照指定的格式字符串而产生的字符串。如果没有给出时间戳则使用本地当前时间。换句话说，时间戳是可选的，默认值为 time()。要将字符串表达的时间转换成时间戳，可以使用 strtotime()与 mktime()函数。此外，一些数据库有一些函数可以将其时间格式转换成时间戳（如 MySQL 的 UNIX_TIMESTAMP 函数）。

格式字符串如表 11-2 所示。

表 11-2　格式字符串

格式字符串	说明	返回值
日		---
d	月份中的第几天，有前导零的 2 位数字	01～31
D	星期中的第几天，文本表示，3 个字母	Mon～Sun
j	月份中的第几天，没有前导零	1～31
l（L 的小写字母）	星期几，完整的文本格式	Sunday～Saturday
N	ISO-8601 格式数字表示的星期中的第几天（PHP 5.1.0 新加）	1（表示星期一）～7（表示星期天）
S	每月天数后面的英文后缀，2 个字符	st，nd，rd 或者 th。可以和 j 一起用
w	星期中的第几天，数字表示	0（表示星期天）～6（表示星期六）
z	年份中的第几天	0～366
星期	---	---
W	ISO-8601 格式年份中的第几周，每周从星期一开始（PHP 4.1.0 新加的）	例如：42（当年的第 42 周）
月	---	---
F	月份，完整的文本格式，例如 January 或者 March	January～December
m	数字表示的月份，有前导零	01～12
M	三个字母缩写表示的月份	Jan～Dec
n	数字表示的月份，没有前导零	1～12
t	给定月份所应有的天数	28～31
年	---	---
L	是否为闰年	如果是闰年为 1，否则为 0
o	ISO-8601 格式年份数字。这和 Y 的值相同，只除了如果 ISO 的星期数（W）属于前一年或下一年，则用那一年。（PHP 5.1.0 新加）	Examples: 1999 or 2003
Y	4 位数字完整表示的年份	例如：1999 或 2003
y	2 位数字表示的年份	例如：99 或 03
时间	---	---
a	小写的上午和下午值	am 或 pm
A	大写的上午和下午值	AM 或 PM
B	Swatch Internet 标准时	000 到 999
g	小时，12 小时格式，没有前导零	1～12
G	小时，24 小时格式，没有前导零	0～23
h	小时，12 小时格式，有前导零	01～12
H	小时，24 小时格式，有前导零	00～23
i	有前导零的分钟数	00～59

（续表）

格式字符串	说明	返回值
s	秒数，有前导零	00～59
时区	---	---
e	时区标识（PHP 5.1.0 新加）	例如：UTC，GMT，Atlantic/Azores
I	是否为夏令时	如果是夏令时为 1，否则为 0
O	与格林威治时间相差的小时数	例如：+0200
Z	时差偏移量的秒数。UTC 西边的时区偏移量总是负的，UTC 东边的时区偏移量总是正的。	-43200～43200
完整的日期/时间	---	---
c	ISO 8601 格式的日期（PHP 5 新加）	2004-02-12T15:19:21+00:00
r	RFC 822 格式的日期	例如：Thu, 21 Dec 2000 16:01:07 +0200
U	从 Unix 纪元（January 1 1970 00:00:00 GMT）开始至今的秒数	参见 time()

本例中的语句：

```
echo date("Y年m月d日G点i分");                    //输出当前时间
```

该 date()函数中的格式字符串设置的格式如下：

Y：表示 4 位数字的完整年份，如 2008；

m：表示有前导 0 的月份，如 08；

d：表示有前导 0 的 2 位数字，如 08；

G：表示没有前导 0 的 24 小时，如 8；

i：表示有前导 0 的分钟数，如 08；

最后的结果显示如：

```
2009年09月10日9点42分
```

● time()函数：返回当前的 UNIX 时间戳。

语法如下：

```
int time (void)
```

返回自从 UNIX 纪元（格林威治时间 1970 年 1 月 1 日 00:00:00）到当前时间的秒数。该函数没有任何参数。

有语句：

```
echo time();                                     //以时间戳的形式显示当前时间
```

显示结果为：

```
1217837887
```

● 计算两个时间之间的间隔长度。

从上面的 mktime()与 time()函数得到日期与时间的时间戳，也就是从 UNIX 纪元（格林威治时间 1970 年 1 月 1 日 00:00:00）到指定时间的秒数。两个时间之间的差值结果当然也是秒数，那么，如何将秒数转化成具体的某年某月某日某小时某分钟某秒钟？

本例的以下代码可以解决这个问题：

```
$day=floor(($final-$nowtime)/(60*60*24));              //天数
$hour=floor((($final-$nowtime)%(60*60*24))/(60*60));    //小时数
$second=floor((($final-$nowtime)%(60*60*24))%(60*60)/60); //分钟数
$minute=(($final-$nowtime)%(60*60*24))%(60*60)%60;      //秒数
```

其中的 60*60*24 表示一天，因为一天有 24 个小时，每小时有 60 分钟，一分钟有 60 秒。同理，60*60 表示一小时。

```
天数=floor(结束时间与开始时间相差的毫秒数/(60*60*24));
小时数=floor((结束时间与开始时间相差的毫秒数%(60*60*24))/(60*60));
分钟数=floor(((结束时间与开始时间相差的毫秒数)%(60*60*24))%(60*60)/60);
秒数=((结束时间与开始时间相差的毫秒数)%(60*60*24))%(60*60)%60;
```

语句中的 floor()函数是对取得的数据进行取整，返回不大于参数值的下一个整数，将参数值的小数部分舍去取整。

除了本例中的 date()函数、time()函数、mktime()函数，还有一些常用的日期与时间函数，介绍如下：

- checkdate()函数：验证给定的日期是否合法。

语法如下：

```
bool checkdate ( int month, int day, int year )
```

如果给出的日期有效则返回 TRUE，否则返回 FALSE。检查由参数构成的日期的合法性。日期在以下情况下被认为有效：

- year 的值是从 1～32767。
- month 的值是从 1～12。
- Day 的值在给定的 month 所应该具有的天数范围之内，闰年已经考虑进去了。

- getdate()函数：获得时间及日期信息。

语法如下：

```
array getdate ( [int 时间戳] )
```

返回一个根据时间戳得出的包含有日期信息的结合数组。如果没有给出时间戳则认为是当前本地时间。数组中的单元如表 11-3 所示。

表 11-3 getdate()函数返回结果数组中的单元项

键名	说明	返回值
seconds	秒的数字表示	0～59
minutes	分钟的数字表示	0～59
hours	小时的数字表示	0～23
mday	月份中第几天的数字表示	1～31
wday	星期中第几天的数字表示	0（表示星期天）～6（表示星期六）
mon	月份的数字表示	1～12
year	4 位数字表示的完整年份	例如：1999～2003
yday	一年中第几天的数字表示	0～365
weekday	星期几的完整文本表示	Sunday～Saturday
month	月份的完整文本表示	January>～December
0	自从 Unix 纪元开始至今的秒数，和 time() 的返回值以及用于 date() 的值类似。	系统相关，典型值为从-2147483648～2147483647

如输入代码：

```
<?
echo "现在的时间为：";
echo date("Y年m月d日G点i分");          //输出当前时间
echo "<br>";
$today = getdate();
```

```
print_r($today);                    //格式化输出
?>
```

结果为：

```
现在的时间为：2009年09月10日9点45分
Array ( [seconds] => 14 [minutes] => 45 [hours] => 9 [mday] => 10 [wday] => 4 [mon] => 9 [year] => 2009 [yday] => 252 [weekday] => Thursday [month] => September [0] => 1252547114 )
```

- strtotime()函数：将任何英文文本的日期时间描述解析为 UNIX 时间戳。

语法如下：

```
int strtotime ( string time [, int now] )
```

本函数预期接受一个包含美国英语日期格式的字符串并尝试将其解析为 UNIX 时间戳（自 January 1 1970 00:00:00 GMT 起的秒数），其值相对于 now 参数给出的时间，如果没有提供此参数则用系统当前时间。如果给定的年份是两位数字的格式，则其值 0～69 表示 2000-2069，70～100 表示 1970-2000。函数返回一个逻辑值，解析成功则返回时间戳，否则返回 FALSE。

如输入语句：

```
echo strtotime("now"), "\n";
```

结果为：

```
1217840787
```

【例 11-3】图片倒计时实例

〖实例需求〗

本实例将[例 11-2]中的数字，以图片的形式显示。需要事先制作 0.jpg、1 .jpg、2.jpg、3.jpg…9.jpg 等 10 张数字图片，文件名要与内容一一对应，均为 0～9 的数字。

要实现图片替代文本，一位数是不会出现任何问题的。但是超过一位就有麻烦了，不能准备 11~99 的图片，所以要把文本逐个分开，再分别用相应的图片来替换。

本例专门定义了一个用来将文本图片化的函数 imgshow()，该函数主要实现将天数、小时数、分钟数和秒数分别图片化。函数内将主程序中获取的天数、小时数、分钟数和秒数转化成字符串 string 型，并设置一个保存每个分项集合的变量$imgs，用来保存两位数以上文本图片地址的连接字符串。采取循环遍历每个时间的所有字符，运用截取函数 substr()，每次截取一个字符，从而将其转化为图片地址“<img src=images\图片名.jpg>”，连接至$imgs 变量，并于函数结束时，返回某个分项的图片连接字符变量$imgs 的值给主程序。

定义好函数后，在主程序中将天数、小时数、分钟数和秒数分别作为参数传给函数 imgshow()进行图片化处理。通过 imgshow()函数传回来的值，进行图片显示。

〖开发过程〗

第一步：创建文件。

创建新文件，在 Dreamweaver CS3 代码编辑区输入如下代码：

```
<!DOCTYPE html PUBLIC "-//W3C//DTD XHTML 1.0 Transitional//EN" "http://www.w3.org/TR/xhtml1/DTD/xhtml1-transitional.dtd">
```

```
<html xmlns="http://www.w3.org/1999/xhtml">
<head>
<meta http-equiv="Content-Type" content="text/html; charset=utf-8" />
<title>图片倒计时牌</title>
</head>
<body>
<?
function imgshow($value)                //定义图片显示计时器函数
{
$imgs="";                               //清空存放图片地址的字符串
$i=0;                                   //控制字段长度的变量
settype($value,"string");               //改变数字类型为字符串类型
do
{
$imgs=$imgs."<img src=images\\".substr($value,$i,1).".jpg>";    //设置图片字符串
$i++;                                   //长度变量累计
}
while($i<strlen($value));               //循环获取数字图片
return $imgs;                           //返回存放图片地址字符串
}
echo "现在的时间为: ";
echo date("Y年m月d日G点i分");           //输出当前系统时间
echo "<br>";
$nowtime=time();                        //设置开始时间: 返回当前日期和时间的UNIX时间戳
$final=mktime(10,10,10,10,10,2010);  //设置结束时间: 将2010-10-10 10: 10: 10转化成UNIX时间戳
echo "<br>";
$day=floor(($final-$nowtime)/(60*60*24));                          //取出两个时间间隔的天数
$hour=floor((($final-$nowtime)%(60*60*24))/(60*60));               //取出两个时间间隔的小时数
$second=floor((($final-$nowtime)%(60*60*24))%(60*60)/60);          //取出两个时间间隔的分钟数
$minute=(($final-$nowtime)%(60*60*24))%(60*60)%60;                 //取出两个时间间隔的秒数
$day1=imgshow($day);                    //将天数图片化
$hour1=imgshow($hour);                  //将小时数图片化
$second1=imgshow($second);              //将分钟数图片化
$minute1=imgshow($minute);              //将秒钟数图片化
echo "距离2010年10月10日10时10分10秒还有: <br><center>".$day1."天".$hour1."小时".$second1."分钟"
.$minute1."秒! </center>";
?>
</body>
</html>
```

第二步: 保存文件并调试运行。

单击"文件"→"保存"命令，或者按快捷键 Ctrl+S，以文件名 ch11-3.php 保存页面，文件自动保存到站点中。

按 F12 键或者点击图标的 预览在 IExplore 6.0 F12 即可进行网页的运行与调试，效果如图 11-4 所示。

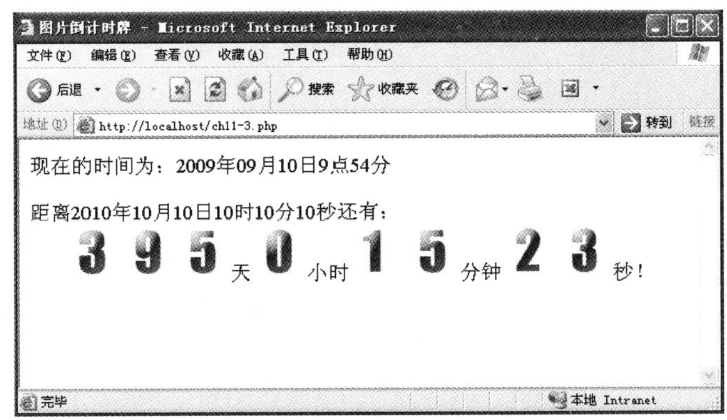

图 11-4

〖实例剖析与知识讲解〗

本实例在[例 11-2]的基础上添加了一些内容，首先定义了一个名为 imgshow()的函数，语句如下：

```
function imgshow($value)                    //定义图片显示计时器函数
{
$imgs="";                                   //清空存放图片地址的字符串
$i=0;                                       //控制字段长度的变量
settype($value,"string");                   //改变数字类型为字符串类型
do
{
$imgs=$imgs."<img src=images\\".substr($value,$i,1).".jpg>";    //设置图片字符串
$i++;                                                           //长度变量累计
}
while($i<strlen($value));                                       //循环获取数字图片
return $imgs;                                                   //返回存放图片地址字符串
}
```

主程序修改为：

```
echo "现在的时间为：";
echo date("Y年m月d日G点i分");                                   //输出当前系统时间
echo "<br>";
$nowtime=time();                           //设置开始时间：返回当前日期和时间的UNIX时间戳
$final=mktime(10,10,10,10,10,2010);        //设置结束时间：将2010-10-10 10：10：10转化成UNIX时间戳
echo "<br>";
$day=floor(($final-$nowtime)/(60*60*24));                       //取出天数
$hour=floor((($final-$nowtime)%(60*60*24))/(60*60));            //取出小时数
$second=floor((($final-$nowtime)%(60*60*24))%(60*60)/60);       //取出分钟数
$minute=(($final-$nowtime)%(60*60*24))%(60*60)%60;              //取出秒数
$day1=imgshow($day);                                            //将天数图片化
$hour1=imgshow($hour);                                          //将小时数图片化
$second1=imgshow($second);                                      //将分钟数图片化
$minute1=imgshow($minute);                                      //将秒钟数图片化
```

echo "距离 2010 年 10 月 10 日 10 时 10 分 10 秒还有：
<center>".$day1."天".$hour1."小时".$second1."分钟".$minute1."秒！ </center>";

可以看到，主程序中其他地方都没有修改，只是将实际的参数传递给函数 imgshow()进行图片化处理了。

从图 11-4 中的结果可以看出，在两位字符下的显示也是正确的。

小结

本章详细介绍了如何获取主机信息和时间函数的使用。内容包括获取主机信息的全局变量 $_SERVER，以及时间函数 date()、time()、mktime()等的详细用法，并就如何计算两个时间之间的间隔进行了讨论与分析，还对 checkdate()函数、strtotime()函数以及 getdate()函数做了简单介绍。

第 12 章　PHP 中的文件与目录的处理

【本章导读语】

前面几章已经介绍了 PHP 的基础知识，并就人机交互进行了分析，如第 10 章的表单处理程序，只是将数据显示给用户，但如果有若干个用户要进行信息注册，并且在下次打开该程序时，还能看到以前注册的信息，这就需要对数据进行存储了。

同其他很多语言一样，数据的存储一般有两种方式：文件和数据库。文件存储通常是针对文本文件而言的，适用于存储量不是很大，而且比较简单、安全性要求不是很严格的数据。

本章详细介绍目录和文件的相关操作，主要内容包括目录的创建以及操作，文件的打开、读取、复制和移动等操作。

【例 12-1】目录实例——创建目录

〖设计思想〗

本实例程序的流程图如图 12-1 所示。

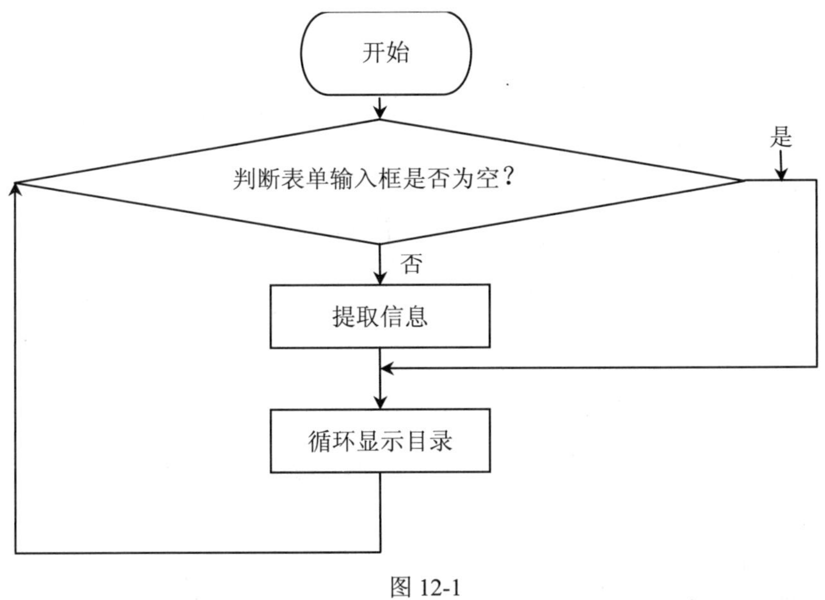

图 12-1

〖实例需求〗

本实例主要演示创建目录、打开目录、读取目录以及关闭目录等操作。实例开始前，请先在本地根文件夹下创建目录 ch12dirname，此目录用来存放本例所创建的所有目录，可以通过mkdir()函数在程序中创建，为了防止第一次使用该函数混淆不清，建议采取手动创建。

本例定义了 4 个变量：

- $current_dir：设置当前目录，也可用 getcwd()函数指定当前目录。
- $dir：打开当前目录返回的目录句柄。
- $file：循环读取当前目录返回的文件项。
- $dirname：新创建目录的全局。

外加一个全局变量$_POST["dirname"]，用于获取表单输入框中想要创建的目录信息。

〖开发过程〗

第一步：创建文件。

创建新文件，在 Dreamweaver CS3 代码编辑区输入如下代码：

```
<!DOCTYPE html PUBLIC "-//W3C//DTD XHTML 1.0 Transitional//EN" "http://www.w3.org/TR/ xhtml1/DTD/xhtml1-transitional.dtd">
<html xmlns="http://www.w3.org/1999/xhtml">
<head>
<meta http-equiv="Content-Type" content="text/html; charset=utf-8" />
<title>目录实例</title>
</head>
<body>
<?
if(!$_POST["dirname"])                          //判断输入框，为空则显示已有数据
{
echo "<form action=\"ch12-1.php\" method=\"post\" enctype=\"application/x-www-form- urlencoded\" name=\"form1\">";
echo "<input name=\"dirname\" type=\"text\" />";
echo "<input name=\"submit\" type=\"submit\" id=\"submit\" value=\"建立目录\" >";
echo "</form>";
echo "'ch12dirname'目录中现有目录列表如下：<br>";
$current_dir="ch12dirname";                     //设置当前目录
$dir=opendir($current_dir);                     //打开目录
while($file=readdir($dir))                      //循环读取目录内容
{
echo "<li>$file</li>";                          //显示目录内的文件内容
}
closedir($dir);                                 //关闭目录
}
else                                            //输入框不为空时，显示数据，并创建目录
{
echo "<form action=\"ch12-1.php\" method=\"post\" enctype=\"application/x-www-form- urlencoded\" name=\"form1\">";
echo "<input name=\"dirname\" type=\"text\" />";
echo "<input name=\"submit\" type=\"submit\" id=\"submit\" value=\"建立目录\" >";
echo "</form>";
$current_dir="ch12dirname";                         //设置当前目录
$dir=opendir($current_dir);                         //打开目录
$dirname=$current_dir."/".$_POST["dirname"];        //设置创建目录的路径
mkdir($dirname,0777);                               //创建目录
```

```
echo "'ch12dirname'目录中现有目录列表如下：<br>";
while($file=readdir($dir))                          //循环读取目录内容
{
echo "<li>$file</li>";                              //显示目录内文件的内容
}
closedir($dir);                                     //关闭目录
}
?>
</body>
</html>
```

第二步：保存文件并调试运行。

单击“文件”→“保存”命令，或者按快捷键 Ctrl+S，以文件名 ch12-1.php 保存页面，文件自动保存到站点中。

按 F12 键或者单击 图标的 预览在 IExplore 6.0 F12 即可进行网页的运行与调试，效果如图 12-2 所示。

图 12-2

在输入框中输入想要创建目录的名称，如 xx，如图 12-3 所示。

图 12-3

单击“建立目录”按钮，则会执行程序，获取信息 xx，然后创建目录 xx。若创建成功，则显示结果如图 12-4 所示。

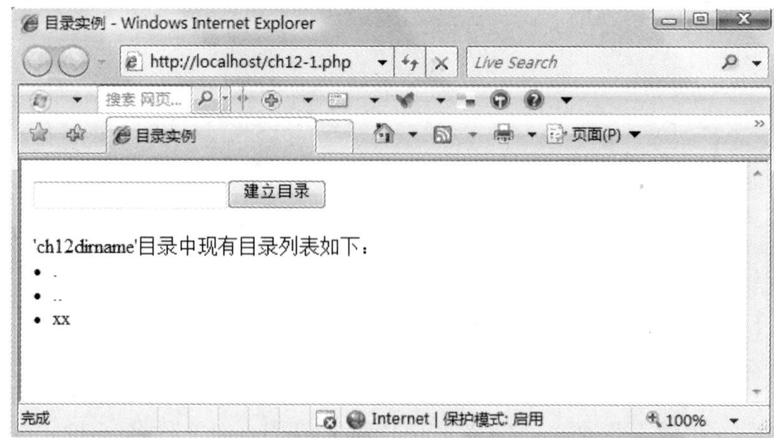

图 12-4

若创建一个已经存在的目录，则会显示如图 12-5 所示的错误页面。

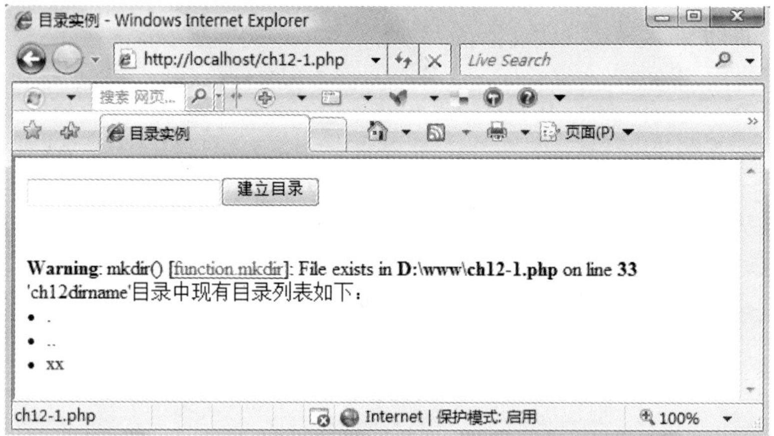

图 12-5

打开本地文件夹，可以看到如图 12-6 所示的文件结构。

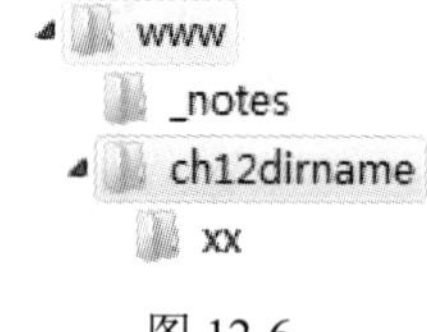

图 12-6

〖实例剖析与知识讲解〗

目录在 PHP 开发中有着非常重要的作用，通过使用目录和子目录对存储在服务器上的数据作进一步的分类与存储。在使用目录时，常见的操作包括以下几个：

（1）打开目录 opendir()。语法格式如下：

```
int dir_handle opendir(string path)
```

其中，参数 path 为目录的路径及目录名。函数返回值为可供其他目录函数使用的 int 型句柄。

如本例打开变量$current_dir 指定的目录：

```
$current_dir="ch12dirname";   //设置当前目录
$dir=opendir($current_dir);   //打开目录，返回目录句柄$dir
```

（2）关闭目录 closedir()。语法格式如下：

```
closedir(int dir_handle)
```

其中，参数 dir_handle 为已经用 opendir()函数打开的可操作目录句柄。函数无返回值，运行后，将关闭打开指向 dir_handle 的目录。如本例关闭目录的代码如下：

```
closedir($dir);               //关闭目录
```

（3）读取目录里的文件 readdir()。语法格式如下：

```
string readdir ( resource dir_handle )
```

其中，参数 dir_handle 为已经用 opendir()函数打开的可操作目录句柄。函数返回目录中的文件名称。如本例中循环读取指定目录中的所有文件的代码如下：

```
while($file=readdir($dir))    //循环读取目录内容
{
echo "<li>$file</li>";        //显示目录内文件的内容
}
closedir($dir);               //关闭目录
}
```

其中，$file 是返回的文件名，除了文件名外，文件还有其他一些属性：

- 返回文件大小：filesize($file)。
- 返回文件类型：filetype($file)。
- 返回文件最近修改时间的时间戳：filemtime($file)。
- 返回文件最近访问时间的时间戳：fileatime($file)。
- 返回文件的权限：fileperms($file)。

（4）创建目录 mkdir()。语法格式如下：

```
bool mkdir ( string pathname [, int mode] )
```

尝试新建一个由 pathname 指定的目录。返回值为逻辑值，若创建目录成功则返回 TRUE，否则返回 FALSE。

默认的 mode 是 0777，意味着最大可能的访问权。要确保正确操作，必须给 mode 前面加上 0。

mode 参数包含 3 个八进制数，按顺序分别指定了所有者、所有者所在的组以及所有人的访问限制。每一部分都可以通过加入所需的权限来计算出所要的权限。数字 1 表示使文件可执行，数字 2 表示使文件可写，数字 4 表示使文件可读。加入这些数字来制定所需要的权限。如：

0600：所有者可读/写，其他人没有任何权限。

0644：所有者可读/写，其他人只有读的权限。

0755：所有者拥有所有可能的访问权，其他人拥有只读与执行的权限。

0750：所有者拥有所有可能的访问权，所有者所在组拥有只读与执行的权限。

（5）删除目录 unlink()。语法格式如下：

```
bool rmdir ( string dirname )
```

删除指定的目录 dirname，返回一个逻辑值，参数 dirname 为字符变量，为想要删除的目录名。

删除目录前务必确保目录存在，或者目录已经为空，否则会提示错误信息。不能删除不存在的目录和不为空的目录。

【例 12-2】文件实例——计数器

〖实例需求〗

本例通过计数器程序来演示如何创建文件、打开文件、读取文件内容、删除文件、写入文件等操作。本例计数器数据保存在文本文件 counter.txt 中。

计数器的原理是：采用文本文件 counter.txt 做为计数器累加值的存储载体，计数器的初始值为 0，每浏览一次就在原有计数器值上添加 1。第一次运行程序时，先判断有没有 counter.txt 文件，若没有则创建文件，并将 0 写入文件中。以后每次访问页面一次，则从文本文件中读出存储的数据，然后将数据加 1 再写入文本文件。

本例包括两个文件：ch12-2.php 和 ch12-2-1.php，ch12-2.php 是简单的文本字符计数器，ch12-2-1.php：图片计数器

其中，ch12-2-1.php 需要事先制作 0.jpg、1.jpg、2.jpg、3.jpg…9.jpg 等 10 张数字图片，文件名要与内容一一对应，均为 0~9 的数字。

两个文件中，共定义了如下 4 个变量：

- $counter_file：保存计数器文件的字符变量（ch12-2.php、ch12-2-1.php）。
- $myfile：打开计数器文件返回的文件句柄（ch12-2.php、ch12-2-1.php）。
- $counter_num：存储计数器文件内容的数组。因为该文件中只存储了一个整数值，所以本数组只有第一个元素有值，即计数值，采用$counter_num[0]访问（ch12-2.php、ch12-2-1.php）。
- $num：保存每一位的数字字符变量（ch12-2-1.php）。

〖开发过程〗

第一步：创建文件 ch12-2.php。

创建新文件，在 Dreamweaver CS3 代码编辑区输入如下代码：

```
<!DOCTYPE html PUBLIC "-//W3C//DTD XHTML 1.0 Transitional//EN" "http://www.w3.org/TR/ xhtml1/DTD/xhtml1-transitional.dtd">
<html xmlns="http://www.w3.org/1999/xhtml">
<head>
<meta http-equiv="Content-Type" content="text/html; charset=utf-8" />
<title>文件计数器</title>
</head>
<body>
<?
$counter_file="counter.txt";                    //文件名赋值给变量
if(!file_exists($counter_file))                 //如果文件不存在的操作
{
    $myfile=fopen($counter_file,"w");           //创建文件
    fwrite($myfile,"0");                        //置入0
    fclose($myfile);                            //关闭文件
}
$counter_num=file($counter_file);               //把文件内容读入变量
```

```
$counter_num[0]++;                                    //文件内容自增1
echo "欢迎！您是本站第".$counter_num[0]."位访客！";   //显示文件内容
$myfile=fopen($counter_file,"w");                     //打开文件
fwrite($myfile,$counter_num[0]);                      //写入新内容
fclose($myfile);                                      //关闭文件
?>
</body>
</html>
```

第二步：保存文件并调试运行。

单击"文件"→"保存"命令，或者按快捷键 Ctrl+S，以文件名 ch12-2.php 保存页面，文件自动保存到站点中。

按 F12 键或者单击 图标的 预览在 IExplore 6.0 F12 即可进行网页的运行与调试，效果如图 12-7 所示。

图 12-7

按 F5 键刷新一次，会发现计数加了 1，结果如图 12-8 所示。

图 12-8

第三步：创建文件 ch12-2-1.php。

将 ch12-2.php 另存为 ch12-2-1.php，修改代码如下：

```
<!DOCTYPE html PUBLIC "-//W3C//DTD XHTML 1.0 Transitional//EN" "http://www.w3.org/TR/ xhtml1/DTD/xhtml1-transitional.dtd">
<html xmlns="http://www.w3.org/1999/xhtml">
<head>
<meta http-equiv="Content-Type" content="text/html; charset=utf-8" />
<title>图形数器</title>
</head>
<body>
<?
$counter_file="counter.txt";                        //文件名赋值给变量
if(!file_exists($counter_file))                     //如果文件不存在的操作
{
    $myfile=fopen($counter_file,"w");               //创建文件
    fwrite($myfile,"0");                            //置入0
    fclose($myfile);                                //关闭文件
}
$counter_num=file($counter_file);                   //把文件内容读入变量
$counter_num[0]++;                                  //原始数据自增1
$myfile=fopen($counter_file,"w");                   //写入方式打开文件
fwrite($myfile,$counter_num[0]);                    //写入新数值
fclose($myfile);                                    //关闭文件
echo "欢迎！您是本站第";                              //显示内容头部
$myfile=fopen($counter_file,"r");                   //以只读方式打开文件
while(!feof($myfile))                               //循环读出文件内容
{
    $num=fgetc($myfile);                            //当前指针处字符赋值给变量
    if($num=="")                                    //判断是否遇到空字符
    {
    break;                                          //遇到空字符表示到了最后一个字符后，退出循环
    }
    else                                            //如果数值存在执行操作
    {
        echo "<img src=images\\".$num.".jpg>";      //显示相应图片
    }
}
fclose($myfile);                                    //关闭文件
echo "位访客！";                                      //显示内容尾部
?>
</body>
</html>
```

加粗部分为添加的代码，代码从文件 counter.txt 中循环读出每一个数字字符，并用<img>显示出来。

第四步：调试运行 ch12-2-1.php。

按 F12 键或者单击图标的 预览在 IExplore 6.0 F12 即可进行网页的运行与调试，效果如图 12-9 所示。

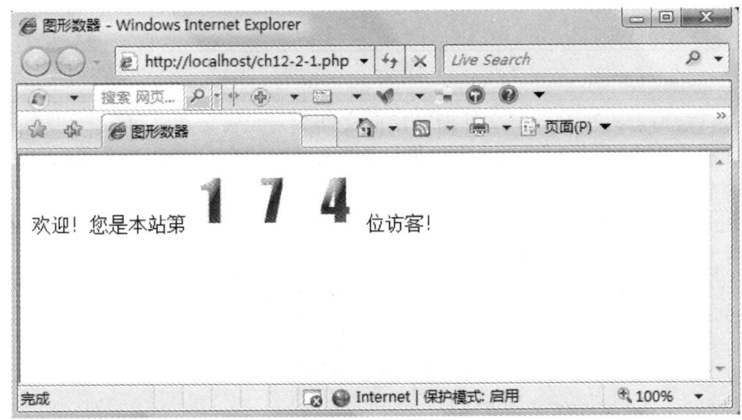

图 12-9

〖实例剖析与知识讲解〗

本例详细讲解了文件的相关操作，文件是 Web 程序中经常用到的存储办法，适用于一些安全性要求较低，且存储数据不大的情况。

文件的相关函数如下：

（1）判断文件是否存在的函数 file_exists()。语法格式如下：

```
bool file_exists ( string filename )
```

判断 filename 指定的文件或目录是否存在，若存在则返回 TRUE，否则返回 FALSE。

本例判断文件 counter.txt 是否存在，若不存在，则创建文件 counter.txt：

```
if(!file_exists($counter_file))                    //如果文件不存在的操作
{
    $myfile=fopen($counter_file,"w");              //创建文件
    fwrite($myfile,"0");                           //置入 0
    fclose($myfile);                               //关闭文件
}
```

（2）打开文件函数 fopen()。语法格式如下：

```
resource fopen ( string filename, string mode)
```

函数打开本地或者远程文件，参数 filename 是需要打开的文件名，为字符型变量。参数 mode 为打开的模式，有 6 种，如表 12-1 所示。

表 12-1　fopen()函数的模式

模式	说明
r	只读方式打开，将文件指针指向文件头
r+	读写方式打开，将文件指针指向文件头
w	写入方式打开，将文件指针指向文件头并将文件大小清空为零。如果文件不存在则创建文件
w+	读写方式打开，将文件指针指向文件头并将文件大小清空为零。如果文件不存在则创建文件
a	写入方式打开，将文件指针指向文件末尾。如果文件不存在则创建文件
a+	读写方式打开，将文件指针指向文件末尾。如果文件不存在则创建文件
x	创建并以写入方式打开，将文件指针指向文件头。如果文件已存在，则 fopen()调用失败并返回 FALSE，并生成一条 E_WARNING 级别的错误信息。如果文件不存在则创建文件。仅能用于本地文件

（续表）

模式	说明
x+	创建并以读写方式打开，将文件指针指向文件头。如果文件已存在，则 fopen() 调用失败并返回 FALSE，并生成一条 E_WARNING 级别的错误信息。如果文件不存在则创建文件。仅能用于本地文件

本例出现了如下的 fopen()语句：

```
第一条：$myfile=fopen($counter_file,"w");
```

以写入方式打开文件$counter_file，将文件指针指向文件头，清空文件内容，若文件$counter_file 不存在，则创建该文件，同时把指针指向文件头。

```
第二条： $myfile=fopen($counter_file,"r");
```

以只读方式打开文件$counter_file，文件指针指向文件开头处。

（3）写入文件函数 fwrite()。语法格式如下：

```
int fwrite ( resource handle, string string [, int length] )
```

函数把 string 的内容写入文件句柄 handle 处。如果指定了 length，当写入了 length 个字节或者写完了 string 以后，写入就会停止。返回值为写入的字符数，出现错误时则返回 FALSE。

本例出现了如下的 fwrite()语句：

```
第一条：fwrite($myfile,"0");                              //置入0
```

初始化计数文件，将 0 写入文件句柄$myfile 指向的文件。

```
第二条：fwrite($myfile,$counter_num[0]);                  //写入新数值
```

将加 1 后的计数值写入文件句柄$myfile 指向的文件。

（4）读取文件内容函数 fgetc()、fgets()、fgetss()、file()、fread()。

读取文件内容的函数有很多，这里讲解常用的几个函数：

1）fgetc()函数。语法格式如下：

```
string fgetc ( resource handle )
```

返回一个包含有一个字符的字符串，该字符从文件句柄 handle 指向的文件中得到。碰到 EOF 则返回 FALSE。文件句柄 handle 必须是有效的，并且必须指向一个由 fopen()或其他文件打开语句成功打开的文件。

如本例中的语句：

```
    $num=fgetc($myfile);                                  //当前指针处字符赋值给变量
```

从文件句柄$myfile 指定的文件中读取一个字符，赋值给变量$num。

采用 fgetc()函数与循环语句可以遍历整个文件内容，代码如下：

```
while(!feof($myfile))                                     //循环读出文件内容
{
    $num=fgetc($myfile);                                  //当前指针处字符赋值给变量
}
```

本例中也是采取 fgetc()函数循环读取文件的所有内容，当读取到最后一个字符后，文件指针指向 EOF 时，退出循环，否则将读取的字符转化成图片显示，本例代码如下：

```
while(!feof($myfile))                                     //循环读出文件内容
{
    $num=fgetc($myfile);                                  //当前指针处字符赋值给变量
    if($num=="")                                          //判断是否遇到空字符
    {
    break;                                                //遇到空字符表示到了最后一个字符后，退出循环
    }
```

```
    else                                          //如果数值存在执行操作
    {
        echo "<img src=images\\".$num.".jpg>";    //显示相应图片
    }
}
```

2）fgets()函数。语法格式如下：

```
string fgets ( int handle [, int length] )
```

从文件句柄 handle 指向的文件中读取一行字符，字符长度最多为 length-1 个字节。

遇到以下三种情况会停止读取字符：

- 遇到换行符（包括在返回值中）。
- 遇到 EOF 文件末尾。
- 已经读取了 length-1 字节。

若没有指定 length，则默认为 1024 字节。读取数据失败，则返回逻辑值 FALSE。

采用 fgets()函数与循环语句，可以遍历整个文件内容，代码如下：

```
while(!feof($myfile))                  //循环读出文件内容
{
    $num=fgets($myfile);               //当前指针处字符赋值给变量
}
```

3）fgetss()函数。语法格式如下：

```
string fgetss ( resource handle [, int length )
```

用法与 fgets()类似，也是按行返回文件的内容，但本函数会从读取的文本中去掉所有 HTML 和 PHP 标记。

4）file()函数。语法格式如下：

```
array file ( string filename )
```

将文件 filename 所有的内容读入到一个数组中。该函数的返回值为保存文件 filename 所有内容的数组，数组长度为文件行数，文件的一行对应数组的一个元素。

本例中出现的代码如下：

```
$counter_num[0]++;                        //原始数据自增1
$myfile=fopen($counter_file,"w");         //写入方式打开文件
fwrite($myfile,$counter_num[0]);          //写入新数值
```

把计数文件的所有内容读入到数组$counter_num 中。因为计数值只有一个值，在数组中只占了一个数组元素，保存在$counter_num[0]数组元素中。所以，要增加计数值，只需要将$counter_num 值添加 1，然后将值写入计数文件$myfile 中即可。

5）fread()函数。语法格式如下：

```
string fread ( int handle, int length )
```

函数从指定文件句柄 handle 指向的文件中读取长度为 length 的字符串。

（5）关闭文件函数 fclose()。语法格式如下：

```
bool fclose ( resource handle )
```

关闭已经打开的文件 handle。返回一个逻辑值，若关闭成功则返回 TRUE，失败则返回 FALSE。如本例中的代码：

```
fclose($myfile);                          //关闭文件
```

关闭文件句柄$myfile 指向的文件 counter.txt。

（6）删除文件函数 unlink()。语法格式如下：

```
bool unlink ( string filename )
```

删除文件 filename。返回一个逻辑值，若成功则返回 TRUE，否则返回 FALSE。若要删除本例中的 counter.txt，语句如下：

```
unlink($counter_file);
```

（7）复制文件函数 copy()。语法格式如下：

```
bool copy ( string source, string destination )
```

将文件从 source 复制到 destination。若成功则返回 TRUE，否则返回 FALSE。【例 12-3】给出了详细的说明与讲解。

（8）移动文件。PHP 中虽然提供了一个 rename()函数可以进行文件的移动，但在移动过程中执行性能比较低。我们可以自定义一个移动文件的函数，文件名自定，函数流程为先将要移动的文件复制到目标位置，然后再将源位置的文件删除掉。【例 12-3】给出了详细的说明与讲解。

【例 12-3】复制、移动、删除文件实例

〖实例需求〗

本例主要为了演示与讲解文件的复制、移动与删除等操作。实例事先需要建立两个文件目录 source 与 destination，读者可以根据程序需要通过 mkdir()函数创建两个目录，在此，手动创建这两个目录，两个目录的初始结构如图 12-10 和图 12-11 所示。

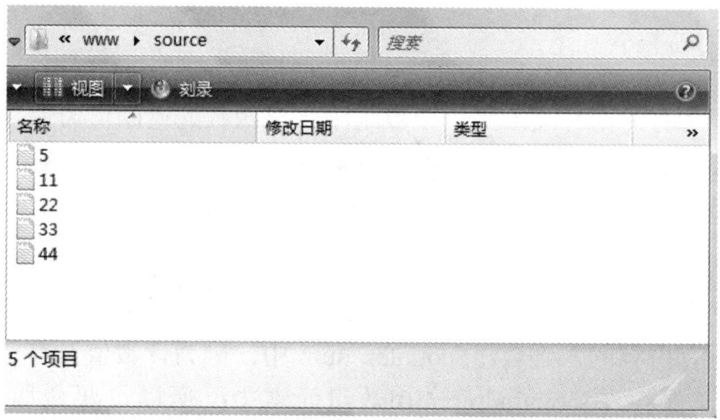

图 12-10

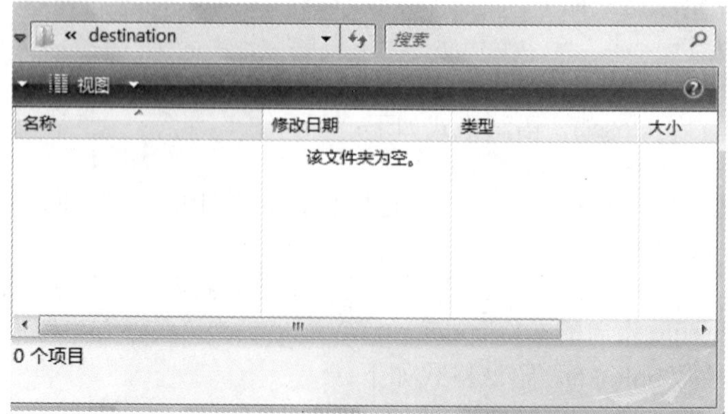

图 12-11

其中，source 目录下有 5 个文件，分别为 5.txt、11.txt、22.txt、33.txt、44.txt。而 destination 目录下有 0 个文件。

本例由 3 个文件构成，分别为：

- ch12-3.php：该文件列出目录 source 与 destination 下的所有文件，并作为复制文件与移动文件的导航首页。
- ch12-3-1.php：该文件包含两个表单，form1 用于复制文件，form2 用于移动文件。
- ch12-3-2.php：该文件对 ch12-3-1.php 的表单进行处理，为了区分哪一次提交是复制文件或者移动文件，设置一个标识变量 flag，当 flag 为 1 时，则进行文件复制，否则进行文件移动。这个 flag 的值需要在 ch12-3-1.php 进行表单传递时给 ch12-3-2.php 文件。

〖**开发过程**〗

第一步：创建文件 ch12-3.php。

创建新文件，在 Dreamweaver CS3 代码编辑区输入如下代码：

```
<!DOCTYPE html PUBLIC "-//W3C//DTD XHTML 1.0 Transitional//EN" "http://www.w3.org/TR/ xhtml1/DTD/xhtml1-transitional.dtd">
<html xmlns="http://www.w3.org/1999/xhtml">
<head>
<meta http-equiv="Content-Type" content="text/html; charset=utf-8" />
<title>浏览目录中的文件</title>
</head>
<body>
<p>
  <?
$dirname1="source";                                    //定义变量
$dir_handle=opendir($dirname1);
echo $dirname1."目录下的所有文件有：<br>";              //用 opendir 打开目录
while($file=readdir($dir_handle))                      //循环读取目录里的内容
{
     echo "".$file."  ";
}
closedir($dir_handle);
echo "<br>";
$dirname2="destination";                               //定义变量
$dir_handle=opendir($dirname2);
echo $dirname2."目录下的所有文件有：<br>";              //用 opendir 打开目录
while($file=readdir($dir_handle))                      //循环读取目录里的内容
{
     echo "".$file."  ";
}
echo "<br>";
?>
</p>
<p><a href="ch12-3-1.php">复制文件</a></p>
<p><a href="ch12-3-1.php">移动文件</a></p>
</body>
</html>
```

第二步：保存文件并调试运行。

单击“文件”→“保存”命令，或者按快捷键 Ctrl+S，以文件名 ch12-3.php 保存页面，文件自动保存到站点中。

按 F12 键或者单击图标的 预览在 IExplore 6.0 F12 即可进行网页的运行与调试，效果如图 12-12 所示。

图 12-12

第三步：创建文件 ch12-3-1.php。

创建新文件，在 Dreamweaver CS3 代码编辑区输入如下代码：

```
<!DOCTYPE html PUBLIC "-//W3C//DTD XHTML 1.0 Transitional//EN" "http://www.w3.org/TR/ xhtml1/DTD/xhtml1-transitional.dtd">
<html xmlns="http://www.w3.org/1999/xhtml">
<head>
<meta http-equiv="Content-Type" content="text/html; charset=utf-8" />
<title>复制、移动文件表单实例</title>
</head>
<body>
<?
$dirname1="source/";
$dirname2="destination/";                         //定义变量
$dir_handle=opendir($dirname1);                   //用 opendir 打开目录
?>
<p>复制文件：</p>
<form id="form1" name="form1" method="post" action="ch12-3-2.php?flag=1">
  将目录 source 下的文件
    <select name="source" id="source1">
      <?
  while($file=readdir($dir_handle))               //循环读取源目录里的内容
{
     echo "<option>".$file."</option>";
}?>
    </select>
复制至目录 destination 下：
<label>
</label>
<label>
```

```
<input type="text" name="destination" id="destination" />
</label>
<label>
<input name="submit" type="submit" id="submit" value="开始复制" />
</label>
</form>
<p> </p>
<p>移动文件：</p>
<form id="form2" name="form2" method="post" action="ch12-3-2.php?flag=2">
 <label>将目录 source 下的文件
 <select name="source" id="source">
 <?
 $dir_handle=opendir($dirname1);
 while($file=readdir($dir_handle))                         //循环读取源目录里的内容
{
    echo "<option>".$file."</option>";
}?>
 </select>
 </label>
 移动至目录 destination 下：
 <label>
 <input type="text" name="destination" id="destination" />
 </label>
 <label>
<input name="submit2" type="submit" id="submit2" value="开始移动" />
 </label>
</form>
<p>  </p>
<p> </p>
</body>
</html>
```

第四步：保存文件并调试运行。

单击“文件”→“保存”命令，或者按快捷键 Ctrl+S，以文件名 ch12-3-1.php 保存页面，文件自动保存到站点中。

按 F12 键或者单击图标的 预览在 IExplore 6.0 F12 即可进行网页的运行与调试，也可通过图 12-12 中的链接“复制文件”或者“移动文件”进入该页面，效果如图 12-13 所示。

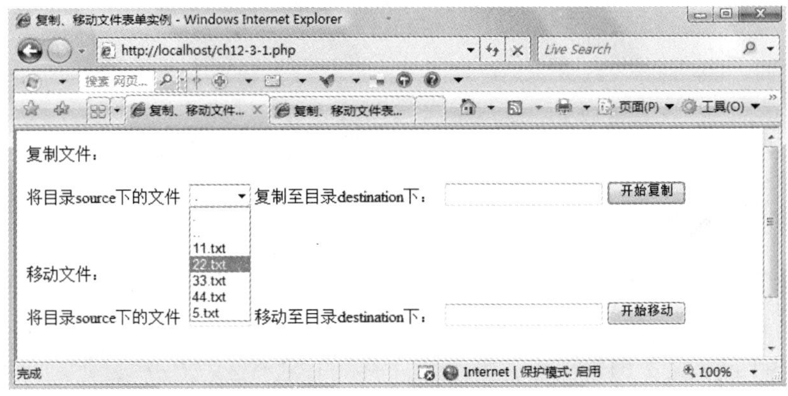

图 12-13

第五步：创建文件 ch12-3-2.php。

创建新文件，在 Dreamweaver CS3 代码编辑区输入如下代码：

```
<html>
<head>
<meta http-equiv="Content-Type" content="text/html; charset=utf-8" />
<title>复制/移动处理程序</title>
</head>
<body>
<?
function move_file($source,$destination)          //自定义移动文件函数
{
if(copy($source,$destination))                    //复制文件
{
echo "文件移动成功！";
}
else
{
echo "不能复制文件!";
}
unlink($source) or die("不能删除文件！");          //删除源位置文件
}
$source="source/".$_POST["source"];               //获取需要复制或者移动的文件路径
$des="destination/".$_POST["destination"];        //指定复制或者移动文件的目标路径
$flag=$_GET["flag"];                              //读取标识，获取是复制或者移动
if($flag=="1")                                    //若标识为 1，则为复制文件
{
if(copy($source,$des))                            //复制文件
{
echo "文件复制成功！<br>";
}
}
else                                              //否则移动文件
{
if(move_file($source,$des))                       //调用自定义移动函数
{
echo "文件移动成功！<br>";
}
}
?>
<a href="ch12-3.php">查看结果</a>
</body>
</html>
```

第六步：保存文件并调试文件复制的功能。

单击“文件”→“保存”命令，或者按快捷键 Ctrl+S，以文件名 ch12-3-2.php 保存页面，文件自动保存到站点中。

打开 ch12-3-1.php，按 F12 键或者单击图标的预览在 IExplore 6.0 F12即可进行网页的运行与调试，弹出如图 12-13 所示的页面，首先调试“文件复制”功能是否实现，实现将源位置

下的 11.txt 文件不改名复制到目标位置下，具体操作如图 12-14 所示。

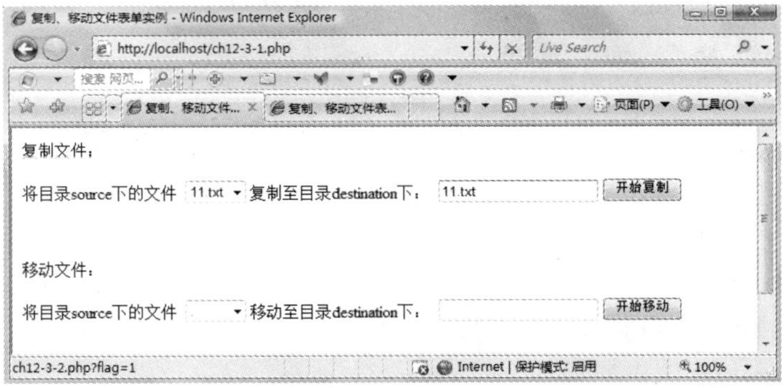

图 12-14

单击“开始复制”按钮，进入 ch12-3-2.php 进行处理，若成功，则显示如图 12-15 所示的页面。

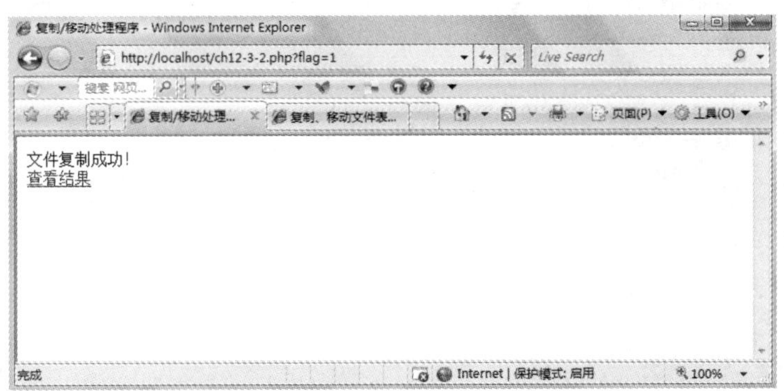

图 12-15

单击“查看结果”链接，会看到复制后 source 目录与 destination 目录有了一定的变化，11.txt 被成功复制到目录 destination 中，如图 12-16 所示。

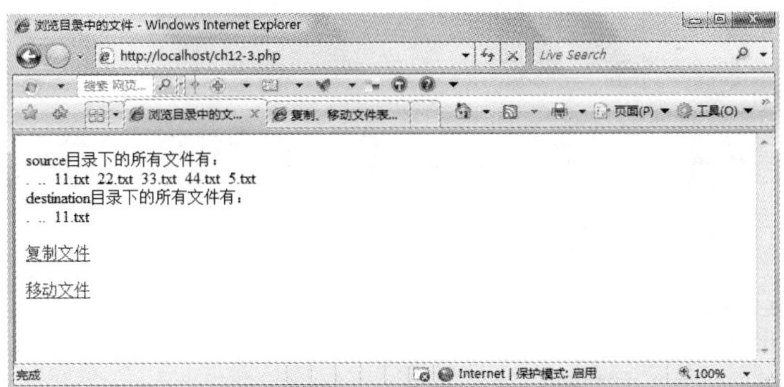

图 12-16

第七步：调试文件移动的功能。

打开 ch12-3-1.php，按 F12 键或者单击图标的“预览在 IExplore 6.0 F12”即可进行网页的运行与调试，弹出如图 12-13 所示页面，调试“文件移动”功能是否实现，实现将源位置下的 22.txt

文件不改名移动到目标位置，具体操作如图 12-17 所示。

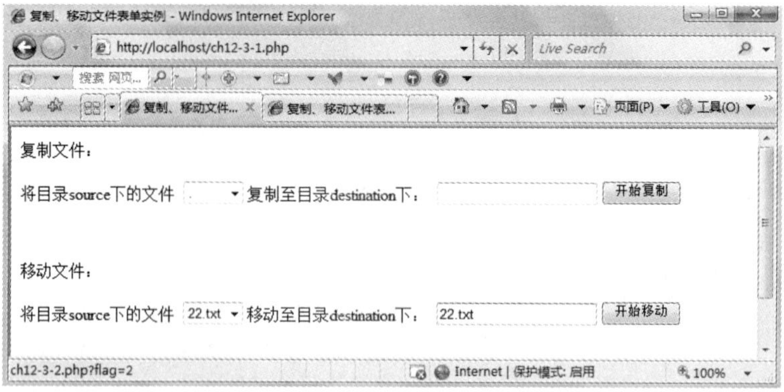

图 12-17

单击“开始移动”按钮，进入 ch12-3-2.php 进行处理，若成功，则显示如图 12-18 所示的页面。

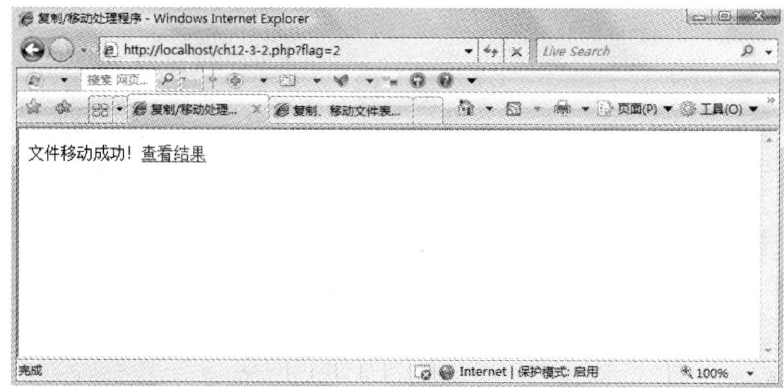

图 12-18

单击“查看结果”链接，会看到移动后 source 目录与 destination 目录有了一定的变化，source 目录中的 22.txt 消失了，destination 目录中多了一个名为 22.txt 的文件，文件 22.txt 被成功从 source 目录移动到 destination 目录了，如图 12-19 所示。

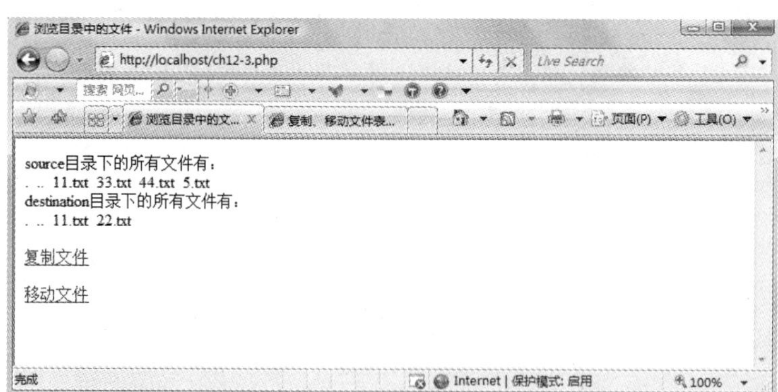

图 12-19

执行完复制与移动操作后，source 与 destination 文件夹的结构变成如图 12-20 和图 12-21 所示。

图 12-20

图 12-21

〖实例剖析与知识讲解〗

本例的 3 个文件，其中 ch12-3.php 对目录的相关操作已经在【例 12-1】中详细讲解过了，在此不再多讲。

文件 ch12-3-1.php 也都是一些 HTML 标记，主要生成两个表单：用来复制文件的 form1 和用来移动文件的 form2。需要注意的是提交表单时，需要把标识变量 flag 的值传给处理程序 ch12-3-2.php。

本例中相应的代码如下：

```
<form id="form1" name="form1" method="post" action="ch12-3-2.php?flag=1">表单部分省略</form>
<form id="form2" name="form2" method="post" action="ch12-3-2.php?flag=2">表单部分省略</form>
```

文件 ch12-3-2.php 主要实现复制文件与移动文件的功能。

（1）复制文件。采用函数 copy()实现文件从一个位置复制到另一个位置。

copy()的语法格式如下：

```
bool copy ( string source, string destination )
```

将文件从 source 复制到 destination。若成功则返回 TRUE，否则返回 FALSE。

（2）移动文件。PHP 中提供了一个移动文件的函数 rename(string source,string destination)，但该函数会影响到程序的性能，所以现在已经不经常使用了。本例采取自定义函数 move_file()来实现文件从一个位置移动到另一个位置。

move_file()函数定义如下：

```
function move_file($source,$destination)     //自定义移动文件函数
{
if(copy($source,$destination))               //复制文件
{
echo "文件移动成功！";
}
else
{
echo "不能复制文件!";
}
unlink($source) or die("不能删除文件！");     //删除源位置文件
}
```

函数的原理是先将要移动的文件从源位置复制到目标位置，然后再将源位置的该文件删除。

要判断本次操作是复制文件还是移动文件，通过表单提交时传递过来的 flag 的值进行判断，并相应进行操作，实现代码如下：

```
if($flag=="1")                              //若标识为 1，则为复制文件
{
if(copy($source,$des))                      //复制文件
{
echo "文件复制成功！<br>";
}
}
else                                        //否则为移动文件
{
if(move_file($source,$des))                 //调用自定义移动函数
{
echo "文件移动成功！<br>";
}
}
```

小结

本章详细讲解了文件与目录的相关操作，包括判断文件是否存在、读取文件内容、打开文件、关闭文件、写入文件、创建目录、删除目录与文件、复制文件、移动文件、浏览目录等操作。学习完本章，相信读者对文件的相关函数应该有了一定的了解与掌握，对熟悉掌握相关操作函数、运用文件进行留言本等中小型系统的开发有很好的作用。

第 13 章　session 与 cookie 的使用

【本章导读语】

当登录某一个论坛后，会发现在后续访问的若干个论坛页面上都会看到你的登录用户名；当访问完某一个邮箱，关闭电脑，当在某一个时间范围内打开邮箱的主页，发现你的邮箱仍然处于登录状态，一直没有退出过；或者当你做了一个投票系统，却发现有的人利用恶意刷新来不断提高某项的投票值。这一切的操作与数据的存储都无关，实现的办法就是在 PHP 中运用 session 与 cookie。

本章将介绍如何灵活运用 session 与 cookie 这两个小玩意，让你的网页看上去更灵活更生动！

【例 13-1】session 使用——多页之间信息的传递

〖实例需求〗

本例主要介绍如何使用 session，以及为什么要使用 session，同时就多个页面之间信息的传递进行介绍。

本例中有三个页面，分别为 ch13-1.php、ch13-1-1.php、ch13-1-2.php。每个页面的实现原理如下：

（1）新建一个登录页面，结构简单些就可以，文件名为 ch13-1.php，如图 13-1 所示。

（2）在文本框中输入姓名，单击提交按钮，转至页面处理程序 ch13-1-1.php，处理后若出现如图 13-2 所示的结果，表示对文本框值的获取成功。

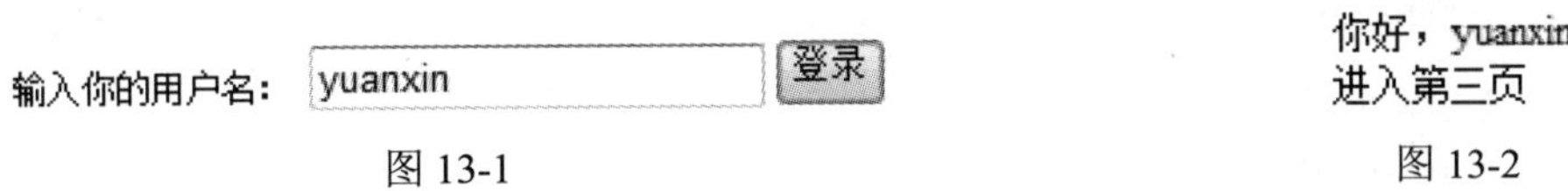

输入你的用户名：
yuanxin
登录

图 13-1

你好，yuanxin
进入第三页

图 13-2

（3）单击图 13-2 中的“进入第三页”链接，显示为非 ch13-1.php 与 ch13-1-1.php 的页面，为第三个页面 ch13-1-2.php，通过创建 session，将 ch13-1.php 中的表单信息传递到 ch13-1-2.php 中，单击“另一页”链接，显示结果如图 13-3 所示。

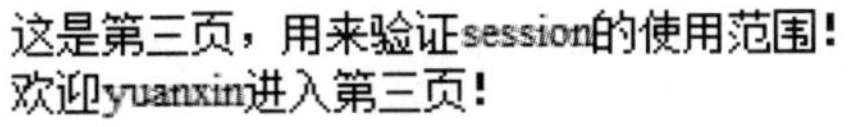
这是第三页，用来验证session的使用范围！
欢迎yuanxin进入第三页！

图 13-3

〖开发过程〗

第一步：创建文件 ch13-1.php。

创建新文件，在 Dreamweaver CS3 代码编辑区输入如下代码：

```
<!DOCTYPE html PUBLIC "-//W3C//DTD XHTML 1.0 Transitional//EN" "http://www.w3.org/TR/xhtml1/DTD/xhtml1-transitional.dtd">
<html xmlns="http://www.w3.org/1999/xhtml">
<head>
<meta http-equiv="Content-Type" content="text/html; charset=utf-8" />
<title>SESSION 使用表单部分</title>
<link href="mystyle.css" rel="stylesheet" type="text/css" />
</head>
<body>
<form id="form1" name="form1" method="post" action="ch13-1-1.php">
  输入你的用户名：
  <label>
  <input type="text" name="user" id="user" />
  </label>
  <label></label>
  <input type="submit" name="button" id="button" value="登录" />
</form></body>
</html>
```

该页面没有什么复杂的内容，全部是一些 HTML 标记，标记中定义了一个名为 form1 的表单，其中包括两个表单元素：输入框 user 和提交按钮。当单击“提交”按钮时，去执行 action 属性指定的程序 ch13-1-1.php。

第二步：创建文件 ch13-1-1.php。

创建新文件，在 Dreamweaver CS3 代码编辑区输入如下代码：

```
<?
session_start();                          //开始使用 session
?>
<!DOCTYPE html PUBLIC "-//W3C//DTD XHTML 1.0 Transitional//EN" "http://www.w3.org/TR/xhtml1/DTD/xhtml1-transitional.dtd">
<html xmlns="http://www.w3.org/1999/xhtml">
<head>
<meta http-equiv="Content-Type" content="text/html; charset=utf-8" />
<title>SESSION 使用—注册 SESSION</title>
<link href="mystyle.css" rel="stylesheet" type="text/css" />
</head>
<body>
<?
if(!$_POST["user"])                       //判断输入框是否为空
{
echo "用户名为空！";
echo "<a href=ch13-1.php>重新登录</a>";
}
else
{
$user=$_POST["user"];                     //获取输入框的值
echo "你好，".$user."<br>";               //输出
```

```
    if(!session_is_registered("username"))          //判断 session 是否已经注册
    {
    session_register("username");                   //注册 session
    $_SESSION["username"]=$user;                    //给 session 赋值
    }
    echo "<a href=ch13-1-2.php>进入第三页</a>";     //进入另一页
    }
    ?>
    </body>
    </html>
```

该页面获取了 ch13-1.php 表单 form1 中 user 输入值的值，如果 user 的值不为空，则将 user 的值注册为 session 变量，在注册前先判断同名的 session 变量是否已经注册。

第三步：创建文件 ch13-1-2.php。

创建新文件，在 Dreamweaver CS3 代码编辑区输入如下代码：

```
    <?
    session_start();                                //开始使用 session
    ?>
    <!DOCTYPE html PUBLIC "-//W3C//DTD XHTML 1.0 Transitional//EN" "http://www.w3.org/TR/xhtml1/DTD/
xhtml1-transitional.dtd">
    <html xmlns="http://www.w3.org/1999/xhtml">
    <head>
    <meta http-equiv="Content-Type" content="text/html; charset=utf-8" />
    <title>SESSION 使用-第三页验证表单</title>
    <link href="mystyle.css" rel="stylesheet" type="text/css" />
    </head>
    <body>
    <?
    echo "这是第三页，用来验证 session 的使用范围！<br>";
    echo "欢迎".$_SESSION["username"]."进入第三页！";   //显示 session
    ?>
    </body>
    </html>
```

在 ch13-1-1.php 中，注册好 session 变量 username 后，进入本页中，验证 session 变量能不能实现多页之间信息的传递。

其中的 session_start()语句一定要放在程序的第一行，否则会出现如下的错误信息：

```
    Warning: session_start() [function.session-start]: Cannot send session cache limiter - headers
already sent (output started at ……
```

第四步：保存文件并调试运行。

对以上三个文件分别进行保存，然后打开 ch13-1.php，开始调试程序，如图 13-4 所示。

在输入框中输入用户名，如 yuanxin，单击“登录”按钮，进入 ch13-1-1.php 的表单处理程序，出现如图 13-5 所示的页面。

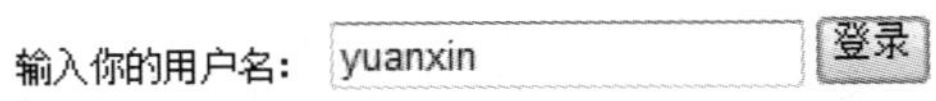

输入你的用户名： yuanxin 登录

图 13-4

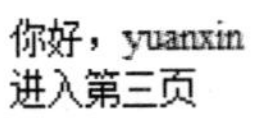

你好，yuanxin
进入第三页

图 13-5

从代码中可以清楚地看到，已经定义了一个名为 username 的 session 变量，此时单击“进入第三页”链接，来检验 session 变量是否真能实现多页之间信息的传递，就会出现如图 13-6 所示的页面。

关闭这三个页面，单独打开 ch13-1-2.php，会发现页面如图 13-7 所示。

这是第三页，用来验证session的使用范围！
欢迎yuanxin进入第三页！

图 13-6

这是第三页，用来验证session的使用范围！
欢迎进入第三页！

图 13-7

仔细观察会发现，“欢迎”后面缺少了用户名，为什么刚刚注册的 session 变量现在就失效了呢？这是因为 session 保存的时间是随着网页的关闭而自动地撤销了，这也是 session 变量的局限性所在。

〖**实例剖析与知识讲解**〗

session 与 cookie 都是能够保存用户信息的变量，两者的区别如下：

- session 保存在服务器端；cookie 保存在客户端。
- session 的安全性没有 cookie 高。
- session 在浏览器关闭后自动作废，而 cookie 可以自己设定一个有效保存期限。
- 可以创建多个 session，但太多的 session 会影响到服务器的性能；每个用户的浏览器只能保存某个 Web 服务器的至多 20 个 cookies，而且每个 cookie 的大小不能超过 4KB。但客户端的浏览器最多能存储 300 个 cookies。
- session 不会被禁用，因为其内容保存在服务器端；而现在大部分的浏览器都是可以由用户自动设置是否开启 cookie，所以，如果用户将浏览器设置为关闭 cookie，即使你运用 cookie 设置了许多的内容，一切将是没有任何意义的。
- session 适合于存储用户信息量比较少的情况。
- session 需要在使用之前，在文件开头的位置放上 session_start()语句，开启 session 的使用，或者也可以将 php.ini 中的 session.auto_start 设为 1。

如何实现 session 的定义、存储、更改或者删除呢？在 PHP 中有一些内置函数可以完成这些操作，如表 13-1 所示。

表 13-1 session 函数

函数名	说明
session_start()	开启一个 session 会话，函数没有返回值，该函数一定要放在程序的第一行，否则提示错误信息
session_destroy()	结束目前的 session
session_is_registered(string name)	检查是否已经注册了一个名为 name 的 session 变量
session_register(string name)	在当前已有的 session 变量的基础上，再注册一个名为 name 的 session 全局变量
session_id([string id])	获取或者重新设置当前的 session 的 ID。每一个 session 都有唯一的 ID，用来标识 session
session_unregister(string name)	删除指定 name 的 session 变量。成功返回 TRUE，否则返回 FALSE
session_name(string [name])	获取或者重新设置当前 session 的名称

本例中定义 session 全局变量 username 的代码如下：

```
session_register("username");      //注册 session
```

若要访问定义好的 session 变量 username，则采用全局变量$_SESSION["username"]，如给 session 变量 username 赋值的语句为：

```
$_SESSION["username"]=$user;      //给 session 赋值
```

若要输出 session 变量 username 的值，语句为：

```
echo $_SESSION["username"];       //输出 session 的值
```

session 变量的使用是一个非常简单的过程，但要注意以下几点：

- session_start()语句一定要放在程序的第一行，否则会出现如下的错误信息：

```
Warning: session_start() [function.session-start]: Cannot send session cache limiter - headers already sent (output started at ……
```

- 所有定义的 session 变量存放的路径为服务器的 php.ini 文件中的 session.save_path 选项所指定的目录下的一个文件中。

打开 php.ini 文件，查找到如下信息：

```
session.save_path = "d:\Program Files\phpStudy\PHP5\session"
```

然后根据这个路径，找到相应的会话文件，用记事本打开，显示信息如下：

```
username|s:7:"yuanxin";
```

- 要使用 session 变量 name，可以直接用$_SESSION["name"]，若设置 php.ini 中的 register_globals 为 ON，也可以直接使用$name 访问该 session 变量。
- 注销 session 变量在使用完 session 变量后，需要注销该变量，采用 session_unregister()进行注销。

【例 13-2】cookie 使用——用户登录保存期限

〖**实例需求**〗

本例主要介绍 cookie 的使用，通过实例对 cookie 与 session 进行比较，分析两种方式分别适用于不同的场合。本例包括两个程序：

ch13-2.php：用户登录的表单部分，表单元素有登录名 user、密码 password、保存期限 time。

ch13-2-1.php：实现对表单数据的处理，并创建 cookie，根据表单选项值设置 cookie 的保存期限。

〖**开发过程**〗

第一步：创建文件 ch13-2.php。

创建新文件，在 Dreamweaver CS3 代码编辑区输入如下代码：

```
<!DOCTYPE html PUBLIC "-//W3C//DTD XHTML 1.0 Transitional//EN" "http://www.w3.org/TR/xhtml1/DTD/xhtml1-transitional.dtd">
<html xmlns="http://www.w3.org/1999/xhtml">
<head>
<meta http-equiv="Content-Type" content="text/html; charset=utf-8" />
<title>用户登录保存期限—COOKIE 实例</title>
<link href="mystyle.css" rel="stylesheet" type="text/css" />
</head>
<body>
<form  action="ch13-2-1.php"  method="post"  enctype="application/x-www-form-urlencoded"name=
```

```
"form1" id="form1">
    <p align="center">用户登录</p>
    <table width="268" height="174" border="0" align="center" cellpadding="2" cellspacing="0">
     <tr>
       <td width="81" align="center">登录用户:</td>
       <td width="142"><label>
        <input name="user" type="text" id="user" size="10" />
       </label></td>
     </tr>
     <tr>
       <td align="center">密    码: </td>
       <td><label>
    <input name="password" type="password" id="password" size="10" />
       </label></td>
     </tr>
     <tr>
       <td align="center">保存期限: </td>
       <td><label>
         <select name="time" id="time">
           <option value="1">不保存</option>
           <option value="2">1 小时</option>
           <option value="3">1 天</option>
           <option value="4">1 月</option>
           <option value="5">1 年</option>
              </select>
       </label></td>
     </tr>
     <tr>
    td height="46"> </td>
    <td><input type="submit" name="button" id="button" value=" 提 交 " /> <input type="reset"
name="button2" id="button2" value="重置" /></td>
     </tr>
    </table>
    <p>  </p>
   </form>
   </body>
   </html>
```

第二步：创建文件 ch13-2-1.php。

创建新文件，在 Dreamweaver CS3 代码编辑区输入如下代码：

```
<?
$username=$_POST["user"];                                  //通过 POST 获得参数
$time=$_POST["time"];                                      //通过 POST 获得 time 变量
if(!$_POST["user"])                                        //如果没有参数执行内容
{
    echo "没有输入用户名";
    echo "<p>";
    echo "<a href=ch13-2.php>重新登录</a><br>";
}
else                                                       //如果存在参数
{
    switch ($time)                                         //判断有效期
```

```
        {
            case 1:
            $time=time();
            break;
            case 2:
            $time=time()+60*60;
            break;
            case 3:
            $time=time()+60*60*24;
            break;
            case 3:
            $time=time()+60*60*24*30;
            break;
            case 4:
            $time=time()+60*60*24*30*365;
            break;
        }
        setcookie("username","$username",$time);          //注册用户名
        }
?>
<html>
<head>
<meta http-equiv="Content-Type" content="text/html; charset=utf-8" />
<title>注册用户信息</title>
</head>
<body>
<?
echo "注册用户名为: ";
echo $_COOKIE["username"];                              //输出 cookie
echo "<p>";
echo "COOKIE 有效期为: ";
switch ($_POST[time])
{
    case 1:
    echo "不保存";
    break;
    case 2:
    echo "1 小时";
    break;
    case 3:
    echo "一天";
    break;
    case 4:
    echo "一月";
    break;
    case 5:
    echo "一年";
    break;
}
?>
</body>
</html>
```

第三步：保存文件并调试运行。

单击“文件”→“保存”命令，分别保存好两个文件。打开 ch13-2.php，按 F12 键或者单击 图标的 预览在 IExplore 6.0 F12 即可进行网页的运行与调试，效果如图 13-8 所示。

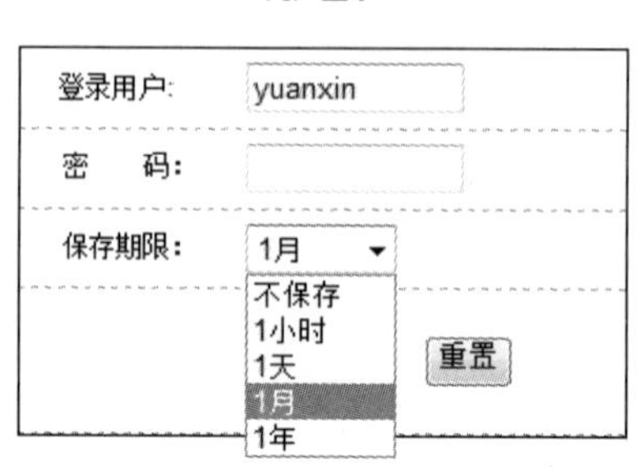

图 13-8

输入用户名（如 yuanxin）与密码，选择保存期限“不保存”、“1 小时”、“1 天”、“1 月”、“1 年”中的某一项，单击“登录”按钮，进入 ch13-2-1.php 处理程序，经过处理后，显示如图 13-9 所示的页面。

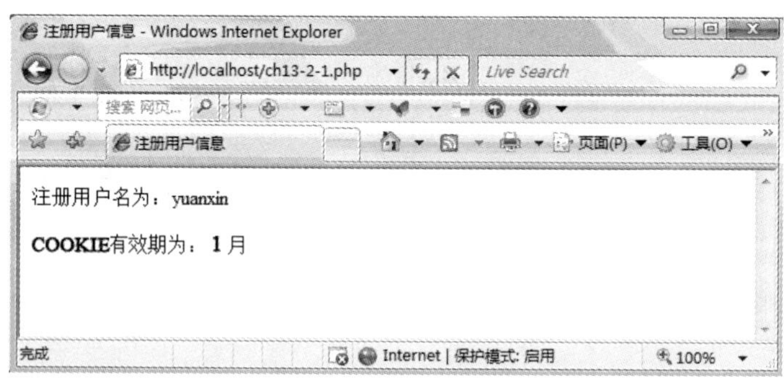

图 13-9

成功注册了一个 cookie 全局变量 username，并通过获取表单内容给其赋值 yuanxin，同时根据表单中保存期限的选择，设置该变量在本地客户端保存的期限为 1 天。为了检测是否真的保存期限为 1 年，你可以关闭掉整个浏览器，在一天内的任何时间再一次打开 ch13-2-1.php 页面，结果显示如图 13-10 所示的内容。

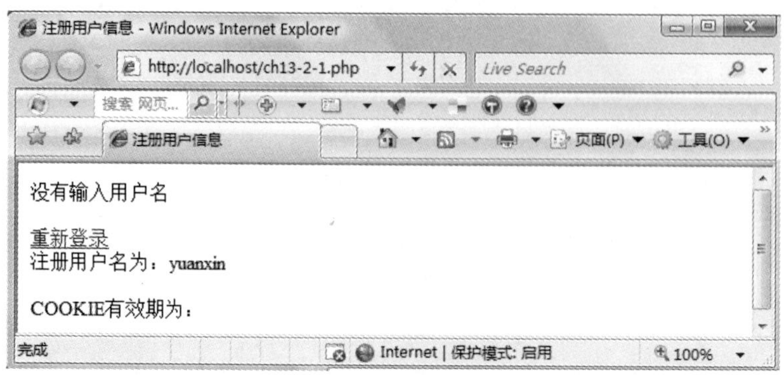

图 13-10

可以看到，虽然表单中没有输入用户名，但注册用户名仍然为已经定义过的 yuanxin，这就显示，cookie 全局变量不会因为浏览器的关闭而撤销，保存的时间期限在设置 cookie 时可以自动设置。

〖实例剖析与知识讲解〗

【例 13-1】的实例剖析中已经列举了 session 与 cookie 的区别，通过本例的介绍，你就亲身感受到两者之间的区别。

cookies，英文意思是小甜点，这里是指存放在客户端上的一小段消息。当访问某网站时，你所提交的信息能被服务器通过浏览器存储到你所在的本地硬盘上。当下次再访问那个网站时，服务器也将自动检索这些信息。所以，当我们访问完自己的邮箱后，等下次再登录时，会发现浏览器竟然还记忆着你以前登录的信息。当然，前面也提过，现在的浏览器都可以由用户开启或者关闭 cookie 服务，要想实现这个神奇而又人性化的功能，必须确保用户开启了浏览器的 cookie 访问服务。

那么，如何开启浏览器的 cookie 访问服务呢？例如，为了让微软的 IE7.0 浏览器接收 cookie，就需要选择浏览器窗口中的“工具”→“Internet 选项”命令。在弹出的“Internet 选项”对话框中选择“隐私”选项卡，单击“高级”按钮，弹出“高级隐私策略设置”对话框，在这个对话框中可以设置 cookie 是否接受或者拒绝，如图 13-11 所示。

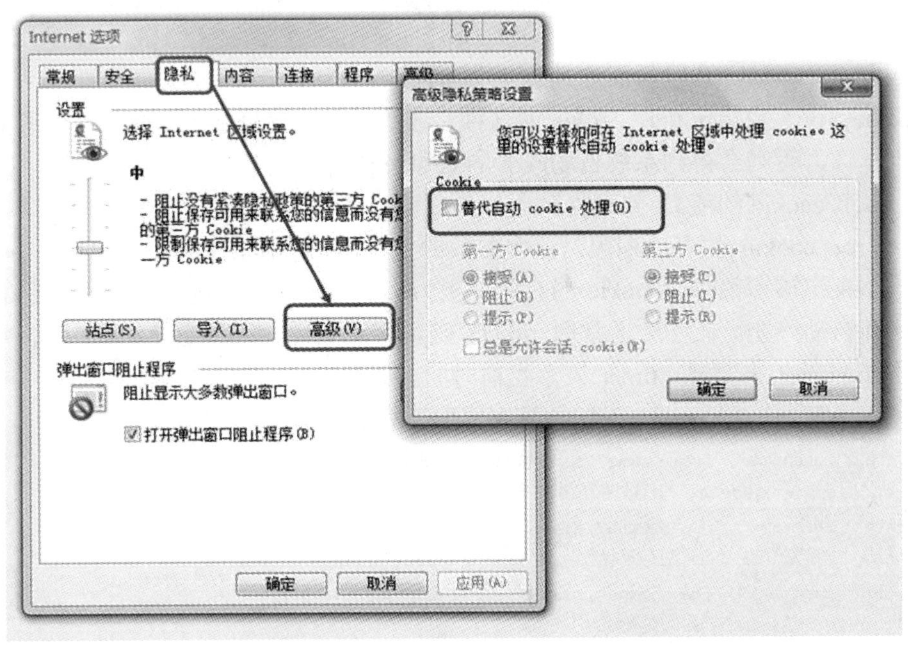

图 13-11

可以看到，系统默认的自动 cookie 处理为第一方 cookie 与第三方 cookie 都接受。若想进行重新设置，选中“替代自动 cookie 处理”复选框，如图 13-12 所示。

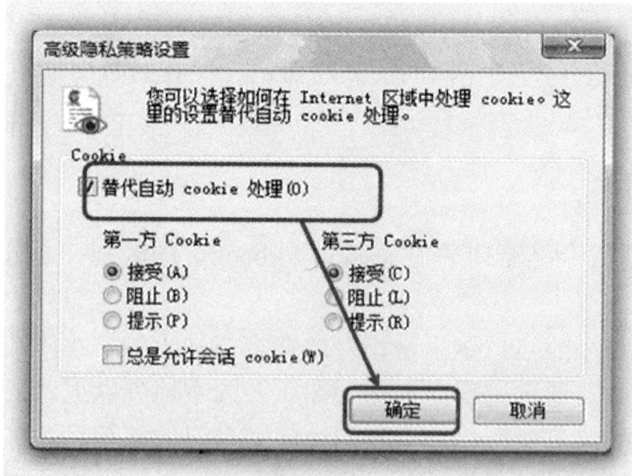

图 13-12

开启浏览器的 cookie 服务后，我们需要知道如何在 PHP 中处理 cookies，内容包括如何创建 cookie、如何访问某个 cookie、若一个 cookie 要存储多个值该怎么办以及当某个 cookie 不再需要时，如何对其进行删除。下面逐一进行介绍。

（1）创建 cookies。通过 setcookie()函数来创建一个 cookie。

语法格式如下：

```
bool setcookie ( string name [, string value [, int expire [, string path [, string domain [, bool secure]]]]] )
```

该函数有 6 个参数，一般常用的是前 3 个参数，它们的作用与意义如下：

- name：该参数指定新建 cookie 的名称，这是一个全局变量。变量名与普通变量命名规则一样，否则会得到系统自动改变的 cookie 名称。
- value：cookie 的值。
- expire：cookie 的有效期限。这个参数的值是由格林威治时间（GMT）格式给出的。当不指定该参数时，cookie 的有效期限为不保存，cookie 随着客户端浏览器窗口的关闭而自动终止。该参数通常用 time() 函数再加上秒数来设定 cookie 的有效期。或者用 mktime()来实现，time()表示当前时间。如要表示 cookie 变量 username 的有效期限为 1 小时、1 天、1 月、1 年，分别采取下列的表达式：

```
setcookie("username","$username",time()+60*60);
//设置 cookie 变量 username 的有效期为 1 小时
setcookie("username","$username",time()+60*60*24) ;
//设置 cookie 变量 username 的有效期为 1 天
setcookie("username","$username",time()+60*60*24*30);
//设置 cookie 变量 username 的有效期为 1 个月
setcookie("username","$username",time()+60*60*24*30*12);
//设置 cookie 变量 username 的有效期为 1 年
setcookie("username","$username",time());
//设置 cookie 变量 username 的有效期随着浏览器的关闭而停止
```

- path：该参数指定了在 web 服务器上 cookie 被认为有效的文件和目录层次，默认值为“/”，意思为 cookie 在服务器上的所有文件和目录下都被认为是有效的，若是指定了路径，则 cookie 将仅在指定目录里的文件和子目录下有效。
- domain：该参数用来指定 cookie 被认为有效的主机名或者域名。若缺省，则默认为发行这个 cookie 的主机。

- secure：该参数用来确定 cookie 是否必须通过安全通道进行传送，默认值为 0，表示 cookie 将通过一条非安全通道传送。若设置该参数为 1，则 cookie 将通过能保证安全的 HTTPS 协议进行传送。

如本例中的代码：

```
setcookie("username","$username",$time);                //注册 cookie
```

创建了一个名为 username 的 cookie 全局变量，值为表单中获取的$username 的值，有效时间为表单列表中选项的值。

需要注意的是：使用 setcookie()函数设置一个 cookie，必须将 setcookie()函数放在任何<html>或者<head>之前，即使在该语句前有一个 HTML 代码空行都不行，否则会提示错误信息，如运行下列的代码（已保存为 ch13-2-2.php）：

```
<!DOCTYPE html PUBLIC "-//W3C//DTD XHTML 1.0 Transitional//EN" "http://www.w3.org/TR/xhtml1/DTD/xhtml1-transitional.dtd">
<html xmlns="http://www.w3.org/1999/xhtml">
<head>
<meta http-equiv="Content-Type" content="text/html; charset=utf-8" />
<title>多值 cookie</title>
</head>
<body>
<?
setcookie("username", "moon");
?>
<?
echo $_COOKIE["username"];
?>
</body>
</html>
```

运行后，会显示如下错误信息：

```
Warning: Cannot modify header information - headers already sent by (output started at D:\www\s1.php:8) in D:\www\s1.php on line 9
```

若将 setcookie 语句调至<html>前，代码修改为：

```
<?
setcookie("username", "moon");
?>
<!DOCTYPE html PUBLIC "-//W3C//DTD XHTML 1.0 Transitional//EN" "http://www.w3.org/TR/xhtml1/DTD/xhtml1-transitional.dtd">
<html xmlns="http://www.w3.org/1999/xhtml">
<head>
<meta http-equiv="Content-Type" content="text/html; charset=utf-8" />
<title>多值 cookie</title>
</head>
<body>
<?
echo $_COOKIE["username"];
?>
</body>
</html>
```

正常显示结果：

```
moon
```

（2）访问 cookie。定义好 cookie 全局变量后，我们需要对它进行访问，采用$_COOKIE[]全局变量对其进行访问。语法格式如下：

```
$_COOKIE[变量名]
```

如本例中访问名为 username 的 cookie 变量的值，语句如：

```
$_COOKIE["username"]
```

本例在第一次运行过程中，你会发现有一个小小的问题。假设我已经运行过一次本例，并且创建了一个名为 username 的 cookie，根据表单输入，已经给其赋值为 yuanxin，并在 ch13-2-1.php 中显示效果如图 13-13 所示。

当再一次访问 ch13-2.php，需要给 cookie 赋一个新值时，当在输入框中输入 sunnykim，如图 13-14 所示。

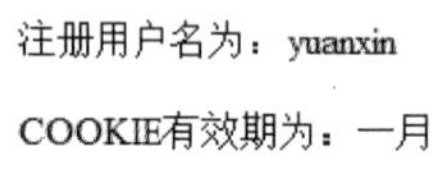

注册用户名为：yuanxin

COOKIE有效期为：一月

图 13-13

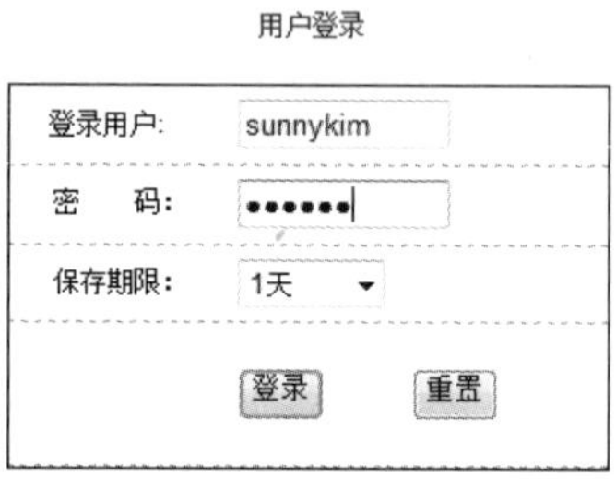

用户登录

登录用户:	sunnykim
密　码:	••••••
保存期限:	1天
登录	重置

图 13-14

单击“登录”按钮提交数据时，进入 ch13-2-1.php 进行表单处理，显示结果与我们所预料的有一些差别，注册用户名没有获取新输入的值 sunnykim，如图 13-15 所示。

可以看到，cookie 的值仍然停留在上次赋值的结果 yuanxin，为什么呢？这是因为同一个 cookie 不能在相同的请求中设置和访问，完成设置 cookie 后，需要重新加载网页才能使用它。因此，刷新本页，得到如图 13-16 所示的页面。

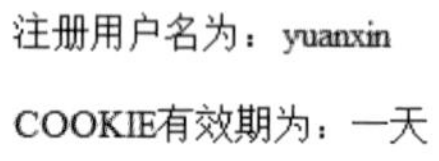

注册用户名为：yuanxin

COOKIE有效期为：一天

图 13-15

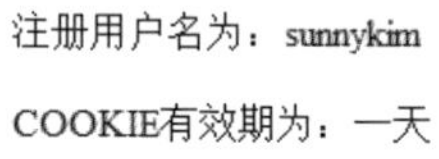

注册用户名为：sunnykim

COOKIE有效期为：一天

图 13-16

现在结果正确了。

（3）多值 cookie。本例只是演示了单值 cookie，前面讲过，一个 Web 服务器只能在用户的浏览器创建至多 20 个 cookies，那么如果想要创建更多的 cookie 时，就无能为力了吗？特别是用于购物车产品的存储上，每选购一件产品就需要保存到一个 cookie 中，这需要多少个 cookie 呀！

其实，在 PHP 中，除了有单值 cookie 外，还允许使用多值 cookie，即同一个 cookie 可以赋值多个。一个 cookie 赋多个值，可以通过在 cookie 名称中使用数组符号来设定数组 cookie，可以设定多个 cookie 作为数组元素，在脚本提取 cookie 时所有的值都放在一个数组中，如下列代码中定义了一个名为 products 的 cookie 数组，分别给其赋值，并显示，代码已保存为 ch13-2-3.php。

```
<?
setcookie("products[0]", "apple");      //定义cookie数组products
```

```
setcookie("products[1]", "orange");
setcookie("products[2]", "banana");
?>
<!DOCTYPE html PUBLIC "-//W3C//DTD XHTML 1.0 Transitional//EN" "http://www.w3.org/TR/xhtml1/DTD/xhtml1-transitional.dtd">
<html xmlns="http://www.w3.org/1999/xhtml">
<head>
<meta http-equiv="Content-Type" content="text/html; charset=utf-8" />
<title>多值cookie</title>
</head>
<body>
<?
if (isset($_COOKIE['products'])) {      //显示cookie数组products的值
   foreach ($_COOKIE['products'] as $name => $value) {
      echo "$name : $value <br />\n";
   }
}
?>
</body>
</html>
```

运行该程序，显示结果如下：

```
0 : apple
1 : orange
2 : banana
```

（4）删除 cookie。当某个 cookie 使用完不再有价值时，需要对其进行删除操作。删除某个 cookie 也是运用的 setcookie()函数进行。只需要将 setcookie()函数中的 cookie 的值设为空，就相当于删除了某个 cookie。语法格式如下：

```
bool setcookie ( string name )
```

若要删除本例中定义的 cookie 变量 username，使用如下语句：

```
setcookie("username");
```

【例 13-3】cookie 实例——防重复刷新

〖实例需求〗

本例主要通过两个实例说明如何利用 cookie 来实现防止重复刷新。防止重复刷新一般有两种情况，一种是防止一天之内恶意地刷新网页来提高访问量，这是计数器的操作；另一种是防止同一个 IP 地址反复访问某个网站，这种对投票系统特别有效。

防止一天内重复刷新计数器的基本原理为：先判断有没有 cookie，若没有 cookie 则启动一次计数器，并且写入当天系统日期到 cookie 数据。当用户刷新或者第二次浏览时，就判断 cookie 的日期是否与系统日期一致，若一致则只读出原始数据而不增加计数器的值。

防止一台机器重复投票的基本原理为：先判断 cookie 的值是否与用户的主机 IP 地址一样，若一样则显示信息“一个小时只能投票一次，你已经投过票了！”；若两个值不一致，表示该用户主机 IP 地址至少在一个小时内没有参与投票，则获取当前投票值，参与投票。

本例包括三个文件，分别为：

ch13-3.php：实现防止一天内重复刷新计数器。

ch13-3-1.php 与 ch13-3-2.php：实现防止一台机器在一个小时内重复投票。无论每台主机访问该页面多少次，设置一个小时之内的重复刷新只算作 1 次。其中 ch13-3-1.php 为投票的表单部分，只是一些纯 HTML 文本；ch13-3-2.php 为投票表单以及防止重复投票的处理程序。

〖开发过程〗

第一步：创建文件 ch13-3.php。

创建新文件，在 Dreamweaver CS3 代码编辑区输入如下代码：

```
<?
$counter_file="counter.txt";                         //文件名赋值给变量
if(!file_exists($counter_file))                      //如果文件不存在的操作
{
     $myfile=fopen($counter_file,"w");               //创建文件
     fwrite($myfile,"1");                            //置入0
     fclose($myfile);                                //关闭文件
}
$t_num=file($counter_file);                          //把文件内容读入变量
if($_COOKIE["date"]!="date(Y年m月d日)")
          //判断COOKIE内容与当前日期是否一致
{
$t_num[0]++;                                         //原始数据自增1
$myfile=fopen($counter_file,"w");                    //写入方式打开文件
fwrite($myfile,$t_num[0]);                           //写入新数值
fclose($myfile);                                     //关闭文件
setcookie("date","date(Y年m月d日)",time()+60*60*24);
//重新将当前日期写入cookie并设定cookie的有效期为24小时
}
?>
<html>
<head>
<meta http-equiv="Content-Type" content="text/html; charset=utf-8" />
<title>防止一天内重复刷新计数器</title>
</head>
<body>
<?
echo "欢迎！您是本站第";                              //显示内容头部
$myfile=fopen($counter_file,"r");                    //以只读方式打开文件
while(!feof($myfile))                                //循环读出文件内容
{
     $num=fgetc($myfile);                            //当前指针处字符赋值给变量
     if($num=="")                                    //判断是否遇到空字符
     {
     break;                                          //遇到空字符表示到了最后一个字符后，退出循环
     }
     else                                            //如果数值存在则执行操作
     {
          echo "<img src=images\\".$num.".jpg>";     //显示相应图片
     }
}
fclose($myfile);                                     //关闭文件
```

```
echo "位访客! ";                                    //显示内容尾部
?>
</body>
</html>
```

第二步：保存文件并调试运行。

单击“文件”→“保存”命令，或者按快捷键 Ctrl+S，以文件名 ch13-3.php 保存页面，文件自动保存到站点中。

按 F12 键或者单击图标的 预览在 IExplore 6.0 F12 即可进行网页的运行与调试，效果如图 13-17 所示。

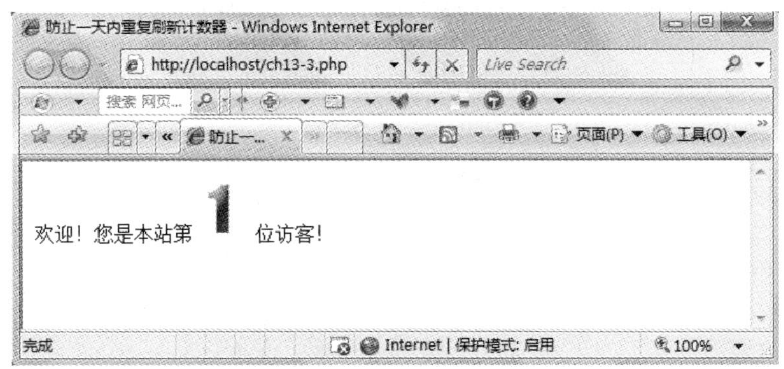

图 13-17

在一天的时间里，在同一台电脑上无论你刷新该页面多少次，它永远显示如图 13-17 所示的数据，不会将计数器增加 1。这样就防止某些用户为了提高自己网站的访问量，通过一天内重复刷新页面来提高计数器的值了。

除了将当前日期设置为 cookie 外，还可以将本地主机设置为 cookie，下面的 ch13-3-1.php 将介绍这一实现的过程。

第三步：创建表单文件 ch13-3-1.php。

创建新文件，在 Dreamweaver CS3 代码编辑区输入如下代码：

```
<!DOCTYPE html PUBLIC "-//W3C//DTD XHTML 1.0 Transitional//EN" "http://www.w3.org/TR/xhtml1/DTD/xhtml1-transitional.dtd">
<html xmlns="http://www.w3.org/1999/xhtml">
<head>
<meta http-equiv="Content-Type" content="text/html; charset=utf-8" />
<title>防止同一个 IP 地址重复投票程序</title>
<link href="mystyle.css" rel="stylesheet" type="text/css" />
</head>
<body>
<form id="form1" name="form1" method="post" action="ch13-3-2.php">
  <p>欢迎投票！！！</p>
  <p>你觉得这本书怎么样？</p>
  <p>
    <label>
<input type="radio" name="advise" id="advise" value="讲解得非常详细" />
    </label>
```

```
    讲解得非常详细</p>
    <p>
      <label>
      <input type="radio" name="advise" id="advise2" value="还可以" />
      </label> 还可以</p>
    <p>
      <label>
      <input type="radio" name="advise" id="advise3" value="一般" />
      </label>
    一般</p>
    <p>
      <label>
  <input type="radio" name="advise" id="advise4" value="需要再认真修改" />
      </label>
    需要再认真修改</p>
    <p>
      <label>
      <input type="submit" name="vote" id="vote" value="投票" />
      </label>
    </p>
    <p> </p>
  </form>
  </body>
  </html>
```

第四步：创建文件 ch13-3-1.php 的表单处理程序 ch13-3-2.php。

创建新文件，在 Dreamweaver CS3 代码编辑区输入如下代码：

```
<?
$IPaddress=$_SERVER["REMOTE_ADDR"];  //获取当前用户 IP 地址
if($_COOKIE["IPadr"]!=$IPaddress)
                //判断 cookie 内容与当前主机是否一致
{
setcookie("IPadr","$IPaddress",time()+60*60);
     //重新将当前主机 IP 地址写入 cookie 并设定 cookie 的有效期为 1 小时
echo "<!DOCTYPE html PUBLIC '-//W3C//DTD XHTML 1.0 Transitional//EN' 'http://www.w3.org/TR/xhtml1/DTD/xhtml1-transitional.dtd'>";
echo "<html xmlns='http://www.w3.org/1999/xhtml'>";
echo "<head>";
echo"<meta http-equiv='Content-Type' content='text/html; charset=utf-8' />";
echo "<title>防止同一个 IP 地址重复投票程序</title>";
echo "<link href='mystyle.css' rel='stylesheet' type='text/css' />";
echo "</head>";
echo "<body>";
$advise=$_POST["advise"];
echo "你的选项结果为: ".$advise."<br>";
}
else
{
echo "<!DOCTYPE html PUBLIC '-//W3C//DTD XHTML 1.0 Transitional//EN' 'http://www.w3.org/TR/xhtml1/DTD/xhtml1-transitional.dtd'>";
echo "<html xmlns='http://www.w3.org/1999/xhtml'>";
echo "<head>";
```

```
echo "<meta http-equiv='Content-Type' content='text/html; charset=utf-8' />";
echo "<title>防止同一个 IP 地址重复投票程序</title>";
echo "<link href='mystyle.css' rel='stylesheet' type='text/css' />";
echo "</head>";
echo "<body>";
echo "一个小时只能投票一次，你已经投过票了！<br>";
}
?>
</body>
</html>
```

第五步：保存文件并调试运行。

分别保存好两个文件，打开 ch13-3-1.php，按 F12 键或者单击图标的 预览在 IExplore 6.0 F12 即可进行网页的运行与调试，效果如图 13-18 所示。

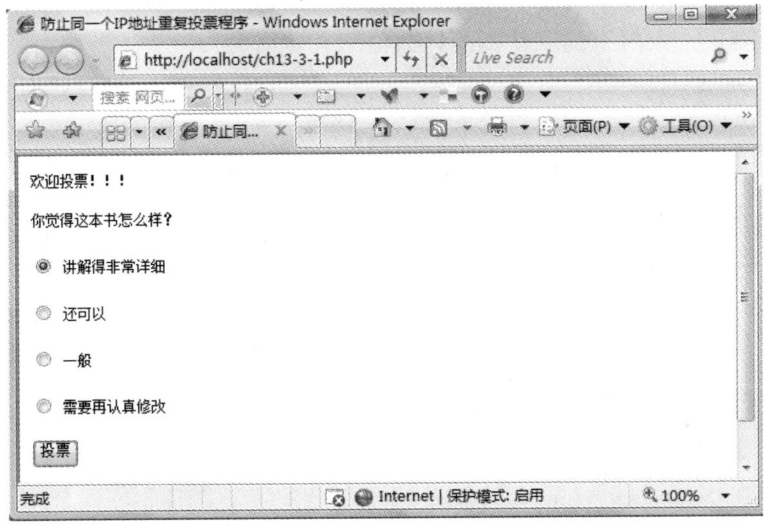

图 13-18

选择某个选项，如“讲解得非常详细”，单击“投票”按钮，若你在当前机器上第一次投票，会显示如图 13-19 所示的页面。

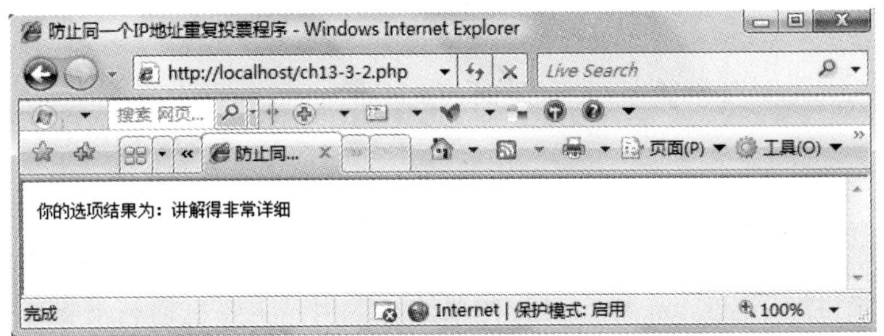

图 13-19

当你刷新此页，希望能够多增加一些投票值时，你会发现，图 13-20 显示你已无法在一个小时内反复地投票了。

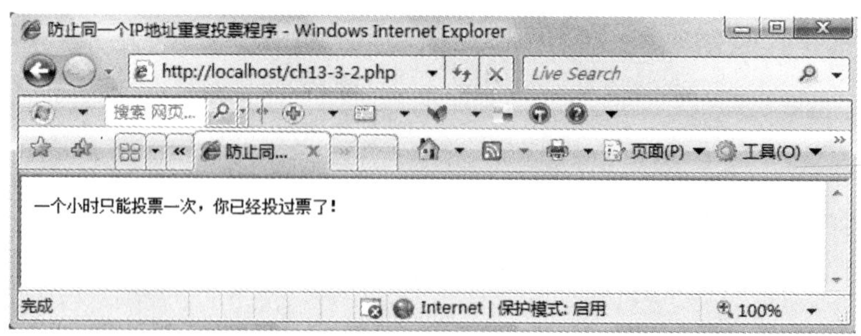

图 13-20

〖实例剖析与知识讲解〗

本例针对 PHP 开发过程中经常遇到的问题进行了介绍。到现在为止，你应该对如何防止用户恶意刷新页面来提高访问计数值以及投票值的统计有了一个清晰的认识吧！

利用 cookie 防止一天内重复刷新提高计数值的关键语句为：

```
if($_COOKIE["date"]!="date(Y年m月d日)")                  //判断 cookie 内容与当前日期是否一致
{
计数器累加值的处理;
setcookie("date","date(Y年m月d日)",time()+60*60*24); //重新将当前日期写入 cookie 并设定 cookie 的有效期为 24 小时
}
else
 {
显示原有计数值;
}
```

利用 cookie 防止同一个 IP 地址在一个小时内重复投票的关键语句为：

```
$IPaddress=$_SERVER["REMOTE_ADDR"];   //获取当前用户 IP 地址
if($_COOKIE["IPadr"]!=$IPaddress)
                 //判断 cookie 内容与当前主机是否一致
{
setcookie("IPadr","$IPaddress",time()+60*60);
      //重新将当前主机 IP 地址写入 cookie 并设定 cookie 的有效期为 1 小时
投票选项结果的处理;
}
else
{
显示“不能重复投票”提示信息;
}
```

小结

本章主要详细讲解了 session 和 cookie 的语法与运用。主要包括利用 session 进行多页间信息的传递、cookie 的语法以及有效期限的设置、如何利用 cookie 防止重复刷新等内容。相信在熟练掌握完本章后，对你的 PHP 项目的开发会有非常重要的意义。

第 14 章　MySQL 数据库的使用——学生信息管理系统

【本章导读语】

前面讲到信息只有得到存储才能发挥最佳的作用，同时也详细讲解了文件的存储方式，但文件只适合于存储数据量较少、对数据查找访问不太复杂的情况，如果遇到像管理系统或者留言本等数据量大、对数据访问频繁复杂的项目，再使用文件进行数据存储将是一件非常痛苦的事情。除了文件之外，PHP 还提供了数据库进行信息的存储。

数据库很多种，有 Access、SQL Server、Oracle 等，就 PHP 而言，PHP 与 MySQL 数据库的组合一直被称为是黄金组合，所以，本书使用 MySQL 数据库。

介绍数据库操作之前，先来了解什么是数据库。数据库，简单地讲就是存储大量数据的地方。与文本不同，数据库是以结构化的格式来存储信息，并且可以很方便容易地从中检索到指定的文本、日期、数字或者图片等信息。

至今为止，关系数据库是最常用的数据类型。关系数据库由一些关系表格构成，这种表格如成绩册、报表等。表格具有一个名称，表中的每一列都有一个名称，称为属性；表中的每一行称为一条记录。表中能够唯一标识每一条记录的那个属性或者属性组，称为键或者主键。通常一个数据库可以由多个表组成，可以使用键来为表格与表格之间建立联系。可以通过图 14-1 来了解关系表的结构。

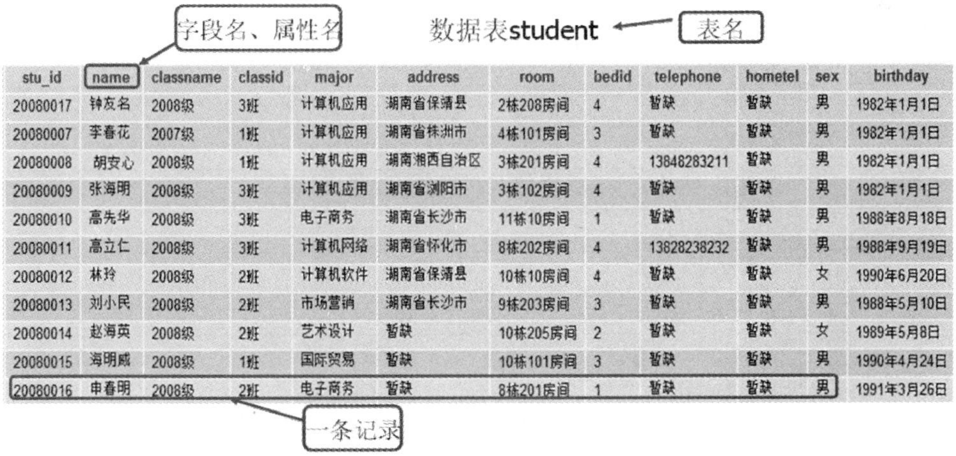

字段名、属性名　　数据表student ← 表名

stu_id	name	classname	classid	major	address	room	bedid	telephone	hometel	sex	birthday
20080017	钟友名	2008级	3班	计算机应用	湖南省保靖县	2栋208房间	4	暂缺	暂缺	男	1982年1月1日
20080007	李春花	2007级	1班	计算机应用	湖南省株洲市	4栋101房间	3	暂缺	暂缺	男	1982年1月1日
20080008	胡安心	2008级	1班	计算机应用	湖南湘西自治区	3栋201房间	4	13848283211	暂缺	男	1982年1月1日
20080009	张海明	2008级	3班	计算机应用	湖南省浏阳市	3栋102房间	4	暂缺	暂缺	男	1982年1月1日
20080010	高先华	2008级	3班	电子商务	湖南省长沙市	11栋10房间	1	暂缺	暂缺	男	1988年8月18日
20080011	高立仁	2008级	3班	计算机网络	湖南省怀化市	8栋202房间	4	13828238232	暂缺	男	1988年9月19日
20080012	林玲	2008级	2班	计算机软件	湖南省保靖县	10栋10房间	4	暂缺	暂缺	女	1990年6月20日
20080013	刘小民	2008级	2班	市场营销	湖南省长沙市	9栋203房间	3	暂缺	暂缺	男	1988年5月10日
20080014	赵海英	2008级	2班	艺术设计	暂缺	10栋205房间	2	暂缺	暂缺	女	1989年5月8日
20080015	海明威	2008级	1班	国际贸易	暂缺	10栋101房间	3	暂缺	暂缺	男	1990年4月24日
20080016	申春明	2008级	2班	电子商务	暂缺	8栋201房间	1	暂缺	暂缺	男	1991年3月26日

一条记录

图 14-1

图 14-1 所示的 student 表中共有 11 个字段，11 条记录。

表中的字段描述了某个特定属性，像 name 就描述了学生这个实体的“姓名”属性，下面的数据“钟友名”、“李春花”等数据就是该字段的值；表中的字段有一个唯一的字段名，不允许有两个同名的字段出现在同一个表中。

表中的记录是表示实体多个属性值的集合，比如黑色框指定的那一条记录代表姓名为“申春明”的相关属性内容。通过记录可以看到学生的具体情况。

了解了什么是数据库与数据表，下面如何在 MySQL 中进行数据库的操作。

在后续的 PHP 与 MySQL 的学习中必须了解到，要实现对某一个数据库进行操作，都要遵循一定的步骤与顺序，一步步实现对 MySQL 数据库的访问。

第一步：连接到 MySQL 服务器。

第二步：创建数据库。

第三步：选择数据库。

第四步：创建数据表。

第五步：对数据表进行操作。

本章主要通过对简单的学生信息管理系统进行分析与详细地讲解，让读者掌握 MySQL 数据库的使用。

一个即使再简单的学生信息管理系统也应该包括：

- 新生信息录入：添加新的学生信息到数据库中。
- 信息浏览：从数据库中读取信息进行显示。
- 修改信息：修改指定学生的信息，并对数据库进行更新。
- 删除信息：删除指定学生的记录。
- 查找信息：根据某种条件对数据表进行查询，获得相应的信息。

该系统的所有数据都存储在数据库 stu 中，其中包含一个数据表 student，表结构如表 14-1 所示。

表 14-1　数据表 student

字段名	类型（大小）	说明
stu_id	文本型（16）	学生学号，主键，非空
Name	文本型（50）	学生姓名，非空
Classname	文本型（25）	所属年级
Classid	文本型（10）	所属班
Major	文本型（20）	所学专业
Address	文本型（50）	家庭住址
Room	文本型（26）	宿舍
Bedid	文本型（4）	床号
Telephone	文本型（26）	手机号码
Hometel	文本型（26）	家庭联系电话
Sex	文本型（6）	性别
Birthday	文本型（30）	出生日期

本章分成 8 个实例分别来实现系统的功能。为了更完整地介绍 MySQL 数据库的操作，还增加了一个与本系统关系不大的实例来说明如何修改数据有的结构。

【设计思路】

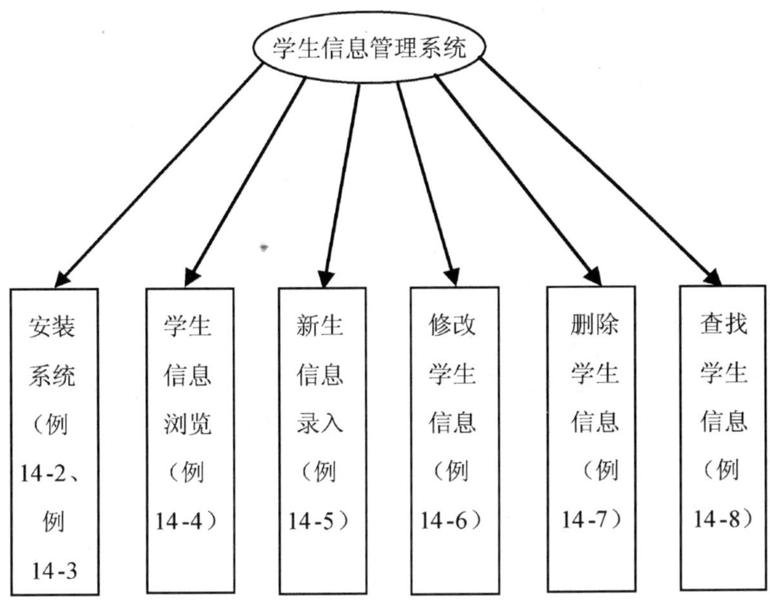

图 14-2

本章所有实例源代码均保存在本地根文件夹下的 chapter14 目录中。

【例 14-1】配置文件 config.inc.php

〖实例需求〗

本章中有一些代码在每个文档中都是重复的，如 MySQL 服务器连接、选择数据库、指定语言编码等代码。为了提高代码的复用性，我们将数据库连接语句单独保存在一个配置文件 config.inc.php 中，在每个程序中用 require()或者 include()函数引用即可。

〖开发过程〗

第一步：创建文件。

创建新文件，在 Dreamweaver CS3 代码编辑区输入如下代码：

```
<?
$db_host=localhost;                              //MySQL 服务器名
$db_user=root;                                   //MySQL 用户名
$db_pass="root";                                 //MySQL 用户对应的密码
$db_name="stu";                                  //指定所用的数据库
$table_name="student";                           //指定使用的数据表
//使用 mysql_connect()函数对服务器进行连接，如果出错返回相应的信息
$link=mysql_connect($db_host,$db_user,$db_pass)   or
die("不能连接到服务器".mysql_error());
mysql_select_db($db_name,$link);                 //选择相应的数据库，这里选择 stu 数据库
mysql_query("SET NAMES UTF8");                   //指定编码为 UTF8
```

```
$list_num=5;                              //每页显示记录
?>
```

第二步：保存文件并调试运行。

单击“文件”→“保存”命令，或者按快捷键 Ctrl+S，以文件名 config.inc.php 保存页面，文件自动保存到站点中。

按 F12 键或者单击图标的 预览在 IExplore 6.0 F12 即可进行网页的运行与调试，效果显示为一空白页面，表示服务器连接成功，没有错误信息显示。

〖实例剖析与知识讲解〗

本例将一些公用的代码单独保存在一个文件中。其中包括对 MySQL 服务器的连接、数据库的选择以及语言编码的指定、分页中要使用的每页显示记录条数。

- 连接数据库服务器。

若要实现对 MYSQL 数据库的访问，必须首先要连接到数据库服务器。PHP 提供了内部函数 mysql_connect ()来实现到 MYSQL 服务器的连接。

语法格式如下：

```
resource mysql_connect ( [string server [, string username [, string password [, bool new_link
[, int client_flags]]]]] )
```

若服务器连接成功则返回一个 MySQL 连接标识，失败则返回 FALSE。函数共有 5 个可选参数，具体如表 14-2 所示。

表 14-2 mysql_connect()函数的参数

参数名	说明
Server	MySQL 服务器的 IP 地址或者主机名，也可以包括端口号，格式如：服务器名:端口号。若 MySQL 与 Web 服务器运行在同一个服务器上，则可以将该参数设为 localhost。
Username	具有访问数据库权限的用户
Password	username 用户访问的密码
new_link	如果用同样的参数第 2 次调用 mysql_connect()，将不会建立新连接。而将返回已经打开的连接标识。本参数 new_link 改变此行为并使 mysql_connect()总是打开新的连接，既使当 mysql_connect() 曾在前面被同样的参数调用过
client_flags	可以是以下常量的组合：MYSQL_CLIENT_COMPRESS，MYSQL_CLIENT_IGNORE_SPACE 或者 MYSQL_CLIENT_INTERACTIVE。

当函数中没有任何可选参数时使用以下默认值：server ="localhost:3306"，username = "服务器进程所有者的用户名"，password = 空密码。

本书中指定 server="localhost"，username="root"，password="root"。

如本例连接到 MySQL 服务器的代码如下：

```
$db_host=localhost;                       //MySQL 服务器名
$db_user=root;                            //MySQL 用户名
$db_pass="root";                          //MySQL 用户对应的密码
$db_name="stu";                           //指定所用的数据库
$table_name="student";                    //指定使用的数据表
//使用 mysql_connect()函数对服务器进行连接，如果出错返回相应的信息
$link=mysql_connect($db_host,$db_user,$db_pass)    or
die("不能连接到服务器".mysql_error());
```

其中，die()函数是一个等于 exit()的退出函数，若前面的服务器连接不成功，就显示“不能连接到服务器”与错误提示信息。

若将本例代码中的密码设置为空，修改成如下代码：

```
<?
$db_host=localhost;                    //MySQL 服务器名
$db_user=root;                         //MySQL 用户名
$db_pass=" ";                          //MySQL 用户对应的密码
$db_name="stu";                        //指定所用的数据库
$table_name="student";                 //指定使用的数据表
//使用 mysql_connect()函数对服务器进行连接，如果出错返回相应的信息
$link=mysql_connect($db_host,$db_user,$db_pass)    or
die("不能连接到服务器".mysql_error());
mysql_select_db($db_name,$link);       //选择相应的数据库，这里选择 stu 数据库
mysql_query("SET NAMES UTF8");         //指定编码为 UTF8
$list_num=5;                           //每页显示记录
?>
```

会显示如下错误信息：

```
不能连接到服务器Access denied for user 'root'@'localhost' (using password: NO)
```

或者当 MySQL 服务关闭，也会导致无法连接到服务器，此时，会显示如下错误信息：

```
不能连接到服务器Can't connect to MySQL server on 'localhost'
```

- 设置字符集。

当用 PhpMyAdmin 操作 MySQL 数据库汉字显示正常，但用 PHP 网页显示 MySQL 数据时所有的汉字都变成了?号或者乱码。这是什么原因呢？这是因为没有在 PHP 网页中用代码告诉 MySQL 该以什么字符集输出汉字。

只要在 PHP 网页头部加入以下一段代码告诉 MySQL 以 UTF8 编码输出汉字即可。

```
<? mysql_query("SET NAMES UTF8");  ?>
```

注意：如果你的网页编码是 gb2312，那就是 SET NAMES GB2312。但强烈推荐网页编码、MySQL 数据表字符集、PHPmyAdmin 都统一使用 UTF8。

本例中将网页编码统一采取 UTF8，代码如下：

```
mysql_query("SET NAMES UTF8");         //指定编码为 UTF8
```

【例 14-2】创建数据库 stu

〖实例需求〗

【例 14-1】中已经成功地连接到 MySQL 服务器了，接下来创建学生信息管理系统所需要的数据库 stu。

本例将创建用程序 ch14-2.php 来实现数据库 stu 的创建。若创建成功，则显示“数据库安装成功！”，否则显示“错了，错了，数据库没有安装成功！”

〖开发过程〗

第一步：创建文件 ch14-2.php。

创建新文件，在 Dreamweaver CS3 代码编辑区输入如下代码：

```
<!DOCTYPE html PUBLIC "-//W3C//DTD XHTML 1.0 Transitional//EN" "http://www.w3.org/TR/xhtml1/DTD/xhtml1-transitional.dtd">
<html xmlns="http://www.w3.org/1999/xhtml">
<head>
<meta http-equiv="Content-Type" content="text/html; charset=utf-8" />
<title>学生信息管理系统后台安装数据库</title>
</head>
<body>
<?
require "config.inc.php";                    //引用配置文件
$sql="CREATE DATABASE stu";                   //创建数据库的SQL语句
if(mysql_query($sql,$link))                   //发送SQL语句
echo "数据库安装成功!";                        //如果创建成功显示信息
else
echo "错了，错了，数据库没有安装成功!";         //如果创建失败显示信息
?>
</body>
</html>
```

第二步：保存文件并调试运行。

单击“文件”→“保存”命令，或者按快捷键 Ctrl+S，以文件名 ch14-2.php 保存页面，文件自动保存到站点中。

按 F12 键或者单击图标的 预览在 IExplore 6.0 F12 即可进行网页的运行与调试，效果如图 14-3 所示。

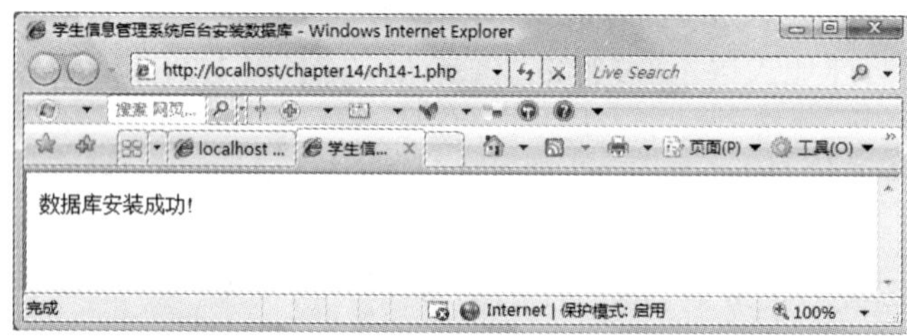

图 14-3

打开 phpMyAdmin 会发现，MySQL 服务器上已经创建了一个名为 stu 的数据库，如图 14-4 所示。

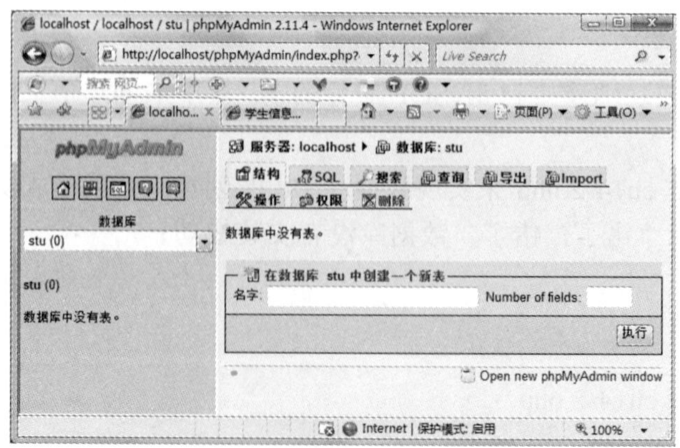

图 14-4

〖实例剖析与知识讲解〗

连接到 MySQL 服务器后，接下来要在服务器上创建数据库。

● 创建数据库。

要创建新的数据库，在 PHP 4.0 之前可以使用 mysql_create_db()函数，但现在已经不使用这个函数了，因为很多浏览器不能进行正确地解析。

只能通过 SQL 语句 CREATE DATABASE 来进行数据库的创建了，语法格式如下：

```
CREATE DATABASE 数据表名
```

本例中创建数据库 stu 的语句如下：

```
$sql="CREATE DATABASE stu";                    //创建数据库的 SQL 语句
if(mysql_query($sql,$link))                     //发送 SQL 语句
echo "数据库安装成功!";                          //如果创建成功显示信息
else
echo "错了，错了，数据库没有安装成功!";          //如果创建失败显示信息
```

首先将 CREATE DATABASE stu 语句保存至一个字符型变量中，接着使用 mysql_query()函数来发送 SQL 语句，若成功执行了该 SQL 语句，则显示“数据库安装成功！”，否则显示“错了，错了，数据库没有安装成功！”。

本例中的 require "config.inc.php";语句是将【例 14-1】的配置文件引用到本例中，require 还可以用 include 替代，具体语法在第 2 章中已经讲解。

● 显示服务器上所有的数据库。

有时，我们需要了解 MySQL 服务器上到底有多少数据库，是否有没有价值的数据库需要及时地清除。可以使用 mysql_list_dbs()函数来显示服务器上的数据库情况，语法格式如下：

```
resource mysql_list_dbs ( [resource link_identifier] )
```

函数将返回一个结果指针，包含了当前 MySQL 进程中所有可用的数据库。

若要遍历服务器上所有的数据库，代码（ch14-2-1.php）如下：

```
<!DOCTYPE html PUBLIC "-//W3C//DTD XHTML 1.0 Transitional//EN" "http://www.w3.org/TR/xhtml1/DTD/xhtml1-transitional.dtd">
<html xmlns="http://www.w3.org/1999/xhtml">
<head>
<meta http-equiv="Content-Type" content="text/html; charset=utf-8" />
<title>显示服务器上所有的数据库</title>
</head>
<body>
<?
require "config.inc.php";                          //引用配置文件
$db_list = mysql_list_dbs($link);                  //显示服务器上的数据库
echo "服务器上的数据库有: <br>";
while ($row = mysql_fetch_object($db_list))        //循环遍历显示数据库
 {
   echo $row->Database . "  "
 }
?>
</body>
</html>
```

显示结果如图 14-5 所示。

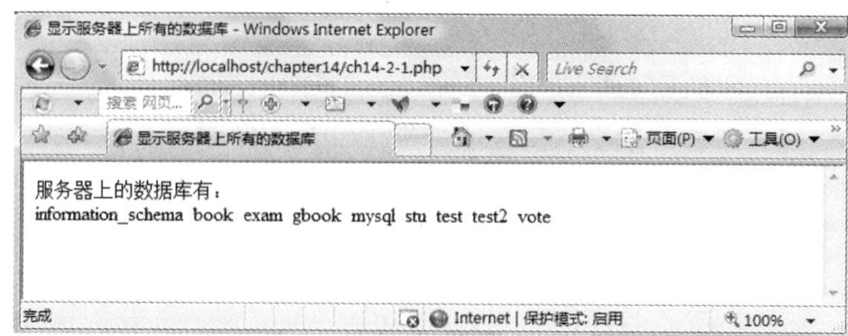

图 14-5

其中的 mysql_fetch_object（$db_list）函数，从查询到的所有数据库的结果集中取得一行作为对象 object，并赋给变量$row，然后用$row->Database 返回结果集中每一个数据库的名称。

- 删除指定数据库。

删除一个数据库可以通过 SQL 语句 drop database 来实现，语法格式如下：

```
drop database 数据库名
```

- 选择当前操作的数据库。

在进行数据表操作前，要选择当前操作的数据库，采用 mysql_select_db()函数来实现，语法格式如下：

```
bool mysql_select_db ( string database_name [, resource link_identifier] )
```

函数如果选择数据库 database_name 成功则返回 TRUE，失败则返回 FALSE。mysql_select_db()设定与指定的连接标识符 link_indentifier 所关联的服务器上的当前激活数据库。如果没有指定连接标识符，则使用上一个打开的连接。如果没有打开的连接，本函数将无参数调用 mysql_connect()来尝试打开一个连接并使用。

config.inc.php 中给出了选择数据库 stu 的代码：

```
mysql_select_db($db_name,$link);  //选择stu 数据库
```

【例 14-3】在数据库 stu 中创建数据表 student

〖实例需求〗

创建完数据库后，接着要创建数据表 student，表结构如表 14-3 所示。

表 14-3 student 表的结构

字段名	类型（大小）	说明
stu_id	文本型（16）	学生学号，主键，非空
name	文本型（50）	学生姓名，非空
classname	文本型（25）	所属年级
classid	文本型（10）	所属班
major	文本型（20）	所学专业
address	文本型（50）	家庭住址
room	文本型（26）	宿舍
bedid	文本型（4）	床号
telephone	文本型（26）	手机号码
hometel	文本型（26）	家庭联系电话

（续表）

字段名	类型（大小）	说明
sex	文本型（6）	性别
birthday	文本型（30）	出生日期

本例将用程序 ch14-3.php 来实现数据库 stu 中表 student 的创建。若创建成功，则显示“表 student 创建成功！”，否则显示“错了，错了，数据表没有安装成功!”。

〖**开发过程**〗

第一步：创建文件。

创建新文件，在 Dreamweaver CS3 代码编辑区输入如下代码：

```
<!DOCTYPE html PUBLIC "-//W3C//DTD XHTML 1.0 Transitional//EN" "http://www.w3.org/TR/xhtml1/DTD/xhtml1-transitional.dtd">
<html xmlns="http://www.w3.org/1999/xhtml">
<head>
<meta http-equiv="Content-Type" content="text/html; charset=utf-8" />
<title>学生信息管理系统后台安装数据表</title>
</head>
<body>
<?
require "config.inc.php";          //引用配置文件
$sql="create table $table_name(stu_id varchar(16) not null primary key,name varchar(50) not null,classname varchar(25),classid varchar(10),major varchar(20),address varchar(50),room varchar(26),bedid varchar(4),telephone varchar(26),hometel varchar(26),sex varchar(6),birthday varchar(30))";
if(mysql_query($sql,$link))        //发送 SQL 语句执行创建表的操作
echo "表 student 创建成功!";
else
echo "错了，错了，数据表没有安装成功!";
?>
</body>
</html>
```

第二步：保存文件并调试运行。

单击“文件”→“保存”命令，或者按快捷键 Ctrl+S，以文件名 ch14-3.php 保存页面，文件自动保存到站点中。

按 F12 键或者单击图标的 预览在 IExplore 6.0 F12 即可进行网页的运行与调试，效果如图 14-6 所示。

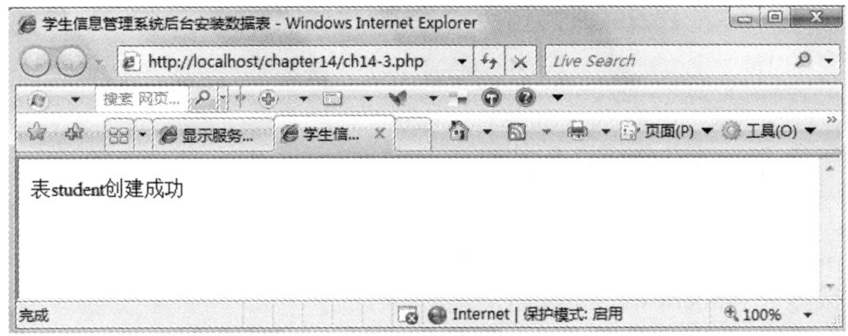

图 14-6

打开 phpMyAdmin，会发现，MySQL 服务器上数据库 stu 下已经有了一个名为 student 的数据表，右边区域列出了该表所有创建的字段及字段的属性，可以通过单击“操作”中的“编辑”、“删除”、“设为主键”等设置每个字段。从图 14-7 中还可以看到本表已经设置了 stu_id 为主键（primary key）。

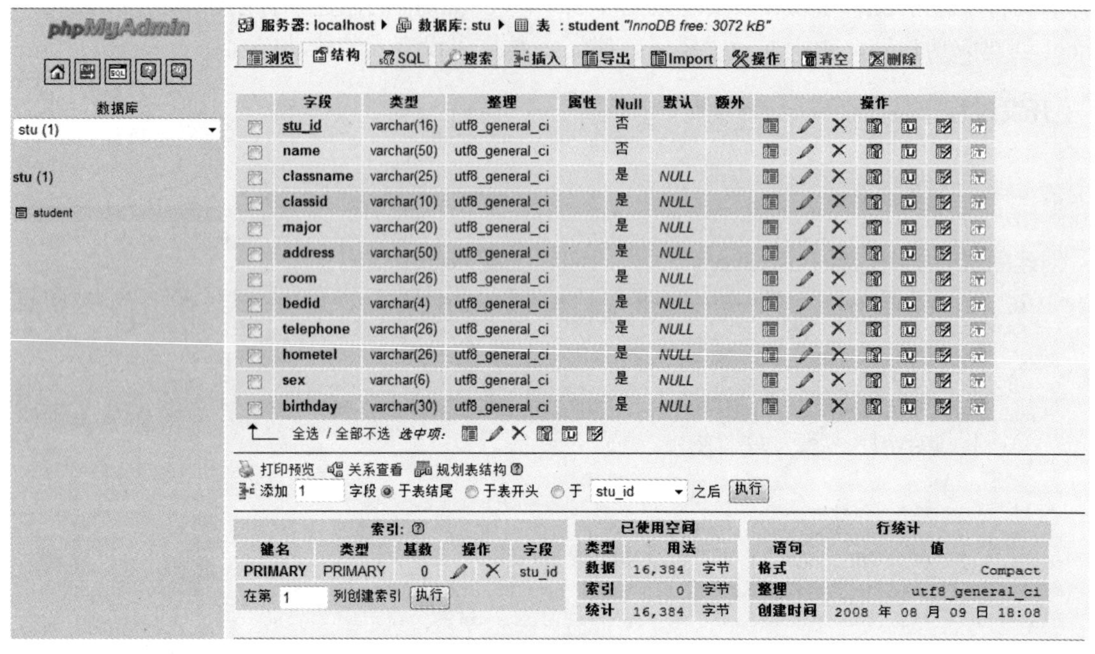

图 14-7

〖实例剖析与知识讲解〗

创建数据库，并用 mysql_select_db()选择数据库 stu 为当前数据库，然后需要在该数据库下新建表 student。

● 创建数据表。

要创建新的数据库，只能通过 SQL 语句 create table 来进行数据表的创建。语法格式如下：

```
create table 数据表名(字段名1 类型(长度) [not null|null][primary key][auto_increment],字段名2 类型(长度) [not null|null],……)
```

其中，参数数据表名与字段名 1、字段名 2 的命名必须满足用户数据库中的标识符的要求；

- not null：表示该字段的值不能为空，否则 MySQL 提示错误。
- primary key：表示该字段为该表的主键。
- auto_increment：表示该字段的值自动递增，要求字段类型必须是 int 型才能用此参数，常用于表的 ID 字段。

注意：

（1）所有的字段名必须都包括在一对圆括号中。

（2）若有多个字段，则要用逗号（,）分开。

（3）字段类型的长度一定要用圆括号括起来。

本例中创建数据表 student 的语句如下：

```
require "config.inc.php";            //引用配置文件
```

```
    $sql="create table $table_name(stu_id varchar(16) not null primary key,name varchar(50) not null,classname varchar(25),classid varchar(10),major varchar(20),address varchar(50),room varchar(26),bedid varchar(4),telephone varchar(26),hometel varchar(26),sex varchar(6),birthday varchar(30))";
    if(mysql_query($sql,$link))              //发送 SQL 语句执行创建表的操作
    echo "表 student 创建成功!";
    else
    echo "错了，错了，数据表没有安装成功!";
```

在 config.inc.php 中已经选择了当前激活的数据库为 stu，并将 student 数据表名保存在一个字符型变量$table_name 中，语句如下：

```
    mysql_select_db($db_name,$link);         //选择数据库 stu
    $table_name="student";
```

$sql 语句中包括了一个创建数据表的语句：

```
    create table $table_name(stu_id varchar(16) not null primary key,name varchar(50) not null,classname varchar(25),classid varchar(10),major varchar(20),address varchar(50),room varchar(26),bedid varchar(4),telephone varchar(26),hometel varchar(26),sex varchar(6),birthday varchar(30))
```

该语句创建了一个名为 student 的数据表，其中包括 12 个字段，字段 stu_id 要求不能为空，同时为该表的主键；字段 name 不能为空。

- 显示指定数据库的所有数据表。

采用 SQL 语句 show tables 来实现对当前数据库所有数据表列表的显示。

显示数据库 stu 下的所有数据表的代码（已保存为 ch14-3-1.php）如下：

```
    <!DOCTYPE html PUBLIC "-//W3C//DTD XHTML 1.0 Transitional//EN" "http://www.w3.org/TR/xhtml1/DTD/xhtml1-transitional.dtd">
    <html xmlns="http://www.w3.org/1999/xhtml">
    <head>
    <meta http-equiv="Content-Type" content="text/html; charset=utf-8" />
    <title>显示数据库 stu 下的所有数据表</title>
    </head>
    <body>
    <?
    require "config.inc.php";                        //引用配置文件
    $sql="show tables";                              //显示所有表格的 SQL 变量定义
    $table_list=mysql_query($sql,$link);             //发送 SQL 语句，返回结果集
    echo "STU 数据库中的数据表有: <br>";
    while($row=mysql_fetch_row($table_list))         //循环遍历返回的结果集
    {
    echo $row[0]."  ";                     //显示表名
    }
    ?>
    </body>
    </html>
```

结果如图 14-8 所示。

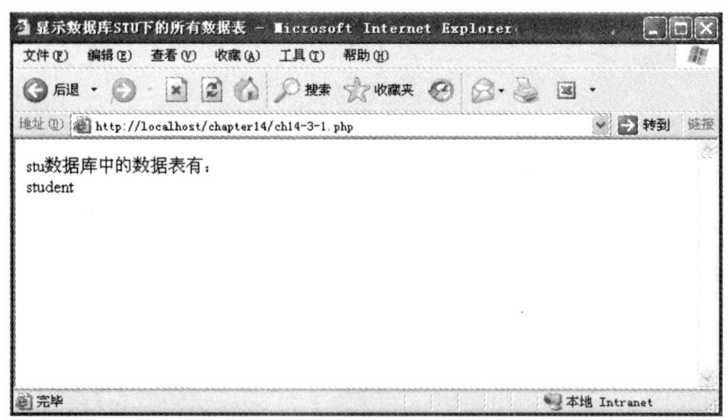

图 14-8

可以看到，stu 数据库中只有一个数据表，就是本例中创建的 student 表。

在代码 ch14-3-1.php 中，“$table_list=mysql_query($sql,$link);”语句将找到的所有数据表返回给结果变量$table_list，接下来，采用 while 语句对结果变量$table_list 进行循环遍历，有一个新的函数：

```
mysql_fetch_row($table_list)
```

该函数的语法格式如下：

```
array mysql_fetch_row ( resource result )
```

函数返回从结果集 result 中取得的行生成的数组，若到了最后一行之后则返回 FALSE。每个结果的列存储在一个数组的单元中，偏移量从 0 开始。依次调用 mysql_fetch_row() 将返回结果集中的下一行，若到了最后一行之后则返回 FALSE。

- 删除数据表。

采用 SQL 语句 drop table 来实现对指定数据表的删除，语法格式如下：

```
drop table 表名
```

删除当前数据表中的表 student 的代码（已保存在 ch14-3-2.php 中）如下：

```
<!DOCTYPE html PUBLIC "-//W3C//DTD XHTML 1.0 Transitional//EN" "http://www.w3.org/TR/xhtml1/DTD/xhtml1-transitional.dtd">
<html xmlns="http://www.w3.org/1999/xhtml">
<head>
<meta http-equiv="Content-Type" content="text/html; charset=utf-8" />
<title>删除数据库 stu 下的数据表 student</title>
</head>
<body>
<?
require "config.inc.php";
$sql="drop table student";                    //删除表 student 的 SQL 变量
$table_list=mysql_query($sql,$link);          //发送 SQL 语句，返回结果集
echo "STU 数据库中的数据表有：<br>";
while($row=mysql_fetch_row($table_list))      //循环遍历返回的结果集
{
echo $row[0]."  ";                  //显示表名
}
?>
</body>
</html>
```

执行完 ch14-3-2.php 之后，再来显示 stu 数据库的数据表结果如图 14-9 所示。

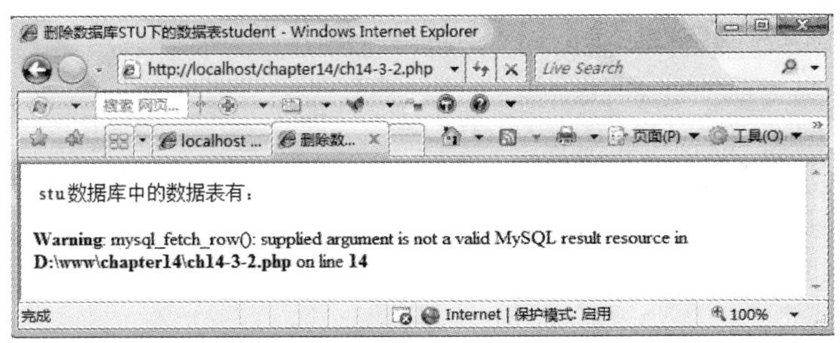

图 14-9

可以看到，stu 数据库现在已经没有任何数据表了。同时，在下方的 Warning 语句中，显示 mysql_fetch_row($table_list)已经不能够提供一个有效的结果集了。

【例 14-4】学生信息浏览页面（含分页显示）

〖实例需求〗

本例 ch14-4.php 将表 student 的学生信息通过表格的方式逐条显示出来，并在最后两列中添加“编辑”与“删除”两个选项，以用于后续实例的编辑与删除记录功能的实现。

除了将学生信息正常显示外，还在代码中添加了分页显示的功能，实例最后结果是根据 include.inc.php 中的$list_num 的值来设定每页显示几条记录，只需要修改$list_num 的值即可。当然分页操作还有很多其他的代码，本例中将一一进行讲解。

若数据表 student 没有任何记录，则显示“暂时还没有新生记录！”，否则以表格方式分页显示所有学生信息。

同时，通过 ch14-4-1.php 演示了如何根据“性别 sex”字段进行升序排序来显示学生信息。

〖开发过程〗

第一步：创建文件 ch14-4.php。

创建新文件，在 Dreamweaver CS3 代码编辑区输入如下代码：

```
<!DOCTYPE html PUBLIC "-//W3C//DTD XHTML 1.0 Transitional//EN" "http://www.w3.org/TR/xhtml1/DTD/xhtml1-transitional.dtd">
<html xmlns="http://www.w3.org/1999/xhtml">
<head>
<meta http-equiv="Content-Type" content="text/html; charset=utf-8" />
<title>学生信息管理系统一分页浏览学生信息</title>
/*内部样式与外部样式的设置*/
<style type="text/css">
<!--
.STYLE1 {font-size: 36px}
-->
</style>
<link href="../mystyle.css" rel="stylesheet" type="text/css" />
</head>
<body>
```

```
<p align="center">
<?
if(!$_GET["page"])                                      //判断是否是第 1 页或者其他中间页
$page=1;
else
$page=$_GET["page"];
require "config.inc.php";                               //引用配置文件
$temp=($page-1)*$list_num;
$sql="select * from $table_name";
$result=mysql_query($sql) or die("查询出错".mysql_error());
//发送 SQL 请求
$num=mysql_num_rows($result);                           //获得记录数
?>
<span class="STYLE1">学生信息管理系统一浏览学生信息</span></p>
<p align="center">
<?
echo "目前共有".$num."条记录  ";              //输出记录数
$p_count=ceil($num/$list_num);                          //总页数为总条数除以每页显示数
echo "共分".$p_count."页显示  ";              //输出页数
echo "当前显示第".$page."页";
echo "<p>";
if($num>0)                                              //如果记录数大于 0 输出记录内容
{
?>
<table width="912" height="76" border="0" align="center">
<tr>
<td><div align="center">学号</div></td>
<td><div align="center">姓名</div></td>
<td><div align="center">性别</div></td>
<td><div align="center">出生日期</div></td>
<td><div align="center">年级</div></td>
<td><div align="center">班级</div></td>
<td><div align="center">专业</div></td>
<td><div align="center">宿舍</div></td>
<td><div align="center">床号</div></td>
<td><div align="center">家庭住址</div></td>
<td><div align="center">手机</div></td>
<td><div align="center">家庭电话</div></td>
<td><div align="center">编辑</div></td>
<td><div align="center">删除</div></td>
</tr>
<?
$sql="select * from $table_name limit $temp,$list_num";
$result=mysql_query($sql) or die("查询出错".mysql_error());
//发送 SQL 请求
while($row=mysql_fetch_array($result))
{
?>
<tr>
<td><div align="center">
<?=$row[stu_id]?>                                       //显示学号字段
</div></td>
<td><div align="center">
```

```
<?=$row[name]?>                                  //显示姓名字段
</div></td>
<td><div align="center">
<?=$row[sex]?>                                   //显示性别字段
</div></td>
<td><div align="center">
<?=$row[birthday]?>                              //显示出生日期字段
</div></td>
<td><div align="center">
<?=$row[classname]?>                             //显示年级字段
</div></td>
<td><div align="center">
<?=$row[classid]?>                               //显示班级字段
</div></td>
<td><div align="center">
<?=$row[major]?>                                 //显示专业字段
</div></td>
<td><div align="center">
<?=$row[room]?>                                  //显示宿舍字段
</div></td>
<td><div align="center">
<?=$row[bedid]?>                                 //显示床号字段
</div></td>
<td><div align="center">
<?=$row[address]?>                               //显示家庭地址字段
</div></td>
<td><div align="center">
<?=$row[telephone]?>                             //显示手机字段
</div></td>
<td><div align="center">
<?=$row[hometel]?>                               //显示家庭电话字段
</div></td>
<td>
<div align="center">
/*将学生学号传递给编辑与更新页面进行指定记录的修改*/
<a href="ch14-6.php?stuid=<?=$row["stu_id"]?>">编辑</a>
</div>
</td>
<td>
<div align="center">
<a href="ch14-7.php?stuid=<?=$row["stu_id"]?>">删除</a>
</div>
</td>
</tr>
<?
}
?>
</table>
<?
$prev_page=$page-1;                              //定义上一页为该页减1
$next_page=$page+1;                              //定义下一页为该页加1
echo "<p align=\"center\"> ";
if ($page<=1)                                    //如果当前页小于等于1只显示文字
```

```
{
echo "第一页 | ";
}
else                                        //如果当前页大于 1 显示指向第一页的链接
{
echo "<a href='ch14-4.php?page=1'>第一页</a> | ";
}
if ($prev_page<1)                           //如果上一页小于 1 只显示文字
{
echo "上一页 | ";
}
else                                        //如果上一页大于 1 显示指向上一页的链接
{
echo "<a href='ch14-4.php?page=$prev_page'>上一页</a> | ";
}
if ($next_page>$p_count)                    //如果下一页大于总页数只显示文字
{
echo "下一页 | ";
}
else                                        //如果下一页小于总页数则显示指向下一页的链接
{
echo "<a href='ch14-4.php?page=$next_page'>下一页</a> | ";
}
if ($page>=$p_count)                        //如果当前页大于或者等于总页数只显示文字
{
echo "最后一页</p>\n";
}
else                                        //如果当前页小于总页数显示最后页的链接
{
echo "<a href='ch14-4.php?page=$p_count'>最后一页</a></p>\n";
}
}
else                                        //如果没有记录时输出信息
{
echo "<P align='center'>暂时还没有新生记录! </p>";
}?>
</p>
<p align="center">
<a href="ch14-5.php">新生录入</a>
<a href="ch14-8.php">查询学生</a>
</p>
</body>
</html>
```

第二步：保存文件并调试运行。

单击“文件”→“保存”命令，或者按快捷键 Ctrl+S，以文件名 ch14-4.php 保存页面，文件自动保存到站点中。

按 F12 键或者单击图标的“预览在 IExplore 6.0　F12”即可进行网页的运行与调试，因现在还没有在 student 表中录入新数据，显示“暂时还没有新生记录！”，效果如图 14-10 所示。

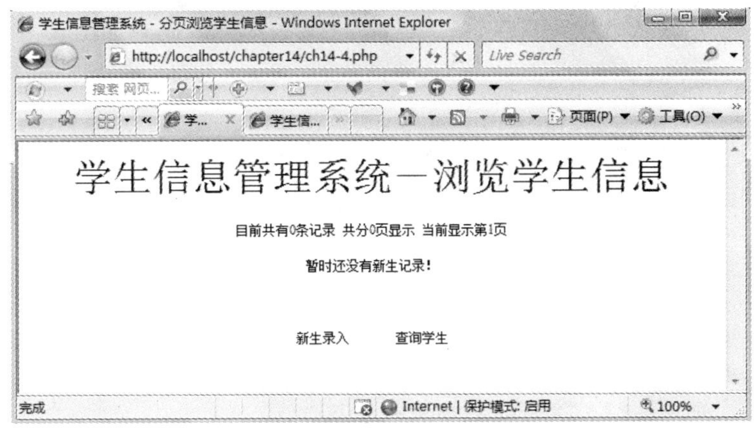

图 14-10

现在，通过往表 student 中添加几条记录来演示分页后的效果，只能通过 PhpMyAdmin 进行添加，步骤如下：

（1）打开 PhpMyAdmin，找到数据表 student，如图 14-11 所示。

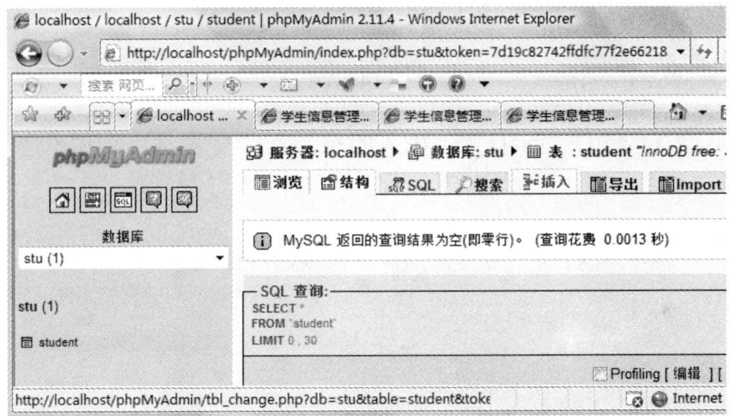

图 14-11

（2）单击“插入”按钮，弹出如图 14-12 所示的页面，并填入相应的内容。

图 14-12

（3）填写完学生信息后，单击“执行”按钮，将新输入的数据添加至表中，结果如图 14-13 所示。

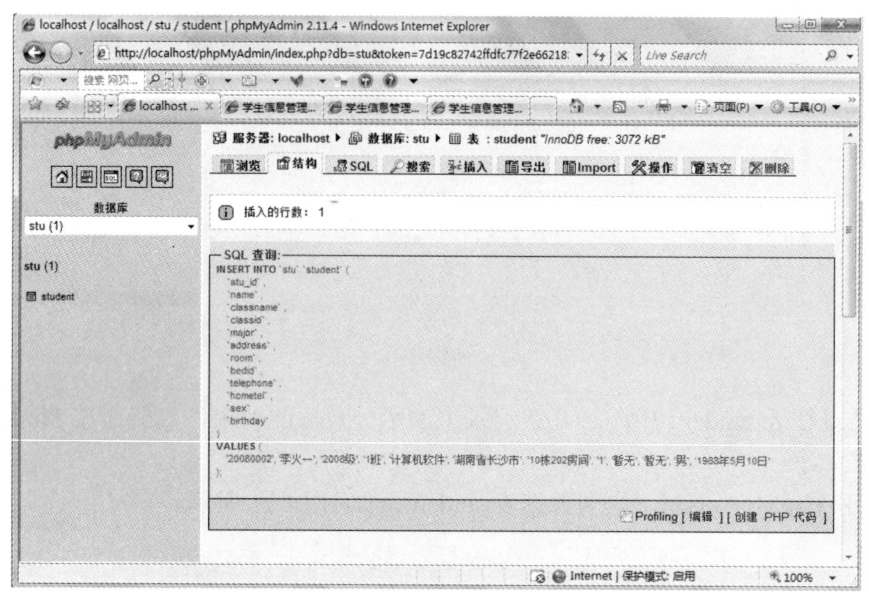

图 14-13

（4）可以看到，图 14-13 中显示信息“插入的行数：1”，单击“浏览”按钮，会发现 student 表中已经有了一条记录，如图 14-14 所示。

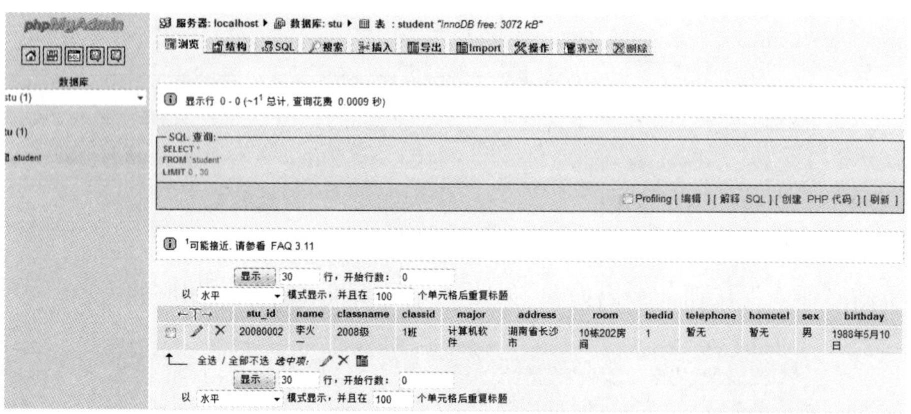

图 14-14

（5）按照上述同样的步骤，再继续添加 5 条记录到表 student 中，结果如图 14-15 所示。

←T→	stu_id	name	classname	classid	major	address	room	bedid	telephone	hometel	sex	birthday
	20070028	王花花	2008级	5班	国际贸易	北京市	11栋201房间	2	暂缺	暂缺	女	1990年11月21日
	20080002	李火一	2008级	1班	计算机软件	湖南省长沙市	10栋202房间	1	暂无	暂无	男	1988年5月10日
	20080031	黄小鸭	2008级	2班	市场营销	湖南省保靖县	8栋101室	4	暂缺	暂缺	女	1990年5月10日
	20080035	乔海华	2008级	3班	电子商务	海南省	10栋101房间	3	暂缺	暂缺	男	1989年2月22日
	20080040	朱葱	2008级	2班	计算机软件	湖南省怀化市	7栋103室	4	13888882282	暂缺	女	1991年12月10日
	20080042	李小小	2008级	4班	计算机软件	湖南省长沙市	11栋802房间	2	暂缺	暂缺	女	1992年5月29日

图 14-15

（6）至此，已经成功通过 PhpMyAdmin 添加了 6 条记录，这时运行 ch14-4.php，会看到如图 14-16 所示的页面。

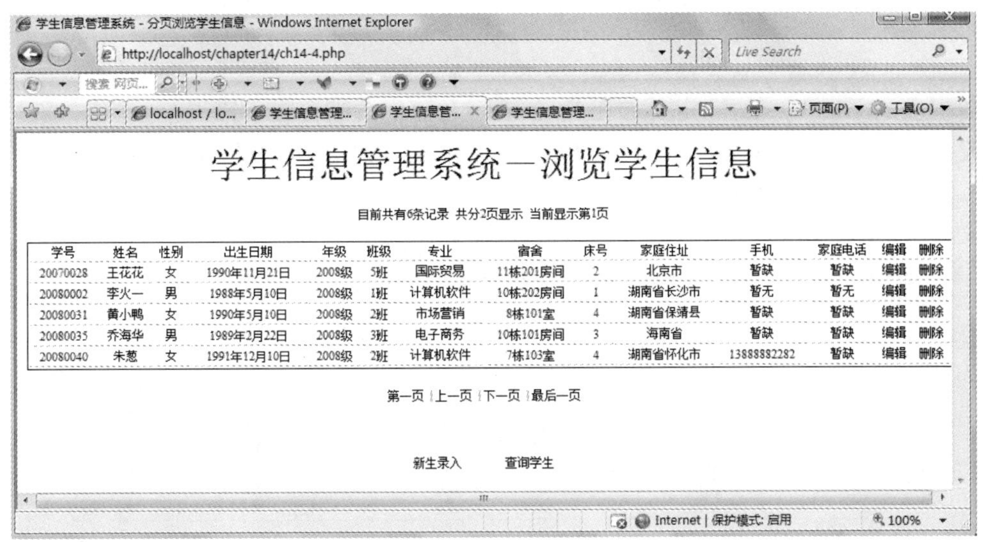

图 14-16

（7）页面中显示“目前共有 6 条记录，共分 2 页显示，当前显示第 1 页”，若要查看第 2 页的信息，单击“下一页”链接，进入如图 14-17 所示的第 2 页页面。

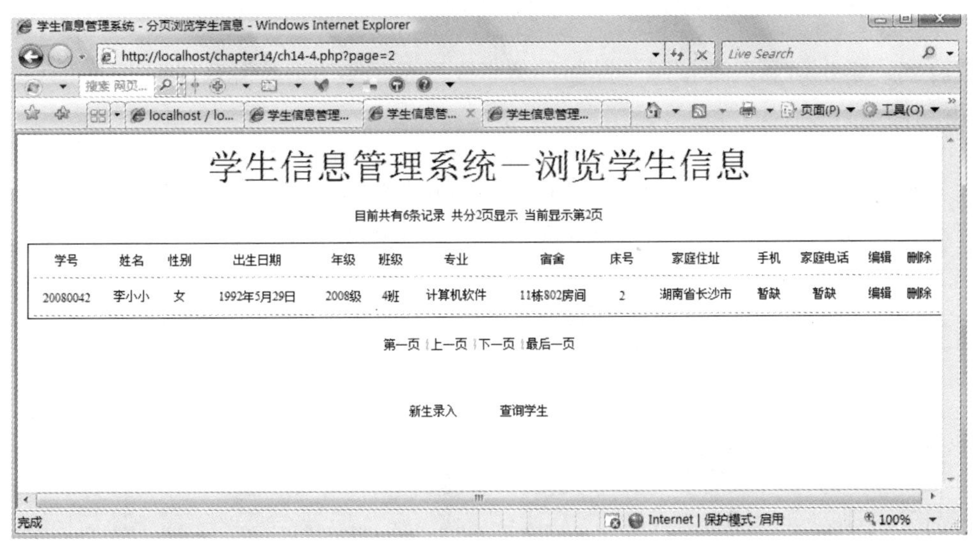

图 14-17

（8）可以通过单击“第一页”、“上一页”、“下一页”和“最后一页”等链接来进行各页的访问。

至此，ch14-4.php 演示完毕。

若要将所有的记录按照“性别 sex”进行升序显示，只需要对 ch14-4.php 中的 SQL 语句 select 做少量的修改，即可实现排序。

第三步：创建文件 ch14-4-1.php 并调试。

打开 ch14-4.php 文件，另存为 ch14-4-1.php，其他代码不变，只是将如下代码：

```
$sql="select * from $table_name limit $temp,$list_num";
```

修改为：

```
$sql="select * from $table_name order by sex limit $temp,$list_num";
```

务必注意，order by sex 一定要加在 limit 语句之前，否则会提示错误。

修改完毕后保存文件，运行 ch14-4-1.php，结果显示如图 14-18 所示。

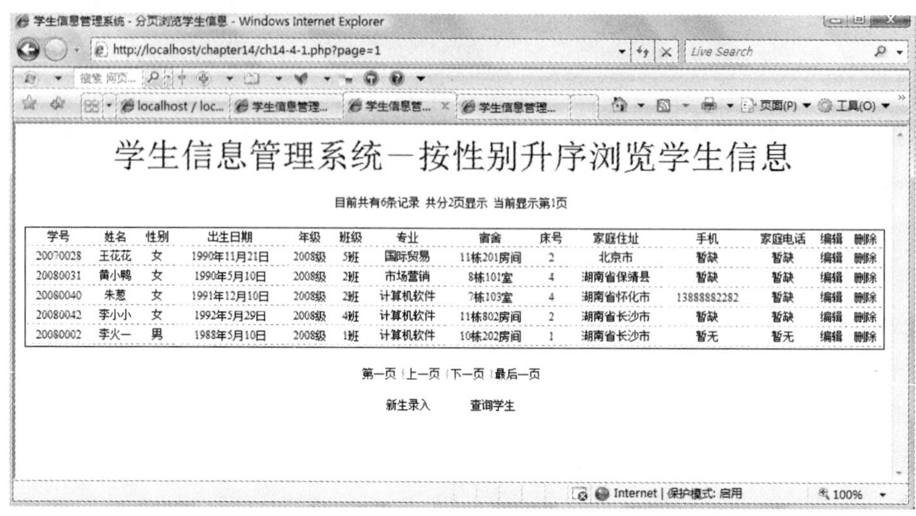

图 14-18

可以看到，学生信息已经按照“性别”从“女”至“男”升序排序了，若要降序排序，则将 SQL 语句修改为：

```
$sql="select * from $table_name order by sex desc limit $temp,$list_num";
```

将会显示如图 14-19 所示的页面，学生信息按照“性别”从“男”至“女”降序排序。

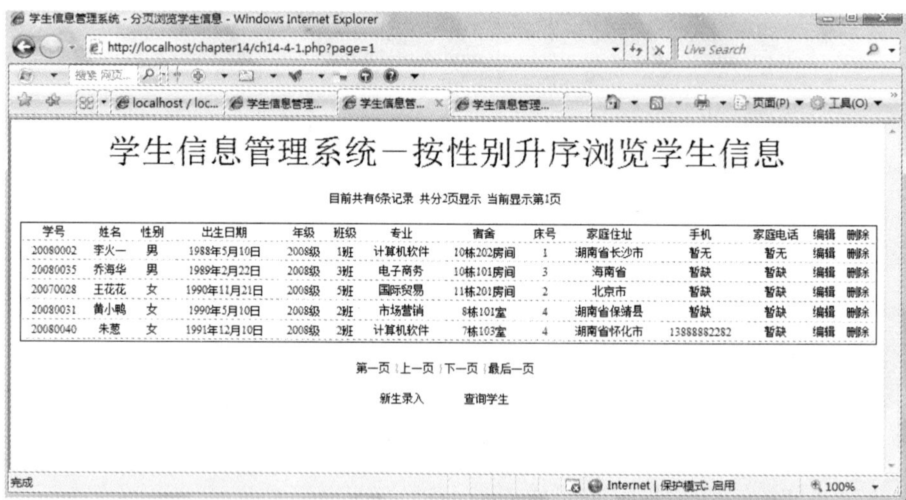

图 14-19

若要按其他字段进行排序，只需修改 order by 后所接的字段即可，在此不再多述了。

〖**实例剖析与知识讲解**〗

本例介绍如何对数据表的记录进行查看、如何显示各记录以及如何实现分页显示。下面就这些知识点一一进行讲解。

● 查询数据表。

要查询 MySQL 数据表采用 SQL 语句 select 来实现，它通过一系列的子参数来指定从数据库中获取数据。

select 语句的格式如下：

```
select [options] items [INTO file] from table1,table2……
[where conditions]
[group by group_type]
[having where_definition]
[order by order_type]
[limit limit_criteria]
[procedure proc_name(arguments)]
……;
```

每个子句都能让查询更细致、更精确，让我们来仔细地学习它们！

➢ 不带任何子句的 select 语句。

```
例1：select * from student;
```

返回数据表 student 的所有记录。

➢ 返回某些字段。

```
例2：select name,sex,major from student;
```

返回数据表 student 中 name、sex、major 三个字段的所有记录内容。

➢ 带 where 子句的 select 语句。

where 子句为执行的 select 操作附加一些条件，适合于 select、delete 和 update 语句。

```
例3：select * from student where sex="男";
```

返回数据表 student 中所有 sex 为“男”的所有记录。

where 语句除了实现像例 3 所示的精确查询，还可以通过与 LIKE、REGEXP 两种模式匹配的形式来实现模糊查询。

LIKE 使用简单的 SQL 模式匹配，模式可以是字母、数字、匹配符“%”（百分号），和“_”（下划线），其中“%”代表 0 个或者多个字符，“_”代表任何一个字符。若要匹配所有姓“李”的学生，可以使用如下语句：

```
例4：select * from student where name like("李%");
```

返回数据表 student 中所有姓“李”的学生信息。

REGEXP 关键词用于正则表达式的匹配，在此不多讲，有兴趣的读者可以查看其他书籍。

where 子句还支持所有的比较操作符，表 14-4 给出了各种操作符下的 where 子句及其意义。

表 14-4　where 子句

运算符	实例	说明
=	select * from student where sex="男"	查询数据表 student 中 sex 为“男”的所有记录
>	select * from student where age>26	查询数据表 student 中 age 大于 26 的所有记录
<	select * from student where age<26	查询数据表 student 中 age 小于 26 的所有记录
<=	select * from student where age<=26	查询数据表 student 中 age 小于等于 26 的所有记录
>=	select * from student where age>=26	查询数据表 student 中 age 大于等于 26 的所有记录
!=或者<>	select * from student where age<>26	查询数据表 student 中 age 不等于 26 的所有记录
IS NOT NULL	select * from student where address IS NOT NULL	查询数据表 student 中 address 不为空的所有记录

（续表）

运算符	实例	说明
IS NULL	select * from student where address IS NULL	查询数据表 student 中 address 为空的所有记录
BETWEEN	select * from student where age between 18 and 20	查询数据表 student 中 age 在 18～20 之间的所有记录
IN	select * from student where classid in("1 班","2 班","3 班")	查询数据表 student 中 classid 的值为“1 班”或“2 班”或“3 班”的所有记录
NOT IN	select * from student where classid not in("1 班","2 班","3 班")	查询数据表 student 中 classid 的值不属于“1 班”或“2 班”或“3 班”的所有记录
LIKE	select * from student where name like("李%")	查询数据表 student 中 name 的值以“李”开头的所有记录
NOT LIKE	select * from student where name not like("李_")	查询数据表 student 中 name 的值除了以“李”开头，并且长度为两个字符的所有记录

➢ 利用 group by 语句进行分组查询。

```
例5: select * from student group by major;
```

根据“专业 major”进行分组，返回表 student 的内容。

➢ 利用 order by 对查询结果排序。

order by 子句实现对查询结果进行排序，默认为升序，若要返回降序结果，则用 order by 字段名 desc。

```
例6: select * from student order by sex
```

返回数据表 student 的所有记录，并按“性别 sex”升序排序。

```
例7: select * from student order by sex desc
```

返回数据表 student 的所有记录，并按“性别 sex”降序排序。

➢ 利用 limit 语句实现分页。

本例中实现了对表 student 的分页显示，主要是利用 limit 子句来完成的。

limit 后接一个或者两个参数，如果给定了第 2 个参数，第 1 个参数指定要返回的第 1 行的偏移量，第 2 个参数指定返回行的最大数目，默认初始行的偏移量为 0。

```
例8: select * from student limit 5;
```

返回数据表 student 从第 1 行开始的 5 行记录。

```
例9: select * from student limit 3,5;
```

返回数据表 student 从第 4 行开始的 5 行记录。

若要从表 student 中截取某段内容，sql 语句可以用：

```
select * from student limit offset, rows。
前10条记录: select * from student limit 0,10
第11至20条记录: select * from student limit 10,10
第21至30条记录: select * from student limit 20,10
```

● 分页显示。

所谓分页显示，就是将数据库中的结果集人为地分成一段一段的来显示，这里需要两个初始的参数：① 每页多少条记录（$list_num）？② 当前是第几页（$page）？

现在只要给出一个结果集，就可以利用带 limit 子句的 select 语句显示某段特定的结果。

通过结果集得出当前数据表的记录条数（$num）；

总页数＝记录条数/每页多少条记录，为：$p_count=$num/$list_num;

“上一页（$prev_page）”和“下一页（$next_page）”则可以根据前边这几个已知的值得到。

本例中的分页代码的格式大概如下：

```
<?
if(!$_GET["page"])                                    //判断当前是第几页
$page=1;
else
$page=$_GET["page"];
require "config.inc.php";                              //引用配置文件
$temp=($page-1)*$list_num;    //求出当前的偏移量，第 1 页为 0，第 2 页为$list_num，第 3 页为 2*$list_num
$sql="select * from $table_name";                      //查询所有记录
$result=mysql_query($sql) or die("查询出错".mysql_error());
//发送 SQL 请求，得到结果集
$num=mysql_num_rows($result);                          //获得记录数$num
echo "目前共有".$num."条记录  ";             //输出记录数
$p_count=ceil($num/$list_num);
//总页数$p_count 为总条数除以每页显示数
echo "共分".$p_count."页显示  ";             //输出页数
echo "当前显示第".$page."页";
echo "<p>";
if($num>0)                                             //如果记录数大于 0 输出记录内容
{
$sql="select * from $table_name limit $temp,$list_num";
                                                       //根据 limit 语句实现对某一特定结果的查询
$result=mysql_query($sql) or die("查询出错".mysql_error());
//发送 SQL 请求
   while($row=mysql_fetch_array($result))
//循环显示每条满足条件的记录
{
显示每条记录中需要显示的字段内容
}
$prev_page=$page-1;                                    //定义上一页为该页减 1
$next_page=$page+1;                                    //定义下一页为该页加 1
echo "<p align=\"center\"> ";
if ($page<=1)                                          //如果当前页小于等于 1 只显示文字
{
    echo "第一页 | ";
}
else                                                   //如果当前页大于 1 显示指向第一页的链接
{
    echo "<a href='ch14-4.php?page=1'>第一页</a> | ";
}
if ($prev_page<1)                                      //如果上一页小于 1 只显示文字
{
    echo "上一页 | ";
}
else                                                   //如果上一页大于 1 显示指向上一页的链接
{
    echo "<a href='ch14-4.php?page=$prev_page'>上一页</a> | ";
}
if ($next_page>$p_count)                               //如果下一页大于总页数只显示文字
{
```

```
        echo "下一页 | ";
    }
    else                                            //如果下一页小于总页数则显示指向下一页的链接
    {
        echo "<a href='ch14-4.php?page=$next_page'>下一页</a> | ";
    }
    if ($page>=$p_count)                            //如果当前页大于或者等于总页数只显示文字
    {
        echo "最后一页</p>\n";
    }
    else                                            //如果当前页小于总页数显示最后页的链接
    {
        echo "<a href='ch14-4.php?page=$p_count'>最后一页</a></p>\n";
    }
    }
    else                                            //如果没有记录时输出信息
    {
        echo "<P align='center'>暂时还没有新生记录! </p>";
    }?>
```

以上代码直接拿到你的程序中运用就可以实现分页了。

mysql_fetch_array()函数的语法格式如下：

```
array mysql_fetch_array ( resource result )
```

函数返回根据从结果集取得的行生成的数组，直到最后一行后，则返回 FALSE。

mysql_fetch_row()函数的语法格式如下：

```
array mysql_fetch_row ( resource result )
```

函数返回根据所取得的行生成的数组，直到最后一行后，则返回 FALSE。mysql_fetch_row()从和指定的结果标识关联的结果集中取得一行数据并作为数组返回。每个结果的列储存在一个数组的单元中，偏移量从 0 开始。

mysql_fetch_row()函数的语法格式如下：

```
array mysql_fetch_row ( resource result )
```

函数返回根据所取得的行生成的数组，直到最后一行后，则返回 FALSE。mysql_fetch_row()函数从和指定的结果标识关联的结果集中取得一行数据并作为数组返回。每个结果的列储存在一个数组的单元中，偏移量从 0 开始。依次调用 mysql_fetch_row()函数将返回结果集中的下一行，直到最后一行后，则返回 FALSE。本函数返回的字段名是区分大小写的。

【例 14-5】学生信息录入并添加到数据库

〖实例需求〗

本例通过 ch14-5.php 与 ch14-5-1.php 两个文档联合演示如何从表单中获取信息，以及如何将表单中的信息添加到 MySQL 数据库。

- ch14-5.php：新生录入的表单页面；新建了名为 form1 的表单，其中包括文本输入框（学号、姓名、栋、房间、床号、家庭地址、联系手机和家庭电话）、列表/菜单组件（年级、班级、专业、年、月、日）、单选按钮（性别）以及两个按钮（提交 submit 按钮和重置 reset 按钮）。本页还对学号与姓名两个输入框进行了 JavaScript 判断，判断两者不能为空！

- ch14-5-1.php：获取表单 form1 中的各个输入项内容，并写入数据表 student 中，若成功则返回“记录已经成功添加，1 秒后返回继续录入新生信息……”，否则提示“添加新数据出错！”

〖**开发过程**〗

第一步：创建表单文件 ch14-5.php。

创建新文件，在 Dreamweaver CS3 代码编辑区输入如下代码，其中加粗的代码为 JavaScript 验证语句与 PHP 语句：

```
<!DOCTYPE html PUBLIC "-//W3C//DTD XHTML 1.0 Transitional//EN" "http://www.w3.org/TR/xhtml1/DTD/
xhtml1-transitional.dtd">
<html xmlns="http://www.w3.org/1999/xhtml">
<head>
<meta http-equiv="Content-Type" content="text/html; charset=utf-8" />
<title>学生信息管理系统一新生录入</title>
<style type="text/css">                    /*网页中提示信息的样式设置*/
<!--
.STYLE1 {font-size: 36px}
-->
</style>
<link href="../mystyle.css" rel="stylesheet" type="text/css" />
<script language="javascript">           //对姓名与学号进行判断
function valid_form(theForm)
{
if((theForm.stu_id.value=="")||(theForm.stu_name.value=""))
{
alert("出错原因：\n 学生学号为空!\n 学生姓名为空！");
theForm.stu_id.focus();
return false;
}
}
</script>
</head>
<body>
<form id="form1" name="form1" method="post" action="ch14-5-1.php" onsubmit="return valid_form
(this)">
  <p align="center" class="STYLE1">学生信息管理系统一新生录入</p>
  <table width="606" height="344" border="1" align="center" cellpadding="0" cellspacing="5">
    <tr>
      <td width="123" valign="top">
      <p align="center">
      <strong>输入学号：</strong>
      </p>
      </td>
      <td width="266" valign="top">
      <label>
        <input type="text" name="stu_id" id="stu_id" />
```

```
        </label>
        </td>
        <td width="189" valign="top"><p>*不能为空</p></td>
      </tr>
      <tr>
        <td width="123" height="25" valign="top"><p align="center"><strong>输入姓名：</strong>
</p></td>
        <td width="266" valign="top">
        <label>
          <input type="text" name="name" id="name" />
        </label>
        </td>
        <td width="189" valign="top">
        <p>*不能为空</p>
        </td>
      </tr>
      <tr>
        <td width="123" valign="top">
        <p align="center"><strong>所在年级：</strong></p>
        </td>
        <td width="266" valign="top">
        <label>
          <select name="class" id="class">
      <? for($i=2007; $i<=2012;$i++)
       //循环显示2007~2012间的数字做为列表的选项值
              {
               echo "<option value=".$i."级>".$i."级</option>";
              }
              ?>
          </select>
        </label>
        </td>
        <td width="189" valign="top"><p> </p></td>
      </tr>
      <tr>
        <td valign="top">
        <p align="center"><strong>所在班级：</strong></p>
        </td>
        <td valign="top">
        <label>
          <select name="classid" id="classid">
            <? for($i=1; $i<=6;$i++)
     //循环显示1~6间的数字做为列表的选项
              {
               echo "<option value=".$i."班>".$i."班</option>";
              }
              ?>
          </select>
        </label>
        </td>
        <td valign="top"> </td>
```

```
</tr>
<tr>
 <td width="123" valign="top">
 <p align="center"><strong>选择专业：</strong></p>
 </td>
 <td width="266" valign="top">
 <label>
  <select name="major" id="major">
   <option value="计算机应用">计算机应用</option>
   <option value="计算机软件">计算机软件</option>
   <option value="计算机网络">计算机网络</option>
   <option value="艺术设计">艺术设计</option>
   <option value="电子商务">电子商务</option>
   <option value="国际贸易">国际贸易</option>
   <option value="市场营销">市场营销</option>
  </select>
 </label>
 </td>
 <td width="189" valign="top"><p> </p></td>
</tr>
  <tr>
 <td width="123" height="17" valign="top">
 <p align="center"><strong>选择宿舍：</strong></p>
 </td>
 <td width="266" valign="top">
 <input name="building" type="text" id="building" size="4" /> 栋
   <label>
   <input name="room" type="text" id="room" size="4" />
   </label> 房间
   </td>
 <td width="189" valign="top"><p> </p></td>
</tr>
<tr>
 <td width="123" height="18" valign="top">
 <p align="center"><strong>选择床号：</strong></p>
 </td>
 <td width="266" valign="top">
 <label>
  <input name="bed" type="text" id="bed" size="4" />
 </label>
 </td>
 <td width="189" valign="top"><p> </p></td>
</tr>
  <tr>
 <td width="123" height="22" valign="top">
 <p align="center"><strong>性　　别：</strong></p>
 </td>
 <td width="266" valign="top">
 <label>
  <input name="sex" type="radio" id="sex" value="男" checked="checked" />
 </label>
```

```
    男
    <label>
    <input type="radio" name="sex" id="sex2" value="女" />
    女</label>
    </td>
    <td width="189" valign="top"><p> </p></td>
   </tr>
   <tr>
    <td width="123" height="21" valign="top">
    <p align="center"><strong>出生日期</strong>: </p>
    </td>
    <td width="266" valign="top">
    <label>
     <select name="year" id="year">
     <? for($i=1982; $i<=2008;$i++)
  //循环显示1982~2008间的数字做为列表的选项
         {
          echo "<option value=".$i."年>".$i."</option>";
         }
         ?>
     </select>
    年
    <select name="month" id="month">
    <? for($i=1; $i<=12;$i++)
 //循环显示1~12间的数字做为列表的选项
         {
          echo "<option value=".$i."月>".$i."</option>";
         }
         ?>
    </select>
    月
    <select name="day" id="day">
    <? for($i=1; $i<=31;$i++)
  //循环显示1~31间的数字做为列表的选项
         {
          echo "<option value=".$i."日>".$i."</option>";
         }
         ?>
    </select>
    日
    </label></td>
    <td width="189" valign="top"><p> </p></td>
   </tr>
   <tr>
    <td width="123" valign="top">
    <p align="center"><strong>家庭地址: </strong></p>
    </td>
    <td width="266" valign="top">
    <label>
     <input name="address" type="text" id="address" size="30" />
    </label>
```

```
        </td>
        <td width="189" valign="top"><p> </p></td>
      </tr>
      <tr>
        <td width="123" valign="top">
        <p align="center"><strong>联系手机: </strong></p>
        </td>
        <td width="266" valign="top">
        <label>
          <input type="text" name="tel" id="tel" />
        </label>
        </td>
        <td width="189" valign="top"><p>自己的手机号码 </p></td>
      </tr>
      <tr>
        <td width="123" valign="top">
        <p align="center"><strong>家庭电话</strong>: </p></td>
        <td width="266" valign="top">
        <label>
          <input type="text" name="tel2" id="tel2" />
        </label>
        </td>
        <td width="189" valign="top"><p>家庭联系电话 </p></td>
      </tr>
      <tr>
        <td valign="top"> </td>
        <td align="left" valign="middle">
    <input type="submit" name="button" id="button" value="录入系统 " />    <input type="submit"
name="button2" id="button2" value="重新录入" />
          </td>
        <td valign="top"> </td>
      </tr>
    </table>
    <p align="center">
    <a href="ch14-5.php">查看学生信息</a>
    </p>
   </form>
  </body>
  </html>
```

第二步：创建表单处理文件 ch14-5-1.php。

创建新文件，在 Dreamweaver CS3 代码编辑区输入如下代码：

```
  <!DOCTYPE html PUBLIC "-//W3C//DTD XHTML 1.0 Transitional//EN" "http://www.w3.org/TR/xhtml1/DTD/
xhtml1-transitional.dtd">
  <html xmlns="http://www.w3.org/1999/xhtml">
  <head>
  <meta http-equiv="Content-Type" content="text/html; charset=utf-8" />
  <title>学生信息管理系统一新生录入添加至数据库</title>
  </head>
  <body>
```

```
<?
//获取表单信息
$id=htmlspecialchars($_POST["stu_id"]);
$name=htmlspecialchars($_POST["name"]);
$class=htmlspecialchars($_POST["class"]);
$classid=htmlspecialchars($_POST["classid"]);
$major=htmlspecialchars($_POST["major"]);
$room=htmlspecialchars($_POST["building"])."栋".htmlspecialchars($_POST["room"])."房间";
$bedid=htmlspecialchars($_POST["bed"]);
$sex=htmlspecialchars($_POST["sex"]);
$birthday=trim(htmlspecialchars($_POST["year"]))."-".trim(htmlspecialchars($_POST["month"])).
"-".trim(htmlspecialchars($_POST["day"]));
$address=htmlspecialchars($_POST["address"]);
$tel=htmlspecialchars($_POST["tel"]);
$tel2=htmlspecialchars($_POST["tel2"]);
//获取为空的数据时做相应的处理
if($room=="")
$room="未安排";
if($bedid=="")
$bedid="未安排";
if($address=="")
$address="暂缺";
if($tel=="")
$tel="暂缺";
if($tel2=="")
$tel2="暂缺";
//引用公用文件，连接服务器，选择数据库
require "config.inc.php";
//发送SQL请求，插入新数据
$sql="insert  into  $table_name(stu_id,name,classname,classid,major,room,bedid,sex,birthday,
address,telephone,hometel)     values('$id','$name','$class','$classid','$major','$room','$bedid',
'$sex','$birthday','$address','$tel','$tel2')";
//发送SQL请求
mysql_query($sql) or die("添加新数据时出错".mysql_error());
//若成功执行插入语句，则执行下列操作：1秒后刷新跳转
echo "<html><head><meta http-equiv='Content-Type' content='text/html; charset=utf-8'/>";
echo "<meta http-equiv='refresh' content='1; url=ch14-5.php'>";
echo "</head>";
echo "<body>记录已经成功添加，1秒后返回继续录入新生信息……</body>";
echo "</html>";
?>
</body>
</html>
```

第三步：保存文件并调试运行。

单击“文件”→“保存”命令，将两个文件分别保存为 ch14-5.php 与 ch14-5-1.php。然后将 ch14-5.php 中的 form1 的 action 动作指向 ch14-5-1.php，代码为：

```
<form  id="form1"  name="form1"  method="post"  action="ch14-5-1.php"  onsubmit="return
valid_form(this)">
```

打开 ch14-5.php，按 F12 键或者单击 图标的 预览在 IExplore 6.0 F12 即可进行网页的运行

与调试，效果如图 14-20 所示。

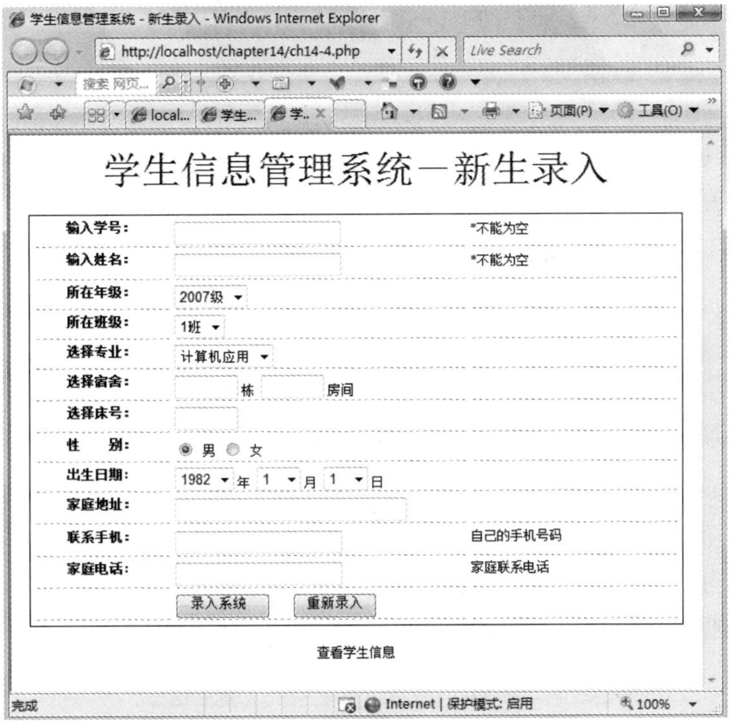

图 14-20

首先测试其中的 JavaScript 是否正确，在不输入任何数据的情况下，单击“录入系统”按钮，会弹出如图 14-21 所示的警告框。

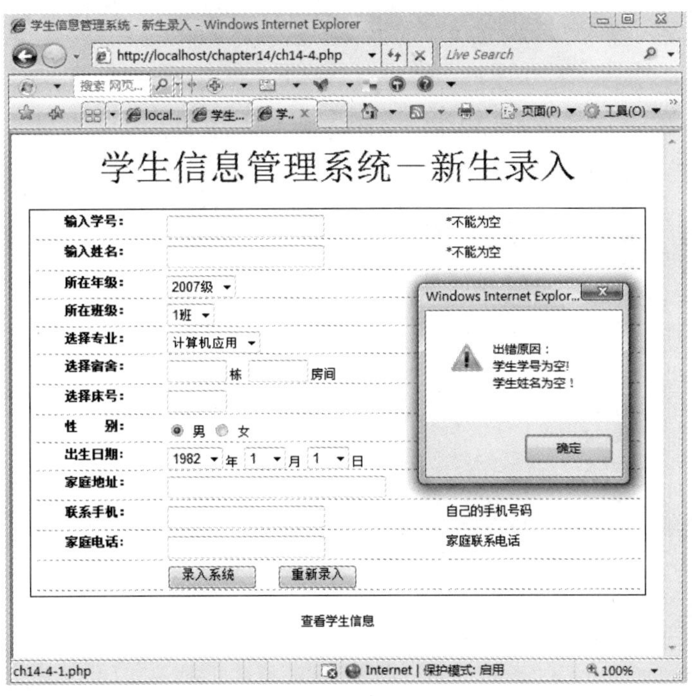

图 14-21

填写好新生相关信息的页面如图 14-22 所示。

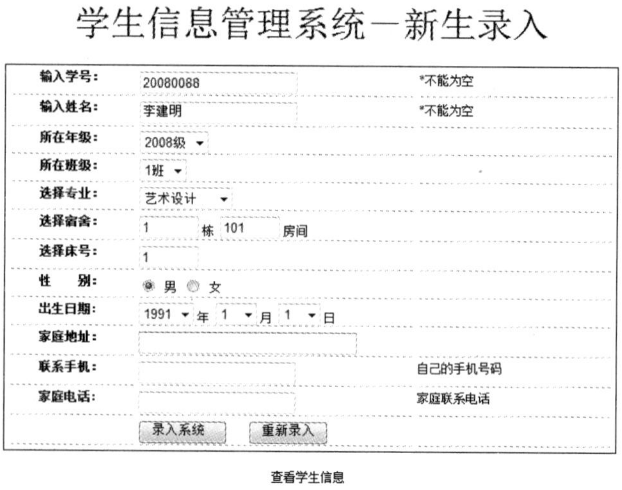

学生信息管理系统—新生录入

输入学号：	20080088	*不能为空
输入姓名：	李建明	*不能为空
所在年级：	2008级	
所在班级：	1班	
选择专业：	艺术设计	
选择宿舍：	1 栋 101 房间	
选择床号：	1	
性　别：	◉ 男 ○ 女	
出生日期：	1991 年 1 月 1 日	
家庭地址：		
联系手机：		自己的手机号码
家庭电话：		家庭联系电话
	录入系统 重新录入	

查看学生信息

图 14-22

单击“录入系统”按钮，若添加数据到数据库中成功，则显示如图 14-23 所示的信息，否则显示“添加新数据时出错”以及错误信息。

记录已经成功添加，1秒后返回继续录入新生信息……

图 14-23

1 秒后自动转到如图 14-24 所示的 ch14-5.php 文件。

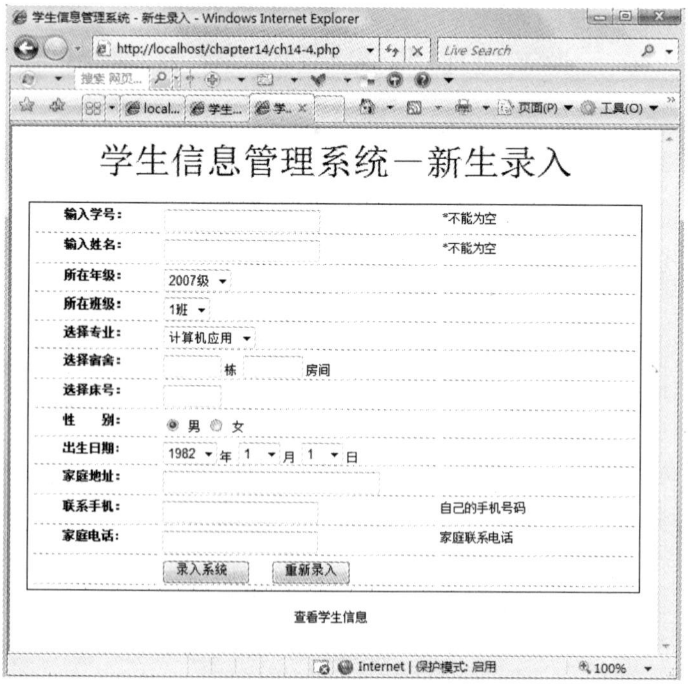

学生信息管理系统 - 新生录入 - Windows Internet Explorer

http://localhost/chapter14/ch14-4.php

学生信息管理系统—新生录入

输入学号：		*不能为空
输入姓名：		*不能为空
所在年级：	2007级	
所在班级：	1班	
选择专业：	计算机应用	
选择宿舍：	栋 房间	
选择床号：		
性　别：	◉ 男 ○ 女	
出生日期：	1982 年 1 月 1 日	
家庭地址：		
联系手机：		自己的手机号码
家庭电话：		家庭联系电话
	录入系统 重新录入	

查看学生信息

Internet | 保护模式: 启用 100%

图 14-24

单击下方的“查看学生信息”链接，可以进入 ch14-4.php，会看到在数据表 student 的最后添加了一条新记录，如图 14-25 所示。

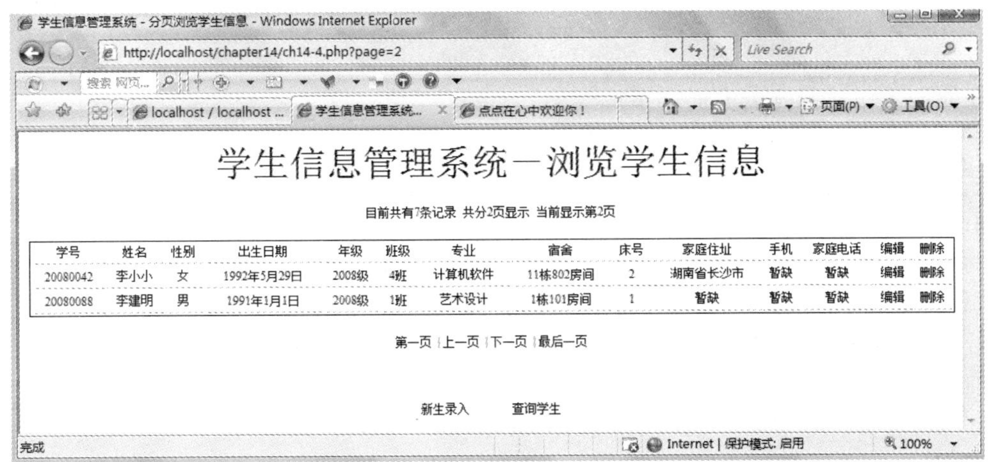

图 14-25

至此，对 MySQL 数据库进行新数据的添加就介绍完了。

〖**实例剖析与知识讲解**〗

本例对如何添加新数据到数据库进行了详细的介绍，下面对其中的知识点一一进行讲解：

● 循环显示“列表/菜单”的选项及值。

ch14-5.php 的表单中有很多“列表/菜单”选项：“年”、“月”、“日”、“年级”、“班次”等，其中有的选项多则几十个（如“月”有 1~12，“日”有 1~31），少则也有几个（如“班次”有“1 班”、“2 班”、“3 班”、“4 班”、“5 班”、“6 班”），如果要通过手工创建每个选项，将是一件烦琐而又毫无意义的事情。我们可以通过 PHP 的循环语句来实现这些麻烦的事情，如本例中显示的“年”、“月”、“日”的选项，代码如下：

```
<select name="year" id="year">
<?
for($i=1982; $i<=2008;$i++)
{
echo "<option value=".$i."年>".$i."</option>";
}
?>
</select> 年
<select name="month" id="month">
<?
 for($i=1; $i<=12;$i++)
{
echo "<option value=".$i."月>".$i."</option>";
}
?>
</select>月
<select name="day" id="day">
<?
 for($i=1; $i<=31;$i++)
{
```

```
echo "<option value=".$i."日>".$i."</option>";
}
?>
</select> 日
```

这样你的工作效率就大大提高了！

- 使用 htmlspecialchars()函数将特殊符号转换成 HTML 标记。

语法格式如下：

```
string htmlspecialchars ( string string [, int quote_style [, string charset]] )
```

string：需要进行转换处理的字符串。

quote_style：告诉函数是否对单引号和双引号进行处理。若值为 ENT_COMPAT，只转化双引号。若值为 ENT_QUOTES，则单引号、双引号都处理。若值为 ENT_NOQUOTES，则单、双引号都不处理。

其具体转换内容如下：

- &转换成 &。
- "（双引号）转换成"，前提是没有设置 ENT_NOQUOTES。
- '（单引号）转换成'，前提是设置了 ENT_QUOTES。
- < （小于）转换成<。
- > （大于）转换成>。
- charset：定义在转化中使用的字符集。默认值为 ISO-8859-1。

PHP 4.3.0 及其后续版本支持表 14-5 中的字符集：

表 14-5 已支持的字符集

字符集	说明
ISO-8859-1	西欧，Latin-1 ，可代替任何其他无法识别的字符集
ISO-8859-15	西欧，Latin-9。增加了 Latin-1（ISO-8859-1）中缺少的欧元符号、法国及芬兰字母
UTF-8	ASCII 兼容多字节 8-bit Unicode
cp866	DOS-特有的 Cyrillic 字母字符集。PHP 4.3.2 开始支持该字符集
cp1251	Windows-特有的 Cyrillic 字母字符集。PHP 4.3.2 开始支持该字符集
cp1252	Windows 对于西欧特有的字符集
KOI8-R	俄文。PHP 4.3.2 开始支持该字符集
BIG5	繁体中文，主要用于中国台湾
GB2312	简体中文，国际标准字符集
BIG5-HKSCS	繁体中文，Big5 的延伸，主要用于香港地区
Shift_JIS	日文
EUC-JP	日文

此函数在留言本等需要用户交互信息时非常有用，可以将用户输入的一些特殊符号转化成 HTML 标记。

本例中，表单 form1 中需要写入 MySQL 数据库的所有输入信息，都利用 htmlspecialchar 函数进行了转换，代码如下：

```
$id=htmlspecialchars($_POST["stu_id"]);
$name=htmlspecialchars($_POST["name"]);
$class=htmlspecialchars($_POST["class"]);
```

```
    $classid=htmlspecialchars($_POST["classid"]);
    $major=htmlspecialchars($_POST["major"]);
    $room=htmlspecialchars($_POST["building"])."栋".htmlspecialchars($_POST["room"])."房间";
    $bedid=htmlspecialchars($_POST["bed"]);
    $sex=htmlspecialchars($_POST["sex"]);
    $birthday=trim(htmlspecialchars($_POST["year"]))."-".trim(htmlspecialchars($_POST["month"])).
"-".trim(htmlspecialchars($_POST["day"]));
    $address=htmlspecialchars($_POST["address"]);
    $tel=htmlspecialchars($_POST["tel"]);
    $tel2=htmlspecialchars($_POST["tel2"]);
```

- 插入记录。

要将数据添加到数据库中，需要采用 SQL 语句 insert 来实现。insert 语句的语法格式如下：

```
    insert into 数据表名(字段1,字段2…)  values(值1,值2…)
```

本例中的语句如下：

```
    //设置insert 语句为SQL 字符变量
    $sql="insert                                                                        into
$table_name(stu_id,name,classname,classid,major,room,bedid,sex,birthday,address,telephone,hometel)
values('$id','$name','$class','$classid','$major','$room','$bedid','$sex','$birthday','$address','
$tel','$tel2')";
    //发送SQL 请求
    mysql_query($sql) or die("添加新数据时出错".mysql_error());
    //若添加成功，1 秒后刷新跳转
    echo "<html><head><meta http-equiv='Content-Type' content='text/html; charset=utf-8'/>";
    echo "<meta http-equiv='refresh' content='1; url=ch14-5.php'>";
    echo "</head>";
    echo "<body>记录已经成功添加，1 秒后返回继续录入新生信息……</body>";
    echo "</html>";
```

- 导入与导出数据库、数据表。

本例中并没有进行数据库与数据表的导入和导出操作，如果你想要将现在操作的数据库做一个备份，或者想换一台电脑继续进行开发，这时就需要导出当前的数据库，另存至本地安全硬盘上。

（1）导出数据库 stu 的操作步骤如下：

打开 PhpMyAdmin，如图 14-26 所示。

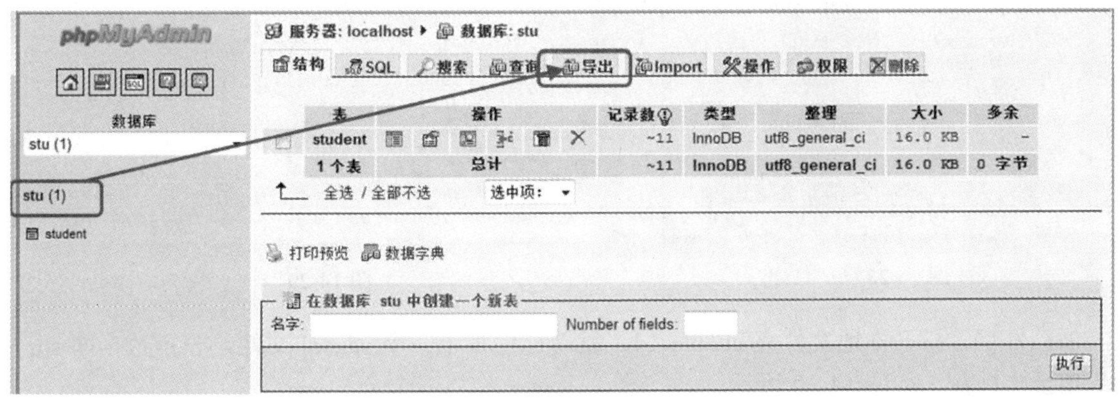

图 14-26

单击“导出”选项，进入如图 14-27 所示的页面。

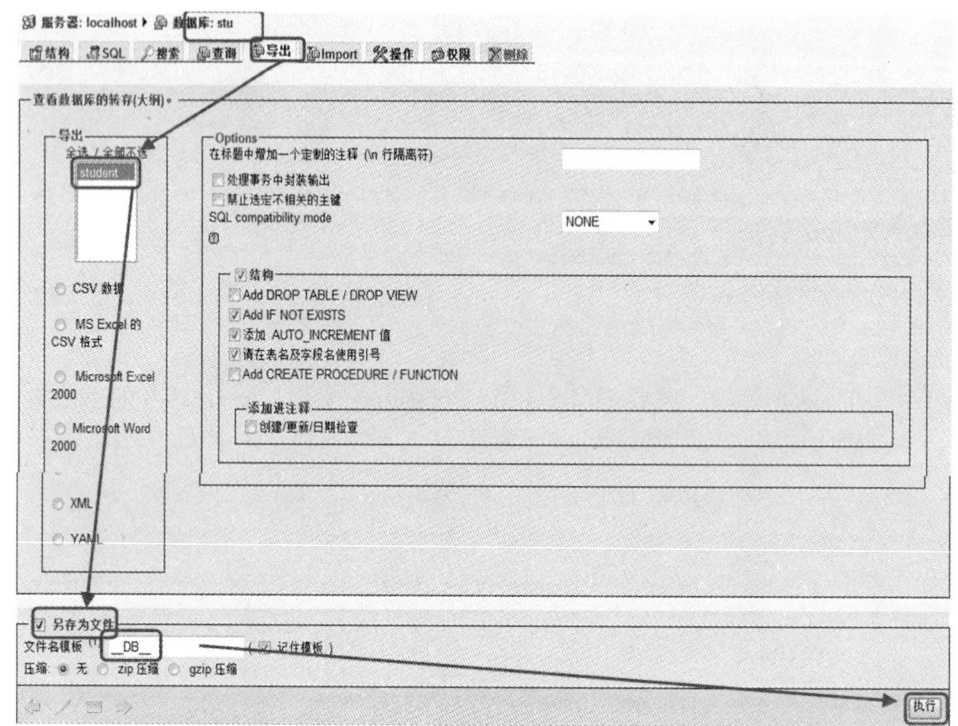

图 14-27

选择数据库 stu 中需要被导出的数据表，因为数据库 stu 中只有一个数据表 student，选中表 student，如果有多个数据表，可以用 Ctrl 键选择多个数据表。选择完数据表后，选中“另存为文件”复选框，选择“文件名模板”，然后单击“执行”按钮，弹出如图 14-28 所示的对话框。

单击“保存”按钮，本次把数据库导出以 stu.sql 命名存放在 chapter14 文件夹中，如图 14-29 所示。

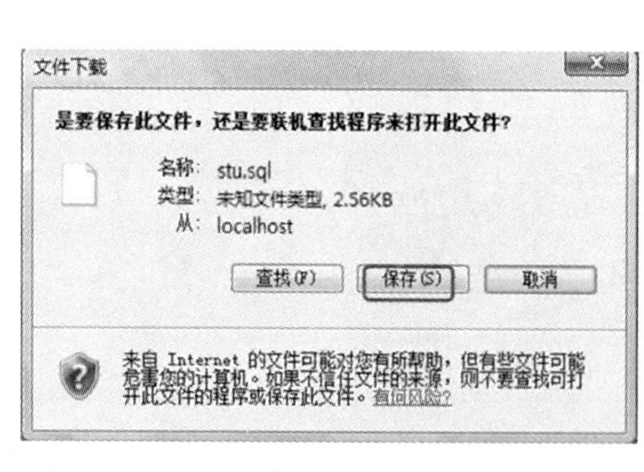

图 14-28

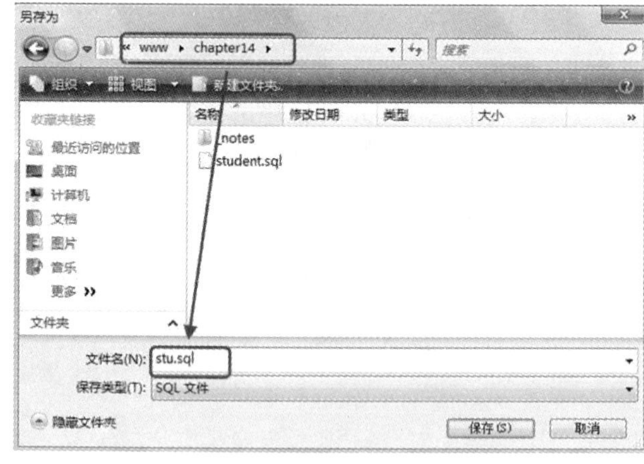

图 14-29

保存好后，打开本地文件夹 chapter14，发现已经多了一个 stu.sql 文件，表示数据库 stu 成功导出至本地盘，如图 14-30 所示。

若要单独导出某个数据表，操作步骤也一样，在此不多讲述。

（2）导入数据库或者数据表的操作步骤如下：

本例的前提是已有数据库 stu，但数据库中没有任何数据表。若数据库中已经存在数据表

student，务必注意导入数据与已有数据不要有重复主键的记录，否则会导入不成功；现有的数据表与导入的数据表结构不同也会导入失败！

在此，将之前导出保存的 stu.sql 导入进来。打开 PhpMyAdmin，选择“import（导入）”选项，如图 14-31 所示。

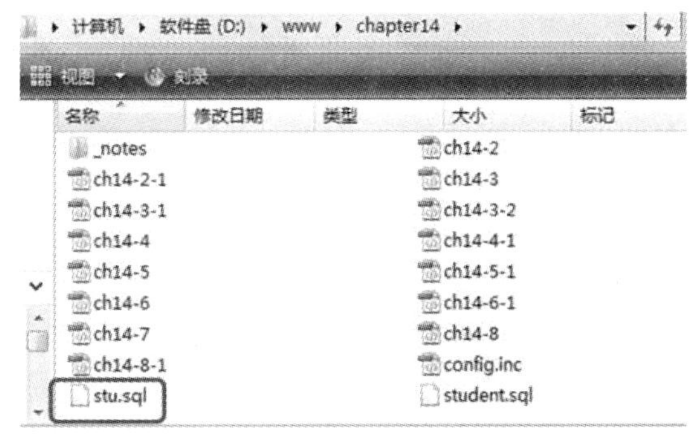

图 14-30

图 14-31

单击“文本文件的位置”文本框后的“浏览”按钮，选择需要导入的数据库或者表，然后单击“执行”按钮，如图 14-32 所示。

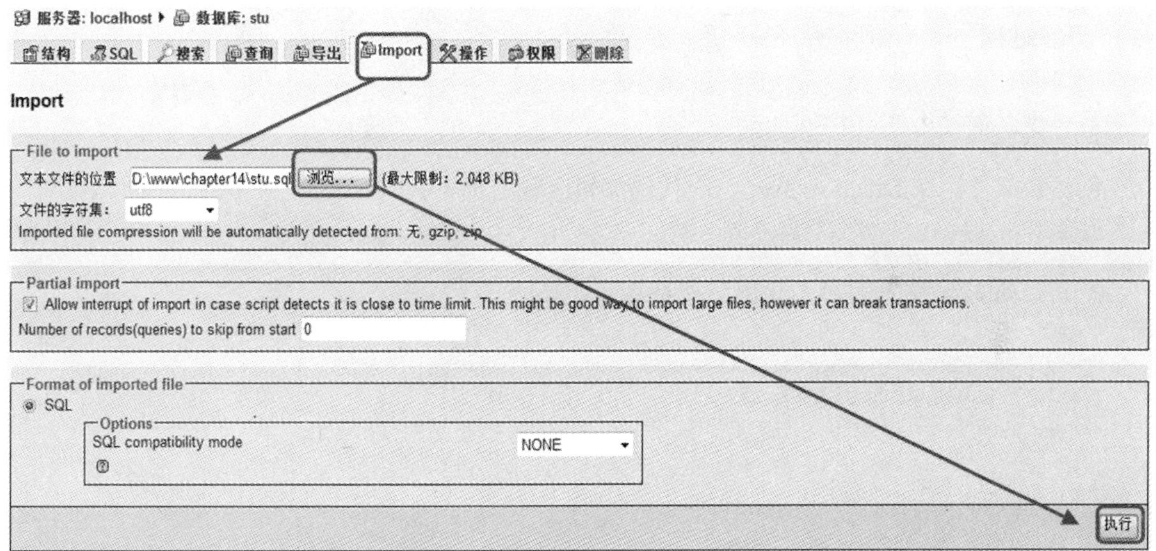

图 14-32

若导入成功，显示如图 14-33 所示的信息。

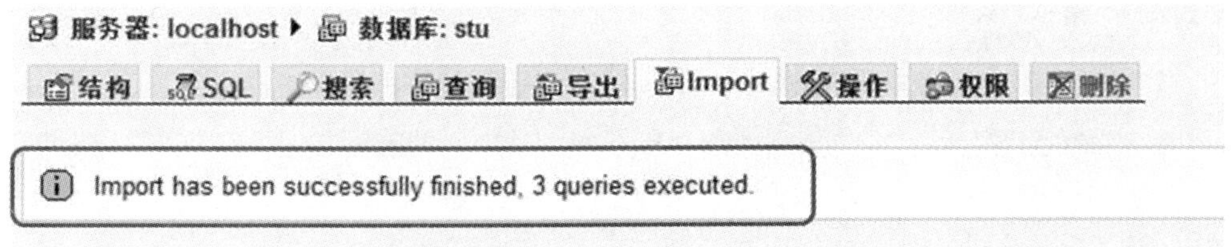

图 14-33

查看 stu 数据库，发现已经多了一个数据表 student，如图 14-34 所示。

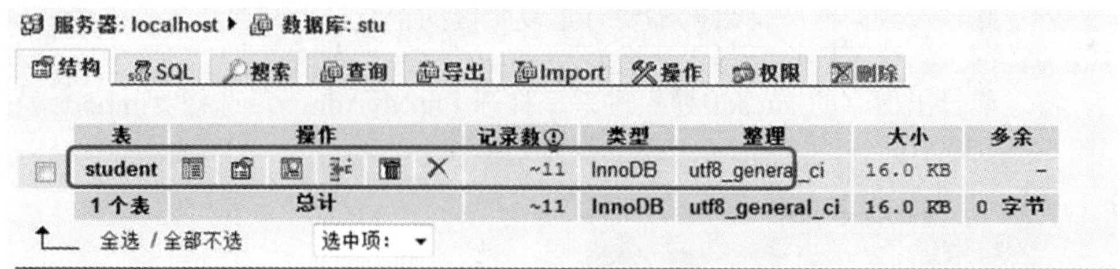

图 14-34

至此，导入数据库成功。单独导入数据表的步骤也是一样，在此不多叙述。

【例 14-6】修改和更新学生信息

〖实例需求〗

本例通过单击 ch14-4.php 中的“编辑”链接，跳转至 ch14-6.php 进行某个学生信息的修改，修改完成后，利用表单处理程序 ch14-6-1.php 将数据库中的相关记录做更新。

〖开发过程〗

第一步：创建文件 ch14-6.php。

创建新文件，在 Dreamweaver CS3 代码编辑区输入如下代码：

```
<!DOCTYPE html PUBLIC "-//W3C//DTD XHTML 1.0 Transitional//EN" "http://www.w3.org/TR/xhtml1/DTD/xhtml1-transitional.dtd">
<html xmlns="http://www.w3.org/1999/xhtml">
<head>
<meta http-equiv="Content-Type" content="text/html; charset=utf-8" />
<title>学生信息管理系统—修改学生信息</title>
<style type="text/css">
<!--
.STYLE1 {font-size: 36px}
-->
</style>
<link href="../mystyle.css" rel="stylesheet" type="text/css" />
</head>
<body>
<div align="center">
<p>
<?
$stuid=$_GET["stuid"];                //获取 ch14-4.php 传送过来的学号
if($stuid)                            //排除非法闯入者
{
require "config.inc.php";             //引用配置文件
//以下查询指定学号对应的那条记录，并放在表单中显示原有数据
$sql="select * from $table_name where stu_id='$stuid'";
$result=mysql_query($sql) or die("插入时出错".mysql_error());
//发送 SQL 请求
```

```
$row=mysql_fetch_array($result);
 ?>
   <span class="STYLE1">学生信息管理系统—信息修改</span></p>
  <form id="form1" name="form1" method="post" action="ch14-6-1.php?stuid=<?=$row["stu_id"]?>">
   <table width="449" height="344" border="2" align="center" cellpadding="0" cellspacing="1">
    <tr>
     <td width="123" valign="top"><p align="center"><strong>输入学号：</strong></p></td>
     <td width="266" align="left" valign="middle"><label>
      <?=$row["stu_id"]?>
     </label></td>
    </tr>
    <tr>
     <td width="123" height="25" valign="top">
<p align="center"><strong>输入姓名：</strong></p></td>
     <td width="266" align="left" valign="middle"><label>
      <input name="name" type="text" id="name" value="<?=$row[name]?>" />
     </label></td>
    </tr>
    <tr>
     <td width="123" valign="top"><p align="center"><strong>所在年级：</strong></p></td>
     <td width="266" align="left" valign="middle"><label>
     <select name="class" id="class">
       <?
        for($i=2007; $i<=2012;$i++)  //循环显示各年级
        {
         echo "<option value=".$i."级";
if(substr($row[classname],0,4)==$i)
//判断是否与查找到的值相同，是则将该项设为初始值
          echo " selected='selected'";
          echo ">".$i."级</option>";
        }
        ?>
      </select>
     </label></td>
    </tr>
    <tr>
     <td valign="top"><p align="center"><strong>所在班级：</strong></p></td>
     <td align="left" valign="middle"><label>
      <select name="classid" id="classid">
  <? for($i=1; $i<=6;$i++)
        {
         echo "<option value=".$i."班";
         if(substr($row[classname],0,1)==$i)
//判断是否与查找到的值相同，是则将该项设为初始值
      echo " selected='selected'";
      echo ">".$i."班</option>";
        }
        ?>
      </select>
     </label></td>
    </tr>
```

```
        <tr>
          <td width="123" valign="top"><p align="center"><strong>选择专业: </strong></p></td>
          <td width="266" align="left" valign="middle"><label>
            <select name="major" id="major">
              <option value="计算机应用">计算机应用</option>
              <option value="计算机软件">计算机软件</option>
              <option value="计算机网络">计算机网络</option>
              <option value="艺术设计">艺术设计</option>
              <option value="电子商务">电子商务</option>
              <option value="国际贸易">国际贸易</option>
              <option value="市场营销">市场营销</option>
            </select>
          </label></td>
        </tr>
        <tr>
          <td  width="123"  height="17"  valign="top"><p  align="center"><strong> 选 择 宿 舍 :
</strong></p></td>
          <td  width="266"  align="left"  valign="middle"><input  name="room"  type="text"  id="room"
value="<?=$row[room]?>" /></td>
        </tr>
        <tr>
          <td  width="123"  height="18"  valign="top"><p  align="center"><strong> 选 择 床 号 :
</strong></p></td>
          <td width="266" align="left" valign="middle"><label>
            <input name="bed" type="text" id="bed" value="<?=$row[bedid]?>" size="4" />
          </label></td>
        </tr>
        <tr>
          <td width="123" height="22" valign="top"><p align="center"><strong>性    别: </strong>
</p></td>
          <td width="266" align="left" valign="middle"><label>
            <input name="sex" type="radio" id="sex" value="男" checked="checked" />
            </label>
            男
            <label>
              <input type="radio" name="sex" id="sex2" value="女" />
              女</label></td>
        </tr>
        <tr>
          <td width="123" height="21" valign="top"><p align="center"><strong>出生日期</strong>:
</p></td>
          <td width="266" align="left" valign="middle"><label>
    <?
    $temp=$row[birthday];                              //把出生日期赋值给变量
              //以下代码为通过不同情况分离出出生的年月日
    $year=substr($temp,0,4);                           //从出生日期中提取年
    if(strrpos($temp,"-")=="6")                        //查找月的位置以判断月份的位数
    {
         $month=substr($temp,5,1);                     //从出生日期中提取出月
         $day=substr($temp,7);                         //从出生日期中提取出日
    }
```

```
if(strrpos($temp,"-")=="7")
{
     $month=substr($temp,5,2);
     $day=substr($temp,8);
}
     ?>
<select name="year" id="year">
<?
for($i=1980;$i<2004;$i++)                          //循环输出出生年
{
     echo "<option value=".$i;
     if($year==$i) echo " selected='selected'";
//判断是否与查找到的值相同，是则将该项设为初始值
     echo ">".$i."\n";
}
?>
</select> 年
<select name="month" id="month">
<?
for($i=1;$i<14;$i++)                               //循环输出出生月
{
     echo "<option value=".$i;
     if($month==$i) echo " selected='selected'";
//判断是否与查找到的值相同，是则将该项设为初始值
     echo ">".$i."\n";
}
?>
</select> 月
<select name="day" id="day">
<?
for($i=1;$i<32;$i++)                               //循环输出出生日期
{
     echo "<option value=".$i;
     if($day==$i) echo " selected='selected'";
//判断是否与查找到的值相同，是则将该项设为初始值
     echo ">".$i."\n";
}
?>
</select> 日
 </label></td>
 </tr>
 <tr>
 <td width="123" valign="top">
<p align="center"><strong>家庭地址：</strong></p>
</td>
<td width="266" align="left" valign="middle"><label>
<input name="address" type="text" id="address" value="<?=$row[address]?>" size="30" />
      </label></td>
    </tr>
    <tr>
<td width="123" valign="top">
```

```
<p align="center"><strong>联系手机：</strong></p>
</td>
td width="266" align="left" valign="middle"><label>
<input name="tel" type="text" id="tel" value="<?=$row[telephone]?>" />
      </label></td>
    </tr>
    <tr>
      <td width="123" valign="top">
<p align="center"><strong>家庭电话</strong>：</p></td>
      <td width="266" align="left" valign="middle"><label>
<input name="tel2" type="text" id="tel2" value="<?=$row[hometel]?>" />
      </label></td>
    </tr>
    <tr>
      <td valign="top"> </td>
      <td align="left" valign="middle">
<input type="submit" name="button" id="button" value="更新信息" />
<input type="submit" name="button2" id="button2" value="重新录入" /></td>
    </tr>
  </table>
 </form>
 <p>  </p>
</div>
<?
}
else
{echo "出错了，出错了！！！";}
?>
</body>
</html>
```

第二步：创建表单处理程序 ch14-6-1.php。

创建新文件，在 Dreamweaver CS3 代码编辑区输入如下代码：

```
<!DOCTYPE html PUBLIC "-//W3C//DTD XHTML 1.0 Transitional//EN" "http://www.w3.org/TR/xhtml1/DTD/xhtml1-transitional.dtd">
<html xmlns="http://www.w3.org/1999/xhtml">
<head>
<meta http-equiv="Content-Type" content="text/html; charset=utf-8" />
<title>无标题文档</title>
</head>
<body>
<?
require "config.inc.php";                          //引用配置文件
//以下是从表单中获取的修改后的数据
$name=htmlspecialchars($_POST["name"]);
$class=htmlspecialchars($_POST["class"]);
$classid=htmlspecialchars($_POST["classid"]);
$major=htmlspecialchars($_POST["major"]);
$room=htmlspecialchars($_POST["room"]);
$bedid=htmlspecialchars($_POST["bed"]);
```

```
    $sex=htmlspecialchars($_POST["sex"]);
    $birthday=trim(htmlspecialchars($_POST["year"]))."-".trim(htmlspecialchars($_POST["month"])).
"-".trim(htmlspecialchars($_POST["day"]));
    $address=htmlspecialchars($_POST["address"]);
    $tel=htmlspecialchars($_POST["tel"]);
    $tel2=htmlspecialchars($_POST["tel2"]);
    //以下这条语句是从表单提交过程的学生学号
    $id=$_GET["stuid"];
    //以下是更新数据库的语句
    $sql="update $table_name set name='$name',classname='$class',classid='$classid',major='$major',
room='$room',bedid='$bedid',sex='$sex',birthday='$birthday',address='$address',telephone='$tel',ho
metel='$tel2' where stu_id='$id'";
    mysql_query($sql) or die("更新时出错".mysql_error());//发送 SQL 请求
    //若更新成功，则显示刷新信息
    echo "<html><head><meta http-equiv='Content-Type' content='text/html; charset=utf-8'/>";
    echo "<meta http-equiv='refresh' content='1; url=ch14-4.php'>";
    echo "</head>";
    echo "<body>信息已经成功更新，1 秒后返回查看新生信息……</body>";
    echo "</html>";
    ?>
    </body>
    </html>
```

第三步：保存文件并调试运行。

分别保存两个文件为 ch14-6.php 与 ch14-6-1.php，同时注意检查 ch14-6.php 的<form>语句是否已经做了如下修改：

```
<form id="form1" name="form1" method="post" action="ch14-6-1.php?stuid=<?=$row["stu_id"]?>">
```

若一切设置好了，打开 ch14-4.php，按 F12 键，显示学生信息的浏览页面，如图 14-35 所示。

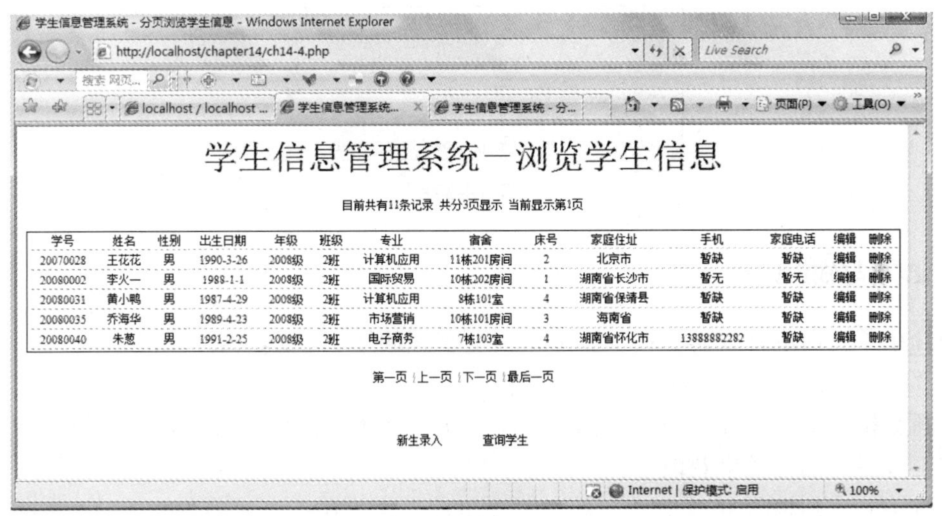

图 14-35

单击学号为 20080035 记录后的“编辑”链接，状态栏显示地址信息为：

```
http://localhost/chapter14/ch14-6.php?stuid=20080035
```

该地址指向 ch14-6.php，跳转到这个地址的同时，将学号 20080035 传递过去。图 14-36 显示了学号为 20080035 所在记录的内容。

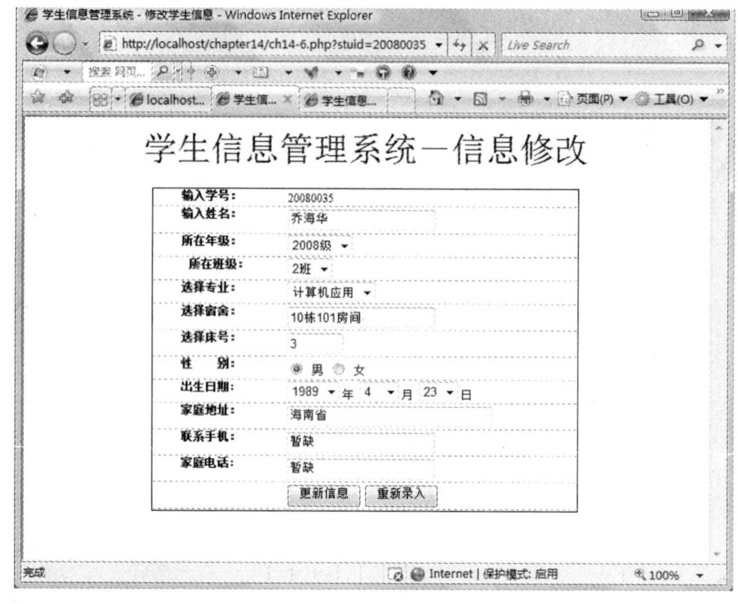

图 14-36

修改这条记录的字段值，然后单击“更新信息”按钮，进入 ch14-6-1.php 页面进行数据表的更新，若更新成功，则显示“信息已经成功更新，1 秒后返回查看新生信息…”，并于 1 秒后自动跳转到 ch14-4.php 页面浏览信息。

这里将乔海华所在的班级改成“4 班”，然后单击“更新信息”按钮，显示成功消息，跳转至 ch14-4.php 浏览页面，如图 14-37 所示，我们会发现，原来在 2 班的乔海华同学现在已经在 4 班了。

学号	姓名	性别	出生日期	年级	班级
20070028	王花花	男	1990-3-26	2008级	2班
20080002	李火一	男	1988-1-1	2008级	2班
20080031	黄小鸭	男	1987-4-29	2008级	2班
20080035	乔海华	男	1989-4-23	2008级	4班
20080040	朱葱	男	1991-2-25	2008级	2班

图 14-37

〖实例剖析与知识讲解〗

本例介绍了如何进行数据更新，以下是需要掌握的知识点：

● “列表/菜单”选项值的同步显示。

在更新数据之前，需要将原有数据值显示出来，文本框的值很容易显示，但“列表/菜单”的值就需要用另外的方式来获取了。

本系统中的“列表/菜单”有“年级”、“班次”、“年”、“月”和“日”5 项。对每一个列表项的值与文本用 FOR 循环进行显示，当显示的值与当前记录相应字段的值相同时，则设置为初始值显示。

本例中“年级”的代码为：

```
<select name="class" id="class">
<?
for($i=2007; $i<=2012;$i++)
{
echo "<option value=".$i."级";
if(substr($row[classname],0,4)==$i)
echo " selected='selected'";
echo ">".$i."级</option>";
}
?>
</select>
```

“班次”的代码为：

```
<select name="classid" id="classid">
<? for($i=1; $i<=6;$i++)
{
echo "<option value=".$i."班";
if(substr($row[classname],0,1)==$i)
echo " selected='selected'";
echo ">".$i."班</option>";
}
?>
</select>
```

我们在 ch14-5-1.php 中添加新记录时，是将年月日两个列表的值保存至一个变量$birthday 中，然后将$birthday 变量的值添加到数据表 student 的 birthday 字段中，所以 birthday 字段中保存的数据应该类似于“1988-5-23”或者“1990-11-10”的字符串，所以，要从这种字符串获取到“年”、“月”“日”，就需要做一些处理：

首先从字段 birthday 中获取当前记录的值，然后截取前 4 个字符为“年”，接着判断最后一个“－”出现的位置，若是第 6 位，表示月份位数为 1 位，取值为 1~9；若是第 7 位，表示月份位数为 2 位，取值为 10~12；然后根据“－”的位置，分别获取不同格式的“月份”与“日期”，代码如下：

```
<?
$temp=$row[birthday];                              //把出生日期赋值给变量
//以下代码为通过不同情况分离出出生的年月日
$year=substr($temp,0,4);                           //从出生日期中提取年
if(strrpos($temp,"-")=="6")                        //查找月的位置以判断月份的位数
{
$month=substr($temp,5,1);                          //从出生日期中提取出月
$day=substr($temp,7);                              //从出生日期中提取出日
}
if(strrpos($temp,"-")=="7")                        //查找月的位置以判断月份的位数
{
$month=substr($temp,5,2);                          //从出生日期中提取出月
$day=substr($temp,8);                              //从出生日期中提取出日
}
?>
<select name="year" id="year">
<?
for($i=1980;$i<2004;$i++)                          //循环输出出生年
{
echo "<option value=".$i;
if($year==$i) echo " selected='selected'";
```

```
echo ">".$i."\n";
}
?>
</select>年
<select name="month" id="month">
<?
for($i=1;$i<14;$i++)                                    //循环输出出生月
{
echo "<option value=".$i;
if($month==$i) echo " selected='selected'";
echo ">".$i."\n";
}
?>
</select>月
<select name="day" id="day">
 <?
for($i=1;$i<32;$i++)                                    //循环输出出生日
{
echo "<option value=".$i;
if($day==$i) echo " selected='selected'";
echo ">".$i."\n";
}
?>
</select>日
```

本例中还有“专业”与 “性别”两个选项，显示的结果与当前记录相应字段的值不一致，读者可以从以上的介绍中找到规律，自己试着将这两个选项进行修改。

● 更新记录。

信息录入系统后，有时会要对某些记录进行更新，比如原本是女孩，“性别”字段却显示为“男”，这就需要对该学生的信息进行修改。对记录进行修改、更新，可以采用 SQL 语句中的 update 来实现。

update 语句的格式如下：

```
update 数据表名 set 字段1="新值",字段2="新值"…… where_definition
```

where_definition 子句为更新原记录的条件。

若要将学号为 20080011 的学生性别更新为“女”，语句如下：

```
update student set sex="女" where stu_id="20080011";
```

● strrpos()函数与 substr()函数。

本例中出现了两个函数：定位函数 strrpos()和字符截取函数 substr()，下面就两者的语法以及用处进行讲解。

strrpos()函数的语法格式如下：

```
int strrpos ( string string, string needle )
```

函数查找 needle 在 string 中最后一次出现的位置，返回一个整数。若字符串 string 中没有 needle，则返回结果为 0。如：

```
strrpos("1982-5-23","-")            //结果为7
```

substr()函数的语法格式如下：

```
string substr ( string string, int start [, int length] )
```

此为子字符串截取函数，函数返回从字符串 string 的第 start 个字符开始，截取指定长度 length 个字符所得的字符串。

如：

```
substr("1982-5-23",0,4)              //结果为 1982
```

【例 14-7】删除学生信息

〖实例需求〗

本例通过单击 ch14-4.php 中的“删除”链接，跳转至 ch14-7.php 删除某个学生所在的记录，删除成功后，自动跳转至 ch14-4.php 所在的浏览页面进行查看。

〖开发过程〗

第一步：创建文件 ch14-7.php。

创建新文件，在 Dreamweaver CS3 代码编辑区输入如下代码：

```
<!DOCTYPE html PUBLIC "-//W3C//DTD XHTML 1.0 Transitional//EN" "http://www.w3.org/TR/xhtml1/DTD/
xhtml1-transitional.dtd">
<html xmlns="http://www.w3.org/1999/xhtml">
<head>
<meta http-equiv="Content-Type" content="text/html; charset=utf-8" />
<title>学生信息管理系统—删除学生信息</title>
</head>
<body>
<?
$stuid=$_GET["stuid"];
require "config.inc.php";          //引用配置文件
$sql="delete from $table_name where stu_id='$stuid'";
mysql_query($sql) or die("删除时出错".mysql_error());//发送 SQL 请求
echo "<html><head><meta http-equiv='Content-Type' content='text/html; charset=utf-8'/>";
echo "<meta http-equiv='refresh' content='1; url=ch14-4.php'>";
echo "</head>";
echo "<body>记录已经成功删除，1 秒后返回查看学生信息……</body>";
echo "</html>";
?>
</body>
</html>
```

第二步：保存文件并调试运行。

单击“文件”→“保存”命令，或者按快捷键 Ctrl+S，以文件名 ch14-7.php 保存页面，文件自动保存到站点中。

运行 ch14-4.php，单击学号为 20080085 后的“删除”链接，状态栏中显示地址信息为：

```
http://localhost/chapter14/ch14-7.php?stuid=20080035
```

若删除成功，则显示“记录已经成功删除，1 秒后返回查看学生信息……”信息，否则提示“删除时出错！”以及错误提示。

再次打开 ch14-4.php，会发现原来存在的学号为 20080085 的那条记录已经不存在了，如图 14-38 所示。

学生信息管理系统—浏览学生信息

目前共有10条记录 共分1页显示 当前显示第1页

学号	姓名	性别	出生日期	年级	班级
20070028	王花花	男	1990-3-26	2008级	2班
20080002	李火一	男	1988-1-1	2008级	2班
20080031	黄小鸭	男	1987-4-29	2008级	2班
20080035	乔海华	男	1989-4-23	2008级	4班
20080040	朱葱	男	1991-2-25	2008级	2班
20080042	李小小	男	1992-3-27	2008级	2班
20080050	王金海	男	1996-1-1	2008级	2班
20080082	李华华	男	1990-10-25	2008级	2班
20080088	李建明	男	1991-6-27	2008级	2班
20080099	李建华	男	1990-3-23	2008级	2班

第一页 | 上一页 | 下一页 | 最后一页

图 14-38

上图中，为了方便浏览全部记录，将 config.inc.php 中的变量$list_num 的值设置为 30。可以看到，整个表中已经没有学号为 20080085 的记录了，表明删除记录成功。

〖**实例剖析与知识讲解**〗

本例主要介绍在数据库中如何删除指定记录，例子中只删除了当前的那条记录，还可以删除多条记录。删除指定记录的操作通过 SQL 语句的 delete 来实现。

delete 语句的格式如下：

```
delete from 表名 where_definition
```

其中，where_definition 为 where 条件表达式，通过设置 where 子句，可以删除若干条不需要的记录。

如要删除所有性别为“女”的记录，语句为：

```
delete from student where sex="女";
```

本例从 ch14-4.php 中将要删除的学号传递给 ch14-7.php，然后在 ch14-7.php 中获取学号，并使用 delete 语句将指定学号的记录删除。相应语句如下：

```
$stuid=$_GET["stuid"];
$sql="delete from $table_name where stu_id='$stuid'";
```

【例 14-8】查找学生信息

〖**实例需求**〗

本例通过 ch14-8.php 与 ch14-8-1.php 两个文件联合介绍如何通过不同的条件来查找记录。其中 ch14-8.php 是查找信息的表单部分，ch14-8-1.php 为根据表单不同的选项与值查找学生信息的处理程序。

ch14-8.php：通过对表 student 的查询，返回该表中所有的字段，然后将可以做为查询字段的放入列表选项中。

ch14-8-1.php：根据 ch14-8.php 中的查询字段以及查询值做出相应的查找操作。

〖开发过程〗

第一步：创建文件。

创建新文件，在 Dreamweaver CS3 代码编辑区输入如下代码：

```
<!DOCTYPE html PUBLIC "-//W3C//DTD XHTML 1.0 Transitional//EN" "http://www.w3.org/TR/xhtml1/DTD/
xhtml1-transitional.dtd">
<html xmlns="http://www.w3.org/1999/xhtml">
<head>
<meta http-equiv="Content-Type" content="text/html; charset=utf-8" />
<title>学生信息管理系统—查询学生信息</title>
<style type="text/css">
<!--
.STYLE1 {font-size: 36px}
-->
</style>
<link href="../mystyle.css" rel="stylesheet" type="text/css" />
</head>
<body>
<?
require "config.inc.php";          //引用配置文件
$sql="select * from $table_name";
$result=mysql_query($sql) or die("查询出错".mysql_error());//发送 SQL 请求
//以下两个语句获得表 student 字段数组结果集以及字段数目
$fields = mysql_list_fields("stu", "student", $link);
$columns = mysql_num_fields($fields);
?>
<div align="center"><span class="STYLE1">学生信息管理系统—查询学生信息</span>
</div>
<form id="form1" name="form1" method="post" action="ch14-8-1.php">
  选择查询类别:
<select name="type" id="type">
<?
   for ($i = 0; $i < $columns; $i++)
{
   $name=mysql_field_name($fields, $i); //获得字段名
//以下语句筛选出在列表选项中出现的字段
     if(($name=="classname")||($name=="room")||($name=="bedid")||($name=="birthday")||($name=
="address"))
     {
     continue; //不选择年级、宿舍、床号、出生日期、地址等字段
     }
     else
     {
     echo "<option value='".$name."'>";
     switch ($name) //将英文字段名转换成中文显示
     {
     case "stu_id":
     echo "学号";
     break;
     case "name":
     echo "姓名";
     break;
```

```
        case "classname":
        echo "年级";
        break;
        case "classid":
        echo "班次";
        break;
        case "major":
        echo "专业";
        break;
        case "room":
        echo "房间";
        break;
        case "telephone":
        echo "手机";
        break;
        case "hometel";
        echo "家庭电话";
        break;
        case "sex";
        echo "性别";
        break;
        }
    echo "</option>";
  }
  }
   ?>
   </select>
   </label>
```

输入查询的内容：

```
   <label>
   <input type="text" name="value" id="value" />
   </label>
   <label>
   <input type="submit" name="button" id="button" value="查询" />
   </label>
  </form>
  <p>说明：</p>
  <p>专业可填写内容为：
  <?
  //以下代码获取表 student 中登记过的专业，并显示
  require "config.inc.php";          //引用配置文件
  $sql="select distinct major  from $table_name";
  $result=mysql_query($sql) or die("查询出错".mysql_error());//发送 SQL 请求
  $num=mysql_num_rows($result);
  if($num)
  {
   while($row=mysql_fetch_array($result))
  {
    echo $row[major],"  ";
    }
    }
    else
    {
    echo "暂时没有专业登记记录！";
    }
```

```
  echo "<br>";
?>
</p>
<p align="center">
<a href="ch14-5.php">新生录入</a>
<a href="ch14-8.php">查询学生</a>
<a href="ch14-4.php">全体学生名单</a>
</p>
</body>
</html>
```

第二步：创建查询处理文件 ch14-8-1.php。

创建新文件，在 Dreamweaver CS3 代码编辑区输入如下代码：

```
<!DOCTYPE html PUBLIC "-//W3C//DTD XHTML 1.0 Transitional//EN" "http://www.w3.org/TR/xhtml1/DTD/
xhtml1-transitional.dtd">
<html xmlns="http://www.w3.org/1999/xhtml">
<head>
<meta http-equiv="Content-Type" content="text/html; charset=utf-8" />
<title><?=$_POST["value"]?>的信息</title>
<link href="../mystyle.css" rel="stylesheet" type="text/css" />
<style type="text/css">
<!--
.STYLE1 {font-size: 36px}
-->
</style>
</head>
<body>
<div align="center">
<?
$type=$_POST["type"];            //获取查询类别
$value=$_POST["value"];          //获取查询值
require "config.inc.php";        //引用配置文件
$sql="select * from $table_name where $type='$value'";
?>
<span class="STYLE1">学生信息管理系统—<? echo $type."为".$value."的信息如下：" ?></span>
</div>
  <?
$result=mysql_query($sql) or die("查询时出错".mysql_error());
//发送 SQL 请求
$num=mysql_num_rows($result);                        //获得记录数
if($num)                    //若查询到结果，则以表格显示
{
?>
<table width="912" height="76" border="0" align="center">
<tr>
<td><div align="center">序号</div></td>
<td><div align="center">学号</div></td>
<td><div align="center">姓名</div></td>
<td><div align="center">性别</div></td>
<td><div align="center">出生日期</div></td>
<td><div align="center">年级</div></td>
<td><div align="center">班级</div></td>
<td><div align="center">专业</div></td>
<td><div align="center">宿舍</div></td>
```

```
<td><div align="center">床号</div></td>
<td><div align="center">家庭住址</div></td>
<td><div align="center">手机</div></td>
<td><div align="center">家庭电话</div></td>
</tr>
<?
$i=1;          //设置记录编号
while($row=mysql_fetch_array($result))
{
?>
<tr>
<td><div align="center"><?=$i?></div></td>
<td><div align="center"><?=$row[stu_id]?></div></td>
<td><div align="center"><?=$row[name]?></div></td>
<td><div align="center"><?=$row[sex]?></div></td>
<td><div align="center"><?=$row[birthday]?></div></td>
<td><div align="center"><?=$row[classname]?></div></td>
<td><div align="center"><?=$row[classid]?></div></td>
<td><div align="center"><?=$row[major]?></div></td>
<td><div align="center"><?=$row[room]?></div></td>
<td><div align="center"><?=$row[bedid]?></div></td>
<td><div align="center"><?=$row[address]?></div></td>
<td><div align="center"><?=$row[telephone]?></div></td>
<td><div align="center"><?=$row[hometel]?></div></td>
</tr>
<?
$i++;
}
?>
</table>
<?
}
    else                        //没有查询到结果
    {
    echo "<p align='center'>对不起，没有找到你要查找的内容！</p><br>";
    }
?>
<p align="center">
<a href="ch14-5.php">新生录入</a>
<a href="ch14-8.php">查询学生</a>
<a href="ch14-4.php">全体学生名单</a>
</p>
</body>
</html>
```

第三步：保存文件并调试运行。

分别保存好 ch14-8.php 与 ch14-8-1.php 文件。运行 ch14-8.php 文件，进入如图 14-39 所示的页面，选择查询类别，如“班次”，在文本“输入查询的内容”文本框中输入需要查询的班次，这里输入“4 班”，单击“查询”按钮，若有相关的记录，则显示如图 14-40 所示的页面，否则显示如图 14-41 所示的页面。

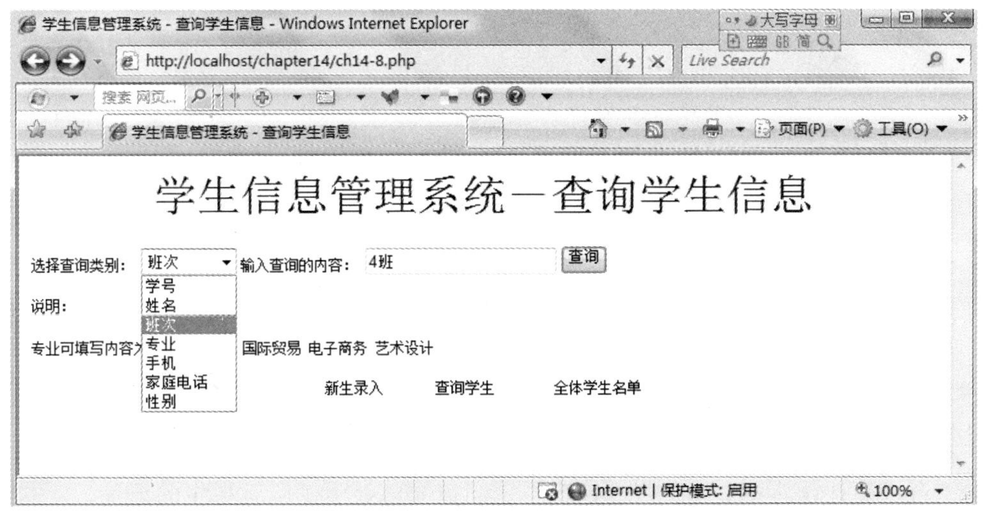

图 14-39

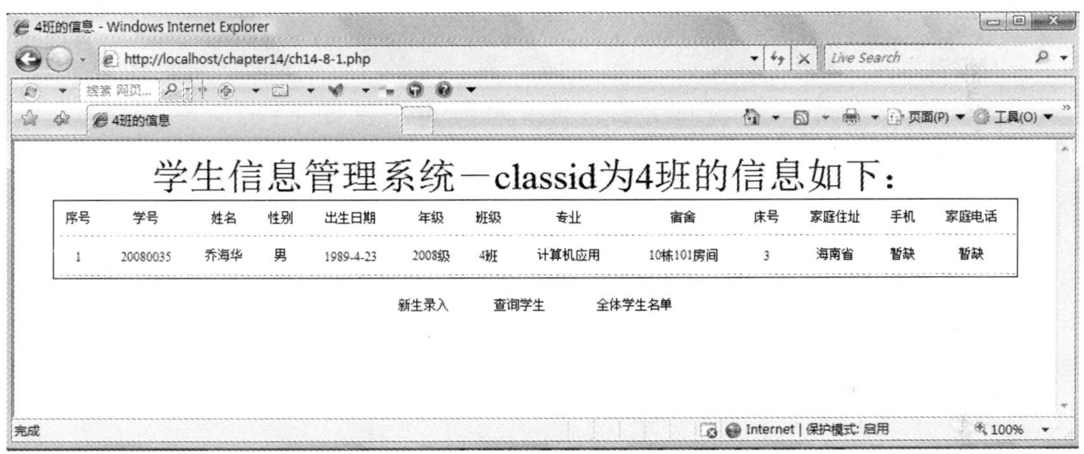

图 14-40

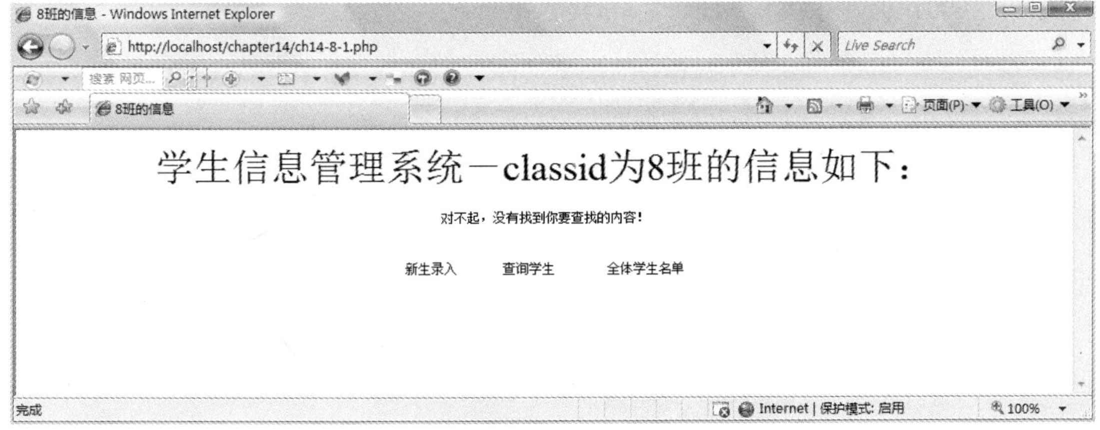

图 14-41

若查询“性别”为“男”的所有记录，在“选择查询类别”下拉列表中选择“性别”，在“输入查询的内容”文本框中输入“男”，如图 14-42 所示。

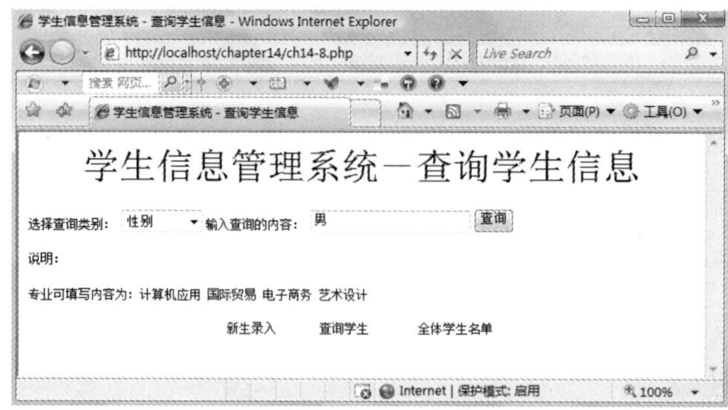

图 14-42

单击“查询”按钮，则显示如图 14-43 所示的页面，显示了所有男生的记录。

男的信息 - Windows Internet Explorer

http://localhost/chapter14/ch14-8-1.php

学生信息管理系统－sex为男的信息如下：

序号	学号	姓名	性别	出生日期	年级	班级	专业	宿舍	床号	家庭住址	手机	家庭电话
1	20070028	王花花	男	1990-3-26	2008级	2班	计算机应用	11栋201房间	2	北京市	暂缺	暂缺
2	20080002	李火一	男	1988-1-1	2008级	2班	国际贸易	10栋202房间	1	湖南省长沙市	暂无	暂无
3	20080031	黄小鸭	男	1987-4-29	2008级	2班	计算机应用	8栋101室	4	湖南省保靖县	暂缺	暂缺
4	20080035	乔海华	男	1989-4-23	2008级	4班	计算机应用	10栋101房间	3	海南省	暂缺	暂缺
5	20080040	朱葱	男	1991-2-25	2008级	2班	电子商务	7栋103室	4	湖南省怀化市	13888882282	暂缺
6	20080042	李小小	男	1992-3-27	2008级	2班	计算机应用	11栋802房间	2	湖南省长沙市	暂缺	暂缺
7	20080050	王金海	男	1996-1-1	2008级	2班	计算机应用	8栋108房间	8	暂缺	暂缺	暂缺
8	20080082	李华华	男	1990-10-25	2008级	2班	计算机应用	8栋808房间	8	暂缺	暂缺	暂缺
9	20080088	李建明	男	1991-6-27	2008级	2班	计算机应用	1栋101房间	1	暂缺	暂缺	暂缺
10	20080099	李建华	男	1990-3-23	2008级	2班	艺术设计	1栋101房间	4	暂缺	暂缺	暂缺

新生录入　查询学生　全体学生名单

Internet | 保护模式: 启用　100%

图 14-43

〖实例剖析与知识讲解〗

本实例体现了 select 语句在查找信息时的灵活性。【例 14-4】中已经全面介绍了 select 语句的语法，在此不多重复。本例需要掌握的知识点如下：

- 列表“查询类别”的获取。

ch14-8.php 中“查询类别”列表中的值来自于表 student 的字段名，除了年级、宿舍、床号、出生日期、地址 5 个字段不作为列表选项外，其他所有字段均是列表的选项，并且要求显示出来的选项是有意义的中文词语。

本例中实现此功能的代码如下：

```
//列出数据表 student 中的字段
$fields = mysql_list_fields("stu", "student", $link);
$columns = mysql_num_fields($fields);
echo "<select name='type' id='type'>";
for ($i = 0; $i < $columns; $i++)
{
   $name=mysql_field_name($fields, $i); //获得字段名
//以下语句筛选出在列表选项中出现的字段
```

```
        if(($name=="classname")||($name=="room")||($name=="bedid")||($name=="birthday")||($name=
="address"))
        {
        continue;  //不选择年级、宿舍、床号、出生日期、地址等字段
        }
        else
        {
        echo "<option value='".$name."'>";
        switch ($name)  //将英文字段名转换成中文显示
        {
        case "stu_id":
        echo "学号";
        break;
        case "name":
        echo "姓名";
        break;
        case "classname":
        echo "年级";
        break;
        case "classid":
        echo "班次";
        break;
        case "major":
        echo "专业";
        break;
        case "room":
        echo "房间";
        break;
        case "telephone":
        echo "手机";
        break;
        case "hometel";
        echo "家庭电话";
        break;
        case "sex";
        echo "性别";
        break;
    }
    echo "</option>";
    echo "</select>";
```

其中的函数如下：

mysql_list_fields()函数的语法格式如下：

```
resource mysql_list_fields ( string 数据库名, string 表名 [, resource 连接标识符] )
```

函数返回一个结果指针，可以用于 mysql_field_flags()、mysql_field_len()、mysql_field_name()和 mysql_field_type()。

mysql_num_fields()函数的语法格式如下：

```
int mysql_num_fields ( resource result )
```

函数返回结果集中字段的数目，括号中的参数是一个结果集。

mysql_field_name()函数的语法格式如下：

```
string mysql_field_name ( resource result, int 字段索引)
```

函数返回结果集中指定字段索引的字段名。参数字段索引是该字段的数字偏移量，第 1 个字段的字段索引为 0，第 4 个字段的索引是 3，依此类推。本函数返回的字段名区分大小写。

● 专业可填写项的获取。

要在表中查找到某个专业有多少学生，就必须事先对专业进行登记。需要对整个表进行查询，看已经登记了哪些专业。

本例的相关代码如下：

```
<?
//以下代码获取表student中登记过的专业，并显示
require "config.inc.php";                                    //引用配置文件
$sql="select distinct major  from $table_name";
$result=mysql_query($sql) or die("查询出错".mysql_error()); //发送SQL请求
$num=mysql_num_rows($result);
if($num)
{
 while($row=mysql_fetch_array($result))
{
  echo $row[major],"  ";
  }
  }
  else
  {
  echo "暂时没有专业登记记录！";
  }
  echo "<br>";
?>
```

● 查询语句。

本例 ch14-8-1.php 实现不同类别不同取值的查找语句如下：

```
<?
$type=$_POST["type"];                    //获取查询类别
$value=$_POST["value"];                  //获取查询值
require "config.inc.php";                //引用配置文件
$sql="select * from $table_name where $type='$value'";
?>
```

至此，这个简单的学生信息管理系统就介绍完了。

【例 14-9】修改表结构

〖实例需求〗

本例的前提是手动或者用代码已经创建了数据库book，其中包括两个数据表admin和book，admin 表的结构如图 14-44 所示。

字段	类型	整理	属性	Null	默认	额外
id	int(4)			否		auto_increment
username	varchar(10)	utf8_general_ci		否		
password	varchar(8)	utf8_general_ci		否		
birthday	varchar(8)	utf8_general_ci		是	NULL	

图 14-44

本例通过 ch14-9.php 新增一个字段 rights，类型为 varchar，长度为 4 个字符，然后将其中的 birthday 字段删掉。

实例中用单独一个函数 show_field()来显示各个字段。

〖开发过程〗

第一步：创建文件。

创建新文件，在 Dreamweaver CS3 代码编辑区输入如下代码：

```
<!DOCTYPE html PUBLIC "-//W3C//DTD XHTML 1.0 Transitional//EN" "http://www.w3.org/TR/xhtml1/DTD/
xhtml1-transitional.dtd">
<html xmlns="http://www.w3.org/1999/xhtml">
<head>
<meta http-equiv="Content-Type" content="text/html; charset=utf-8" />
<title>修改表结构</title>
</head>
<body>
<center>
<?
//使用mysql_connect()函数对服务器进行连接，如果出错返回相应的信息
$link=mysql_connect(localhost,root,"root")or die("不能连接到服务器".mysql_error());
mysql_select_db(book,$link);                    //选择相应的数据库，这里选择book库
function show_field()                           //把显示字段功能做成函数以便多次调用
{
    $link=mysql_connect(localhost,root,"root")or die("不能连接到服务器".mysql_error());
    mysql_select_db(book,$link);                //选择相应的数据库，这里选择book库
    $result=mysql_query("show columns from admin");
    echo "admin表中现有的字段内容为：";
    while($row=mysql_fetch_array($result)) //遍历表中的所有字段
    {
        echo $row["Field"];
        echo "  ";
    }
}
echo "更新前：";
echo "<p>";
show_field();                                   //显示表的所有字段
echo "<p>";
echo "添加新字段rights后：";
echo "<p>";
$sql="alter table admin add column rights varchar(4)";
mysql_query($sql);                              //执行添加字段的SQL语句
echo "<p>";
show_field();                                   //显示表的所有字段
echo "<p>";
echo "删除字段birthday后：";
echo "<p>";
$sql="alter table admin drop column birthday";
mysql_query($sql);                              //执行删除字段的SQL语句
echo "<p>";
show_field();                                   //显示表的所有字段
```

```
echo "<p>";
?>
</center>
</body>
</html>
```

第二步：保存文件并调试运行。

单击“文件”→“保存”命令，或者按快捷键 Ctrl+S，以文件名 ch14-9.php 保存页面，文件自动保存到站点中。

按 F12 键或者单击 图标的 预览在 IExplore 6.0 F12 即可进行网页的运行与调试，效果如图 14-45 所示。

更新前：

admin表中现有的字段内容为：id username password birthday

添加新字段rights后：

admin表中现有的字段内容为：id username password birthday rights

删除字段birthday后：

admin表中现有的字段内容为：id username password rights

图 14-45

〖实例剖析与知识讲解〗

本例主要是对表的结构进行操作，主要知识点有如下：

● 增加新字段。

要在一个已经创建的表中新增加一些字段，需要用到 SQL 语句 alter 来实现。语法格式如下：

```
alter table 表名 add column 字段名1 字段类型(字段长度), 字段名2 字段类型(字段长度)…
```

本例要添加一个字段 rights 的语句为：

```
$sql="alter table admin add column rights varchar(4)";
mysql_query($sql);                          //执行添加字段的SQL语句
```

● 删除新字段。

当发现某些字段完全没有意义不再需要时，就应该及时地删除。删除一个字段也是使用 SQL 语句的 alter 实现。语法格式如下：

```
alter table 表名 drop column 字段名1 字段类型(字段长度), 字段名2 字段类型(字段长度)…
```

本例中要删除字段 birthday 的语句为：

```
$sql="alter table admin drop column birthday";
mysql_query($sql);             //执行删除字段的SQL语句
```

● 显示所有字段。

显示所有字段在【例 14-8】中已经介绍过了，另外还有一条非常简单的 SQL 语句 show 可以实现这个功能。语法格式如下：

```
show columns from 表名
```

本例中显示表 student 所有字段的语句如下：

```
mysql_select_db(book,$link);        //选择相应的数据库，这里选择book数据库
$result=mysql_query("show columns from admin");
echo "admin表中现有的字段内容为：";
```

```
while($row=mysql_fetch_array($result)) //遍历表中的所有字段
{
   echo $row["Field"];
   echo "  ";
}
}
```

小结

本章以一个简单的学生信息管理系统为基础，详细介绍了对 MySQL 数据库的一系列操作，主要包括服务器连接、创建数据库、选择数据库、创建数据表以及对数据表所进行的查询、添加、删除、更新等操作，并对其中每一项所包括的 SQL 语句与函数都进行了详细的介绍与举例。

通过本例介绍了学生信息管理系统的基本功能、如何灵活运用分页技术，以及如何修改数据表的结构。

各实例中都有新的知识点与相关的函数，希望读者认真学习，扎实掌握本章的内容，为利用 PHP 与 MySQL 进行各类 Web 程序的开发积累知识。

第 15 章　PHP+MySQL 综合实例
——留言本

【本章导读语】

上一章已经详细介绍了 MySQL 数据库的相关使用。从本章开始，将继续深化学习 PHP 与 MySQL，讲解几个平时经常用到的中小型系统的开发。

本章将介绍如何创建一个带有管理功能的留言本。留言本是现在使用极为广泛的 Web 应用，几乎所有的网站都会提供这个项目来实现与用户的交互，所以，编写留言板是编写大型 Web 网站的基础。

【设计思想】

〖**系统功能**〗

本实例中的留言本有两种用户：普通用户和管理员。

普通用户的功能是：查看留言、发表留言。

管理员的功能是：管理员登录与退出、查看留言、发表留言、删除留言、回复留言。

〖**系统功能图**〗

为了更直观地了解，将用户功能转换成图 15-1。

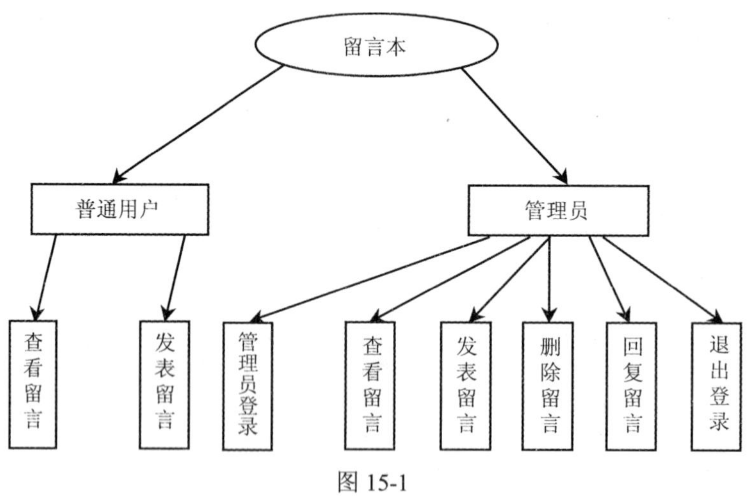

图 15-1

〖**数据库设计**〗

数据库的设计直接影响到系统的执行效率，本系统中主要包括 2 个表：管理员信息表和留言信息表。

管理员信息表中包括如下内容：索引 ID、管理员姓名（管理员登录时使用的名称）、管理员密码（登录时所使用的密码）。每个字段及类型说明如表 15-1 所示。

表 15-1　muser 管理员信息表

字段名	类型	说明
id	int(5)	管理员表的编号，自增型，具有唯一性，主键
name	varchar(20)	管理员姓名
pass	varchar(20)	管理员密码

留言本除了管理员信息表外，还有一个很重要的表，就是存放留言信息的数据表，包括如下内容：索引 ID、留言主题（发表留言填写的留言标题）、头像（为了存放标识身份或者心情图片的地址）、留言内容（发表留言填写的留言内容）、留言作者（发表留言的人）、留言时间（留言发表的时间）、回复信息（回复留言的内容）。每个字段及类型说明如表 15-2 所示。

表 15-2　message 留言信息表

字段名	类型	说明
id	int(5)	留言表的编号，自增型，具有唯一性，主键
title	varchar(50)	留言主题
content	text	留言内容
image	varchar(50)	存放头像图片地址
author	varchar(30)	留言作者
n_time	varchar(15)	留言时间

〖**系统文件导航**〗

本章所有实例源代码保存在 chapter15 目录中。

所有文件的公共配置文件统一保存在 ch15-1.php 中。

相册系统的安装文件在 ch15-2.php 中，第一次运行系统时必须首先执行该文件，用来创建数据库与数据表。

样式文件保存在 mystyle.css 中。

系统程序总共分为 9 个文件，每个文件实现的功能分别如下：

- ch15-3.php：管理员登录页面。
- ch15-4.php：普通用户查看留言页面。
- ch15-5.php：发表留言页面。
- ch15-6.php：管理员查看留言页面。
- ch15-7.php：管理员删除留言页面。
- ch15-8.php：管理员回复留言页面。
- ch15-9.php：管理员退出登录页面。

【例 15-1】开发环境

〖实例需求〗

本例主要创建留言本所需要的环境。

本例是在 Windows 系统的 PHP+MySQL+Apache 平台下进行的，服务器的配置与第 1 章中的配置一样。

〖开发过程〗

第一步：创建目录 chapter15。

在 WWW 文件夹下创建新目录 chapter15，当然也可以创建任何名字的目录，只要是一个可以将整个留言本程序保存在内的目录即可。

第二步：创建站点。

可以按照【例 2-1】的步骤进行站点配置，整个过程如图 15-2 所示。

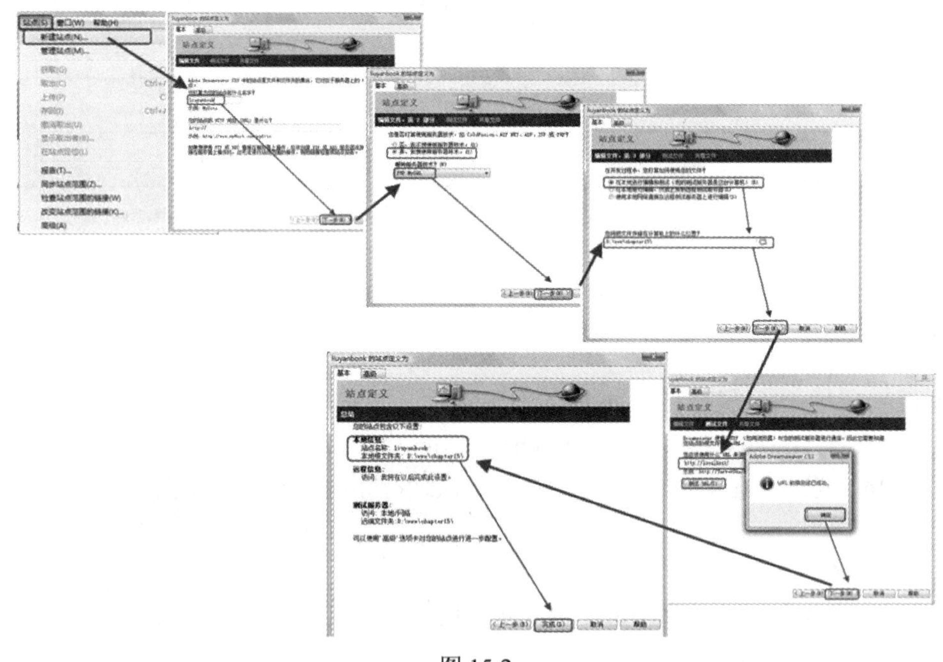

图 15-2

【例 15-2】配置文件 ch15-1.php

〖实例需求〗

本章中有一些代码在每个文档中都是重复的，比如 MySQL 服务器连接、选择数据库、指定语言编码等代码。为了提高代码的复用性，我们将数据库连接语句单独保存在一个配置文件 ch15-1.php 中，在每个程序中用 require()或者 include()引用即可。

〖开发过程〗

第一步：创建文件。

创建新文件，在 Dreamweaver CS3 代码编辑区输入如下代码：

```
<?
mysql_connect("localhost","root","root") or die("没有成功连接mysql! ".mysql_error());
mysql_select_db("liuyanbook");
$tb_msn="message";
$tb_user="muser";
$list_num=5;
?>
```

第二步：保存文件并调试运行。

单击“文件”→“保存”命令，或者按快捷键 Ctrl+S，以文件名 ch15-1.php 保存页面，文件自动保存到站点 liuyanbook 中。

〖实例剖析与知识讲解〗

本例第 1 行代码进行了 MySQL 服务器的连接，mysql_connect()函数中的三个参数分别为“服务器主机名”、“用户名”、“密码”，可以根据需要进行适当地修改。

第 2 行代码进行了选择数据库 liuyanbook 的操作。

第 3、4 行代码定义了两个变量，分别保存留言信息表 message、管理员表 user 两个表名。

第 5 行代码是为后续分页显示准备的变量$list_num，表示每页显示的记录条数。这里设定值为 5，即每页显示 5 条记录，也可以修改这个数值来调整每页显示的记录情况。

【例 15-3】安装留言本 ch15-2.php

〖实例需求〗

本例主要进行留言本的安装，安装包括数据库的创建、留言信息表 message 与管理员表 muser 以及管理员用户与密码的生成。

〖开发过程〗

第一步：创建文件。

创建新文件，在 Dreamweaver CS3 代码编辑区输入如下代码：

```
<!DOCTYPE html PUBLIC "-//W3C//DTD XHTML 1.0 Transitional//EN" "http://www.w3.org/TR/xhtml1/DTD/xhtml1-transitional.dtd">
<html xmlns="http://www.w3.org/1999/xhtml">
<head>
<meta http-equiv="Content-Type" content="text/html; charset=utf-8" />
```

```
<title>留言本安装</title>
</head>
<body>
<p>
  <?
$host="localhost";
$user="root";
$pass="root";
$link=mysql_connect($host,$user,$pass);
$sql="create database liuyanbook";
if(mysql_query($sql,$link))
{
echo "数据库安装成功! <br>";
mysql_select_db("liuyanbook");
$sql="create table message(id int(5) not null primary key auto_increment,title varchar(50) not null,n_time varchar(15) not null,author varchar(30) not null,image varchar(50),content text(250) not null,ip varchar(30),rcontent text(250))";
if(mysql_query($sql)){
echo "message 表创建成功! "."<br>";
}
else{
echo "message 表创建失败! "."<br>";
}
$sql2="create table muser(id int(2) not null primary key auto_increment,name varchar(20) not null,pass varchar(20) not null)";
if(mysql_query($sql2))
{
echo "muser 表创建成功! ";
}
else{
echo "muser 表创建成失败! ";
}
echo "<br>";
$sql3="insert into muser(name,pass)values('root','root')";
if(mysql_query($sql3))
{
echo "添加管理员成功! ";
}
else
{
echo "添加管理员出错! ";
}
}
else
echo "数据库安装不成功!<br>";
?>
</p>
<p align="center">本文件使用过后建议删除，否则容易引起安全问题! </p>
</body>
</html>
```

第二步：保存文件并调试运行。

单击“文件”→“保存”命令，或者按快捷键 Ctrl+S，以文件名 ch15-2.php 保存页面，文件自动保存到站点中。

按 F12 键或者单击图标的 预览在 IExplore 6.0 F12 即可进行网页的运行与调试，效果如图 15-3 所示。

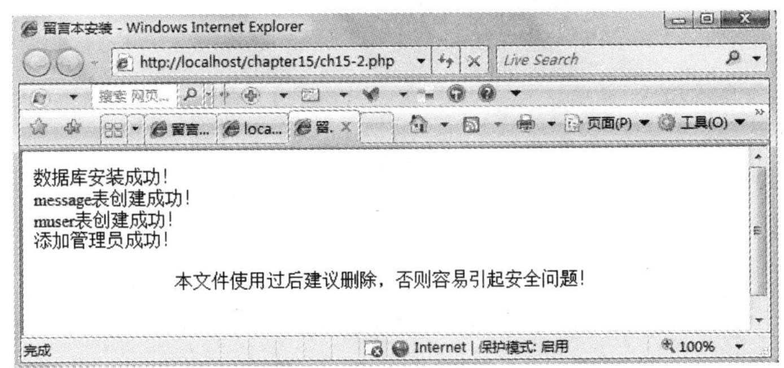

图 15-3

〖实例剖析与知识讲解〗

本例将数据库、数据表的创建放在一起，用 if 语句进行实现。首先创建数据库，数据库成功创建后，选择该数据库，并在其中创建两个表：保存留言信息的 messgage 表和保存管理员信息的 muser 表。

其中，创建数据库 liuyanbook 的代码如下：

```
$sql="create database liuyanbook";
```

创建两个数据表的代码如下：

```
$sql="create table message(id int(5) not null primary key auto_increment,title varchar(50) not null,n_time varchar(15) not null,author varchar(30) not null,image varchar(50),content text(250) not null,ip varchar(30),rcontent text(250))";
$sql2="create table muser(id int(2) not null primary key auto_increment,name varchar(20) not null,pass varchar(20) not null)";
```

并在表 muser 中增加初始管理员的用户名与密码，代码如下：

```
$sql3="insert into muser(name,pass)values('root','root')";
```

【例 15-4】管理员登录功能实现 ch15-3.php

〖实例需求〗

本例主要是对管理员登录功能的实现。当填写的用户名、密码与 muser 表的记录一样时，显示“登录成功！”信息，同时将用户名保存至 cookie 变量 admin 中，并于 1 秒后自动跳转至留言主页。

〖开发过程〗

第一步：创建文件。

创建新文件，在 Dreamweaver CS3 代码编辑区输入如下代码：

```
<?
if($_POST["username"])                 //判断是否输入用户名
{
require "ch15-1.php";
mysql_query("SET NAMES GB2312");       //指定编码为 UTF8
$name=$_REQUEST[username];             //获取用户名
$pass=$_REQUEST[password];             //获取密码
```

```
//以下代码在表muser 查询
$sql="select * from $tb_user where name='$name' && pass='$pass'";
$result=mysql_query($sql);                          //发送SQL 请求
if(@mysql_num_rows($result)!=0)                     //判断是否找到了
    {
    setcookie("admin","$name",time()+60*5);         //创建 cookie
    echo "<html><head><meta http-equiv='Content-Type' content='text/html; charset=GB2312'/>";
    echo "<meta http-equiv='refresh' content='1; url=ch15-6.php'>";
    echo "</head>";
    echo "<body>登录成功！1 秒后返回留言首页……</body>";
    echo "</html>";
    }
else
    {
    echo "<center>用户名或密码错误！</center>";
    }
}
?>
<!DOCTYPE html PUBLIC "-//W3C//DTD XHTML 1.0 Transitional//EN" "http://www.w3.org/TR/xhtml1/DTD/xhtml1-transitional.dtd">
<html xmlns="http://www.w3.org/1999/xhtml">
<head>
<meta http-equiv="Content-Type" content="text/html; charset=GB2312" />
<link href="mystyle.css" rel="stylesheet" type="text/css" />
<title>管理员登录</title>
<script language="javascript">                      //判断输入内容
function check()
{
    var s=document.all;
    if(s.username.value=="")
        {
        alert("请输入用户名！");
        s.username.focus();
        return false;
        }
    if(s.passw.value=="")
        {
        alert("请输入密码！");
        s.passw.focus();
        return false;
        }
}
</script>
</head>
<body>
<center>
<h1>PHP 留言本—管理员登录</h1>
<form id="form1" name="form1" method="post" action="<? $_SERVER[PHP_SELF]?>" onsubmit="return check()">
用户：<input name="username" type="text" id="username" size="10" />
密码：<input name="password" type="password" id="password" value="" size="10" />
<input name="Submit" type="submit" value="登录" />
</form>
<hr />
<p class="STYLE3">本系统由 sunnykim 制作维护！</p>
<p><span class="STYLE3">如果有问题请
<a href="yuanxin_929@163.com">给我发邮件</a></span></p>
</center>
```

```
</body>
</html>
```

第二步：保存文件并调试运行。

单击“文件”→“保存”命令，或者按快捷键 Ctrl+S，以文件名 ch15-3.php 保存页面，文件自动保存到站点中。按 F12 键进行网页的运行与调试，效果如图 15-4 所示。

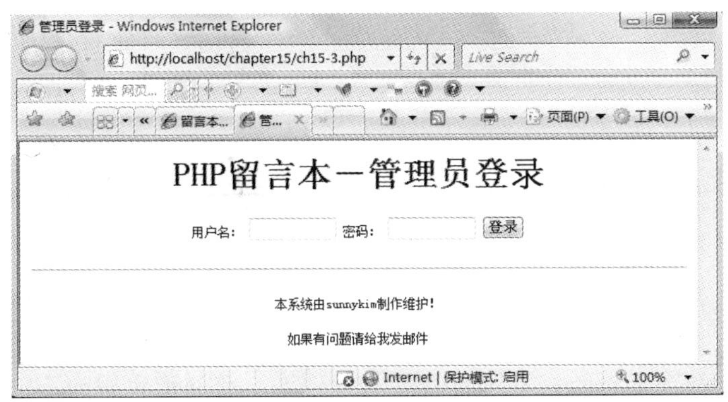

图 15-4

在“用户名”与“密码”后的文本框中填入正确的用户名与密码，若用户名或者密码为空，则弹出如图 15-5 和图 15-6 所示的提示框。

图 15-5

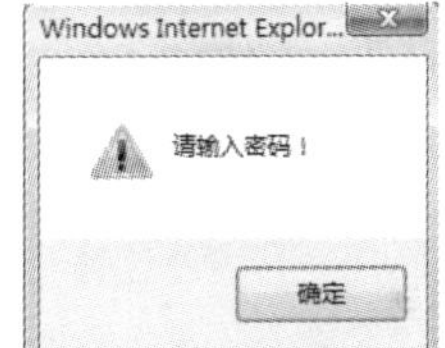

图 15-6

若输入的用户名或密码不正确，则显示“用户名或密码错误！”，如图 15-7 所示。

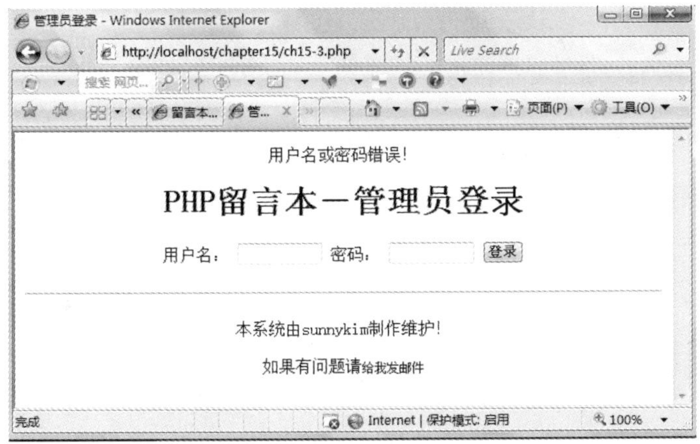

图 15-7

当输入的用户名和密码与 muser 中的 name 和 pass 一致时，则表示登录成功，显示“登录成功！1 秒后返回留言首页”等信息，并于 1 秒后自动跳转至管理员留言主页 ch15-6.php，如图 15-8 所示。

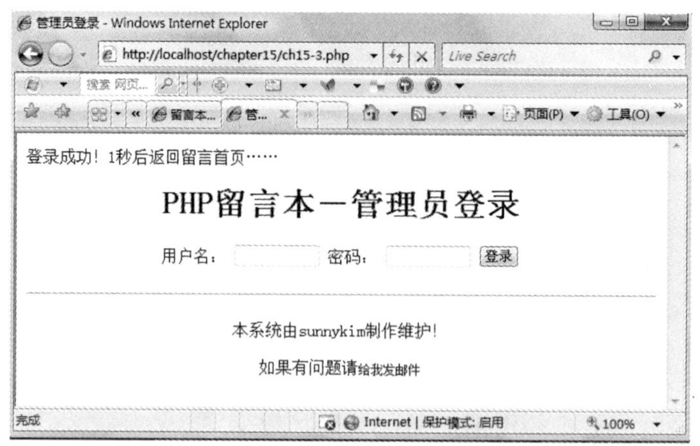

图 15-8

〖实例剖析与知识讲解〗

本例只有在管理员需要对留言本进行管理时才使用，普通留言用户不能对自己的留言进行修改、删除等管理操作。

实例中将前台表单部分与表单的后台处理程序放在一个文件中，用到了一个全局变量$_SERVER[PHP_SELF]来实现对当前页的访问，这里的$_SERVER[PHP_SELF]可以直接用ch15-3.php 代替。用到的代码如下：

```
<form id="form1" name="form1" method="post" action="<? $_SERVER[PHP_SELF]?>" onsubmit="return check()">
```

同时对用户名与密码的两个输入框进行了验证，验证工作交给 JavaScript 来实现，如下：

```
<script language="javascript">                    //判断输入内容
function check()
{
    var s=document.all;
    if(s.username.value=="")
        {
        alert("请输入用户名！");
        s.username.focus();
        return false;
        }
    if(s.passw.value=="")
        {
        alert("请输入密码！");
        s.passw.focus();
        return false;
        }
}
</script>
```

这段代码当单击表单中的“提交”按钮时，就会自动地输入内容进行验证，由<form>语句中的“onsubmit="return check()"”来触发。

当输入的用户名与密码是表 muser 的记录时，表明是真正的管理员，将用户名保存为 cookie 变量 admin 的值，并设置其有效期限为 5 分钟，5 分钟一过，cookie 变量就撤销了！

```
$sql="select * from $tb_user where name='$name' && pass='$pass'";
```

```
$result=mysql_query($sql);                          //发送 SQL 请求
if(@mysql_num_rows($result)!=0)                     //判断是否找到了
    {
    setcookie("admin","$name",time()+60*5);         //创建 cookie
```

【例 15-5】留言浏览功能实现 ch15-4.php

〖实例需求〗

本例 ch15-4.php 主要实现普通用户查看留言的功能。没有任何留言则显示“还没有人留言哦！”信息，否则所有的留言记录以表格布局分页显示，留言若有管理员回复内容，则以红色字体显示回复信息。

〖开发过程〗

第一步：创建文件。

创建新文件，在 Dreamweaver CS3 代码编辑区输入如下代码：

```
<!DOCTYPE html PUBLIC "-//W3C//DTD XHTML 1.0 Transitional//EN" "http://www.w3.org/TR/xhtml1/DTD/
xhtml1-transitional.dtd">
<html xmlns="http://www.w3.org/1999/xhtml">
<head>
<meta http-equiv="Content-Type" content="text/html; charset=UTF-8" />
<link href="mystyle.css" rel="stylesheet" type="text/css" />
<style type="text/css">
<!--
.STYLE1 {font-size: 36px}
-->
</style>
<title>留言本一查看留言</title></head>
<body>
<p align="center" class="STYLE1">
PHP 留言本</p>
<p align="center" ><a href="ch15-5.php">发表留言</a>
  <a href="ch15-3.php">管理留言</a></p>
<p align="center">
<?
require "ch15-1.php";
//获得分页参数
if(!$_REQUEST[page])
$page=1;
else
{
$page=$_REQUEST[page];
}
$sql="select id from $tb_msn order by id desc";        //查询所有记录
$result=mysql_query($sql);                             //发送 SQL 请求
$num=@mysql_num_rows($result);                         //获得记录数
mysql_query("SET NAMES UTF8");                         //指定编码为 UTF8
//显示留言内容
```

```
$tem=($page-1)*$list_num;
$sql1="select * from $tb_msn order by id desc limit $tem,$list_num";
$result1=mysql_query($sql1);
if(@mysql_num_rows($result1)!=0)
{
$i=$num-$tem+1;
echo "<table width='600' border='1' align='center'>";
while($row=mysql_fetch_array($result1))
{
$i--;
echo "<tr align='left' class='STYLE4'><td width='300'>";
echo "第".$i."条留言";
echo "</td><td width='60%'><strong>";
echo $row[title];
echo "</strong></td><td width='34' height='34'>";
if($row[image])
{
echo "<img src=".$row[image].">";
}
echo "</td></tr>";
echo "<tr align='left' class='STYLE4'><td colspan='5'>";
echo "留言内容--<br>        ".$row[content]."";
echo "</td></tr>";
if($row[rcontent])
{
echo "<tr><td colspan='5' align='left'><font color='red'>";
echo "管理员回复:<br>        ".$row[rcontent]."";
echo "</font></td></tr>";
}
echo "<tr align='right'>";
echo "<td colspan='6'>";
echo "本留言由<font color='red'>".$row[author]."</font>于<font color='red'>";
echo $row[n_time]."</font>发表    ";
echo "</td>";
echo "</tr>";
}
echo "</table></br>";
//分页
$prev_page=$page-1;                              //定义上一页为该页减1
$next_page=$page+1;                              //定义下一页为该页加1
echo "<p align=\"center\"> ";
echo "目前共有".$num."条记录|  ";          //输出记录数
$p_count=ceil($num/$list_num);                   //总页数为总条数除以每页显示数
echo "共分".$p_count."页显示|  ";        //输出页数
echo "当前显示第".$page."页|";                     //定义下一页为该页加1
echo "<p align=\"center\"> ";
if ($page<=1)                                    //如果当前页小于等于1只显示文字
{
echo "第一页 | ";
}
else                                             //如果当前页大于1显示指向第一页的链接
{
echo "<a href='$_SERVER[PHP_SELF]?page=1'>第一页</a> | ";
}
```

```
if ($prev_page<1)                              //如果上一页小于 1 只显示文字
{
echo "上一页 | ";
}
else                                           //如果上一页大于 1 显示指向上一页的链接
{
echo "<a href='$_SERVER[PHP_SELF]?page=$prev_page'>上一页</a> | ";
}
if ($next_page>$p_count)                       //如果下一页大于总页数只显示文字
{
echo "下一页 | ";
}
else                                           //如果下一页小于总页数则显示指向下一页的链接
{
echo "<a href='$_SERVER[PHP_SELF]?page=$next_page'>下一页</a> | ";
}
if ($page>=$p_count)                           //如果当前页大于或者等于总页数只显示文字
{
echo "最后一页</p>\n";
}
else                                           //如果当前页小于总页数显示最后页的链接
{
echo "<a href='$_SERVER[PHP_SELF]?page=$p_count'>最后一页</a></p>\n";
}
}
else                                           //留言本没有记录
{
echo "还没有人留言哦！";
}
echo "</p>";
?>
</body></html>
```

第二步：保存文件并调试运行。

单击“文件”→“保存”命令，或者按快捷键 Ctrl+S，以文件名 ch15-4.php 保存页面，文件自动保存到站点中。

按 F12 键进行网页的运行与调试，前提是已经输入了一条记录，效果如图 15-9 所示。

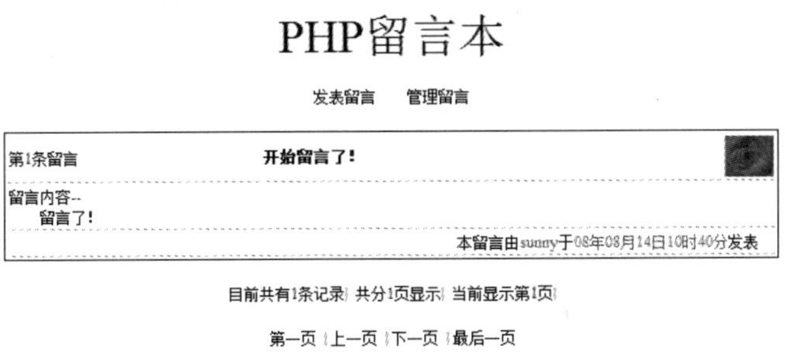

PHP留言本

发表留言　管理留言

第1条留言	开始留言了！
留言内容-- 留言了！	
	本留言由sunny于08年08月14日10时40分发表

目前共有1条记录 | 共分1页显示 | 当前显示第1页

第一页 | 上一页 | 下一页 | 最后一页

图 15-9

〖实例剖析与知识讲解〗

本例实现对数据表 message 信息的查看，以表格的方式逐一显示每条留言信息，分别以红色字体显示留言人与留言时间。

本例是管理员与普通用户公用的发表留言页面。其中涉及到留言成功后，是跳转至普通用户的查看留言页面 ch15-4.php，还是管理员的查看留言页面 ch15-6.php。

【例 15-6】发表留言功能实现 ch15-5.php 与 ch15-5-1.php

〖实例需求〗

本例通过 ch15-5.php 与 ch15-5-1.php 两个文件来实现添加新留言的功能。其中 ch15-5.php 是留言的表单部分，ch15-5-1.php 是提取表单输入的值，并将其添加至数据表 message 中，若成功，则自动跳转至 ch15-4.php 页面，否则显示错误信息。

〖开发过程〗

第一步：创建文件 ch15-5.php。

创建新文件，在 Dreamweaver CS3 代码编辑区输入如下代码：

```
<!DOCTYPE html PUBLIC "-//W3C//DTD XHTML 1.0 Transitional//EN" "http://www.w3.org/TR/xhtml1/DTD/xhtml1-transitional.dtd">
<html xmlns="http://www.w3.org/1999/xhtml">
<head>
<meta http-equiv="Content-Type" content="text/html; charset=UTF-8" />
<link href="mystyle.css" rel="stylesheet" type="text/css" />
<style type="text/css">
<!--
.STYLE1 {font-size: 36px}
-->
</style>
<title>留言本—发表留言</title>
<script language="javascript">                    //验证表单输入项是否为空
function check()
{
var s=document.all;
if(s.username.value=="")
{
alert("请输入昵称! ");
s.username.focus();
return false;
}
if(s.title.value=="")
{
alert("请输入标题! ");
s.title.focus();
return false;
}
if(s.content.value=="")
{
alert("请输入留言内容");
s.content.focus();
return false;
}
```

```
}
</script>
</head>
<body>
<div align="center">
<p align="center" class="STYLE1">PHP 留言本</p>
<p align="center" >
<a href="ch15-5.php">发表留言</a>
<a href="ch15-3.php">管理留言</a>
</p>
</div>
<form id="form1" name="form1" method="post" action="ch15-5-1.php" onsubmit="return check()">
<table width="551" border="1" align="center">
<tr class="STYLE3">
<td width="20%"> 你的昵称: <span class="STYLE5">*</span> </td>
<td width="80%">
<input name="username" type="text" id="username" value="<? if($_COOKIE[admin]) echo $_COOKIE[admin];?>" size="40" />
</td>
<tr class="STYLE3">
<td>留言主题: <span class="STYLE5">*</span> </td>
<td><input name="title" type="text" id="title" value="" size="40" />
</td>
<tr class="STYLE3">
<td>你的头像: </td>
<td><label>
<input name="image" type="radio" value="1" checked="checked" />
<img src="images/img1.jpg" width="39" height="32" />
<input type="radio" name="image" value="2" />
<img src="images/img2.jpg" width="39" height="32" />
<input type="radio" name="image" value="3" />
<img src="images/img3.jpg" width="39" height="32" />
<input type="radio" name="image" value="4" />
<img src="images/img4.jpg" width="39" height="32" />
<input type="radio" name="image" value="5" />
<img src="images/img5.jpg" width="39" height="32" /><br>
<input type="radio" name="image" value="6" />
<img src="images/img6.jpg" width="39" height="32" />
<input type="radio" name="image" value="7" />
<img src="images/img7.jpg" width="39" height="32" />
<input type="radio" name="image" value="8" />
<img src="images/img8.jpg" width="39" height="32" />
<input type="radio" name="image" value="9" />
<img src="images/img9.jpg" width="39" height="32" />
<input type="radio" name="image" value="10" />
<img src="images/img10.jpg" width="39" height="32" /><br>
<input type="radio" name="image" value="11" />
<img src="images/img11.jpg" width="39" height="32" />
<input type="radio" name="image" value="12" />
<img src="images/img12.jpg" width="39" height="32" />
<input type="radio" name="image" value="13" />
<img src="images/img13.jpg" width="39" height="32" />
<input type="radio" name="image" value="14" />
<img src="images/img14.jpg" width="39" height="32" />
<input type="radio" name="image" value="15" />
<img src="images/img15.jpg" width="39" height="32" /><br>
```

```
</label></td>
<input type="hidden" name="n_time" value="<? echo date(y年m月d日H时i分);?>" />
<tr class="STYLE3">
<td>留言内容: <span class="STYLE5">*</span></td>
<td align="left">
<textarea name="content" cols="40" rows="10" id="content">
</textarea>
</td>
<tr>
<td colspan="2" align="center">
<input name="Submit" type="submit" value="添加" />
    
<input name="Submit" type="reset" value="清空" />
</td>
</tr>
<tr>
<td colspan="2" align="center" class="STYLE3">
</td>
</tr>
</table>
</form>
</body>
</html>
```

第二步：创建文件 ch15-5-1.php。

创建新文件，在 Dreamweaver CS3 代码编辑区输入如下代码：

```
<!DOCTYPE html PUBLIC "-//W3C//DTD XHTML 1.0 Transitional//EN" "http://www.w3.org/TR/xhtml1/DTD/
xhtml1-transitional.dtd">
<html xmlns="http://www.w3.org/1999/xhtml">
<head>
<meta http-equiv="Content-Type" content="text/html; charset=utf-8" />
<title>留言添加…</title>
</head>
<body>
<?
require "ch15-1.php";                          //引用配置文件
mysql_query("SET NAMES UTF8");                 //指定编码为 UTF8
if($_POST["title"])                            //若有输入信息，则添加记录
{
//获取留言信息
$name=$_REQUEST[username];
$title=$_REQUEST[title];
$img="images/img".$_REQUEST[image].".jpg";
$content=nl2br($_REQUEST[content]);
$n_time=$_REQUEST[n_time];
$ip=$_SERVER['REMOTE_ADDR'];
$sql2="insert into $tb_msn(author,title,image,n_time,content,ip)
values('$name','$title','$img','$n_time','$content','$ip')";
if(mysql_query($sql2))
{
echo "<html><head><meta http-equiv='Content-Type' content='text/html; charset=utf-8'/>";
if($_COOKIE[admin])                            //若是管理员留言，则转去 ch15-6.php
{
```

```
echo "<meta http-equiv='refresh' content='1; url=ch15-6.php'>";
}
else                                          //否则转去 ch15-4.php
{
echo "<meta http-equiv='refresh' content='1; url=ch15-4.php'>";
}
echo "</head>";
echo "<body>留言成功添加，1 秒后返回首页……</body>";
echo "</html>";
}
else                                          //留言添加未成功
{
echo "留言添加错误，请重新添加";
}
}
else                                          //没有输入新留言
{
echo "请添加留言";
}
?>
</body>
</html>
```

第三步：保存文件并调试运行。

分别保存好两个文件。打开 ch15-5.php，按 F12 键进行网页的运行与调试，弹出如图 15-10 所示的页面，并在其中输入相应的内容。

PHP留言本

发表留言　管理留言

你的昵称：*	哈哈
留言主题：*	我也来留言啦
你的头像：	
留言内容：*	哈哈 哈哈 哈哈
	添加　清空

图 15-10

单击“添加”按钮，若添加留言至数据表 message，并自动转去 ch15-4.php 查看留言，显示如图 15-11 所示的页面。

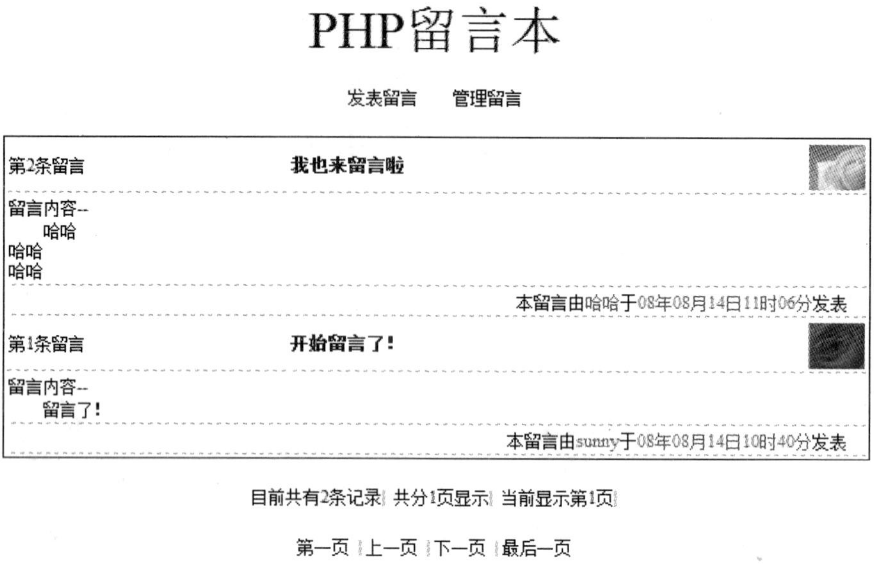

PHP留言本

发表留言　管理留言

第2条留言　我也来留言啦

留言内容--
哈哈
哈哈
哈哈

本留言由哈哈于08年08月14日11时06分发表

第1条留言　开始留言了!

留言内容--
留言了!

本留言由sunny于08年08月14日10时40分发表

目前共有2条记录 共分1页显示 当前显示第1页

第一页 上一页 下一页 最后一页

图 15-11

这是普通用户的留言，管理员的留言在下例中演示。

〖实例剖析与知识讲解〗

文件 ch15-5.php 中的加粗部分是运用 PHP 语句来分别实现的。

获取是否是管理员在发表留言：

```
<input name="username" type="text" id="username" value="<? if($_COOKIE[admin]) echo
$_COOKIE[admin];?>" size="40" />
```

获取当前系统时间：

```
<input type="hidden" name="n_time" value="<? echo date(y年m月d日H时i分);?>" />
```

当前表单的动作以及验证触发动作：

```
<form id="form1" name="form1" method="post" action="ch15-5-1.php" onsubmit="return check()">
```

ch15-5-1.php 中需要注意的是：

（1）将用户输入信息中的换行符转换成 HTML 的
来实现信息的换行显示：

```
$content=nl2br($_REQUEST[content]);
```

上面的代码是获取用户输入的留言内容 content，用到了 nl2br()函数，并将其中的换行符“\n”转换成“
”。

（2）获取当前留言的 IP 地址：

```
$ip=$_SERVER['REMOTE_ADDR'];
```

这个信息只有管理员才能看到，在此先将该条留言的 IP 地址获取，并存放于数据库中。

（3）跳转到不同的留言浏览页面：

ch15-5.php 是实现发表留言功能的文件，对于管理员与普通用户都是公用的，所以在添加留言成功后，需要判断是转至普通用户的留言显示页面，还是管理员的留言显示页面，本例中通过如下代码实现：

```
if($_COOKIE[admin])                    //若是管理员留言，则转去ch15-6.php
{
echo "<meta http-equiv='refresh' content='1; url=ch15-6.php'>";
}
```

```
else                                    //否则转去 ch15-4.php
{
echo "<meta http-equiv='refresh' content='1; url=ch15-4.php'>";
}
```

【例 15-7】管理员留言浏览功能实现 ch15-6.php

〖实例需求〗

本例 ch15-6.php 主要实现管理员查看留言的功能。没有任何留言则显示“还没有人留言哦!”信息，否则所有的留言记录以表格布局分页显示，留言若有管理员回复内容，则以红色字体显示回复信息。

前提是管理员必须已经登录，才能看到本页面，若非法闯入，则显示信息“您不是管理员，不能进入该页，1 秒后返回首页……”，并自动跳转至 ch15-4.php 页面。

〖开发过程〗

第一步：创建文件 ch15-6.php。

创建新文件，在 Dreamweaver CS3 代码编辑区输入如下代码：

```
<!DOCTYPE html PUBLIC "-//W3C//DTD XHTML 1.0 Transitional//EN" "http://www.w3.org/TR/xhtml1/DTD/xhtml1-transitional.dtd">
<html xmlns="http://www.w3.org/1999/xhtml">
<head>
<meta http-equiv="Content-Type" content="text/html; charset=utf-8" />
<title>管理员留言查看页</title>
<link href="mystyle.css" rel="stylesheet" type="text/css" />
<style type="text/css">
<!--
.STYLE1 {font-size: 36px}
-->
</style>
</head>
<body>
<p>
<?
if(!$_COOKIE[admin])            //如果不是管理员，则进行以下操作
{
echo "<html><head><meta http-equiv='Content-Type' content='text/html; charset=utf-8'/>";
echo "<meta http-equiv='refresh' content='1; url=ch15-4.php'>";
echo "</head>";
echo "<body>您不是管理员，不能进入该页，1 秒后返回首页……</body>";
echo "</html>";
}
else                            //是管理员则进行以下操作
{
require "ch15-1.php";           //引用配置文件
$type=$_GET["type"];            //设置回复参数
$id=$_GET["id"];                //获取 ID
```

```
//获得分页参数
if(!$_REQUEST[page])
$page=1;
else
{
$page=$_REQUEST[page];
}
//显示留言本标题及导航项
echo "<p align='center' class='STYLE1'>PHP 留言本</p>";
echo "<p align='center' >";
echo "<a href='ch15-5.php'>发表留言</a>";
echo "    ";
echo "<a href='ch15-9.php'>退出登录</a></p>";
$sql="select id from $tb_msn order by id desc";          //查询所有记录
$result=mysql_query($sql);                               //发送 SQL 请求
$num=@mysql_num_rows($result);                           //获得记录数
mysql_query("SET NAMES UTF8");                           //指定编码为 UTF8
//分页显示留言内容
$tem=($page-1)*$list_num;
$sql1="select * from $tb_msn order by id desc limit $tem,$list_num";
$result1=mysql_query($sql1);
if(@mysql_num_rows($result1)!=0)
{
$i=$num-$tem+1;
echo "<table width='600' border='1' align='center'>";
while($row=mysql_fetch_array($result1))
{
$i--;
echo "<tr align='left' class='STYLE4'><td width='300'>";
echo "第".$i."条留言";
echo "</td><td width='60%'><strong>";
echo $row[title];
echo "</strong></td><td width='34' height='34'>";
if($row[image])
{
echo "<img src=".$row[image].">";
}
echo "</td></tr>";
echo "<tr align='left' class='STYLE4'><td colspan='5'>";
echo "留言内容--<br>        ".$row[content]."";
echo "</td></tr>";
if($row[rcontent])
{
echo "<tr><td colspan='5' align='left'><font color='red'>";
echo "管理员回复:<br>        ".$row[rcontent]."";
echo "</font></td></tr>";
}
if($type=="reply"&&$row[id]==$id)  //回复表单
{
echo "<form action='ch15-8.php?rid=$row[id]' method='POST'>";
echo "<tr><td colspan='5' align='center'>";
echo "<textarea name='rcontent' cols='70' rows='5'></textarea><br>";
echo "<input type='submit' value='回复' />";
```

```
echo "</td></tr></form>";
}
echo "<tr align='right'>";
echo "<td colspan='6'>";
echo "本留言由<font color='red'>".$row[author]."</font>于<font color='red'>";
echo $row[n_time]."</font>发表    ";
echo "发表人来自<font color='red'>".$row[ip]."</font>";
echo "</td>";
echo "</tr>";
echo "<tr><td colspan='5' align='center'>";
echo $_COOKIE[admin].", 你好! ";
echo "<a href=ch15-7.php?id=$row[id]>删除</a>  ";
echo "<a href=ch15-6.php?id=$row[id]&&type=reply>回复</a>";
echo "</td></tr>";
}
echo "</table></br>";
//分页
$prev_page=$page-1;                              //定义上一页为该页减 1
$next_page=$page+1;
echo "<p align=\"center\"> ";
echo "目前共有".$num."条记录|  ";        //输出记录数
$p_count=ceil($num/$list_num);                   //总页数为总条数除以每页显示数
echo "共分".$p_count."页显示|  ";        //输出页数
echo "当前显示第".$page."页|";                     //定义下一页为该页加 1
echo "<p align=\"center\"> ";
if ($page<=1)                                    //如果当前页小于等于 1 只显示文字
{
echo "第一页 | ";
}
else                                             //如果当前页大于 1 显示指向第一页的链接
{
echo "<a href='$_SERVER[PHP_SELF]?page=1'>第一页</a> | ";
}
if ($prev_page<1)                                //如果上一页小于 1 只显示文字
{
echo "上一页 | ";
}
else                                             //如果上一页大于 1 显示指向上一页的链接
{
echo "<a href='$_SERVER[PHP_SELF]?page=$prev_page'>上一页</a> | ";
}
if ($next_page>$p_count)                         //如果下一页大于总页数只显示文字
{
echo "下一页 | ";
}
else                                             //如果下一页小于总页数则显示指向下一页的链接
{
echo "<a href='$_SERVER[PHP_SELF]?page=$next_page'>下一页</a> | ";
}
if ($page>=$p_count)                             //如果当前页大于或者等于总页数只显示文字
{
echo "最后一页</p>\n";
}
```

```
else                                          //如果当前页小于总页数显示最后页的链接
{
echo "<a href='$_SERVER[PHP_SELF]?page=$p_count'>最后一页</a></p>\n";
}
}
else
{
echo "还没有人留言哦! ";
}
echo "</p>";
}
?>
</p>
<p>  </p>
</body>
</html>
```

第二步：保存文件并调试运行。

单击“文件”→“保存”命令，或者按快捷键 Ctrl+S，以文件名 ch15-6.php 保存页面，文件自动保存到站点中。

按 F12 键进行网页的运行与调试。若没有以管理员的身份登录，则显示“您不是管理员，不能进入该页，1 秒后返回首页……”信息，1 秒后自动跳转至 ch15-4.php 页面进行留言查看。

若在 ch15-3.php 已经登录，当前的管理员为 root，则显示如图 15-12 所示的页面。

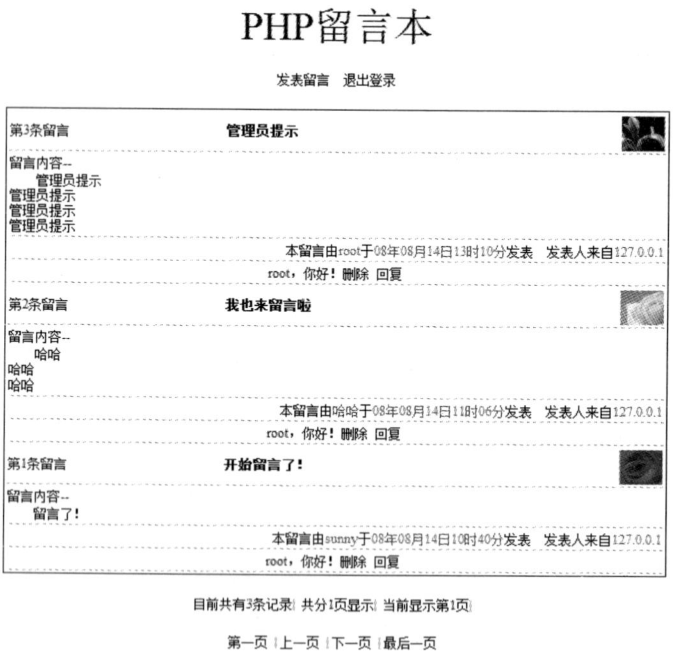

PHP留言本

发表留言 退出登录

第3条留言	管理员提示
留言内容-- 管理员提示 管理员提示 管理员提示 管理员提示	
	本留言由root于08年08月14日13时10分发表 发表人来自127.0.0.1
	root，你好！删除 回复
第2条留言	我也来留言啦
留言内容-- 哈哈 哈哈 哈哈	
	本留言由哈哈于08年08月14日11时06分发表 发表人来自127.0.0.1
	root，你好！删除 回复
第1条留言	开始留言了！
留言内容-- 留言了！	
	本留言由sunny于08年08月14日10时40分发表 发表人来自127.0.0.1
	root，你好！删除 回复

目前共有3条记录| 共分1页显示| 当前显示第1页|

第一页 |上一页 |下一页 |最后一页

图 15-12

与图 15-9 页面相比，图 15-12 有一些不同，多了一些元素的显示，比如：“退出登录”链接的显示、留言者的 IP 地址显示、以及对管理员的欢迎，同时在每条记录下方多了一个“删除”和“回复”链接，当分别单击这两个链接时，可以对当前的记录进行删除或者回复操作。

〖实例剖析与知识讲解〗

本例是管理员显示的专用页面，判断访问者是管理员或者普通用户的代码如下：

```
if(!$_COOKIE[admin])          //如果不是管理员，则进行以下操作
{
echo "<html><head><meta http-equiv='Content-Type' content='text/html; charset=utf-8'/>";
echo "<meta http-equiv='refresh' content='1; url=ch15-4.php'>";
echo "</head>";
echo "<body>您不是管理员，不能进入该页，1 秒后返回首页……</body>";
echo "</html>";
}
else                              //是管理员则进行以下操作
{
```

要判断访问者是普通用户还是已登录的管理员，只需看$_COOKIE[admin]变量是否有值，若没有值，则表示没有管理员登录，则显示相关提示信息，1 秒后自动跳转至普通用户的留言浏览页面 ch15-4.php；若有值，则表示管理员已登录，显示后续的表格布局以及留言内容。

管理员要对留言记录进行删除或者回复，本例中通过如下代码来实现对这两种操作的链接：

```
echo $_COOKIE[admin].", 你好！";
echo "<a href=ch15-7.php?id=$row[id]>删除</a>  ";
echo "<a href=ch15-6.php?id=$row[id]&&type=reply>回复</a>";
```

单击“删除”链接，则进入 ch15-7.php 中删除当前留言记录；单击“回复”链接，则进入 ch15-6.php 中回复当前留言记录，同时将当前记录的 id 传递过去，为了让 ch15-6.php 获知什么时候要回复，这里也给出了一个标识型变量 type，给其赋值 reply。然后用如下语句来实现对当前记录的回复：

```
if($type=="reply"&&$row[id]==$id)  //回复表单
{
echo "<form action='ch15-8.php?rid=$row[id]' method='POST'>";
echo "<tr><td colspan='5' align='center'>";
echo "<textarea name='rcontent' cols='70' rows='5'></textarea><br>";
echo "<input type='submit' value='回复' />";
echo "</td></tr></form>";
}
```

当执行 ch15-6.php 时，若$type 等于 reply，则在当前留言下边显示一个表单，用于给当前留言添加回复信息，填写完回复内容后，单击“回复”按钮，则进入 ch15-8.php 进行回复处理。

【例 15-8】管理员删除留言功能实现 ch15-7.php

〖实例需求〗

本例 ch15-7.php 主要是实现 ch15-6.php 中“删除”链接的处理操作，将当前留言删除。

〖开发过程〗

第一步：创建文件 ch15-7.php。

创建新文件，在 Dreamweaver CS3 代码编辑区输入如下代码：

```
<!DOCTYPE html PUBLIC "-//W3C//DTD XHTML 1.0 Transitional//EN" "http://www.w3.org/TR/xhtml1/DTD/xhtml1-transitional.dtd">
<html xmlns="http://www.w3.org/1999/xhtml">
<head>
<meta http-equiv="Content-Type" content="text/html; charset=utf-8" />
<title>管理员删除留言</title>
</head>
<body>
<?
require "ch15-1.php";                          //引用配置文件
$id=$_GET["id"];                               //获取删除记录 ID
$del="delete from $tb_msn where id=$id";       //设置 SQL 语句
if(mysql_query($del))                          //发送 SQL 请求
{
echo "<html><head><meta http-equiv='Content-Type' content='text/html; charset=utf-8'/>";
echo "<meta http-equiv='refresh' content='1; url=ch15-6.php'>";
echo "</head>";
echo "<body>留言删除成功，1 秒后返回管理员首页……</body>";
echo "</html>";
}
else
{
echo "  删除出错！";
}
?>
</body>
</html>
```

第二步：保存文件并调试运行。

单击“文件”→“保存”命令，或者按快捷键 Ctrl+S，以文件名 ch15-7.php 保存页面，文件自动保存到站点中。

然后以管理员的身份登录进入 ch15-6.php，目前留言本已有留言 3 条，显示如图 15-13 所示。

PHP留言本

发表留言　退出登录

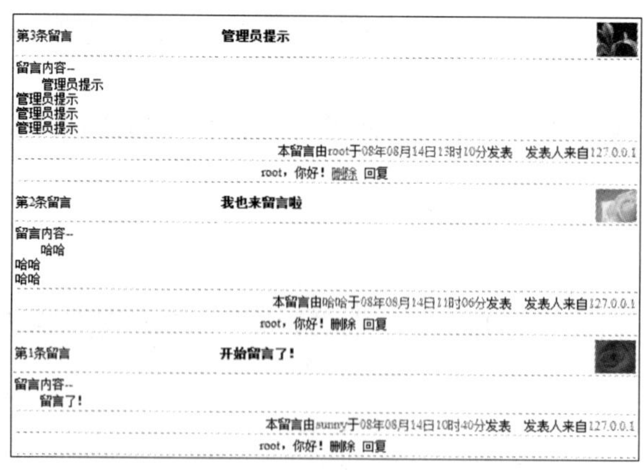

目前共有3条记录| 共分1页显示| 当前显示第1页|

第一页 |上一页 |下一页 |最后一页

图 15-13

若要删除第 3 条记录，单击第 3 条留言下方的“删除”链接即可。若删除出错，则显示错误信息；若删除成功，则自动跳转至 ch15-6.php，会发现第 3 条记录已经被成功删除了，目前的留言本只剩下两条记录，如图 15-14 所示。

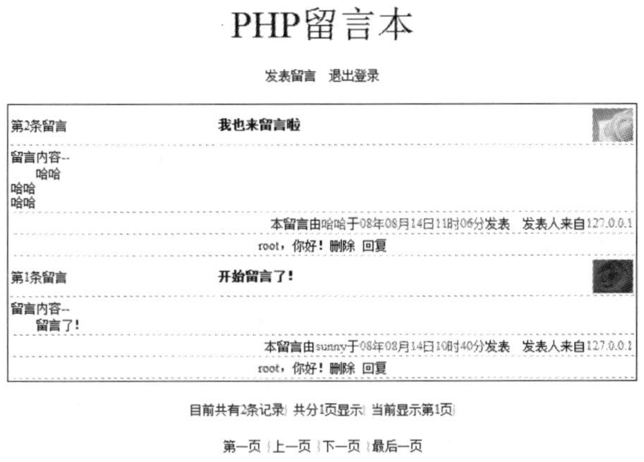

图 15-14

〖实例剖析与知识讲解〗

本例实现了对当前留言的删除，主要掌握两点：

（1）在 ch15-6.php 中，要将欲删除的当前记录的 id 号传递给 ch15-7.php。

（2）删除某条留言记录实现起来很简单，直接发送一条 SQL 语句就可以了，代码如下：

```
$id=$_GET["id"];                              //获取删除记录 ID
$del="delete from $tb_msn where id=$id";      //设置 SQL 语句
if(mysql_query($del))                         //发送 SQL 请求
{
```

可以考虑一下，若要一次性删除多条记录，该做些什么修改呢？

【例 15-9】管理员回复留言功能实现 ch15-8.php

〖实例需求〗

本例 ch15-8.php 主要是实现 ch15-6.php 中“回复”链接的处理操作，对当前留言进行回复。当单击“回复”链接时，会在 ch15-6.php 中显示出输入回复内容的表单，填写完回复信息后，单击“回复”按钮，跳转到本例文件 ch15-8.php 中进行处理。若回复添加成功，则跳转至 ch15-6.php 进行查看，否则显示错误信息。

〖开发过程〗

第一步：创建文件 ch15-8.php。

创建新文件，在 Dreamweaver CS3 代码编辑区输入如下代码：

```
<!DOCTYPE html PUBLIC "-//W3C//DTD XHTML 1.0 Transitional//EN" "http://www.w3.org/TR/xhtml1/DTD/
xhtml1-transitional.dtd">
```

```
<html xmlns="http://www.w3.org/1999/xhtml">
<head>
<meta http-equiv="Content-Type" content="text/html; charset=utf-8" />
<title>管理员回复留言</title>
</head>
<body>
<?
require "ch15-1.php";                      //引用配置文件
mysql_query("SET NAMES UTF8");             //指定编码为 UTF
$rid=$_GET["rid"];                         //获取需要增加回复内容的留言 ID
$reply=nl2br($_POST["rcontent"]);          //获取回复内容
if($reply)                                 //若有回复内容则添加至数据库
{
$sql="update $tb_msn set rcontent='$reply' where id=$rid";
if(mysql_query($sql))
{
   echo "  回复成功！";
   echo "<html><head><meta http-equiv='Content-Type' content='text/html; charset=utf-8'/>";
echo "<meta http-equiv='refresh' content='1; url=ch15-6.php'>";
echo "</head>";
echo "<body>回复成功添加，1 秒后返回首页……</body>";
echo "</html>";
}
else
{
   echo "  回复出错！";
}
}
?>
</body>
</html>
```

第二步：保存文件并调试运行。

单击“文件”→“保存”命令，或者按快捷键 Ctrl+S，以文件名 ch15-8.php 保存页面，文件自动保存到站点中。然后以管理员的身份登录进入 ch15-6.php，目前留言本已有留言 2 条，若要回复第 2 条留言，则单击第 2 条留言下方的“回复”链接，页面变成如图 15-15 所示。

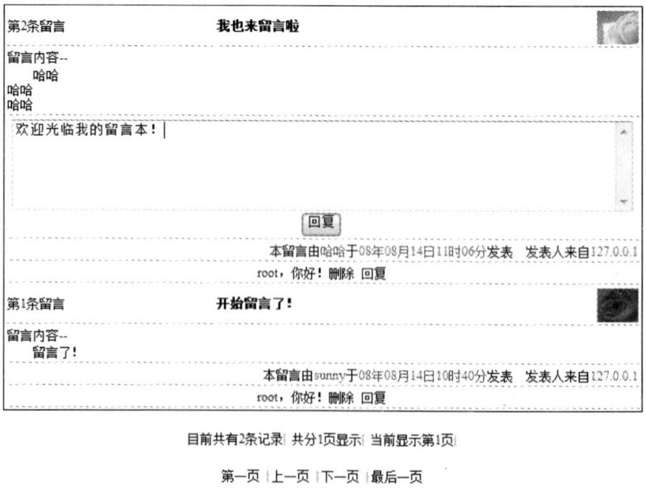

图 15-15

在文本框中输入相应的管理员留言，单击“回复”按钮，若添加回复出错，则显示错误提示；否则，自动跳转至 ch15-6.php 页面，会发现第 2 条留言下方已经增加了管理员的留言信息，如图 15-16 所示。

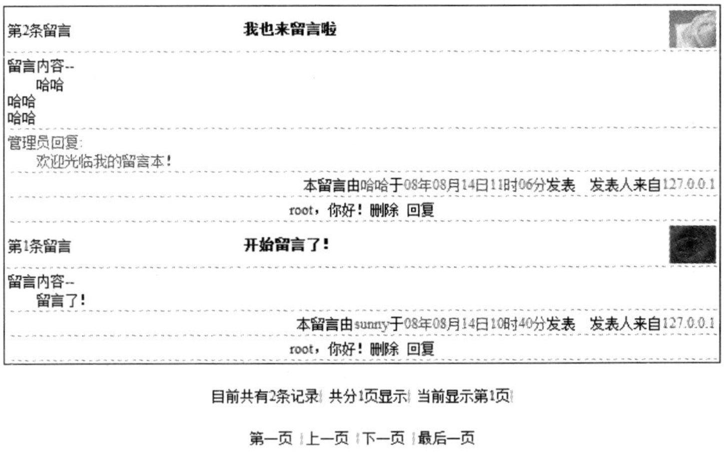

图 15-16

现在以普通用户的身份运行 ch15-4.php，同样会发现增加了回复内容，如图 15-17 所示。

图 15-17

〖实例剖析与知识讲解〗

本例实现了对当前留言的回复，主要掌握两点：

（1）在 ch15-6.php 中，要将欲回复的当前记录的 id 号传递给 ch15-8.php。

（2）回复某条留言记录实现起来很简单，直接发送一条更新当前记录的 SQL 语句就可以了。代码如下：

```
$rid=$_GET["rid"];                          //获取需要增加回复内容的留言 ID
$reply=nl2br($_POST["rcontent"]);           //获取回复内容
if($reply)                                  //若有回复内容则添加至数据库
{
$sql="update $tb_msn set rcontent='$reply' where id=$rid";
if(mysql_query($sql))
{
```

【例 15-10】管理员退出登录 ch15-9.php

〖实例需求〗

当管理员不需要进行任何操作时，可以退出登录。其实我们在 ch15-3.php 中给当前用户设置的有效时间为 5 分钟，5 分钟一到就自动退出登录。若没有到 5 分钟，可以通过单击“退出登录”链接，访问 ch15-9.php 文件来强行退出。

〖开发过程〗

第一步：创建文件。

创建新文件，在 Dreamweaver CS3 代码编辑区输入如下代码：

```
<?
if(!$_COOKIE[admin])    //非法闯入者
{
echo "<html><head><meta http-equiv='Content-Type' content='text/html; charset=utf-8'/>";
echo "<meta http-equiv='refresh' content='1; url=ch15-4.php'>";
echo "</head>";
echo "<body>您不是管理员，不能进入该页，1 秒后返回首页……</body>";
echo "</html>";
}
else              //若是管理员则进行如下操作
{
setcookie("admin","");    //撤销 cookie 值
echo "<html><head><meta http-equiv='Content-Type' content='text/html; charset=utf-8'/>";
echo "<meta http-equiv='refresh' content='1; url=ch15-4.php'>";
echo "</head>";
echo "<body>成功退出，1 秒后返回首页……</body>";
echo "</html>";
}
?>
```

第二步：保存文件并调试运行。

单击“文件”→“保存”命令，或者按快捷键 Ctrl+S，以文件名 ch15-9.php 保存页面，文件自动保存到站点中。然后以管理员的身份登录进入 ch15-6.php，如图 15-18 所示。

发表留言　退出登录

图 15-18

单击“退出登录”链接，将$_COOKIE[admin]变量撤销，然后跳转至 ch15-4.php 页面。

若没有登录就想来访问 ch15-9.php，则显示“您不是管理员，不能进入该页，1 秒后返回首页……”，然后跳转至 ch15-4.php。

〖实例剖析与知识讲解〗

本例的知识点为如何退出管理员的登录，直接对当前设置的 cookie 变量置空即可。代码如下：

```
setcookie("admin","");                    //撤销cookie值
```

要注意的是，撤销 cookie 操作后，一定要刷新页面才能重新装载该 cookie 操作。

小结

本章通过 10 个实例详细介绍了一个拥有管理员与普通用户两种权限用户的留言本，主要包括安装留言本、查看留言、添加新留言、删除留言、回复留言、管理员登录等操作。

本章所介绍的留言本虽然简单，但通过该章的学习，读者可以对留言本有一个清晰的认识，以便于为以后编写复杂的留言本奠定扎实的基础。

第 16 章　PHP+MySQL 综合实例——新闻发布系统

【本章导读语】

随着 Internet 的发展，越来越多的企业开始搭建自己的网站。基于 Internet 的信息服务，实时的新闻发布已经成为现代企业不可缺少的一项内容。因为人们已经不满足于通过购买报纸才能了解到最新的新闻，他们需要在一个网络化的环境下及时而轻松地浏览新闻。

本章构建了一个能实现简单的网上新闻发布的新闻发布系统。该系统前台能实现管理员登录、浏览新闻的功能；后台能够实现新闻类别管理、新闻管理、管理员管理等功能。该系统只是一个网上新闻发布系统的基本功能实现，该设计项目基本上体现了构建一个动态新闻发布网站所需要的技术，可以说，目前的大型电子商务网站也就是在本网站基础上的内容和功能的扩充与重复。

本系统的开发在技术和经济上都是可行的。

➢ 技术可行性：本系统客户端的页面只要通过 Dreamweaver CS3 软件工具进行设计便可实现，服务器端通过 PHP 代码的编写和 MySQL 数据库链接便可实现整个系统的正常运作，所以本系统的开发在技术上是可行的。

➢ 经济可行性：本系统利用 Windows 系统自带的服务器，装上 Apache 服务器软件即可成为一台 Apache 服务器。安装和配置好 Apache 服务器后，将 PHP 程序存放在服务器的根目录下，然后通过 http://localhost 地址便可访问本系统，所以本系统的开发在经济上是可行的。

本章将介绍一个简单的新闻发布系统，其中包括对新闻发布系统的分析、数据库设计以及详细的实现代码。

【设计思想】

〖系统功能〗

本章的新闻发布系统的功能如表 16-1 所示。

表 16-1　新闻发布系统的功能

后台部分	前台
进入后台的管理员可以分为三种：超级管理员、一级管理员、二级管理员	前台部分共有三个页面，每页均采用分页技术显示
超级管理员	

（续表）

<table>
<tr><th colspan="4">后台部分</th><th>前台</th></tr>
<tr><td>栏目</td><td>新增</td><td>修改</td><td>删除</td><td rowspan="18">首页上分类显示新闻，如
[娱乐新闻]新闻一　　2008.8.1
[文化新闻]新闻二　　2008.8.5
[校园新闻]新闻三　　2008.8.9
第二页查看同一类别新闻页；如单击“娱乐新闻”，可查看所有娱乐新闻；
[娱乐新闻]新闻一　　2008.8.1
[娱乐新闻]新闻二　　2008.8.5
[娱乐新闻]新闻三　　2008.8.9
第三页查看某一具体新闻，如单击“新闻一”，可查看标题为新闻一的新闻详细细节。
[娱乐新闻] 新闻一标题
作者：　来源于：　发表时间：
新闻具体内容</td></tr>
<tr><td>新闻类别</td><td>yes</td><td>yes</td><td>yes</td></tr>
<tr><td>新闻</td><td>yes</td><td>yes</td><td>yes</td></tr>
<tr><td>用户管理</td><td>yes</td><td>yes</td><td>yes</td></tr>
<tr><td>退出登录</td><td colspan="3"></td></tr>
<tr><td colspan="4">一级管理员</td></tr>
<tr><td>栏目</td><td>新增</td><td>修改</td><td>删除</td></tr>
<tr><td>新闻类别</td><td>yes</td><td>yes</td><td>yes</td></tr>
<tr><td>新闻</td><td>yes</td><td>yes</td><td>yes</td></tr>
<tr><td>用户管理</td><td>no</td><td>no</td><td>no</td></tr>
<tr><td>退出登录</td><td colspan="3"></td></tr>
<tr><td colspan="4">二级管理员</td></tr>
<tr><td>栏目</td><td>新增</td><td>修改</td><td>删除</td></tr>
<tr><td>新闻类别</td><td>no</td><td>no</td><td>no</td></tr>
<tr><td>新闻</td><td>yes</td><td>no</td><td>no</td></tr>
<tr><td>用户管理</td><td>no</td><td>no</td><td>no</td></tr>
<tr><td>退出登录</td><td colspan="3"></td></tr>
</table>

〖**系统功能图**〗

为了更直观地了解，将表 16-1 转换成如图 16-1 所示的框架结构。

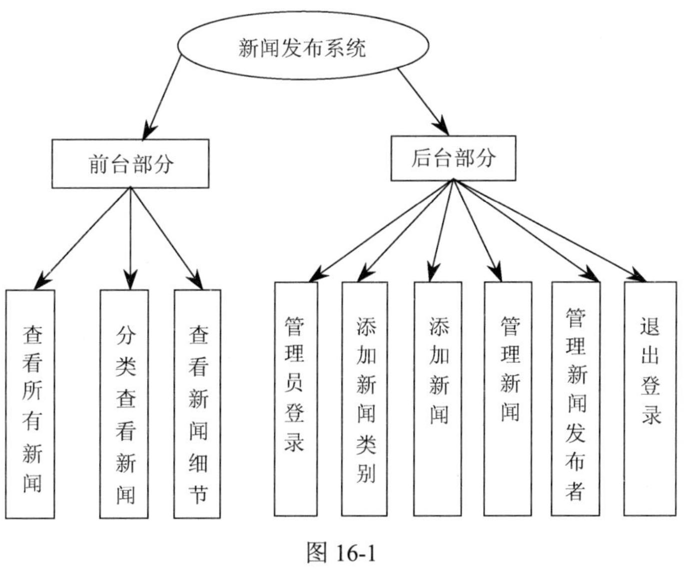

图 16-1

〖**数据库设计**〗

数据库的设计直接影响到系统的执行效率，本系统中主要包括 3 个表：管理员信息表、新闻类别表、新闻表。

管理员信息表中应该包括如下内容：索引 ID、管理员姓名（管理员登录时使用的名称）、管理员密码（登录时所使用的密码）、管理员类别（用来设置管理员所属的类别，不同的类别表示不同的权限）、管理员部门（管理员所属的办公室及部门信息）。每个字段及类型说明如表 16-2 所示。

表 16-2 user 管理员信息表

字段	类型（长度）	说明
id	int(5)	管理员的编号，自增型，具有唯一性，主键
u_name	varchar(50)	管理员的姓名
u_pass	varchar(20)	管理员的密码
u_class	varchar(1)	取 0、1、2 三个值，0 表示超级管理员，可以做一切操作，包括添加一级管理员与二级管理员；1 表示一级管理员，可以进行新闻项的添加、删除以及具体新闻的添加、管理等操作；2 表示二级管理员，只能进行具体新闻的添加
u_office	varchar(20)	管理员所属部门

新闻系统中可以输入各种不同的新闻，如“娱乐新闻”、“奥运新闻”等不同的新闻类别。为了防止数据冗余，单独建立一个新闻类别表来存放新闻的类别，主要包括字段：索引 ID、新闻类别名称（记录某一个分类的名称）。每个字段及类型说明如表 16-3 所示。

表 16-3 news 新闻项表

字段	类型（长度）	说明
Id	int(5)	新闻项的编号，自增型，具有唯一性，主键
N_type	varchar(20)	新闻类的名称

简单的新闻发布系统的新闻内容表包括如下结构：索引 ID、新闻标题（记录每一条新闻的标题）、新闻类别（记录每条新闻所属的新闻类别，与 news 新闻项表中的新闻类别对应）、新闻内容（记录每条新闻的具体正文）、作者（发表每条新闻的作者）、时间（发表每条新闻的时间）、部门（发表每条新闻的部门）。每个字段及类型说明如表 16-4 所示。

表 16-4 newsitem 新闻内容表

字段	类型（长度）	说明
Id	int(5)	每一条新闻的编号，自增型，具有唯一性，主键
n_title	varchar(50)	每一条新闻的标题
n_type	varchar(20)	新闻所属的新闻大类，与 news 表格中的 N_type 相对应
Content	text	新闻的内容
n_author	varchar(20)	发表新闻的作者
n_time	varchar(20)	发表新闻的时间
n_office	varchar(20)	发表新闻的部门

〖系统文件导航〗

本章所有实例源代码保存在 chapter16 目录中。

所有文件的配置文件统一保存于 ch16-1.php 中。

新闻发布系统的安装文件在 ch16-2.php 中，第一次运行系统时必须首先执行该文件，用来创建数据库、数据表与初始管理员密码。

样式文件保存于 mystyle.css 中。

系统程序可以分成前台与后台两部分，其中前台部分包括以下三个：

- 查看所有新闻：ch16-10.php。
- 分类查看新闻：ch16-10-1.php。
- 查看新闻细节：ch16-10-2.php。

管理员登录程序：ch16-8.php。

后台程序：所有后台处理部分都在框架 ch16-9.php 中。其中左框架页为 ch16-9-1.php，右框架页为 ch16-9-2.php，以下是后台处理部分的相关程序：

- 添加新闻类别：ch16-3.php。
- 添加新闻：ch16-4.php。
- 管理新闻：ch16-5.php 与 ch16-5-1.php、ch16-5-2.php。
- 管理用户：ch16-6.php。
- 退出登录：ch16-7.php。

【例 16-1】开发环境

〖实例需求〗

本例主要创建新闻发布系统所需要的环境。

本例是在 Windows 系统下的 PHP+MySQL+Apache 平台下进行的，服务器的配置与第 1 章中的配置一样。

〖开发过程〗

第一步：创建目录 chapter16。

在 WWW 文件夹下创建新目录 chapter16，当然也可以创建任何名字的目录。

第二步：创建站点。

可以按照【例 2-1】的步骤进行站点配置，整个过程如图 16-2 所示。

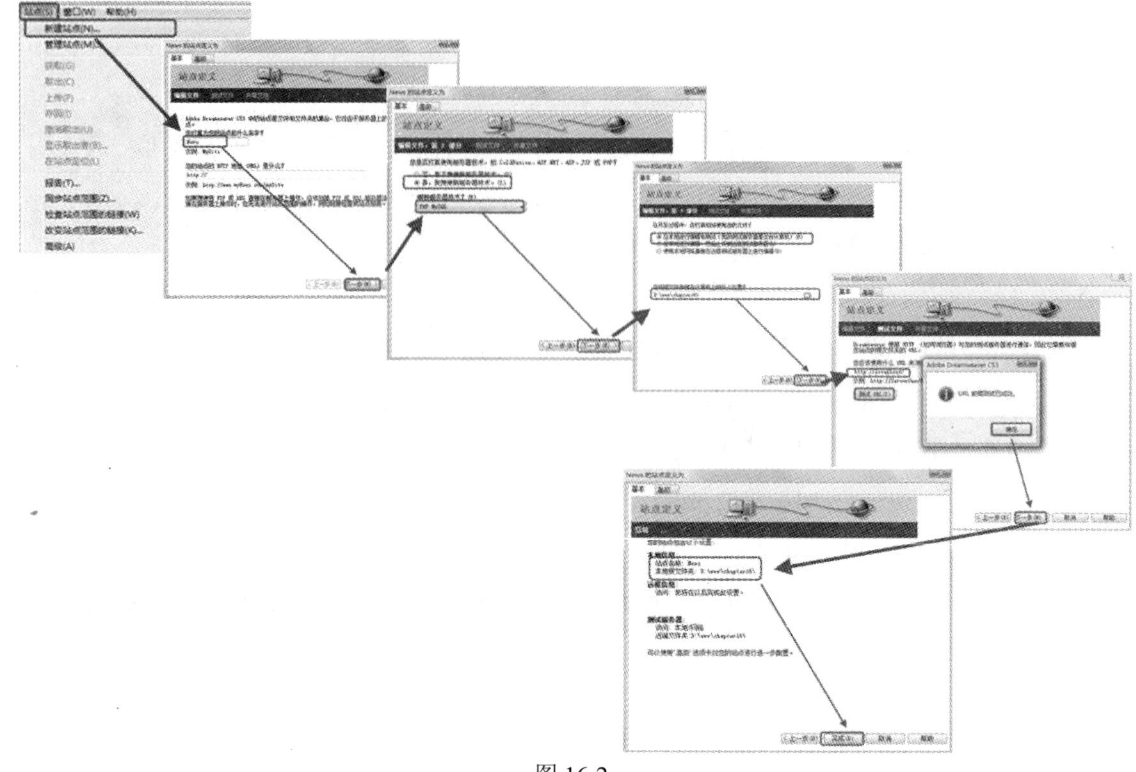

图 16-2

【例 16-2】配置文件 ch16-1.php

〖实例需求〗

本章有一些代码是在每个文档中都重复的，比如 MySQL 服务器链接、选择数据库、指定语言编码等代码。为了提高代码的复用性，将在数据库链接语句单独保存在一个配置文件 ch16-1.php 中，在每个程序中用 require()或者 include()引用即可。

〖开发过程〗

第一步：创建文件。

创建新文件，在 Dreamweaver CS3 代码编辑区输入如下代码：

```
<?
$db_host="localhost";          //服务器名
$db_user="root";               //用户名
$db_pass="root";               //密码
$db_name="NewsSys";            //数据库名
$table_user="user";            //管理员表
$table_news="news";            //新闻类别表
$table_nn="newsitem";          //新闻内容表
$list_num=15;                  //每页显示记录数
?>
```

第二步：保存文件并调试运行。

单击“文件”→“保存”命令，或者按快捷键 Ctrl+S，以文件名 ch16-1.php 保存页面，文

件自动保存到站点 News 中。

〖实例剖析与知识讲解〗

本例第 1、2、3 行代码定义了服务器的变量，分别为服务器名、用户名以及用户登录的密码，可以根据自己的设置进行适当的修改。

第 4、5、6、7 行代码定义了 4 个变量，分别保存系统所需要的数据库名和 3 个数据表名。

第 8 行代码是为后续分页显示准备的变量$list_num，表示每页显示的记录条数。这里设定值为 15，即表示每页显示 15 条记录，也可以修改这个数来调整每页显示的记录情况。

【例 16-3】安装新闻发布系统 ch16-2.php

〖实例需求〗

本例主要进行新闻发布系统的安装，包括数据库的创建、管理员信息表 user、新闻类别表 news、新闻内容表 newsitem 以及初始超级管理员用户与密码的生成。

建议管理员安装好系统，将该文件另行保存好，同时删除服务器上的该文件，以防造成威胁性的操作。

〖开发过程〗

第一步：创建文件。

创建新文件，在 Dreamweaver CS3 代码编辑区输入如下代码：

```
<!DOCTYPE html PUBLIC "-//W3C//DTD XHTML 1.0 Transitional//EN" "http://www.w3.org/TR/xhtml1/DTD/xhtml1-transitional.dtd">
<html xmlns="http://www.w3.org/1999/xhtml">
<head>
<meta http-equiv="Content-Type" content="text/html; charset=utf-8" />
<title>新闻发布系统安装程序</title>
</head>
<body>
<?
require "ch16-1.php";                          //引用配置文件
$link=mysql_connect($db_host,$db_user,$db_pass) or die(mysql_error());
$sql="create database $db_name";               //创建数据库
if(mysql_query($sql,$link))
{
echo "数据库安装成功! <br>";
mysql_select_db($db_name,$link);               //选择数据库
$sql="create table $table_user(
id int(5) not null auto_increment primary key,
u_name varchar(50) not null default '',
u_pass varchar(20) not null default '',
u_class varchar(1) not null default '',
u_office varchar(20) not null default ''
)";                                            //创建管理员表
if(mysql_query($sql,$link))
echo "管理员表已经创建成功! <p>";
else
echo "创建管理员表时出现错误，表未被成功创建。<p>";
$sql="create table $table_news(
```

```
id int(5) not null auto_increment primary key,
N_type varchar(20) not null default ''
)";                                                //创建新闻类别表
if (mysql_query($sql,$link))
echo "新闻项目表已经创建成功! <p>";
else
echo "创建新闻项目表时出错，表未被成功创建。<p>";
$sql="create table $table_nn(
id int(5) not null auto_increment primary key,
n_title varchar(50) not null default '',
n_type varchar(20) not null default '',
n_author varchar(20) not null default'',
n_time varchar(20) not null ,
content text(65530) ,
n_office varchar(20) not null default''
)";                                                //创建新闻内容表
if (mysql_query($sql,$link))
echo "新闻内容已经创建成功! <p>";
else
echo "创建新闻内容表时出错，表未被成功创建。<p>";
}
else
echo "数据库安装不成功!<br>";
$sql3="insert into $table_user(u_name,u_pass,u_class) values('root','root','0')";
                                                   //创建初始超级管理员
if(mysql_query($sql3,$link)){
echo "添加超级管理员成功! ";
}
else{
echo "添加管理员出错! ";
}
?>
<p align="center">本文件使用过后建议删除，否则容易引起安全问题! </p>
<p> </p>
</body>
</html>
```

第二步：保存文件并调试运行。

单击“文件”→“保存”命令，或者按快捷键 Ctrl+S，以文件名 ch16-2.php 保存页面，文件自动保存到站点中。

按 F12 键或者单击图标的 预览在 IExplore 6.0 F12 即可进行网页的运行与调试，效果如图 16-3 所示。

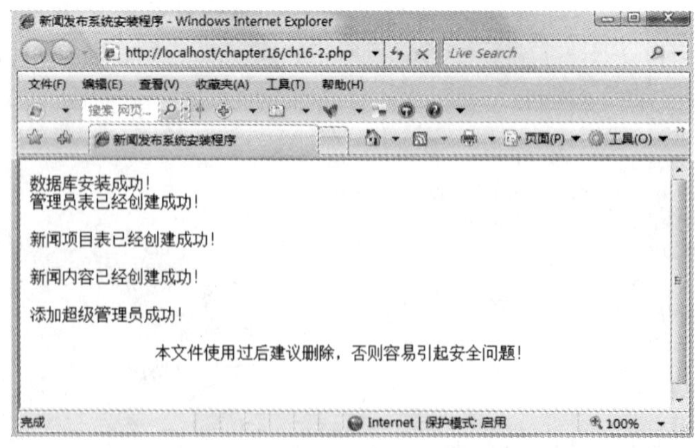

图 16-3

〖实例剖析与知识讲解〗

本例将数据库、数据表的创建放在一起，用 if 语句实现。首先创建数据库，数据库成功创建后，选择该数据库并在其中创建 3 个表。

其中，创建数据库的代码如下：

```
$sql="create database $db_name";            //创建数据库
```

其中，创建 3 个数据表的代码如下：

```
$sql="create table $table_user(
id int(5) not null auto_increment primary key,
u_name varchar(50) not null default '',
u_pass varchar(20) not null default '',
u_class varchar(1) not null default '',
u_office varchar(20) not null default ''
)";                                         //创建管理员表
$sql="create table $table_news(
id int(5) not null auto_increment primary key,
N_type varchar(20) not null default ''
)";                                         //创建新闻类别表
$sql="create table $table_nn(
id int(5) not null auto_increment primary key,
n_title varchar(50) not null default '',
n_type varchar(20) not null default '',
n_author varchar(20) not null default'',
n_time varchar(20) not null ,
content text(65530) ,
n_office varchar(20) not null default''
)";                                         //创建新闻表
```

并在表 user 中增加了初始超级管理员的用户名与密码，代码如下：

```
$sql3="insert into $table_user(u_name,u_pass,u_class) values('root','root','0')";
//创建初始超级管理员
```

接下来从后台处理部分讲解本系统。

【例 16-4】新闻类别增加、删除功能的实现 ch16-3.php

〖实例需求〗

本例主要实现新闻类别的增加和删除功能，由程序 ch16-3.php 实现。程序首先判断是否是管理员访问该页面，若不是，则跳转至前台页面；在页面的上方显示系统已经存在的新闻类别，单击新闻类别右边的“删除”可以删除当前新闻类别；利用下方的表单创建新的新闻类别，并提交到数据表中。

本例中的删除操作利用了 get 方式，通过 URL 传递一个变量 type=del 给当前程序，然后进行相应的删除处理。

〖开发过程〗

第一步：创建文件。

创建新文件，在 Dreamweaver CS3 代码编辑区输入如下代码：

```
<link href="mystyle.css" rel="stylesheet" type="text/css" />
<?
if(!$_COOKIE[name])                              //如果不是管理员，则进行以下操作
{
echo "<html><head><meta http-equiv='Content-Type' content='text/html; charset=GB2312'/>";
echo "<meta http-equiv='refresh' content='1; url=ch16-10.php'>";
echo "</head>";
echo "<body>您不是管理员，不能进入该页，1 秒后返回首页……</body>";
echo "</html>";
}
else                                             //若是合法管理用户，则进行下列操作
{
echo "<div align='center'>已存在的新闻类：";
require "ch16-1.php";                            //引用配置文件
$link=mysql_connect($db_host,$db_user,$db_pass) or die(mysql_error());
mysql_select_db($db_name,$link);
$sql="select * from $table_news";                //查找新闻类别记录
$result=mysql_query($sql,$link);
$rows=@mysql_num_rows($result);                  //获得记录数
if($rows==0)
{
echo "现在还没有任何新闻类别！";
}
else
{
echo "<table border='1'align='center'>";
    echo "<tr>";
    echo "<td width='10%'>";
    echo "项";
    echo "</td>";
    echo "<td width='80%'>";
    echo "名称";
    echo "</td>";
    echo "<td width='10%'>";
    echo " ";
    echo "</td>";
    echo "</tr>";
    $i=0;
    while($row=mysql_fetch_array($result))       //循环遍历新闻类别表
    {
        $i++;
        echo "<tr>";
        echo "<td>";
        echo "第".$i."类";
        echo "</td>";
        echo "<td>";
        echo $row[N_type];
        echo "</td>";
        echo "<td>";
        echo "<a href=ch16-3.php?id=".$row[id]."&type=del>删除</a>";
        echo "</td>";
        echo "</tr>";
    }
    echo "</table>";
}
```

```
?>
 </p>
</div>
<form id="form1" name="form1" method="post" action="ch16-3.php">
  <p align="center" class="STYLE1">添加新闻项目</p>
  <table width="490" height="112" border="0" align="center">
    <tr>
      <td colspan="3" align="center" valign="middle">新闻项目名称</td>
      <td width="324">
<input name="n_type" type="text" id="n_type" />
</td>
    </tr>
    <tr>
      <td width="8"> </td>
      <td width="35"> </td>
      <td colspan="2"><div align="center">
        <input type="submit" name="Submit" value="提交" />
        <input type="reset" name="Submit2" value="重置" />
      </div></td>
    </tr>
  </table>
 </form>
</body>
</html>
<?
}
if($_POST["n_type"])                                //判断是否有输入内容，若有新内容，则添加至表
{
require "ch16-1.php";
$n_type=$_POST["n_type"];
$link=mysql_connect($db_host,$db_user,$db_pass) or die(mysql_error());
mysql_select_db($db_name,$link);
$sql="insert into $table_news(N_type) values('$n_type')";
if(mysql_query($sql,$link))
{
echo "<html><head><meta http-equiv='Content-Type' content='text/html; charset=gb2312'/>";
echo "<meta http-equiv=\"refresh\" content=\"1; url=ch16-3.php\">";
echo "</head>";
echo "<body><center>新闻类别添加成功，1 秒后返回……</center></body>";
echo "</html>";
      }
      }
if($_GET[type]=="del")                              //判断是否要进行删除操作
{
$sql="delete from $table_news where id=$_GET[id]";
if(mysql_query($sql,$link))
{
echo "<html><head><meta http-equiv='Content-Type' content='text/html; charset=gb2312'/>";
echo "<meta http-equiv=\"refresh\" content=\"1; url=ch16-3.php\">";
echo "</head>";
echo "<body><center>删除新闻类别成功，1 秒后返回……</center></body>";
echo "</html>";
      }
}
?>
```

第二步：保存文件并调试运行。

单击“文件”→“保存”命令，或者按快捷键 Ctrl+S，以文件名 ch16-3.php 保存页面，文件自动保存到站点中。

按 F12 键或者单击 图标的 预览在 IExplore 6.0 F12 即可进行网页的运行与调试，效果如图 16-4 所示。

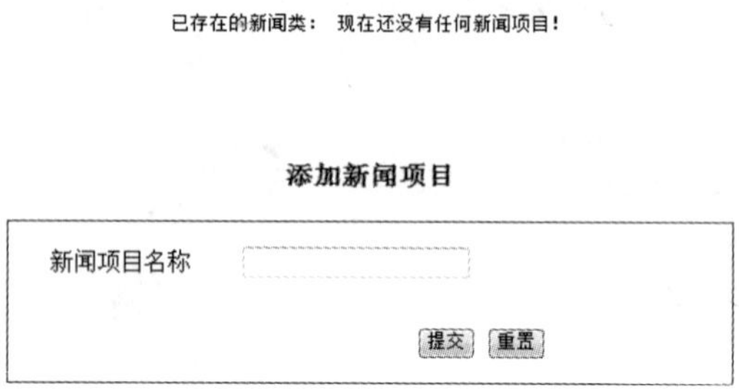

图 16-4

在添加新闻项目中的“新闻项目名称”文本框中输入想要创建的新闻类别，单击“提交”按钮，如输入两种新闻类别“奥运新闻”与“娱乐新闻”，单击“提交”按钮，则会弹出“新闻类别添加成功，1 秒后返回……”，1 秒后出现如图 16-5 所示的结果。

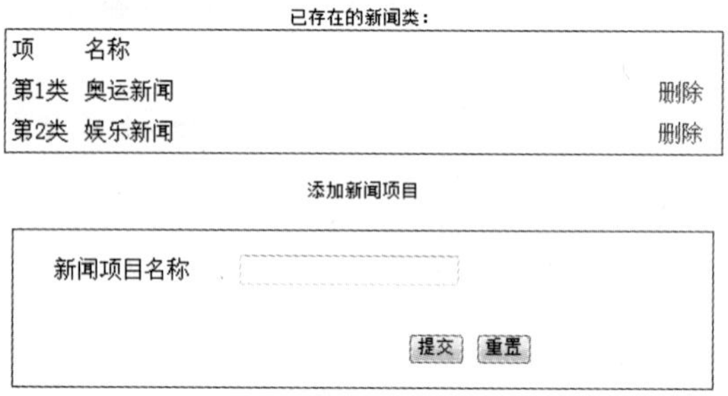

图 16-5

在每类新闻类别右边有一个“删除”链接，直接链接至本页，同时传递当前新闻类别记录 ID 号以及 type=del 的值。单击“删除”链接，则会删除当前记录，若单击“奥运新闻”右侧的“删除”链接，若删除成功，则会显示“删除新闻类别成功，1 秒后返回……”，1 秒后出现如图 16-6 所示的结果，其中的“奥运新闻”类别已被成功删除了。

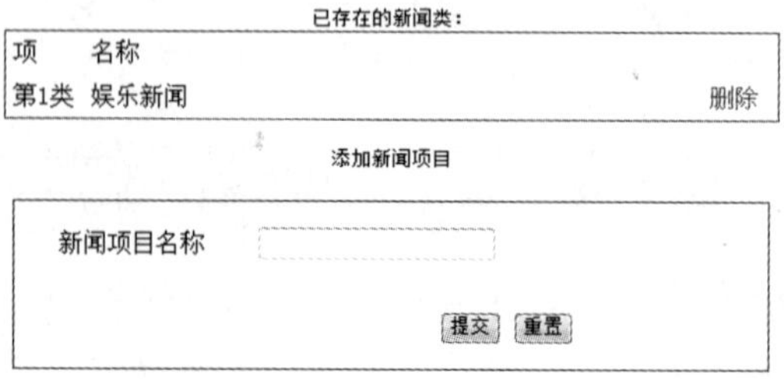

图 16-6

〖实例剖析与知识讲解〗

本例实现了新闻类别的添加与删除操作，添加新闻类别的代码如下：

```
if($_POST["n_type"])                          //判断是否有输入内容，若有新内容，则添加至表
{
require "ch16-1.php";
$n_type=$_POST["n_type"];
$link=mysql_connect($db_host,$db_user,$db_pass) or die(mysql_error());
mysql_select_db($db_name,$link);
$sql="insert into $table_news(N_type) values('$n_type')";
if(mysql_query($sql,$link))
{
echo "<html><head><meta http-equiv='Content-Type' content='text/html; charset=gb2312'/>";
echo "<meta http-equiv=\"refresh\" content=\"1; url=ch16-3.php\">";
echo "</head>";
echo "<body><center>新闻类别添加成功，1 秒后返回……</center></body>";
echo "</html>";
    }
    }
```

删除新闻类别是通过单击“删除”链接，同时附加了一个名为 type 的变量给当前程序：

```
echo "<a href=ch16-3.php?id=".$row[id]."&type=del>删除</a>";
```

实现删除操作的代码如下：

```
if($_GET[type]=="del")                        //判断是否进行删除操作
{
$sql="delete from $table_news where id=$_GET[id]";
if(mysql_query($sql,$link))
{
echo "<html><head><meta http-equiv='Content-Type' content='text/html; charset=gb2312'/>";
echo "<meta http-equiv=\"refresh\" content=\"1; url=ch16-3.php\">";
echo "</head>";
echo "<body><center>删除新闻类别成功，1 秒后返回……</center></body>";
echo "</html>";
    }
}
```

【例 16-5】新闻添加功能的实现 ch16-4.php

〖实例需求〗

本例主要实现新闻添加的功能，由程序 ch16-4.php 实现。程序首先判断是否是管理员访问该页面，若不是，则跳转至前台页面；否则，就进行新闻添加的操作，添加成功后继续返回当前页进行新闻的添加。

本例需要注意两点：

（1）如何获取新闻类别，新闻类别应自动从新闻类别表中读取数据。

（2）新闻发布者默认是当前登录的管理员名，本例在登录时，将登录的管理员名称保存至 $_COOKIE["name"]中，这里只需将管理员名作为隐藏输入框的值即可，这种设置可以避免别的

管理员冒名发表新闻。

〖开发过程〗

第一步：创建文件。

创建新文件，在 Dreamweaver CS3 代码编辑区输入如下代码：

```
<?
if(!$_COOKIE[name])                      //如果不是管理员，则进行以下操作
{
echo "<html><head><meta http-equiv='Content-Type' content='text/html; charset=GB2312'/>";
echo "<meta http-equiv='refresh' content='1; url=ch16-10.php'>";
echo "</head>";
echo "<body>您不是管理员，不能进入该页，1 秒后返回首页……</body>";
echo "</html>";
}
else                                     //若是合法管理用户，则进行以下操作
{
if(!$_POST["n_name"])                    //判断是否有新内容要添加
{
?>
<title>添加新闻</title>
<meta http-equiv="Content-Type" content="text/html; charset=gb2312">
<link href="mystyle.css" rel="stylesheet" type="text/css">
<form action="ch16-4.php" method="post">
<p align="center">新闻添加</p>
<table width="666" height="450" border="0" align="center">
<tr>
<td width="104">新闻标题：</td>
<td width="437">
<input name="n_name" type="text" id="n_name" size="50"></td>
<td width="30"> </td>
</tr>
<tr>
<td>新闻类别：</td>
<td>
<select name="n_type">
<?                                       //循环显示新闻类别
require "ch16-1.php";
$link=mysql_connect($db_host,$db_user,$db_pass) or die(mysql_error());
mysql_select_db($db_name,$link);
$sql="select * from $table_news";
$result=mysql_query($sql,$link);
while($row=mysql_fetch_array($result))
{
echo "<option>".$row[N_type]."</option>";
}
?>
</select>
</td>
<td> </td>
</tr>
```

```
<tr>
<td>添加部门：</td>
<td>
<input name="n_office" type="text" id="n_office" ></td>
<td> </td>
</tr>
<tr>
<td height="228" valign="top">新闻内容：</td>
<td valign="top">
<textarea name="content" cols="60" rows="15" id="content">
</textarea></td>
<td> </td>
</tr>
<tr>
<td> </td>
<td><div align="center">
  <input type="submit" name="Submit" value="提交">
  <input type="reset" name="Submit2" value="重置">
</div></td>
<td> </td>
</tr>
</table>
<p>
<input name="n_time" type="hidden" value="<?=date("Y年m月d日")?>" />
<input name="n_author" type="hidden" value="<?=$_COOKIE[name]?>">
</p>
</form>
<?
}
else                                    //若有新内容则进行添加操作
{
require "ch16-1.php";                   //引用配置文件
$n_title=$_POST["n_name"];              //获取新闻内容
$n_type=$_POST["n_type"];
$n_author=$_POST["n_author"];
$n_office=$_POST["n_office"];
$content=nl2br($_POST["content"]);
$n_time=$_POST["n_time"];
$link=mysql_connect($db_host,$db_user,$db_pass) or die(mysql_error());
mysql_select_db($db_name,$link);
$sql="insert into $table_nn(n_title,n_type,n_author,n_office,content,n_time) values('$n_title',
'$n_type','$n_author','$n_office','$content','$n_time')";
if(mysql_query($sql,$link))
{
echo "<html><head><meta http-equiv='Content-Type' content='text/html; charset=GB2312'/>";
echo "<meta http-equiv=\"refresh\" content=\"1; url=ch16-4.php\">";
echo "</head>";
echo "<body>";
echo "成功添加新闻！1 秒后返回继续添加新闻";
echo "</body>";
}
else
{
```

```
echo "没有添加成功！出错了！";
}
}
}
?>
```

第二步：保存文件并调试运行。

单击“文件”→“保存”命令，或者按快捷键 Ctrl+S，以文件名 ch16-4.php 保存页面，文件自动保存到站点中。

按 F12 键或者单击 图标的 预览在 IExplore 6.0 F12 即可进行网页的运行与调试，效果如图 16-7 所示。

图 16-7

〖实例剖析与知识讲解〗

本例实现新记录的添加，添加语句不再过多讲述了，主要来看实例需求中提到的需要注意的两个解决方法：

（1）如何获取新闻类别。代码如下：

```
<select name="n_type">
<?                                      //循环显示新闻类别
require "ch16-1.php";
$link=mysql_connect($db_host,$db_user,$db_pass) or die(mysql_error());
mysql_select_db($db_name,$link);
$sql="select * from $table_news";
$result=mysql_query($sql,$link);
while($row=mysql_fetch_array($result))
{
echo "<option>".$row[N_type]."</option>";
}
?>
</select>
```

（2）将管理员名作为隐藏输入框的值来隐藏新闻发表人，以防止修改，相应语句为：

```
<input name="n_time" type="hidden" value="<?=date("Y年m月d日")?>" />
                                            //隐藏发表时间
<input name="n_author" type="hidden" value="<?=$_COOKIE[name]?>">
                                            //隐藏发表人
```

【例 16-6】新闻显示、编辑以及删除功能的实现 ch16-5.php

〖实例需求〗

本例主要在后台显示所有发表的新闻，并由管理员对新闻进行编辑与删除。基于全部功能放在一个文件中，可能会令读者一头雾头，所以本例的功能分别由 3 个文件实现：

（1）ch16-5.php：本文件分页显示新闻，单击每条新闻后的“编辑”与“删除”链接进入 ch16-5-1.php、ch16-5-2.php 进行相应的编辑与删除操作。

（2）ch16-5-1.php：实现新闻的删除操作。

（3）ch16-5-2.php：实现新闻的编辑操作，编辑页要显示当前记录的原有数据，这里要注意的是列表项选定值应与指定字段值相同，如“新闻类别”列表框中的选定值应与当前新闻的新闻类别字段 N_type 值一致。

〖开发过程〗

第一步：创建文件 ch16-5.php。

创建新文件，在 Dreamweaver CS3 代码编辑区输入如下代码：

```
<?
if(!$_COOKIE[name])                              //如果不是管理员，则进行以下操作
{
echo "<html><head><meta http-equiv='Content-Type' content='text/html; charset=GB2312'/>";
echo "<meta http-equiv='refresh' content='1; url=ch16-10.php'>";
echo "</head>";
echo "<body>您不是管理员，不能进入该页，1 秒后返回首页……</body>";
echo "</html>";
}
else
{
require "ch16-1.php";                            //引用配置文件
if(!$_GET[page])
$page=1;
else
$page=$_GET[page];
//链接 MYSQL 服务器
$link=mysql_connect($db_host,$db_user,$db_pass)or die("不能链接到服务器".mysql_error());
mysql_select_db($db_name,$link);                 //选择 test 数据库
//下面的$sql 就是创建表的 SQL 语句
$sql="select id from $table_nn order by id desc";     //查询所有记录
$result=mysql_query($sql,$link);                 //发送 SQL 请求
$num=mysql_num_rows($result);                    //获得记录数
?>
```

```
<html>
<head>
<title>新闻发布系统管理新闻</title>
</head>
<link href="mystyle.css" rel="stylesheet" type="text/css">
<body>
<center>
<?
echo "目前共有".$num."条记录  ";                    //输出记录数
$p_count=ceil($num/$list_num);                                //总页数为总条数除以每页显示数
echo "共分".$p_count."页显示  ";                    //输出页数
echo "当前显示第".$page."页";
echo "<p>";
if($num>0)                                                    //如果记录数大于 0 输出记录内容
{
echo "<table border='0'align='center' width=800 >";
$temp=($page-1)*$list_num;
$sql="select * from $table_nn order by id desc limit $temp,$list_num ";
$result=mysql_query($sql);                                    //执行 SQL 语句
echo "<tr>";
    echo "<td >";
    echo "新闻编号";
    echo "</td>";
    echo "<td >";
    echo "类别";
    echo "</td>";
    echo "<td >";
    echo "新闻标题";
    echo "</td>";
    echo "<td >";
    echo " ";
    echo "</td>";
    echo "<td >";
    echo " ";
    echo "</td>";
    echo "</tr>";
    $i=0;
    while($row=mysql_fetch_array($result))                    //循环遍历
    {
        $i++;
        echo "<tr>";
        echo "<td>";
        echo $i;
        echo "</td>";
        echo "<td>";
        echo $row[n_type];
        echo "</td>";
        echo "<td>";
        echo $row[n_title];
        echo "</td>";
        echo "<td>";
        echo "<a href=ch16-5-1.php?id=".$row[id].">删除</a>";
        echo "</td>";
```

```
            echo "<td>";
            echo "<a href=ch16-5-2.php?id=".$row[id]."&type=".$row[n_type].">编辑</a>";
            echo "</td>";
            echo "</tr>";
        }
        echo "</table>";
//以下为显示分页的链接的内容
$prev_page=$page-1;                          //定义上一页为该页减1
$next_page=$page+1;
echo "<br>";                                 //定义下一页为该页加1
echo "<p align=\"center\"> ";
if ($page<=1)                                //如果当前页小于等于1只显示文字
{
    echo "第一页 | ";
}
else                                         //如果当前页大于1显示指向第一页的链接
{
    echo "<a href='$_SERVER[PHP_SELF]?page=1'>第一页</a> | ";
}
if ($prev_page<1)                            //如果上一页小于1只显示文字
{
    echo "上一页 | ";
}
else                                         //如果上一页大于1显示指向上一页的链接
{
    echo "<a href='$_SERVER[PHP_SELF]?page=$prev_page'>上一页</a> | ";
}
if ($next_page>$p_count)                     //如果下一页大于总页数只显示文字
{
    echo "下一页 | ";
}
else                                         //如果下一页小于总页数则显示指向下一页的链接
{
    echo "<a href='$_SERVER[PHP_SELF]?page=$next_page'>下一页</a> | ";
}
if ($page>=$p_count)                         //如果当前页大于或者等于总页数只显示文字
{
    echo "最后一页</p>\n";
}
else                                         //如果当前页小于总页数显示最后页的链接
{
    echo "<a href='$_SERVER[PHP_SELF]?page=$p_count'>最后一页</a></p>\n";
}
}
else                                         //如果没有记录时输出信息
{
    echo "暂时还没有记录！";
}
}
?>
</body>
</html>
```

第二步：创建文件 ch16-5-1.php。

创建新文件，在 Dreamweaver CS3 代码编辑区输入如下代码：

```
<?
if(!$_COOKIE[name])                                          //如果不是管理员，则进行以下操作
{
echo "<html><head><meta http-equiv='Content-Type' content='text/html; charset=GB2312'/>";
echo "<meta http-equiv='refresh' content='1; url=ch16-10.php'>";
echo "</head>";
echo "<body>您不是管理员，不能进入该页，1 秒后返回首页……</body>";
echo "</html>";
}
else
{
?>
<title>删除新闻</title>
<?
if(!$_GET[id])
{
echo "没有指定 ID! ";
exit();
}
else
{
require "ch16-1.php";                                        //引用配置文件
$link=mysql_connect($db_host,$db_user,$db_pass)or die(mysql_error());          //链接主机
mysql_select_db($db_name,$link);                             //选择数据库
echo "<p>";
$sql2="delete from $table_nn where id='$_GET[id]'";          //显示所有新闻类
if(mysql_query($sql2,$link))                                 //发送 SQL 请求
{
echo "成项删除选择项! ";
}
else
{
echo "删除选择项时出现错误! ";
}
echo "<html>";
echo "<head>";
echo "<title>删除新闻</title>";
echo "<meta http-equiv=\"refresh\" content=\"1; url=ch16-5.php\">";
echo "</head>";
echo "<body>";
echo "成功删除新闻记录! ";
echo "<p>";
echo "1 秒后返回";
echo "</body>";
}
}
?>
<link href="mystyle.css" rel="stylesheet" type="text/css" />
```

第三步：创建文件 ch16-5-2.php。

创建新文件，在 Dreamweaver CS3 代码编辑区输入如下代码：

```
<?
if(!$_COOKIE[name])                              //如果不是管理员，则进行以下操作
{
```

```
    echo "<html><head><meta http-equiv='Content-Type' content='text/html; charset=GB2312'/>";
    echo "<meta http-equiv='refresh' content='1; url=ch16-10.php'>";
    echo "</head>";
    echo "<body>您不是管理员，不能进入该页，1 秒后返回首页……</body>";
    echo "</html>";
    }
    else
    {
    if($_POST["n_name"])                              //判断是否有值输入
    {
    require "ch16-1.php"                              //引入配置文件
    $n_id=$_POST["id"];                               //获取数据
    $n_title=$_POST["n_name"];
    $n_type=$_POST["n_type"];
    $n_author=$_POST["n_author"];
    $n_office=$_POST["n_office"];
    $content=$_POST["content"];
    $n_time=$_POST["n_time"];
    $link=mysql_connect($db_host,$db_user,$db_pass) or die(mysql_error());
    mysql_select_db($db_name,$link);                  //选择数据库
    $sql="update $table_nn set n_title='$n_title',n_type='$n_type' ";
    $sql=$sql.",n_author='$n_author',n_office='$n_office',content='$content',n_time='$n_time'wher
e id='$n_id' ";
    if(mysql_query($sql,$link))                       //发送 SQL 请求
        {
        echo "<html>";
        echo "<head>";
        echo "<title>编辑新闻</title>";
        echo "<meta http-equiv=\"refresh\" content=\"1; url=ch16-5.php\">";
        echo "</head>";
        echo "<body>";
        echo "成功地完成新闻的编辑！1 秒后返回!";
        echo "</body>";
    }
    else                                                               //显示错误信息
    {
    echo "   出错啦！！";
    }
    }
    else
    {
    $n_id=$_GET[id];
    if(!$_GET[id])
    {
        echo "没有指定 ID! ";
        exit();
    }
    else
    {
        require "ch16-1.php";                                          //引用配置文件
        echo "第".$n_id."条新闻";                                      //调用配置文件
        $link=mysql_connect($db_host,$db_user,$db_pass)or die(mysql_error());
                                                                       //链接服务器
        mysql_select_db($db_name,$link);                               //选择数据库
        $sql="select * from $table_nn where id='$n_id'";               //显示所有新闻类
        $result=mysql_query($sql,$link);                               //发送 SQL 请求
        $row=mysql_fetch_array($result);
        ?>
```

```
<title>编辑新闻</title>
<link href="mystyle.css" rel="stylesheet" type="text/css">
<form action="ch16-5-2.php" method="post">
 <p align="center">新闻编辑</p>
 <table width="666" height="399" border="0" align="center">
  <tr>
   <td> </td>
   <td>
   <input type="hidden" name="id" value="<? echo $row[id]?>">
   </td>
   <td> </td>
  </tr>
  <tr>
   <td width="104">新闻标题：</td>
   <td width="437">
   <input name="n_name" type="text" id="n_name" size="50"  value=<?=$row[n_title]?>>
   </td>
   <td width="30"> </td>
  </tr>
  <tr>
   <td>新闻类别：</td>
   <td>
   <select name="n_type">
     <?                                                          //显示新闻类别
  $sql="select * from $table_news";
  $result=mysql_query($sql,$link);
    while($row=mysql_fetch_array($result))
    {
    echo "<option";
    if($row[N_type]==$_GET[type]) echo " selected";              //设置选定值
    echo ">".$row[N_type];
    echo "</option>";
    }
     ?>
 </select>
 </td>
   <td> </td>
  </tr>
  <tr>
   <td>新闻添加人：</td>
   <td>
     <?
    $sql="select * from $table_nn where id='$n_id'";            //查询记录
    $result=mysql_query($sql,$link);                            //发送 SQL 请求
    $row=mysql_fetch_array($result);
   ?>
   <input name="n_author" type="text" id="n_author" value="<?=$row[n_author]?>">
   </td>
   <td> </td>
  </tr>
  <tr>
   <td>添加部门：</td>
   <td>
   <input name="n_office" type="text" id="n_office"value=<?=$row[n_office]?>>
   </td>
   <td> </td>
  </tr>
  <tr>
```

```
      <td valign="top">新闻内容：</td>
      <td valign="top">
      <textarea name="content" cols="60" rows="15" id="content" ><?=$row[content]?>
      </textarea>
      </td>
      <td> </td>
    </tr>
    <tr>
      <td> </td>
      <td>
      <input name="n_time" type="hidden" value="<?=date("Y年m月d日")?>">
      </td>
      <td> </td>
    </tr>
    <tr>
      <td> </td>
      <td>
      <input type="submit" name="Submit" value="提交">
      <input type="reset" name="Submit2" value="重置">
      </td>
      <td> </td>
    </tr>
  </table>
</form>
<?
}}}
?>
```

第四步：保存文件并调试运行。

分别保存好各文件，打开 ch16-5.php 文件，运行后效果如图 16-8 所示。

目前共有3条记录　共分1页显示　当前显示第1页

新闻编号	类别	新闻标题		
1	奥运新闻	阿根廷1-0尼日利亚	删除	编辑
2	奥运新闻	跆拳道67公斤以上级：陈中被判负	删除	编辑
3	奥运新闻	双人划艇500米 孟关良杨文军成功卫冕	删除	编辑

第一页 | 上一页 | 下一页 | 最后一页

图 16-8

目前已有三条新闻，单击新闻编号为“1”后的“删除”链接，对该条新闻执行删除操作，执行完操作 1 秒后结果如图 16-9 所示。

目前共有2条记录　共分1页显示　当前显示第1页

新闻编号	类别	新闻标题		
1	奥运新闻	跆拳道67公斤以上级：陈中被判负	删除	编辑
2	奥运新闻	双人划艇500米 孟关良杨文军成功卫冕	删除	编辑

第一页 | 上一页 | 下一页 | 最后一页

图 16-9

删除新闻操作成功了。接下来看对新闻的编辑功能是否实现，单击现在的第一条新闻后的“编辑”链接，进入如图 16-10 所示的页面。

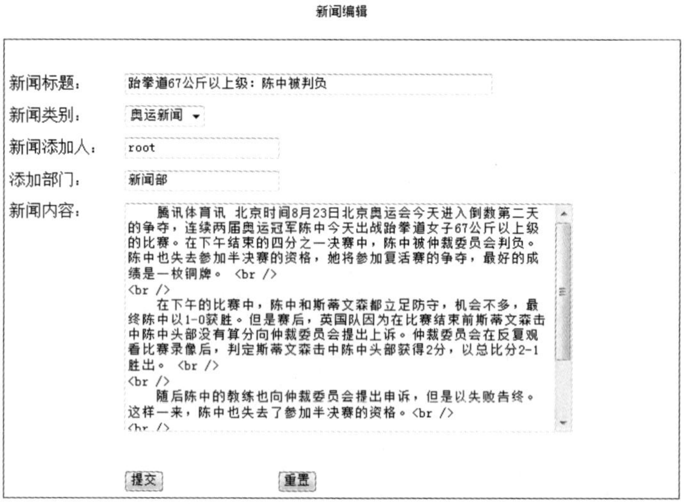

新闻编辑

新闻标题：跆拳道67公斤以上级：陈中被判负

新闻类别：奥运新闻

新闻添加人：root

添加部门：新闻部

新闻内容：　　腾讯体育讯 北京时间8月23日北京奥运会今天进入倒数第二天的争夺，连续两届奥运冠军陈中今天出战跆拳道女子67公斤以上级的比赛。在下午结束的四分之一决赛中，陈中被仲裁委员会判负。陈中也失去参加半决赛的资格，她将参加复活赛的争夺，最好的成绩是一枚铜牌。

　　在下午的比赛中，陈中和斯蒂文森都立足防守，机会不多，最终陈中以1-0获胜。但是赛后，英国队因为在比赛结束前斯蒂文森击中陈中头部没有算分向仲裁委员会提出上诉。仲裁委员会在反复观看比赛录像后，判定斯蒂文森击中陈中头部获得2分，以总比分2-1胜出。

　　随后陈中的教练也向仲裁委员会提出申诉，但是以失败告终。这样一来，陈中也失去了参加半决赛的资格。

提交　　重置

图 16-10

在此，将新闻类别的原有信息“奥运新闻”改成“校园新闻”，单击“提交”按钮，若更新成功，则 1 秒后转至 ch16-5.php 页面，效果如图 16-11 所示。

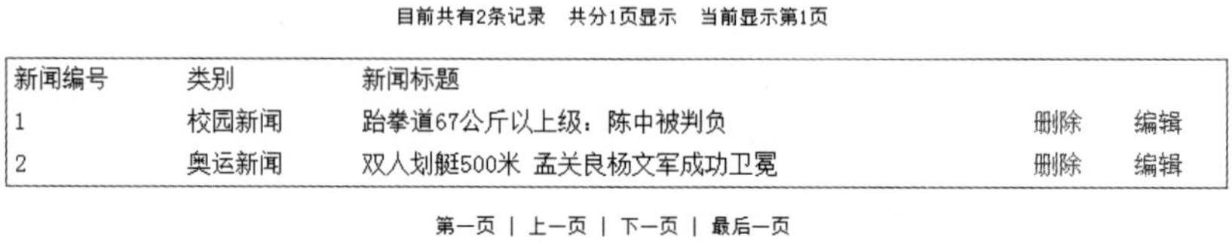

目前共有2条记录　共分1页显示　当前显示第1页

新闻编号	类别	新闻标题		
1	校园新闻	跆拳道67公斤以上级：陈中被判负	删除	编辑
2	奥运新闻	双人划艇500米 孟关良杨文军成功卫冕	删除	编辑

第一页 | 上一页 | 下一页 | 最后一页

图 16-11

其中第一条新闻的类别已经更改为“校园新闻”了，新闻的编辑功能成功实现了。

〖实例剖析与知识讲解〗

本例实现了新闻的显示、删除与编辑更新功能，显示与删除的实现在此不再多讲，有两点需要注意：

（1）利用 URL 传递当前记录的“新闻类别”字段值。

```
echo "<a href=ch16-5-2.php?id=".$row[id]."&type=".$row[n_type].">编辑</a>";
```

（2）循环显示列表/菜单值，设置当前记录“新闻类别”字段的值为选定值。代码如下：

```
<select name="n_type">
<?                                                    //显示新闻类别
$sql="select * from $table_news";
$result=mysql_query($sql,$link);
while($row=mysql_fetch_array($result))
{
echo "<option";
if($row[N_type]==$_GET[type]) echo " selected";       //设置选定值
echo ">".$row[N_type];
echo "</option>";
}
?>
</select>
```

【例 16-7】用户管理功能的实现 ch16-6.php

〖实例需求〗

本例主要实现用户的显示、添加和删除功能。添加用户时，须判断输入的新用户是否已经存在，若存在则不进行添加操作，否则将新用户添加至数据表中。

〖**开发过程**〗

第一步：创建文件。

创建新文件，在 Dreamweaver CS3 代码编辑区输入如下代码：

```
<?
if(!$_COOKIE[name])                    //如果不是管理员，则进行以下操作
{
echo "<html><head><meta http-equiv='Content-Type' content='text/html; charset=GB2312'/>";
echo "<meta http-equiv='refresh' content='1; url=ch16-10.php'>";
echo "</head>";
echo "<body>您不是管理员，不能进入该页，1 秒后返回首页……</body>";
echo "</html>";
}
else
{
if($_POST[user])                       //判断是否有新用户添加
{
require "ch16-1.php";                  //引用配置文件
$u_user=$_POST["user"];                //获取用户信息
$u_pass=$_POST["pass"];
$u_office=$_POST["office"];
$class=$_POST["class"];
$link=mysql_connect($db_host,$db_user,$db_pass) or die(mysql_error());
mysql_select_db($db_name,$link);
//以下代码判断用户名是否已经存在
$sql="select * from $table_user where u_name='$u_user'";
$result=mysql_query($sql,$link) or die(mysql_error());
$row=mysql_num_rows($result);
if($row!=0)                            //若用户已存在，则不添加
{
echo "<html><head><meta http-equiv='Content-Type' content='text/html; charset=GB2312'/>";
echo "<meta http-equiv='refresh' content='1; url=ch16-6.php'>";
echo "</head>";
echo "<body>申请的用户名已经存在，请选择其他名称，1 秒后返回继续……</body>";
echo "</html>";
}
else                                   //若用户未存在，则添加新用户
{
$sql="insert into $table_user(u_name,u_pass,u_office,u_class) values('$u_user','$u_pass',
'$u_office','$class')";
if(mysql_query($sql,$link))
{
```

```
echo "管理员添加成功！";
echo "<br>";
echo "<html>";
echo "<head>";
echo "<title>添加管理员成功</title>";
echo "<meta http-equiv=\"refresh\" content=\"1; url=ch16-6.php\">";
echo "<link href='mystyle.css' rel='stylesheet' type='text/css' />";
echo "</head>";
echo "<body>";
echo "成功添加管理员！1 秒后返回";
echo "</body>";
echo "</html>";
}
}
}
if($_GET[type]=="del")                                    //判断是否删除用户
{
require "ch16-1.php";                                     //调用配置文件
$link=mysql_connect($db_host,$db_user,$db_pass)or die(mysql_error());     //链接服务器
mysql_select_db($db_name,$link);                          //选择数据库
$sql="delete from $table_user where id='$_GET[id]'";                      //删除用户
if(mysql_query($sql,$link))                               //发送 SQL 请求
{
echo "<html>";
echo "<head>";
echo "<title>用户删除成功！</title>";
echo "<meta http-equiv=\"refresh\" content=\"1; url=ch16-6.php\">";
echo "<link href='mystyle.css' rel='stylesheet' type='text/css' />";
echo "</head>";
echo "<body>";
echo "成功删除用户！1 秒后返回";
echo "</body>";
echo "</html>";
}
}
?>
<!DOCTYPE html PUBLIC "-//W3C//DTD XHTML 1.0 Transitional//EN" "http://www.w3.org/TR/xhtml1/DTD/
xhtml1-transitional.dtd">
<html xmlns="http://www.w3.org/1999/xhtml">
<head>
<meta http-equiv="Content-Type" content="text/html; charset=gb2312" />
<title>用户管理</title>
<link href="mystyle.css" rel="stylesheet" type="text/css" />
</head>
<body>
<p align="center">目前所有的管理员名单：</p>
<?
require "ch16-1.php";                                     //引用配置文件
$link=mysql_connect($db_host,$db_user,$db_pass) or die(mysql_error());
mysql_select_db($db_name,$link);
$sql="select * from $table_user";                         //查询所有用户
$result=mysql_query($sql,$link);                          //发送 SQL 请求
$rows=@mysql_num_rows($result);                           //获得记录数
if($rows==0)
{
```

```
echo "没有管理员！！！";
}
else                                                    //显示所有用户
{
echo "<table border='0'align='center' width=500>";
echo "<tr>";
echo "<td>";
echo "管理员姓名";
echo "</td>";
echo "<td>";
echo "管理员密码";
echo "</td>";
echo "<td>";
echo "管理员办公室";
echo "</td>";
echo "<td>";
echo "等级";
echo "</td>";
echo "<td>";
echo " ";
echo "</td>";
echo "</tr>";
while($row=mysql_fetch_array($result))
{
echo "<tr>";
echo "<td>";
echo $row[u_name];
echo "</td>";
echo "<td>";
echo $row[u_pass];
echo "</td>";
echo "<td>";
echo $row[u_office];
echo "</td>";
echo "<td>";
echo $row[u_class];
echo "</td>";
echo "<td>";
echo "<a href=ch16-6.php?id=".$row[id]."&type=del>删除</a>";
echo "</td>";
echo "</tr>";
}
echo "</table>";
}
?>
</p>
<form id="form1" name="form1" method="post" action="ch16-6.php">
<p align="center">添加管理员：</p>
<p align="center">用　户　名：
<input name="user" type="text" id="user" />
</p><p align="center">密　　码：<label>
<input name="pass" type="password" id="pass" />
<br /><br />所属办公室：
<input name="office" type="text" id="office" />
</label></p><p align="center"><label>管理员等级：
```

```
<input type="radio" name="class" value="1" />
1 级</label><label>
<input type="radio" name="class" value="2" />
2 级</label><label>
<input type="radio" name="class" value="0" />
超级</label></p><p align="center"><br /><label>
<input type="submit" name="Submit" value="提交" />
</label></p>
</form>
</body>
</html>
<?
}
?>
```

第二步：保存文件并调试运行。

单击“文件”→“保存”命令，或者按快捷键 Ctrl+S，以文件名 ch16-6.php 保存页面，文件自动保存到站点中。

按 F12 键或者单击图标的 预览在 IExplore 6.0 F12 即可进行网页的运行与调试，效果如图 16-12 所示。

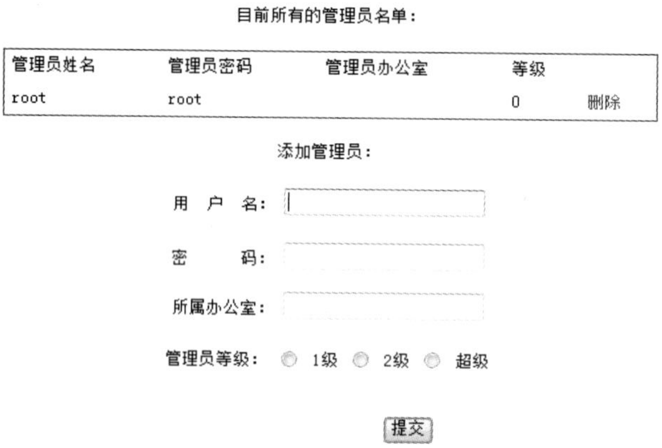

目前所有的管理员名单：

管理员姓名	管理员密码	管理员办公室	等级	
root	root		0	删除

添加管理员：

用 户 名：

密 码：

所属办公室：

管理员等级： 1级 2级 超级

提交

图 16-12

所有管理员名单显示在上方，目前只有初始超级管理员一名，若要添加新管理员，直接通过下方的表单填写相关用户名、密码、所属办公室及管理员等级即可。

现在添加两名管理员，数据如下：

```
xinxin, xinxin, IT 技术部, 1 级
yin, yin, 教务处, 2 级
```

输入上述两名管理信息后，若添加成功，则 1 秒后出现如图 16-13 所示的页面。

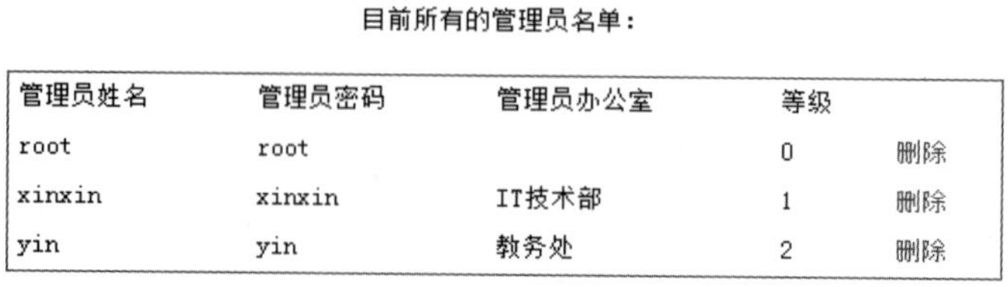

目前所有的管理员名单：

管理员姓名	管理员密码	管理员办公室	等级	
root	root		0	删除
xinxin	xinxin	IT技术部	1	删除
yin	yin	教务处	2	删除

图 16-13

现在管理员名单中有三条记录了，若还想添加名为 xinxin 的用户，则会显示“申请的用户名已经存在，请选择其他名称，1 秒后返回继续……”的提示信息，并不进行添加操作。

若发现某名管理员不需要了，则要进行删除操作，单击该条记录后的“删除”链接，就可以进行删除操作。删除操作同上例一样，这里不重复介绍了。

〖实例剖析与知识讲解〗

本例实现了管理员信息的显示、添加及删除功能，需要掌握的知识点为：

- 判断用户名已经存在的实现。

同一个系统不允许有两个同名的管理员，所以在添加新用户时，需要对数据表进行查询，若存在该用户，则不进行添加操作；否则，将该用户信息添加至管理员信息表中。

代码如下：

```
//以下代码判断用户名是否已经存在
$sql="select * from $table_user where u_name='$u_user'";
$result=mysql_query($sql,$link) or die(mysql_error());
$row=mysql_num_rows($result);
if($row!=0)                    //若用户已存在，则不添加
{
echo "<html><head><meta http-equiv='Content-Type' content='text/html; charset=GB2312'/>";
echo "<meta http-equiv='refresh' content='1; url=ch16-6.php'>";
echo "</head>";
echo "<body>申请的用户名已经存在，请选择其他名称，1 秒后返回继续……</body>";
echo "</html>";
}
else                           //若用户不存在，则添加新用户
{
$sql="insert into $table_user(u_name,u_pass,u_office,u_class) values('$u_user','$u_pass',
'$u_office','$class')";
```

【例 16-8】管理员退出登录功能的实现 ch16-7.php

〖实例需求〗

本例主要实现管理员的退出登录功能，这个实例可以在本章的最后来讲，但按照实例安排，这也是属于后台程序的一个功能模块，所以提前讲解。

登录用户退出的操作非常简单，清空用户注册的 cookie 记录，然后跳转至指定页即可。

〖开发过程〗

第一步：创建文件。

创建新文件，在 Dreamweaver CS3 代码编辑区输入如下代码：

```
<?
if(!$_COOKIE[name])            //如果不是管理员，则进行以下操作
{
echo "<html><head><meta http-equiv='Content-Type' content='text/html; charset=GB2312'/>";
echo "<meta http-equiv='refresh' content='1; url=ch16-10.php'>";
```

```
echo "</head>";
echo "<body>您不是管理员，不能进入该页，1 秒后返回首页……</body>";
echo "</html>";
}
else
{
setcookie("name","");                    //撤销 cookie 变量
echo "<html>";
echo "<head>";
echo "<meta http-equiv=\"refresh\" content=\"1; url=ch16-10.php\">";
echo "</head>";
echo "</html>";
}
?>
```

第二步：保存文件并调试运行。

单击“文件”→“保存”命令，或者按快捷键 Ctrl+S，以文件名 ch16-7.php 保存页面，文件自动保存到站点中。

按 F12 键或者单击图标的 预览在 IExplore 6.0 F12 即可进行网页的运行与调试，若退出成功，则跳转至前台首页 ch16-10.php 页面。

〖实例剖析与知识讲解〗

本例实现了用户退出登录功能的实现。我们需要掌握的是如何退出登录状态，在 PHP 中实现起来非常方便，即清空用户注册的 cookie 记录，然后跳转至指定页即可。

如本例的代码：

```
setcookie("name","");            //撤销 COOKIE 变量
echo "<html>";
echo "<head>";
echo "<meta http-equiv=\"refresh\" content=\"1; url=ch16-10.php\">";
echo "</head>";
echo "</html>";
```

【例 16-9】管理员登录功能的实现 ch16-8.php

〖实例需求〗

本例主要实现管理员登录的功能，判断输入的用户与密码是否在管理员信息表中存在，若存在，则登录成功，并将用户名保存至 cookie 变量中，同时自动跳转至后台首页；若没有查找至任何匹配的管理员信息，则显示“用户名和密码错误”。

程序还用 JavaScript 代码实现对用户名与密码两个输入框的判断。

〖开发过程〗

第一步：创建文件。

创建新文件，在 Dreamweaver CS3 代码编辑区输入如下代码：

```
<?
if($_POST[user])                                   //判断是否输入用户名
{
$name=$_POST["user"];                              //获取登录用户名
$pass=$_POST["pass"];                              //获取登录密码
require "ch16-1.php";                              //引用配置文件
$link=mysql_connect($db_host,$db_user,$db_pass) or die(mysql_error());
mysql_select_db($db_name,$link);
$sql="select * from $table_user where u_name='$name' && u_pass='$pass'";
$result=mysql_query($sql);                         //发送 SQL 请求
if(@mysql_num_rows($result)!=0)                    //若找到符合条件的用户与密码
{
setcookie("name","$name",time()+60*60*24); //创建 COOKIE
echo "<html><head><meta http-equiv='Content-Type' content='text/html; charset=GB2312'/>";
echo "<meta http-equiv='refresh' content='1; url=ch16-9.php'>";
echo "</head>";
echo "<body><center>登录成功! 1 秒后返回后台首页……</center></body>";
echo "</html>";
}
else                                               //若没有符合条件的用户与密码
{
echo "<center>用户名或密码错误! </center>";
}
}
?>
<!DOCTYPE html PUBLIC "-//W3C//DTD XHTML 1.0 Transitional//EN" "http://www.w3.org/TR/xhtml1/DTD/
xhtml1-transitional.dtd">
<html xmlns="http://www.w3.org/1999/xhtml">
<head>
<meta http-equiv="Content-Type" content="text/html; charset=gb2312" />
<title>管理员登录</title>
<link href="mystyle.css" rel="stylesheet" type="text/css" />
</head>
<body>
<script language=javascript>
function juge(theForm)
{
if (theForm.user.value == "")
{
alert("请输入用户名!");
theForm.user.focus();
return (false);
}
if (theForm.pass.value == "")
{
alert("请输入用户名!");
theForm.pass.focus();
return (false);
}
}
</script>
<form id="form1" name="form1" method="post" action="ch16-8.php" onsubmit="return juge(this)">
<p align="center">当前位置: <a href="ch16-10.php">首页</a>--用户登录</p>
```

```
<p align="center">后台管理登录: </p>
<p align="center">用户名:
<input name="user" type="text" id="user" />
</p>
<p align="center">密  码:
<input name="pass" type="password" id="pass" />
</p>
<p align="center">
<input type="submit" name="Submit" value="提交" />
<input type="reset" name="Submit2" value="重置" />
</p>
</form>
<hr>
<p align="center">@版权所有</p>
</body>
</html>
```

第二步：保存文件并调试运行。

单击“文件”→“保存”命令，或者按快捷键 Ctrl+S，以文件名 ch16-8.php 保存页面，文件自动保存到站点中。

按 F12 键或者单击图标的 预览在 IExplore 6.0 F12 即可进行网页的运行与调试，效果如图 16-14 所示。

输入用户名与密码，若成功，则进入后台管理程序 ch16-9.php，否则显示错误信息，如图 16-15 所示。

图 16-14　　图 16-15

〖实例剖析与知识讲解〗

本例包括用户登录表单部分以及表单的处理程序，实现了用户登录的功能。

- 用户登录功能也是一种很简单的功能，实现起来并不难。只要判断输入的用户名与密码是否在管理员信息表中存在，若存在，则登录成功，并将用户名保存至 cookie 变量中，同时自动跳转至后台首页；若没有查找到任何匹配的管理员信息，则显示“用户名和密码错误”。

本例代码如下：

```
if($_POST[user])                              //判断是否输入用户名
{
$name=$_POST["user"];                         //获取登录用户名
$pass=$_POST["pass"];                         //获取登录密码
require "ch16-1.php";                         //引用配置文件
```

```
$link=mysql_connect($db_host,$db_user,$db_pass) or die(mysql_error());
mysql_select_db($db_name,$link);
$sql="select * from $table_user where u_name='$name' && u_pass='$pass'";
$result=mysql_query($sql);                              //发送 SQL 请求
if(@mysql_num_rows($result)!=0)                         //若找到符合条件的用户与密码
{
setcookie("name","$name",time()+60*60*24);              //创建 cookie 变量
echo "<html><head><meta http-equiv='Content-Type' content='text/html; charset=GB2312'/>";
echo "<meta http-equiv='refresh' content='1; url=ch16-9.php'>";
echo "</head>";
echo "<body><center>登录成功！1 秒后返回后台首页……</center></body>";
echo "</html>";
}
else                                                    //若没有符合条件的用户与密码
{
echo "<center>用户名或密码错误！</center>";
}
}
```

● 程序中运用 JavaScript 代码实现对用户名与密码两个输入框的判断，相应代码如下：

```
<script language=javascript>
function juge(theForm)
{
if (theForm.user.value == "")
{
alert("请输入用户名!");
theForm.user.focus();
return (false);
}
if (theForm.pass.value == "")
{
alert("请输入用户名!");
theForm.pass.focus();
return (false);
}
}
</script>
```

在表单提交过程中调用 JavaScript 函数 juge()进行输入项的验证：

```
<form id="form1" name="form1" method="post" action="ch16-8.php" onsubmit="return juge(this)">
```

【例 16-10】后台框架 ch16-9.php

〖实例需求〗

本例主要实现各后台程序的框架集 ch16-9.php，采取的是左右分布框架集，分别如下：

- 左边框架页 ch16-9-1.php 中包含 ch16-3.php、ch16-4.php、ch16-5.php、ch16-6.php、ch16-7.php 等 5 个页面的导航项；根据登录管理员等级的不同，显示不同的内容。
- 右边框架页 ch16-9-2.php 默认为后台静态文字显示，当单击左框架中的各个导航项，会在右框架中显示该页面的内容。

〖开发过程〗

第一步：创建后台框架文件 ch16-9.php。

创建新文件，在 Dreamweaver CS3 代码编辑区输入如下代码：

```
<?
if(!$_COOKIE[name])                           //如果不是管理员，则进行以下操作
{
echo "<html><head><meta http-equiv='Content-Type' content='text/html; charset=GB2312'/>";
echo "<meta http-equiv='refresh' content='1; url=ch16-10.php'>";
echo "</head>";
echo "<body>您不是管理员，不能进入该页，1 秒后返回首页……</body>";
echo "</html>";
}
else
{
?>
<!DOCTYPE html PUBLIC "-//W3C//DTD XHTML 1.0 Frameset//EN" "http://www.w3.org/TR/xhtml1/DTD/
xhtml1-frameset.dtd">
<html xmlns="http://www.w3.org/1999/xhtml">
<head>
<meta http-equiv="Content-Type" content="text/html; charset=gb2312" />
<title>新闻发布系统后台管理</title>
</head>
<frameset rows="406*" cols="198,*" framespacing="1" frameborder="yes" border="1" bordercolor=
"#FFFFFF">
<frame src="ch16-9-1.php" name="leftFrame" scrolling="No" noresize="noresize" id="leftFrame"
title="leftFrame" />
<frame src="ch16-9-2.php" name="aa" id="mainFrame" title="mainFrame" />
</frameset>
<noframes><body>
</body>
</noframes></html>
<?
}
?>
```

注意：其中右框架页的名称改成了 aa。

第二步：创建左框架页 ch16-9-1.php。

创建新文件，在 Dreamweaver CS3 代码编辑区输入如下代码：

```
<?
if(!$_COOKIE[name])                           //如果不是管理员，则进行以下操作
{
echo "<html><head><meta http-equiv='Content-Type' content='text/html; charset=GB2312'/>";
echo "<meta http-equiv='refresh' content='1; url=ch16-10.php'>";
echo "</head>";
echo "<body>您不是管理员，不能进入该页，1 秒后返回首页……</body>";
echo "</html>";
}
else
```

```
{
?>
<!DOCTYPE html PUBLIC "-//W3C//DTD XHTML 1.0 Transitional//EN" "http://www.w3.org/TR/xhtml1/DTD/
xhtml1-transitional.dtd">
<html xmlns="http://www.w3.org/1999/xhtml">
<head>
<meta http-equiv="Content-Type" content="text/html; charset=gb2312" />
<title>后台左框架</title>
<link href="mystyle.css" rel="stylesheet" type="text/css" />
</head>
<body>
<p align="center"> </p>
<p align="center">
<?
echo $_COOKIE["name"].", 欢迎你! ";
?>
</p>
<p align="center">
<a href="ch16-10.php" target="_blank">返回前台</a>
</p>
<p align="center">
<a href="ch16-9-2.php" target="aa">返回后台主页</a>
</p>
<?
require "ch16-1.php";
$link=mysql_connect($db_host,$db_user,$db_pass) or die(mysql_error());
mysql_select_db($db_name,$link);
$sql="select * from $table_user where u_name='$_COOKIE[name]'";
$result=mysql_query($sql,$link);
$row=mysql_fetch_array($result);
if($row[u_class]=="0")                    //超级管理员的显示内容
{
?>
<p align="center">
<a href="ch16-3.php" target="aa">添加新闻类</a>
</p>
<p align="center">
<a href="ch16-4.php" target="aa">添加新闻</a>
</p>
<p align="center">
<a href="ch16-5.php" target="aa">管理新闻</a>
</p>
<p align="center">
<a href="ch16-6.php" target="aa">用户管理</a>
</p>
<p align="center">
<a href="ch16-7.php" target="_blank">退出登录</a>
</p>
<?
}
if($row[u_class]=="1")                    //1 级管理员的显示内容
{
```

```
?>
<p align="center">
<a href="ch16-3.php" target="aa">添加新闻类</a>
</p>
<p align="center">
<a href="ch16-4.php" target="aa">添加新闻</a>
</p>
<p align="center">
<a href="ch16-5.php" target="aa">管理新闻</a>
</p>
<p align="center">
<a href="ch16-7.php" target="_blank">退出登录</a>
</p>
<?
}
if($row[u_class]=="2")                    //2 级管理员的显示内容
{
?>
<p align="center">
<a href="ch16-4.php" target="aa">添加新闻</a>
</p>
<p align="center">
<a href="ch16-7.php" target="_blank">退出登录</a>
</p>
<?
}
?>
</body>
</html>
<?
}
?>
```

第三步：创建右框架页 ch16-9-2.php。

本页面内容可以随意设计，放置图片或者提示文字都可，这里只放了简单的几个文字。创建新文件，在 Dreamweaver CS3 代码编辑区输入如下代码：

```
<?
if(!$_COOKIE[name])                       //如果不是管理员，则进行以下操作
{
echo "<html><head><meta http-equiv='Content-Type' content='text/html; charset=GB2312'/>";
echo "<meta http-equiv='refresh' content='1; url=ch16-10.php'>";
echo "</head>";
echo "<body>您不是管理员，不能进入该页，1 秒后返回首页……</body>";
echo "</html>";
}
else
{
?>
<!DOCTYPE html PUBLIC "-//W3C//DTD XHTML 1.0 Transitional//EN" "http://www.w3.org/TR/xhtml1/DTD/
xhtml1-transitional.dtd">
```

```
<html xmlns="http://www.w3.org/1999/xhtml">
<head>
<meta http-equiv="Content-Type" content="text/html; charset=gb2312" />
<title>无标题文档</title>
<link href="mystyle.css" rel="stylesheet" type="text/css" />
</head>
<body>
<p> </p>
<p align="center" class="STYLE1">新闻发布系统的后台</p>
<p align="center" class="STYLE1"> </p>
</body>
</html>
<?
}
?>>
```

第四步：保存文件并调试运行。

分别保存好后台程序 ch16-9.php 以及各框架页。要运行后台程序，必须在 ch16-8.php 页面进行登录，在登录前，已经有了如图 16-16 所示的管理员名单。

管理员姓名	管理员密码	管理员办公室	等级	
root	root		0	删除
xinxin	xinxin	IT技术部	1	删除
yin	yin	教务处	2	删除

图 16-16

每个管理员后的等级表明所拥有的极限，下面逐个演示每个管理员能进行的操作功能是否能够实现。

首先以超级管理员 root 身份登录，运行 ch16-8.php，输入用户名 root 与密码 root，登录成功，显示如图 16-17 所示的页面。

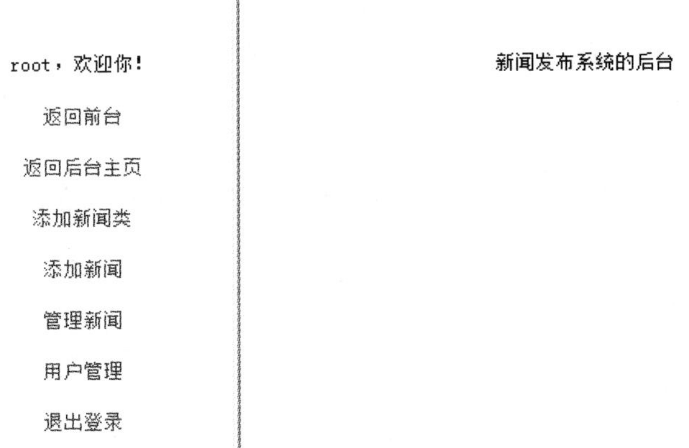

图 16-17

作为超级管理员登录后，可以进行新闻类的添加、删除等操作，新闻的添加、编辑与删除操作以及对管理员的添加、删除等操作。

若执行完相应操作，就单击“退出登录”链接，清空 cookie 信息，跳转至前台程序。

接下来以 1 级管理员的身份登录，输入用户名 xinxin 与密码 xinxin，登录成功，显示如图 16-18 所示的页面。

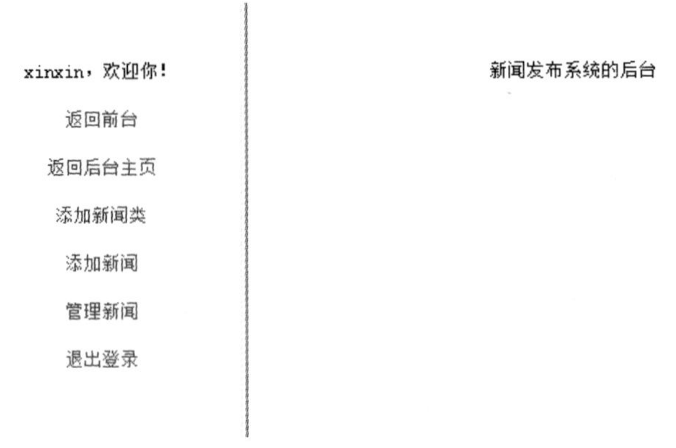

图 16-18

1 级管理员相对于超级管理员而言，只是缺少了管理用户的操作。

最后以 2 级管理员 yin 身份登录，输入用户名 yin 与密码 yin，登录成功，显示如图 16-19 所示的页面。

图 16-19

2 级管理员的功能仅仅是添加新闻。

通过演示发现，目前新闻系统的后台部分基本实现了。

〖实例剖析与知识讲解〗

本例需要注意的是框架的操作，如果觉得框架不够好用，可以考虑另外一种布局，在此不过多讲解了。

主要需要掌握的知识点在于对用户等级的判断，分别对不同等级的管理员显示不同的后台内容。

本例中相应的代码如下：

```
$sql="select * from $table_user where u_name='$_COOKIE[name]'";
$result=mysql_query($sql,$link);
$row=mysql_fetch_array($result);
if($row[u_class]=="0")                    //超级管理员的显示内容
{
?>
```

```
<p align="center">
<a href="ch16-3.php" target="aa">添加新闻类</a>
</p>
<p align="center">
<a href="ch16-4.php" target="aa">添加新闻</a>
</p>
<p align="center">
<a href="ch16-5.php" target="aa">管理新闻</a>
</p>
<p align="center">
<a href="ch16-6.php" target="aa">用户管理</a>
</p>
<p align="center">
<a href="ch16-7.php" target="_blank">退出登录</a>
</p>
<?
}
if($row[u_class]=="1")                    //1 级管理员的显示内容
{
?>
<p align="center">
<a href="ch16-3.php" target="aa">添加新闻类</a>
</p>
<p align="center">
<a href="ch16-4.php" target="aa">添加新闻</a>
</p>
<p align="center">
<a href="ch16-5.php" target="aa">管理新闻</a>
</p>
<p align="center">
<a href="ch16-7.php" target="_blank">退出登录</a>
</p>
<?
}
if($row[u_class]=="2")                    //2 级管理员的显示内容
{
?>
<p align="center">
<a href="ch16-4.php" target="aa">添加新闻</a>
</p>
<p align="center">
<a href="ch16-7.php" target="_blank">退出登录</a>
</p>
<?
}
?>
```

注意： target="aa"中 aa 为右框架的名称，如果进行了修改，务必整个程序保持一致，否则会出错。

至此，后台部分已经基本实现，接下来看前台的显示。

【例 16-11】前台显示的实现 ch16-10.php

〖实例需求〗

本例主要实现新闻发布系统的前台显示部分，前台包括三个页面，分别为：

首页 ch16-10.php：分页显示所有新闻，只显示新闻类别、新闻标题和新闻发表时间三个字段。

第 2 页 ch16-10-1.php：查看同一类别所有的新闻；如单击“娱乐新闻”，可查看所有娱乐新闻。

第 3 页 ch16-10-2.php：查看某一新闻的详细内容，如单击“新闻一”，可查看标题为新闻一的新闻详细细节。

其中首页与第 2 页均分页显示查询结果。

〖开发过程〗

第一步：创建文件 ch16-10.php。

创建新文件，在 Dreamweaver CS3 代码编辑区输入如下代码：

```
<?
require "ch16-1.php";                                           //引用配置文件
if(!$_GET[page])
$page=1;
else
$page=$_GET[page];
//链接 MYSQL 服务器
$link=mysql_connect($db_host,$db_user,$db_pass)or die("不能链接到服务器".mysql_error());
mysql_select_db($db_name,$link);                                //选择数据库
$sql="select id from $table_nn order by id desc";               //查询所有记录
$result=mysql_query($sql,$link);                                //发送 SQL 请求
$num=mysql_num_rows($result);                                   //获得记录数
?>
<html>
<head>
<title>新闻发布系统</title>
<link href="mystyle.css" rel="stylesheet" type="text/css">
</head>
<body>
<center>
<h1 align="center">新闻发布系统前台显示</h1>
<p>
<?
echo "目前共有".$num."条记录  ";                      //输出记录数
$p_count=ceil($num/$list_num);                                  //总页数为总条数除以每页显示数
echo "共分".$p_count."页显示  ";                      //输出页数
echo "当前显示第".$page."页";
echo "<p>";
if($num>0)                                                      //如果记录数大于 0 输出记录内容
{
```

```
echo "<table border='1' align='center' width=800 >";
$temp=($page-1)*$list_num;
$sql="select * from $table_nn order by id desc limit $temp,$list_num ";
$result=mysql_query($sql);                    //执行 SQL 语句
echo "<tr>";
echo "<td >";
echo "类别";
echo "</td>";
echo "<td >";
echo "新闻标题";
echo "</td>";
echo "<td align=right>";
echo "发表时间";
echo "</td>";
echo "</tr>";
while($row=mysql_fetch_array($result))
{
echo "<tr>";
echo "<td>";
echo "<a href=ch16-10-1.php?n_type=".$row[n_type].">".$row[n_type]."</a>";
echo "</td>";
echo "<td>";
echo "<a href=ch16-10-2.php?id=".$row[id].">".$row[n_title]."</a>";
echo "</td>";
echo "<td align=right>";
echo $row[n_time];
echo "</td>";
echo "</tr>";
}
echo "</table>";
//以下为显示分页的链接的内容
$prev_page=$page-1;                           //定义上一页为该页减 1
$next_page=$page+1;
echo "<br>";                                  //定义下一页为该页加 1
echo "<p align=\"center\"> ";
if ($page<=1)                                 //如果当前页小于等于 1 只显示文字
{
echo "第一页 | ";
}
else                                          //如果当前页大于 1 显示指向第一页的链接
{
echo "<a href='$_SERVER[PHP_SELF]?page=1'>第一页</a> | ";
}
if ($prev_page<1)                             //如果上一页小于 1 只显示文字
{
echo "上一页 | ";
}
else                                          //如果上一页大于 1 显示指向上一页的链接
{
echo "<a href='$_SERVER[PHP_SELF]?page=$prev_page'>上一页</a> | ";
}
if ($next_page>$p_count)                      //如果下一页大于总页数只显示文字
{
```

```
echo "下一页 | ";
}
else                                        //如果下一页小于总页数则显示指向下一页的链接
{
echo "<a href='$_SERVER[PHP_SELF]?page=$next_page'>下一页</a> | ";
}
if ($page>=$p_count)                        //如果当前页大于或者等于总页数只显示文字
{
echo "最后一页</p>\n";
}
else                                        //如果当前页小于总页数显示最后页的链接
{
echo "<a href='$_SERVER[PHP_SELF]?page=$p_count'>最后一页</a></p>\n";
}
}
else                                        //如果没有记录时输出信息
{
echo "暂时还没有记录! ";
}
?>
</p>
</body>
</html>
```

第二步：创建文件 ch16-10-1.php。

创建新文件，在 Dreamweaver CS3 代码编辑区输入如下代码：

```
<html>
<head>
<title>
<? echo $_GET["n_title"]?>
</title>
<meta http-equiv="Content-Type" content="text/html; charset=gb2312">
<link href="mystyle.css" rel="stylesheet" type="text/css">
</head>
<body bgcolor="#FFFFFF" leftmargin="0" topmargin="0" marginwidth="0" marginheight="0">
<?
require "ch16-1.php";
if(!$_GET[page])
$page=1;
else
$page=$_GET[page];
$n_type=$_GET[n_type];
$link=mysql_connect($db_host,$db_user,$db_pass) or die(mysql_error());
mysql_select_db($db_name,$link);
$sql="select * from $table_nn where n_type='$n_type' ";
$result=mysql_query($sql,$link);
$num=mysql_num_rows($result);                   //获得记录数
?>
<p> </p>
<h1 align="center">新闻发布系统</h1>
<p align="center">当前位置:
<a href="ch16-10.php">首页</a>--<?=$n_type?></p>
```

```
<?
if($num>0)                                              //如果记录数大于 0 输出记录的内容
{
echo "<center>目前共有".$num."条记录  ";         //输出记录数
$p_count=ceil($num/$list_num);                          //总页数为总条数除以每页显示数
echo "共分".$p_count."页显示  ";                  //输出页数
echo "当前显示第".$page."页</center>";
echo "<p>";
echo "<table border='0' align='center' width='650'>";
$temp=($page-1)*$list_num;
$sql="select * from $table_nn where n_type='$n_type' order by id desc limit $temp,$list_num ";
$result=mysql_query($sql);                              //执行 SQL 语句
while($row=mysql_fetch_array($result))
{
echo "<tr>";
echo "<td>";
echo "[".$row[n_type]."]";
echo "</td>";
echo "<td>";
echo "<a href=ch16-10-2.php?id=".$row[id].">".$row[n_title]."</a>";
echo "</td>";
echo "<td align='right'>";
echo "[".$row[n_time]."]";
echo "</td>";
echo "</tr>";
}
echo "</table>";
//以下为显示分页的链接的内容
$prev_page=$page-1;                             //定义上一页为该页减 1
$next_page=$page+1;
echo "<br>";                                    //定义下一页为该页加 1
echo "<p align=\"center\"> ";
if ($page<=1)                                   //如果当前页小于等于 1 只显示文字
{
echo "第一页 | ";
}
else                                            //如果当前页大于 1 显示指向第一页的链接
{
echo "<a href='$_SERVER[PHP_SELF]?page=1&n_type=".$n_type."'>第一页</a> | ";
}
if ($prev_page<1)                               //如果上一页小于 1 只显示文字
{
echo "上一页 | ";
}
else                                            //如果上一页大于 1 显示指向上一页的链接
{
echo "<a href='$_SERVER[PHP_SELF]?page=$prev_page&n_type=".$n_type."'>上一页</a> | ";
}
if ($next_page>$p_count)                        //如果下一页大于总页数只显示文字
{
echo "下一页 | ";
```

```
}
else                                        //如果下一页小于总页数则显示指向下一页的链接
{
echo "<a href='$_SERVER[PHP_SELF]?page=$next_page&n_type=".$n_type."'>下一页</a> | ";
}
if ($page>=$p_count)                        //如果当前页大于或者等于总页数只显示文字
{
echo "最后一页</p>\n";
}
else                                        //如果当前页小于总页数显示最后页的链接
{
echo "<a href='$_SERVER[PHP_SELF]?page=$p_count&n_type=".$n_type."'>最后一页</a></p>\n";
}
}
else                                        //如果没有记录时输出信息
{
echo "暂时还没有记录！";
}
?>
</body>
</html>
```

第三步：创建文件 ch16-10-2.php。

创建新文件，在 Dreamweaver CS3 代码编辑区输入如下代码：

```
<html>
<head>
<title><? echo $_GET["n_title"]?></title>
<meta http-equiv="Content-Type" content="text/html; charset=gb2312">
<link href="mystyle.css" rel="stylesheet" type="text/css">
</head>
<body bgcolor="#FFFFFF" leftmargin="0" topmargin="0" marginwidth="0" marginheight="0">
<?
require "ch16-1.php";
$link=mysql_connect($db_host,$db_user,$db_pass) or die(mysql_error());
mysql_select_db($db_name,$link);
$sql="select * from $table_nn where id='$_GET[id]'";
$result=mysql_query($sql,$link);
$row=mysql_fetch_array($result);?>
<p> </p>
<h1 align="center">新闻发布系统</h1>
<p align="center">当前位置:
<a href="ch16-10.php">首页</a>--<?=$row[n_title]?></p>
<?
echo "<table border='0' align='center' width='650'>";
{
echo "<tr>";
echo "<td align='center'>";
echo    "".   "<a   href=ch16-10-1.php?n_type=".$row[n_type].">"."[".$row[n_type]."]"."</a>"."
".$row[n_title];
echo "</td>";
```

```
echo "</tr>";
echo "<tr>";
echo "<td align='center'>";
echo "作者: ".$row[n_author]."    来源于: ".$row[n_office]."  发表时间: ".$row[n_time];
echo "</td>";
echo "</tr>";
echo "<br>";
echo "<tr>";
echo "<td align='left'>";
echo "  ".$row[content]."";
echo "</td>";
echo "</tr>";
$i++;
}
echo "</table>";
?>
</td>
</tr>
</table>
<p align="center">
<input type="button" onclick="javascript:window.close()" value="关闭本页">
</p>
</body>
</html>
```

第四步：保存文件并调试运行。

分别保存 3 个文件，运行 ch16-10.php，分页显示所有新闻，目前已有 7 条新闻记录，如图 16-20 所示。

新闻发布系统前台显示

目前共有7条记录　共分1页显示　当前显示第1页

类别	新闻标题	发表时间
奥运新闻	国际足联主席批中国足球 称男足状况令人很担忧	2008年08月24日
奥运新闻	不败巴西3-1击败美国女排 破宿命首夺奥运冠军	2008年08月24日
奥运新闻	奥运史上最差东道主 未染金成巴西永远的“痛”	2008年08月24日
奥运新闻	多少梦想，藏在荣耀背后!	2008年08月23日
娱乐新闻	闭幕式伦敦8分钟节目单曝光 小贝今日抵达北京	2008年08月23日
校园新闻	跆拳道67公斤以上级：陈中被判负	2008年08月23日
奥运新闻	双人划艇500米 孟关良杨文军成功卫冕	2008年08月23日

第一页 | 上一页 | 下一页 | 最后一页

图 16-20

单击“类别”，可以看到同一类别下所有的新闻，从图 16-20 中已经看到，娱乐新闻 1 条，奥运新闻 5 条，校园新闻 1 条。单击“奥运新闻”，进入如图 16-21 所示的页面，显示了“类别”为“奥运新闻”的所有新闻。

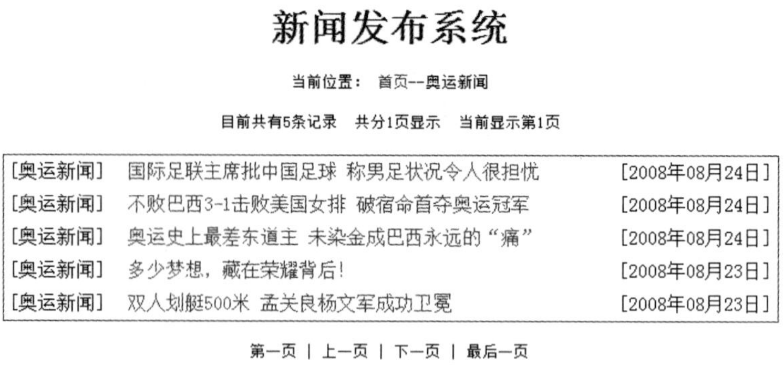

新闻发布系统

当前位置： 首页--奥运新闻

目前共有5条记录　共分1页显示　当前显示第1页

[奥运新闻]	国际足联主席批中国足球 称男足状况令人很担忧	[2008年08月24日]
[奥运新闻]	不败巴西3-1击败美国女排 破宿命首夺奥运冠军	[2008年08月24日]
[奥运新闻]	奥运史上最差东道主 未染金成巴西永远的“痛”	[2008年08月24日]
[奥运新闻]	多少梦想，藏在荣耀背后!	[2008年08月23日]
[奥运新闻]	双人划艇500米 孟关良杨文军成功卫冕	[2008年08月23日]

第一页 | 上一页 | 下一页 | 最后一页

图 16-21

单击新闻标题可以查看具体的新闻内容，如单击标题为“多少梦想，藏在荣耀身后！”的新闻，显示页面如图 16-22 所示。该页面显示了该条新闻的详细内容，若要关闭本页，则单击“关闭本页”按钮即可关闭当前页面。

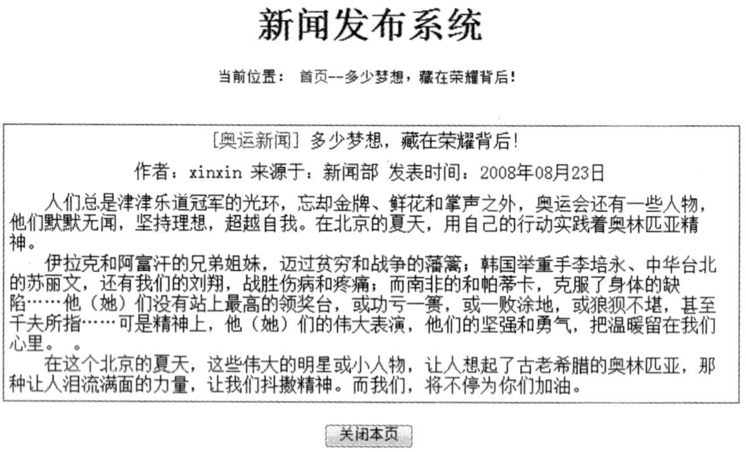

新闻发布系统

当前位置： 首页--多少梦想，藏在荣耀背后!

[奥运新闻] 多少梦想，藏在荣耀背后!

作者：xinxin 来源于：新闻部 发表时间：2008年08月23日

人们总是津津乐道冠军的光环，忘却金牌、鲜花和掌声之外，奥运会还有一些人物，他们默默无闻，坚持理想，超越自我。在北京的夏天，用自己的行动实践着奥林匹亚精神。

伊拉克和阿富汗的兄弟姐妹，迈过贫穷和战争的藩篱；韩国举重手李培永、中华台北的苏丽文，还有我们的刘翔，战胜伤病和疼痛；而南非的和帕蒂卡，克服了身体的缺陷……他（她）们没有站上最高的领奖台，或功亏一篑，或一败涂地，或狼狈不堪，甚至千夫所指……可是精神上，他（她）们的伟大表演，他们的坚强和勇气，把温暖留在我们心里。 。

在这个北京的夏天，这些伟大的明星或小人物，让人想起了古老希腊的奥林匹亚，那种让人泪流满面的力量，让我们抖擞精神。而我们，将不停为你们加油。

关闭本页

图 16-22

至此，前台程序的介绍结束了。

〖**实例剖析与知识讲解**〗

本例实现了新闻系统的前台部分，通过演示，读者应该已经掌握了 3 个页面的显示规则。在第 1 页和第 2 页中采用了分页技术将查询结果分页显示出来。其中关键性的 SQL 语句为：

- 首页 ch16-10.php 中查询所有新闻的 SQL 语句为：

```
$sql="select * from $table_nn order by id desc ";
```

分页显示时，采用加了 limit 语句的 SQL 语句：

```
$sql="select * from $table_nn order by id desc limit $temp,$list_num ";
```

- 第 2 页 ch16-10-1.php 中查询所有指定新闻类别记录的 SQL 语句为：

```
$sql="select * from $table_nn where n_type='$n_type' order by id desc";
```

分页显示各页采用的 SQL 语句为：

```
$sql="select * from $table_nn where n_type='$n_type' order by id desc limit $temp,$list_num ";
```

这里要注意的是，在分页显示时，要注意新闻类别字段值的传递，若共有 8 条记录，每页显示 2 条，共分 4 页显示，当从 ch16-10.php 页中进入该页显示时，会看到前面 2 条记录，但单击下一页或者其他分页链接时，会发现找不着查询结果了。

这是为什么呢？

这是因为在下一页或者其他分页等链接至当前页，经过单击页面刷新后，就找不到新闻类别字段的值了。所以我们应该在链接上将新闻类别字段的值也传递给页面。

首先从 ch16-10.php 中获取新闻类别字段的值，保存至变量$n_type 中，然后再将变量$n_type 通过分页导航项进行各页之间的传递。

本例采用的分页语句如下：

```
//前提语句
$n_type=$_GET[n_type];                    //从ch16-10.php 中获取新闻类别字段的值
此处操作语句省略
//分页技术实现
$prev_page=$page-1;                       //定义上一页为该页减1
$next_page=$page+1;
echo "<br>";                              //定义下一页为该页加1
echo "<p align=\"center\"> ";
if ($page<=1)                             //如果当前页小于等于1 只显示文字
{
echo "第一页 | ";
}
else                                      //如果当前页大于1 显示指向第一页的链接
{
echo "<a href='$_SERVER[PHP_SELF]?page=1&n_type=".$n_type."'>第一页</a> | ";
}
if ($prev_page<1)                         //如果上一页小于1 只显示文字
{
echo "上一页 | ";
}
else                                      //如果上一页大于1 显示指向上一页的链接
{
echo "<a href='$_SERVER[PHP_SELF]?page=$prev_page&n_type=".$n_type."'>上一页</a> | ";
}
if ($next_page>$p_count)                  //如果下一页大于总页数只显示文字
{
echo "下一页 | ";
}
else                                      //如果下一页小于总页数则显示指向下一页的链接
{
echo "<a href='$_SERVER[PHP_SELF]?page=$next_page&n_type=".$n_type."'>下一页</a> | ";
}
if ($page>=$p_count)                      //如果当前页大于或者等于总页数只显示文字
{
echo "最后一页</p>\n";
}
else                                      //如果当前页小于总页数显示最后页的链接
{
echo "<a href='$_SERVER[PHP_SELF]?page=$p_count&n_type=".$n_type."'>最后一页</a></p>\n";
}
```

其中，加粗字体的部分即为分页导航项的链接部分，我们注意到，在每一个?后都有一个

n_type=$n_type，通过这个字符串让每页掌握新闻类别字段的值是什么。

- 用 JavaScript 语句关闭当前页面。

在 ch16-9-2.php 页面中，若看完当前新闻，需要关闭当前页面，除了直接单击浏览器的关闭按钮外，还可以借助于 JavaScript 语句来实现。

本例设置一个关闭本页的按钮，当单击该按钮，即关闭当前页。语句如下：

```
<input type="button" onclick="javascript:window.close()" value="关闭本页">
```

小结

本章主要详细介绍了一个简单的新闻发布系统的实现过程，内容包括系统功能分析、数据库设计以及详细代码实现，并对其中遇到的实际问题进行了剖析。读者可以根据实例一步步进行操作，相信对提高在 PHP 编程上的实战能力会有质的突破。

第 17 章　PHP+MySQL 综合实例——相册系统

【本章导读语】

随着 Internet 的发展，越来越多的网站给注册者提供了相册系统。本章将演示一个简单的相册系统，其中包括对系统的分析、数据库设计以及详细的代码实现。

【设计思想】

〖系统功能〗

每个人都可以申请自己的相册，也可以创建相册、上传相册、删除相片、更改密码，还可以决定哪些相片可以显示给别人看。

本系统具有如下功能：

- 可以注册相册新主人，从而获取自己独有的相册。
- 用户间可以发送与接收信息。
- 分类查看图片功能。
- 查看每张图片的详细细节。
- 可以创建、删除相册。
- 可以上传、删除图片。
- 修改密码。
- 各用户可以推荐自己的相片至首页公开显示。

〖系统功能图〗

为了更直观的了解，转换成图 17-1 所示的框架结构。

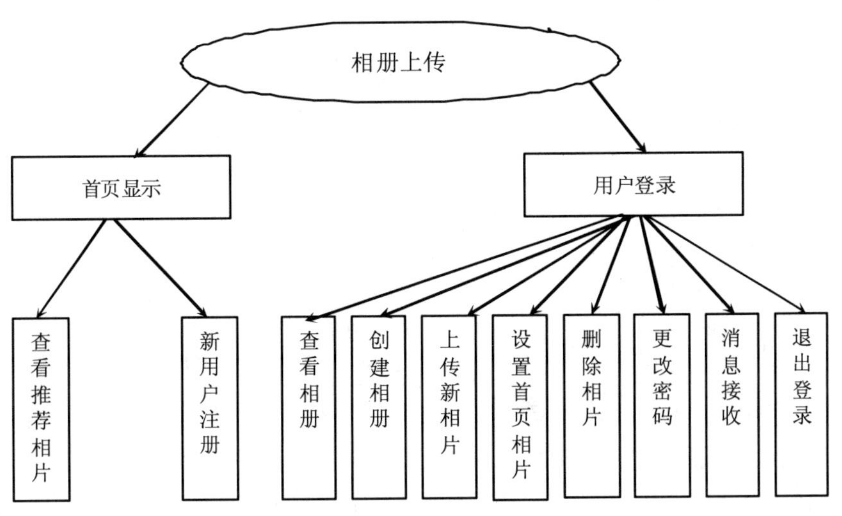

图 17-1

〖数据库设计〗

数据库的设计直接影响到系统的执行效率，本系统中主要包括 4 个表：相册主人信息表、相册表、相片信息表和消息表。

相册主人信息表中应包括如下内容：索引 ID、相册主人姓名（相册主人登录时使用的名称）、相册主人密码（登录时所使用的密码）。每个字段及类型说明如表 17-1 所示。

表 17-1 user 相册主人信息表

字段	类型（长度）	说明
Id	int(5)	信息表的编号，自增型，具有唯一性，主键
User	varchar（20）	相册主人姓名
Pass	varchar（20）	相册主人密码

相册系统中可以包括许多不同的相册，所以专门创建一个表来存放相册的名称，相册表应包括以下内容：索引 ID、相册名（创建的相册名称）、相册的所有人（存放该相册主人的姓名）。每个字段及类型说明如表 17-2 所示。

表 17-2 album 相册表

字段	类型（长度）	说明
Id	int(5)	相册的编号，自增型，具有唯一性，主键
album_name	Varchar(30)	相册的名称
User	varchar(30)	相册的拥有者

针对本相册系统只是一个简单的相册系统，保存每张相片详细细节的为相片信息表，包括如下结构：索引 ID、相册名（相片所属的相册）、相片名（每张相片的名称）、相片描述（相片的描述性内容）、相片大小（保存相片的大小）、相片上传时间（相片于何时上传）、相片拥有者（相片是哪个人的）、是否首页显示（若值为 yes，则在首页显示；否则，不显示）。每个字段及类型说明如表 17-3 所示。

表 17-3 photos 相片信息表

字段	类型（长度）	说明
Id	int(5)	相片的编号，自增型，具有唯一性，主键
album_name	Varchar(30)	相册的名称
img_name	varchar(30)	相片的名称
details	text	相片的描述信息
size	varchar(50)	相片的大小
time	varchar(50)	相片上传的时间
user	varchar(30)	相片的主人
isshow	varchar(10)	相片是否在首页显示，值为 yes 或者 no，值为 yes，表明该相片推荐至首页中显示；若值为 no，则没有推荐

为了实现相册主人之间的通信，创建了消息表用来存放，包括如下结构：索引 ID、接收人（消息是发给谁的）、发送人（消息是从哪里发出来的）、发送内容（发送的消息内容）、发送时间（消息是什么时候发送的）、消息状态（消息是否已被阅读，若为已读值为 yes；若为未读，值为 no。每个字段及类型说明如表 17-4 所示。

表 17-4　message 消息表

字段	类型（长度）	说明
id	int(5)	消息的编号，自增型，具有唯一性，主键
receiver	varchar(50)	接收人
sender	varchar(50)	发送人
content	text	发送内容
time	varchar(50)	发送时间
isread	varchar(10)	状态，分为已读（值为 yes）和未读（值为 no）

〖系统文件导航〗

本章所有实例源代码保存在 chapter17 目录中。

所有文件的配置文件统一保存于 ch17-1.php 中。

相片保存在 chapter17/upload 文件夹中。

相册系统的安装文件在 ch17-2.php 中，第一次运行系统时必须首先执行该文件，用来创建数据库与数据表。

样式文件保存在 mystyle.css 中。

系统程序分为 10 个文件，每个文件实现的功能分别如下：

- ch17-3.php：相册首页显示、同时实现用户登录功能。
- ch17-4.php：相册新主人注册。
- ch17-5.php：查看自己所有相片。
- ch17-6.php：推荐首页相片。
- ch17-7.php：创建、删除相册。
- ch17-8.php：上传新相片。
- ch17-9.php：删除相片。
- ch17-10.php：更改用户密码。
- ch17-11.php：消息接收。
- ch17-12.php：退出登录。

【例 17-1】开发环境

〖实例需求〗

本例主要创建相册系统所需要的环境。

本例是在 Windows 系统下的 PHP+MySQL+Apache 平台下进行的，服务器的配置与第 1 章中的配置一样。

〖开发过程〗

第一步：创建目录 chapter17。

在 WWW 文件夹下创建新目录 chapter17，当然也可以创建任何名字的目录，只要是一个可以将整个相册系统程序保存在内的目录即可。同时，在目录 chapter17 下创建子目录 upload，用来保存上传的相片。

第二步：创建站点。

可以按照[例 2-1]的步骤进行站点配置，整个过程如图 17-2 所示。

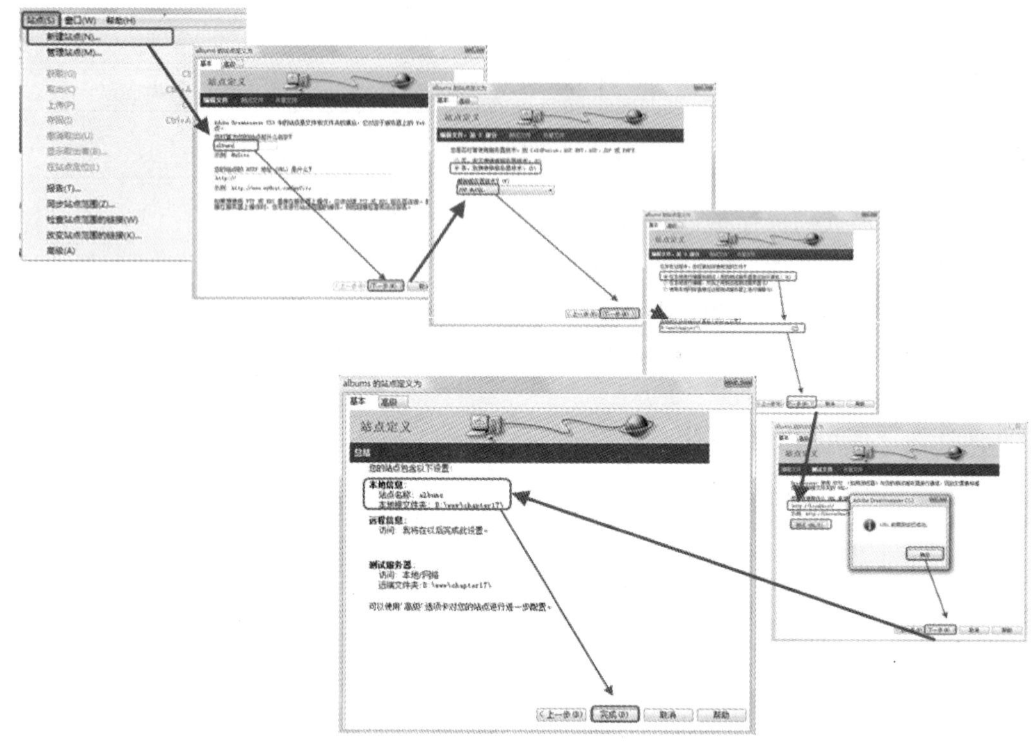

图 17-2

【例 17-2】配置文件

〖实例需求〗

本章有一些代码在每个文档中都是重复的，如 MySQL 服务器连接、选择数据库、指定语言编码等代码。为了提高代码的复用性，我们将数据库连接语句单独保存在一个配置文件 ch17-1.php 中，在每个程序中用 require()或者 include()引用即可。

〖开发过程〗

第一步：创建文件 ch17-1.php。

创建新文件，在 Dreamweaver CS3 代码编辑区输入如下代码：

```
<?
$db_host="localhost";          //服务器名
$db_user="root";               //用户名
```

```
$db_pass="root";                //密码
$db_name="albums";              //数据库名
$table_user="user";             //管理员表
$table_album="album";           //相册类别表
$table_ps="photos";             //相片细节表
$table_ms="message";            //用户间信息传送表
$list_num=10;                   //每页显示记录数
?>
```

第二步：保存文件并调试运行。

单击“文件”→“保存”命令，或者按快捷键 Ctrl+S，以文件名 ch17-1.php 保存页面，文件自动保存到站点 Albums 中。

〖实例剖析与知识讲解〗

本例第 1、2、3 行代码定义了服务器的变量，分别为服务器名、用户名以及用户登录的密码，可以根据设置进行适当地修改。

第 4～8 行代码定义了 4 个变量，分别保存系统所需要的数据库名和 3 个数据表名。

第 9 行代码是为后续分页显示准备的变量$list_num，表示每页显示的记录条数。这里设定值为 10，即表示每页显示 10 条记录，也可以修改这个数来调整每页显示的记录情况。

【例 17-3】安装相册系统

〖实例需求〗

本例主要进行相册系统的安装，包括数据库的创建、相册主人信息表 user、相册信息表 album、相片内容表 photos 以及消息表 message。

建议系统安装后，将该文件另行妥善保存好，同时删除服务器上的该文件，以防造成威胁性的操作。

〖开发过程〗

第一步：创建文件 ch17-2.php。

创建新文件，在 Dreamweaver CS3 代码编辑区输入如下代码：

```
<!DOCTYPE html PUBLIC "-//W3C//DTD XHTML 1.0 Transitional//EN" "http://www.w3.org/TR/xhtml1/DTD/xhtml1-transitional.dtd">
<html xmlns="http://www.w3.org/1999/xhtml">
<head>
<meta http-equiv="Content-Type" content="text/html; charset=utf-8" />
<title>相册系统安装程序</title>
</head>
<body>
<?
require "ch17-1.php";                       //引用配置文件
$link=mysql_connect($db_host,$db_user,$db_pass) or die(mysql_error());
$sql="create database $db_name";            //创建数据库
```

```
if(mysql_query($sql,$link))
{
echo "数据库安装成功! <br>";
mysql_select_db($db_name,$link);        //选择数据库
$sql="create table $table_user(
id int(5) not null auto_increment primary key,
u_name varchar(50) not null default ' ',
u_pass varchar(100) not null default ' ',
u_pass1 varchar(100) not null default ' ',
u_email varchar(50)
)";                                      //创建相册主人信息表
if(mysql_query($sql,$link))
echo "用户表已经创建成功! <p>";
else
echo "创建用户表时出现错误，表未被成功创建。<p>";
$sql="create table $table_album(
id int(5) not null auto_increment primary key,
album_name varchar(30) not null default '',
user varchar(30) not null default ''
)";                                      //创建相册类别表
if (mysql_query($sql,$link))
echo "相册表已经创建成功! <p>";
else
echo "创建相册表时出错，相册表未被成功创建。<p>";
$sql1="create table $table_ps(
id int(5) not null auto_increment primary key,
album_name varchar(50) not null default '',
img_name varchar(50) not null default '',
isshow varchar(10)  not null default '',
details text(220),
size varchar(20) not null ,
time varchar(50),
user varchar(30) not null default''
)";                                      //创建相片内容表
if (mysql_query($sql1,$link))
echo "相片内容表已经创建成功! <p>";
else
echo "创建相片内容表时出错，表未被成功创建。<p>";
$sql2="create table $table_ms(
id int(5) not null auto_increment primary key,
sender varchar(50) not null default '',
receiver varchar(50) not null default '',
content text(220),
isread varchar(10) not null default ' ',
time varchar(50)
)";                                      //创建消息表
if (mysql_query($sql2,$link))
echo "消息表已经创建成功! <p>";
else
echo "创建消息表时出错，消息表未被成功创建。<p>";
}
else
echo "数据库安装不成功!<br>";
```

```
?>
<p align="center">本文件使用过后建议删除，否则容易引起安全问题！</p>
</body>
</html>
```

第二步：保存文件并调试运行。

单击“文件”→“保存”命令，或者按快捷键 Ctrl+S，以文件名 ch17-2.php 保存页面，文件自动保存到站点中。

按 F12 键或者单击 图标的 预览在 IExplore 6.0 F12 即可进行网页的运行与调试，效果如图 17-3 所示。

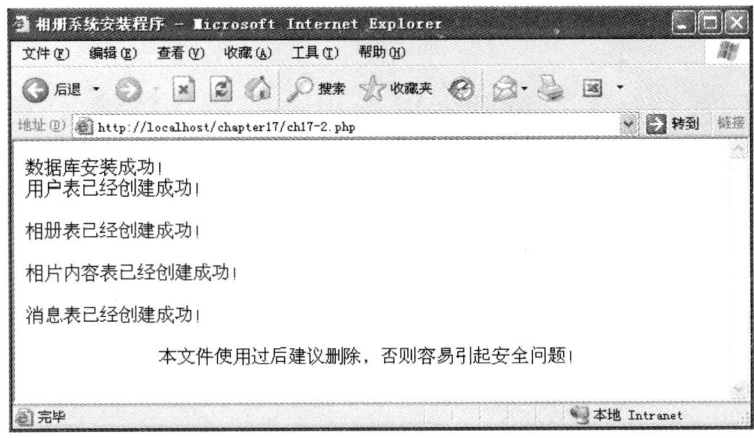

图 17-3

〖实例剖析与知识讲解〗

本例将数据库、数据表的创建放在一起，用 if 语句来实现。首先创建数据库，数据库成功创建后，选择该数据库，并在其中创建 4 个表。

其中，创建数据库的代码如下：

```
$sql="create database $db_name";                //创建数据库
```

其中，创建 4 个数据表的代码分别如下：

```
$sql="create table $table_user(
id int(5) not null auto_increment primary key,
u_name varchar(50) not null default ' ',
u_pass varchar(100) not null default ' ',
u_pass1 varchar(100) not null default ' ',
u_email varchar(50)
)";                                              //创建相册主人信息表
$sql="create table $table_album(
id int(5) not null auto_increment primary key,
album_name varchar(30) not null default '',
user varchar(30) not null default ''
)";                                              //创建相册类别表
$sql1="create table $table_ps(
id int(5) not null auto_increment primary key,
album_name varchar(50) not null default '',
img_name varchar(50) not null default '',
```

```
isshow varchar(10)  not null default '',
details text(220),
size varchar(20) not null ,
time varchar(50),
user varchar(30) not null default''
)";                                                //创建相片内容表
$sql2="create table $table_ms(
id int(5) not null auto_increment primary key,
sender varchar(50) not null default '',
receiver varchar(50) not null default '',
content text(220),
isread varchar(10) not null default ' ',
time varchar(50)
)";                                                //创建消息表
```

【例 17-4】首页显示以及用户登录功能的实现

〖实例需求〗

本例主要实现相册系统首页的显示以及用户登录的功能。

首页 ch17-3.php 显示每个相册主人推荐至首页的相片，首页只显示前 3 个相片，若要查看所有被推荐的相片，单击链接“查看所有推荐相片”，则进入 ch17-3-1.php 进行分页查看；若单击任何一张推荐相片，即可进入该张相片的放大显示，此功能也在 ch17-3-1.php 中实现。

首页还显示目前已经有多少位用户领取了自己的相册，单击相应的链接可以进入 ch17-4.php 查看所有的用户。

用户登录功能由前台表单部分以及表单处理程序构成，两部分功能都在 ch17-3.php 中实现。

指定相片的放大功能以及查看所有推荐相片的功能由 ch17-3-1.php 文件来实现。

所谓的推荐相片，即字段 isshow 的值为 yes 的记录。

〖开发过程〗

第一步：创建文件 ch17-3.php。

创建新文件，在 Dreamweaver CS3 代码编辑区输入如下代码：

```
<?
if($_POST[name])                                          //判断是否有登录信息输入
{
$name=$_POST["name"];                                     //获取用户名
$pass=md5($_POST["pass"]);                                //获取用户密码
require "ch17-1.php";                                     //引入配置文件
$link=mysql_connect($db_host,$db_user,$db_pass);          //连接到服务器
mysql_select_db($db_name,$link);                          //选择数据库
$sql="select * from $table_user where u_name='$name' && u_pass='$pass'";
$result=mysql_query($sql,$link) or die(mysql_error());    //发送SQL请求
$row=mysql_num_rows($result);
if($row!=0)                                               //登录成功，则创建cookie变量
{
setcookie("name","$name",time()+60*60*24);                //创建cookie变量
```

```
echo "<html><head><meta http-equiv='Content-Type' content='text/html; charset=utf-8'/>";
echo "<meta http-equiv='refresh' content='1; url=ch17-5.php'>";
echo "</head>";
echo "<body>";
echo "成功登录，1 秒后进入相册......";
echo "</body>";
echo "</html>";
}
else                                                        //登录失败
{
echo "<html><head><meta http-equiv='Content-Type' content='text/html; charset=utf-8'/>";
echo "<meta http-equiv='refresh' content='1; url=ch17-3.php'>";
echo "</head>";
echo "<body>用户登录信息不正确，1 秒后返回……</body>";
echo "</html>";
}
}
else
{
?>
<!DOCTYPE html PUBLIC "-//W3C//DTD XHTML 1.0 Transitional//EN" "http://www.w3.org/TR/xhtml1/DTD/
xhtml1-transitional.dtd">
<html xmlns="http://www.w3.org/1999/xhtml">
<head>
<meta http-equiv="Content-Type" content="text/html; charset=utf-8" />
<title>相册管理系统</title>
<link href="mystyle.css" rel="stylesheet" type="text/css" />
</head>
<body>
<h1 align="center">相册管理系统</h1>
<?
require "ch17-1.php";
$link=mysql_connect($db_host,$db_user,$db_pass)or die("不能连接到服务器".mysql_error());
mysql_select_db($db_name,$link);                           //选择 test 数据库
$sql="select * from $table_ps where isshow='yes' order by time desc,id desc limit 3";
//查询所有推荐至首页的记录
$result=mysql_query($sql,$link);                           //发送 SQL 请求
$num=@mysql_num_rows($result);                             //获得记录数
if($num!=0)
{
?>
<div align="center">推荐相片
</div>
<table height="117" border="0" align="center">
<tr align="left">
<?
$i=0;
while($row=mysql_fetch_array($result))
{
$i++;
?>
<td>
<a href=ch17-3-1.php?id=<?=$row[id]?>>
<img src="<?=$row["img_name"]?>" width='265' height='255' border="2"/></a>
<?
```

```
echo "<br>";
echo "【相册】：<font color='red'>".$row[album_name]."</font><br>";
echo "【相片主人】：<font color='red'>".$row[user]."</font><br>";
echo "</td><td></td><td></td>";
if($i%3==0)                                          //每行显示 3 条记录
{
echo "</tr><tr>";
}
}
echo "<p><a href=ch17-3-1.php>查看所有推荐相片</a></p>";
}
?>
</tr>
</table>

<table width="559" border="0" align="center">
<tr>
<td><p>用户登录
<a href="ch17-4.php">相册欢迎新主人来认领呀！！<br /></a>
<a href="ch17-4.php#masterlist">目前已经有
<?
$sql="select * from $table_user";                    //查询所有记录
$result=mysql_query($sql,$link);                     //发送 SQL 请求
$num=@mysql_num_rows($result);                       //获得记录数
echo $num;
?>
位相册主人</a>!</p>
<form action="ch17-3.php" method="post" enctype="multipart/form-data" name="form1" id="form1">
<table width="429" border="1">
<tr>
<td width="114">用户名：</td>
<td width="429">
<input type="text" name="name" id="name" />
</td>
</tr>
<tr>
<td>密    码：</td>
<td>
<input type="password" name="pass" id="pass" />
</td>
</tr>
<tr>
<td> </td>
<td>
<input type="submit" name="button" id="button" value="提交" />
    
<input type="reset" name="button2" id="button2" value="重置" />
</td>
</tr>
</table>
</form>
</td>
</tr>
</table>
</body>
```

```
</html>
<?
}
?>
```

第二步：创建文件 ch17-3-1.php。

创建新文件，在 Dreamweaver CS3 代码编辑区输入如下代码：

```
<?
if($_GET[id])                                    //显示具体某张相片的细节内容
{
?>
<!DOCTYPE html PUBLIC "-//W3C//DTD XHTML 1.0 Transitional//EN" "http://www.w3.org/TR/xhtml1/DTD/
xhtml1-transitional.dtd">
<html xmlns="http://www.w3.org/1999/xhtml">
<head>
<meta http-equiv="Content-Type" content="text/html; charset=utf-8" />
<title>首页推荐相片所有</title>
<link href="mystyle.css" rel="stylesheet" type="text/css" />
</head>
<body>
<h1 align="center">相册管理系统</h1>
<p align="center">
<a href="ch17-3.php">首页</a>----推荐相册</p>
<?
require "ch17-1.php";                            //引用配置文件
//连接 MySQL 服务器
$link=mysql_connect($db_host,$db_user,$db_pass)or die("不能连接到服务器".mysql_error());
mysql_select_db($db_name,$link);                 //选择数据库
$sql="select * from $table_ps where id=$_GET[id]";  //查询指定相片记录
$result=mysql_query($sql,$link);                 //发送 SQL 请求
$row=mysql_fetch_array($result);
echo "<table border='0' align='center' >";
echo "<tr align='left'>";
echo "<td>";
echo "<img src=".$row[img_name]." width='800' height='600'>";
echo "<br>";
echo "【相册】：".$row[album_name];
echo "<br>";
echo "【相片描述】：<br>".$row[details];
echo "<br>";
echo "【最后修改时间】：".$row[time];
echo "</td>";
echo "</tr>";
echo "</table>";
}
else                                             //显示所有推荐相片
{
?>
<!DOCTYPE html PUBLIC "-//W3C//DTD XHTML 1.0 Transitional//EN" "http://www.w3.org/TR/xhtml1/DTD/
xhtml1-transitional.dtd">
<html xmlns="http://www.w3.org/1999/xhtml">
<head>
```

```
<meta http-equiv="Content-Type" content="text/html; charset=utf-8" />
<title>首页推荐相片所有</title>
<link href="mystyle.css" rel="stylesheet" type="text/css" />
</head>
<body>
<h1 align="center">相册管理系统</h1>
<p align="center">  <a href="ch17-3.php">首页</a>----推荐相册</p>
<?
$db_host="localhost";                                          //服务器名
$db_user="root";                                               //用户名
$db_pass="root";                                               //密码
$db_name="albums";                                             //数据库名
$table_user="user";                                            //管理员表
$table_album="album";                                          //相册类别表
$table_ps="photos";                                            //相片细节表
$table_ms="message";                                           //用户间信息传送表
$list_num=1;
if(!$_GET[page])
$page=1;
else
$page=$_GET[page];
//连接 MySQL 服务器
$link=mysql_connect($db_host,$db_user,$db_pass)or die("不能连接到服务器".mysql_error());
mysql_select_db($db_name,$link);                               //选择数据库
$sql="select * from $table_ps where isshow='yes' order by time desc $temp,$list_num";
$result=mysql_query($sql,$link);                               //发送 SQL 请求
$num=mysql_num_rows($result);                                  //获得记录数
echo "<center>目前共有".$num."张相片  ";             //输出记录数
$p_count=ceil($num/$list_num);                                 //总页数为总条数除以每页显示数
echo "共分".$p_count."页显示  ";                     //输出页数
echo "当前显示第".$page."页</center>";
echo "<p>";
if($num>0)                                                     //如果记录数大于 0 输出记录的内容
{
echo "<table border='0' align='center' >";
$temp=($page-1)*$list_num;
$sql="select * from $table_ps where isshow='yes' order by time desc limit $temp,$list_num";
$result=mysql_query($sql);                                     //执行 SQL 语句
while($row=mysql_fetch_array($result))
{
echo "<tr align='left'>";
echo "<td>";
echo "<img src=".$row[img_name]." width='800' height='600'>";
echo "<br>";
echo "【相册】: ".$row[album_name];
echo "<br>";
echo "【相片描述】: <br>".$row[details];
echo "<br>";
echo "【最后修改时间】: ".$row[time];
echo "</td>";
echo "</tr>";
}
echo "</table>";
```

```
//以下为显示分页的链接的内容
$prev_page=$page-1;                                     //定义上一页为该页减1
$next_page=$page+1;
echo "<br>";                                            //定义下一页为该页加1
echo "<p align=\"center\"> ";
if ($page<=1)                                           //如果当前页小于等于1只有显示文字
{
echo "第一页 | ";
}
else                                                    //如果当前页大于1显示指向第一页的链接
{
echo "<a href='$_SERVER[PHP_SELF]?page=1'>第一页</a> | ";
}
if ($prev_page<1)                                       //如果上一页小于1只显示文字
{
echo "上一页 | ";
}
else                                                    //如果上一页大于1显示指向上一页的链接
{
echo "<a href='$_SERVER[PHP_SELF]?page=$prev_page'>上一页</a> | ";
}
if ($next_page>$p_count)                                //如果下一页大于总页数只显示文字
{
echo "下一页 | ";
}
else                                                    //如果下一页小于总页数则显示指向下一页的链接
{
echo "<a href='$_SERVER[PHP_SELF]?page=$next_page'>下一页</a> | ";
}
if ($page>=$p_count)                                    //如果当前页大于或者等于总页数只显示文字
{
echo "最后一页</p>\n";
}
else                                                    //如果当前页小于总页数显示最后页的链接
{
echo "<a href='$_SERVER[PHP_SELF]?page=$p_count'>最后一页</a></p>\n";
}
}
else                                                    //如果没有记录时输出信息
{
echo "暂时还没有上传任何相片！";
}
}
?>
```

第三步：保存文件并调试运行。

分别保存好 ch17-3.php 与 ch17-4.php 文件，若没有任何人领取相册，则显示如图 17-4 所示的页面。

图 17-4

若已有 1 人领取了相册，同时推荐了 4 张相片至首页，刷新首页 ch17-3.php，显示如图 17-5 所示的页面。

图 17-5

若要看某张相片的放大以及详细情况说明，只需在小相片上单击，进入 ch17-3-1.php 即可查看。

若要查看全部推荐相片，则单击“查看所有推荐相片”链接，进入 ch17-3-1.php，以每页显示一张相片的方式分页显示。

〖实例剖析与知识讲解〗

本例实现了首页推荐相片显示、相片的放大显示、用户的统计以及用户的登录功能。下面对其中的语句一一进行讲解。

● 首页推荐相片显示。

首页只显示 3 张相片，只需用 limit 语句查找 isshow 字段值为 yes 的记录即可实现，语句为：

```
$sql="select * from $table_ps where isshow='yes' order by time desc,id desc limit 3";
//查询所有推荐至首页的记录
```

推荐至首页的相片先按时间降序排序，在时间相同的情况下，再按照 ID 进行降序排序，目的只是将最近推荐的相片显示在最前面。

- 相片的放大显示。

此功能由 ch17-3-1.php 实现，在 ch17-3.php 中单击每张相片，链接至 ch17-3-1.php 的同时传递当前相片的 ID 号，然后显示指定 ID 的相片详情。

ch17-3.php 中的语句为：

```
<a href=ch17-3-1.php?id=<?=$row[id]?>><img src="<?=$row["img_name"]?>" width='265' height='255' border="2"/></a>                                  //显示缩小的图片
```

ch17-3-1.php 中的语句为：

```
if($_GET[id])                                  //显示具体某张相片的细节内容
{
?>
<!DOCTYPE html PUBLIC "-//W3C//DTD XHTML 1.0 Transitional//EN" "http://www.w3.org/TR/xhtml1/DTD/xhtml1-transitional.dtd">
<html xmlns="http://www.w3.org/1999/xhtml">
<head>
<meta http-equiv="Content-Type" content="text/html; charset=utf-8" />
<title>首页推荐相片所有</title>
<link href="mystyle.css" rel="stylesheet" type="text/css" />
</head>
<body>
<h1 align="center">相册管理系统</h1>
<p align="center">
<a href="ch17-3.php">首页</a>----推荐相册</p>
<?
require "ch17-1.php";                          //引用配置文件
//连接 MySQL 服务器
$link=mysql_connect($db_host,$db_user,$db_pass)or die("不能连接到服务器".mysql_error());
mysql_select_db($db_name,$link);               //选择数据库
$sql="select * from $table_ps where id=$_GET[id]";    //查询指定相片记录
$result=mysql_query($sql,$link);               //发送 SQL 请求
$row=mysql_fetch_array($result);
echo "<table border='0' align='center' >";
echo "<tr align='left'>";
echo "<td>";
echo "<img src=".$row[img_name]." width='800' height='600'>";
echo "<br>";
echo "【相册】：".$row[album_name];
echo "<br>";
echo "【相片描述】：<br>".$row[details];
echo "<br>";
echo "【最后修改时间】：".$row[time];
echo "</td>";
echo "</tr>";
echo "</table>";
}
```

- 统计拥有相册的用户数。语句为：

```
<a href="ch17-4.php#masterlist">目前已经有
<?
$sql="select * from $table_user";              //查询所有记录
$result=mysql_query($sql,$link);               //发送 SQL 请求
$num=@mysql_num_rows($result);                 //获得记录数
```

```
echo $num;
?>
位相册主人</a>!</p>
```

- 用户的登录功能。

用户登录功能全部在 ch17-3.php 中实现，若登录成功，则 1 秒后自动转至相册 ch17-5.php；否则提示错误信息。相关语句在此不多列举了，与前面几章的内容类似。

【例 17-5】相册新主人注册功能的实现

〖实例需求〗

本例主要实现相册新主人注册的功能。

注册信息中只有用户名、密码以及电子邮箱，如果读者觉得还需要添加一些属性，可以再另行添加，但要适当地修改数据表 user。

新用户注册时不能注册已存在的用户名。

〖开发过程〗

第一步：创建文件 ch17-4.php。

创建新文件，在 Dreamweaver CS3 代码编辑区输入如下代码：

```
<?
if($_POST[user])                          //若有新用户添加，则进行以下操作
{
require "ch17-1.php";                     //引用配置文件
$link=mysql_connect($db_host,$db_user,$db_pass) or die(mysql_error());
mysql_select_db($db_name,$link);
if($_POST["user"])                        //若有输入信息，则添加记录
{
//获取注册信息
$name=$_REQUEST[user];
$pass=md5($_REQUEST[pass]);               //获取加密后的密码信息
$mail=$_REQUEST[mail];
$sql="select * from $table_user where u_name='$name'";
$result=mysql_query($sql,$link) or die(mysql_error());
$row=mysql_num_rows($result);
if($row!=0)                               //若用户名已经存在，则不添加
{
echo "<html><head><meta http-equiv='Content-Type' content='text/html; charset=utf-8'/>";
echo "<meta http-equiv='refresh' content='1; url=ch17-4.php'>";
echo "</head>";
echo "<body>申请的用户名已经存在，请选择其他名称，1 秒后返回继续……</body>";
echo "</html>";
}
else                                      //若用户名不存在，则进行注册
{
$sql2="insert into $table_user(u_name,u_pass,u_email) values('$name','$pass','$mail')";
if(mysql_query($sql2))                    //注册成功
```

```
{
echo "<html><head><meta http-equiv='Content-Type' content='text/html; charset=utf-8'/>";
echo "<meta http-equiv='refresh' content='1; url=ch17-3.php'>";
echo "</head>";
echo "<body>新主人成功注册，1 秒后返回首页……</body>";
echo "</html>";
}
else                                                    //注册失败
{
echo "<html><head><meta http-equiv='Content-Type' content='text/html; charset=utf-8'/>";
echo "<meta http-equiv='refresh' content='1; url=ch17-4.php'>";
echo "</head>";
echo "<body>新主人添加错误，请重新添加，1 秒后返回重新添加……</body>";
echo "</html>";
}
}
}
else                                                    //没有填写输入项
{
echo "<html><head><meta http-equiv='Content-Type' content='text/html; charset=utf-8'/>";
echo "<meta http-equiv='refresh' content='1; url=ch17-4.php'>";
echo "</head>";
echo "<body>用户名与密码为空，1 秒后返回重新添加……</body>";
echo "</html>";
}
}
else
{
?>
<!DOCTYPE html PUBLIC "-//W3C//DTD XHTML 1.0 Transitional//EN"
"http://www.w3.org/TR/xhtml1/DTD/xhtml1-transitional.dtd">
<html xmlns="http://www.w3.org/1999/xhtml">
<head>
<meta http-equiv="Content-Type" content="text/html; charset=utf-8" />
<title>新用户注册</title>
<link href="mystyle.css" rel="stylesheet" type="text/css" />
</head>
<body>
<h1 align="center">相册管理系统</h1>
<form id="form1" name="form1" method="post" action="ch17-4.php">
<p align="center"><a href="ch17-3.php">首页</a>
——相册新主人登记</p>
<table width="398" border="1" align="center">
<tr align="center">
<td width="117">新 主 人: </td>
<td width="265" align="left">
<input type="text" name="user" id="user" />
</td>
</tr>
<tr align="center">
<td>密　　码: </td>
<td align="left">
<input type="password" name="pass" id="pass" />
```

```
</td>
</tr>
<tr align="center">
<td>电子邮箱：</td>
<td align="left">
<input type="text" name="mail" id="mail" />
</td>
</tr>
<tr>
<td> </td>
<td>
<input type="submit" name="button" id="button" value="提交" />
<input type="reset" name="button2" id="button2" value="重置" />
</td>
</tr>
</table>
<p>  </p>
</form>
<p align="center">
<a name="masterlist" id="masterlist"></a>
已领取相册的主人名单有：</p>
<p align="center">
<?
require "ch17-1.php";
$link=mysql_connect($db_host,$db_user,$db_pass)or die("不能连接到服务器".mysql_error());
mysql_select_db($db_name,$link);                    //选择数据库
$sql="select * from $table_user";                   //查询所有记录
$result=mysql_query($sql,$link);                    //发送 SQL 请求
$num=@mysql_num_rows($result);                      //获得记录数
if($num!=0)
{
$i=0;
while($row=mysql_fetch_array($result))
{
$i++;
echo $row[u_name]."  ";
if($i%15==0)                                        //每行显示 15 个用户名称
echo "<br>";
}
}
else
echo "暂无人认领相册！";
?>
</p>
</body>
</html>
<?
}
?>
```

第二步：保存文件并调试运行。

单击“文件”→“保存”命令，或者按快捷键 Ctrl+S，以文件名 ch17-4.php 保存页面，文

件自动保存到站点中。

按 F12 键或者单击图标的预览在 IExplore 6.0 F12 即可进行网页的运行与调试，效果如图 17-6 所示。

相册管理系统

首页－－相册新主人登记

新 主 人：

密　　码：

电子邮箱：

提交　重置

已领取相册的主人名单有：

xinxin

图 17-6

已经有了一个相册评价 xinxin，接下来注册名为“鑫鑫”的新主人，输入完信息后，单击“提交”按钮，若成功，1 秒后结果转至首页 ch17-3.php，我们会发现，首页显示已经有 2 位用户认领了相册。

〖实例剖析与知识讲解〗

本例实现新主人的注册，即新记录的添加操作，添加功能的实现主要注意两点：

（1）在注册用户时，我们不能重复用户名，如何判断输入的用户名是否已经用过了呢？本例的代码如下：

```
$name=$_REQUEST[user];
$pass=md5($_REQUEST[pass]);                        //获取加密后的密码信息
$mail=$_REQUEST[mail];
$sql="select * from $table_user where u_name='$name'";
$result=mysql_query($sql,$link) or die(mysql_error());
$row=mysql_num_rows($result);
if($row!=0)                                        //若用户名已经存在，则不添加
{
echo "<html><head><meta http-equiv='Content-Type' content='text/html; charset=utf-8'/>";
echo "<meta http-equiv='refresh' content='1; url=ch17-4.php'>";
echo "</head>";
echo "<body>申请的用户名已经存在，请选择其他名称，1 秒后返回继续……</body>";
echo "</html>";
}
else                                               //若用户名不存在，则进行注册!
{
进行添加用户的操作
}
```

（2）利用 md5()函数给密码加密。

函数的语法格式如下：

```
md5(sting)
```

如果函数执行成功将计算 MD5 hash，如果失败则返回 false。

本例将密码用 md5()函数加密，语句如下：

```
$pass=md5($_REQUEST[pass]);                    //获取加密后的密码信息
```

【例 17-6】查看相册功能的实现

〖实例需求〗

本例主要实现查看相册的功能，查看可以分成三种：一种是查看自己所有的相片；一种是按照相册分类查看；还有一种就是查看指定相片的详细情况。本例将这三种查看功能统一放在 ch17-5.php 中实现。

程序首先判断是否是合法登录用户，若不是，则不允许进入本页；若是合法用户，则进入查看相册。

（1）查看所有相册功能：可以直接用 SQL 语句来查找所有人为当前用户的相片。

（2）按照相册分类查看功能：需要告诉查找的是哪一个相册，所以在链接操作的同时要传递相册名称。

（3）查看指定相片的情况：需要知道指定相片的 ID 号，然后查找指定 ID 的相片记录并显示即可。

〖开发过程〗

第一步：创建文件 ch17-5.php。

创建新文件，在 Dreamweaver CS3 代码编辑区输入如下代码：

```
<?
if($_COOKIE[name])                             //若是合法用户
{
if($_GET[album])                               //查看指定相册的所有相片
{
?>
<!DOCTYPE html PUBLIC "-//W3C//DTD XHTML 1.0 Transitional//EN"
 "http://www.w3.org/TR/xhtml1/DTD/xhtml1-transitional.dtd">
<html xmlns="http://www.w3.org/1999/xhtml">
<head>
<meta http-equiv="Content-Type" content="text/html; charset=UTF-8" />
<title>相册管理系统-<?=$_COOKIE[name]?>的相册</title>
<link href="mystyle.css" rel="stylesheet" type="text/css" />
</head>
<body>
<center>
<h1 align="center">相册管理系统</h1>
<p align="center"><strong>
[<?=$_COOKIE[name]?>]</strong>的相册</p>
<p align="center">
<a href="ch17-8.php">上传新相片</a>
<a href="ch17-7.php">创建相册</a>
<a href="ch17-5.php">进入相册</a>
```

```
<a href="ch17-6.php">设置首页相片</a>
<a href="ch17-9.php">删除相片</a>
<a href="ch17-10.php">更改主人密码</a>
<a href="ch17-11.php">消息接收
<?
require "ch17-1.php";
$link=mysql_connect($db_host,$db_user,$db_pass);
mysql_select_db($db_name,$link);
$sql="select * from $table_ms where receiver='$_COOKIE[name]' && isread='no'";
$result=mysql_query($sql,$link) or die(mysql_error());
$num=@mysql_num_rows($result);                          //获得记录数
if($num!=0)
{
echo "<b>(".$num.")</b>";
}?>
</a>
<a href="ch17-12.php">退出登录</a></p>
<p>
<?
require "ch17-1.php";                                    //引用配置文件
if(!$_GET[page])
$page=1;
else
$page=$_GET[page];
$album=$_GET[album];
//连接 MYSQL 服务器
$link=mysql_connect($db_host,$db_user,$db_pass)or die("不能连接到服务器".mysql_error());
mysql_select_db($db_name,$link);                         //选择数据库
$sql="select id from $table_ps  where user='$_COOKIE[name]' && album_name='$album'";
                                                         //查询所有记录
$result=mysql_query($sql,$link);                         //发送 SQL 请求
$num=mysql_num_rows($result);                            //获得记录数
echo "目前共有".$num."张相片  ";               //输出记录数
$p_count=ceil($num/$list_num);                           //总页数为总条数除以每页显示数
echo "共分".$p_count."页显示  ";               //输出页数
echo "当前显示第".$page."页";
echo "<p>";
if($num>0)                                               //如果记录数大于 0 输出记录内容
{
echo "<table border='0' align='center' >";
$temp=($page-1)*$list_num;
$sql="select * from $table_ps where user='$_COOKIE[name]' && album_name='$album' order by time
desc ,id desc limit $temp,$list_num ";
$result=mysql_query($sql);                               //执行 SQL 语句
echo "<tr>";
echo "</tr>";
$i=0;
echo "<tr align='left'>";
while($row=mysql_fetch_array($result))
{
$i++;
echo "<td>";
echo "<a href=ch17-5.php?id=".$row[id]."><img src=".$row[img_name]." width='150' height='150'>
```

```
</a>";
    echo "<br>";
    echo "相册: ".$row[album_name];
    echo "<br>";
    echo "相片描述: ".substr($row[details],0,12);
    echo "</td>";
    if($i%5==0)                                  //每行显示 5 张相片
    echo "</tr><tr align='left'>";
    }
    echo "</tr>";
    echo "</table>";
    //以下为显示分页的链接的内容
    $prev_page=$page-1;                          //定义上一页为该页减 1
    $next_page=$page+1;
    echo "<br>";                                 //定义下一页为该页加 1
    echo "<p align=\"center\"> ";
    if ($page<=1)                                //如果当前页小于等于 1 只显示文字
    {
    echo "第一页 | ";
    }
    else                                         //如果当前页大于 1 显示指向第一页的链接
    {
    echo "<a href='$_SERVER[PHP_SELF]?page=1'>第一页</a> | ";
    }
    if ($prev_page<1)                            //如果上一页小于 1 只显示文字
    {
    echo "上一页 | ";
    }
    else                                         //如果上一页大于 1 显示指向上一页的链接
    {
    echo "<a href='$_SERVER[PHP_SELF]?page=$prev_page'>上一页</a> | ";
    }
    if ($next_page>$p_count)                     //如果下一页大于总页数只显示文字
    {
    echo "下一页 | ";
    }
    else                                             //如果下一页小于总页数则显示指向下一页的链接
    {
    echo "<a href='$_SERVER[PHP_SELF]?page=$next_page'>下一页</a> | ";
    }
    if ($page>=$p_count)                             //如果当前页大于或者等于总页数只显示文字
    {
    echo "最后一页</p>\n";
    }
    else                                             //如果当前页小于总页数显示最后页的链接
    {
    echo "<a href='$_SERVER[PHP_SELF]?page=$p_count'>最后一页</a></p>\n";
    }
    }
    else                                             //如果没有记录时输出信息
    {
    echo "暂时还没有记录! ";
    }
```

```
?>
</p>
</body>
</html>
<?
}
elseif($_GET[id])                                    //查看指定相片
{
?>
<!DOCTYPE html PUBLIC "-//W3C//DTD XHTML 1.0 Transitional//EN"
"http://www.w3.org/TR/xhtml1/DTD/xhtml1-transitional.dtd">
<html xmlns="http://www.w3.org/1999/xhtml">
<head>
<meta http-equiv="Content-Type" content="text/html; charset=utf-8" />
<title>相册管理系统-<?=$_COOKIE[name]?>的相册</title>
<link href="mystyle.css" rel="stylesheet" type="text/css" />
</head>
<body>
<center>
<h1 align="center">相册管理系统</h1>
<p align="center"> <strong>[<?=$_COOKIE[name]?>]
</strong>的相册</p>
<p align="center">
<a href="ch17-8.php">上传新相片</a>
<a href="ch17-7.php">创建相册</a>
  <a href="ch17-5.php">进入相册</a>
  <a href="ch17-6.php">设置首页相片</a>
<a href="ch17-9.php">删除相片</a>
  <a href="ch17-10.php">更改主人密码</a>
  <a href="ch17-11.php">消息接收
<?
require "ch17-1.php";
$link=mysql_connect($db_host,$db_user,$db_pass);
mysql_select_db($db_name,$link);
$sql="select * from $table_ms where receiver='$_COOKIE[name]' && isread='no'";
$result=mysql_query($sql,$link) or die(mysql_error());
$num=@mysql_num_rows($result);                          //获得记录数
if($num!=0)
{
echo "<b>(".$num.")</b>";
}?>
</a>   <a href="ch17-12.php">退出登录</a></p>
<p>
<?
require "ch17-1.php";                                   //引用配置文件
//连接 MySQL 服务器
$link=mysql_connect($db_host,$db_user,$db_pass)or die("不能连接到服务器".mysql_error());
mysql_select_db($db_name,$link);                        //选择数据库
$sql="select * from $table_ps where id=$_GET[id]";     //查询指定记录
$result=mysql_query($sql,$link);                        //发送 SQL 请求
$row=mysql_fetch_array($result);
echo "<table border='0' align='center' >";
echo "<tr align='left'>";
```

```
echo "<td>";
echo "<img src=".$row[img_name]." width='800' height='600'>";
echo "<br>";
echo "【相册】: ".$row[album_name];
echo "<br>";
echo "【相片描述】: <br>".$row[details];
echo "<br>";
echo "【最后修改时间】: ".$row[time];
echo "</td>";
echo "</tr>";
echo "</table>";
?>
</p>
</body>
</html>
<?
}
else
{
?>
<!DOCTYPE html PUBLIC "-//W3C//DTD XHTML 1.0 Transitional//EN"
 "http://www.w3.org/TR/xhtml1/DTD/xhtml1-transitional.dtd">
<html xmlns="http://www.w3.org/1999/xhtml">
<head>
<meta http-equiv="Content-Type" content="text/html; charset=UTF-8" />
<title>相册管理系统-<?=$_COOKIE[name]?>的相册</title>
<link href="mystyle.css" rel="stylesheet" type="text/css" />
</head>
<body>
<center>
<h1 align="center">相册管理系统</h1>
<p align="center"> <strong>[<?=$_COOKIE[name]?>]
</strong>的相册</p>
<p align="center">
<a href="ch17-8.php">上传新相片</a>
<a href="ch17-7.php">创建相册</a>
<a href="ch17-6.php">设置首页相片</a>
<a href="ch17-9.php">删除相片</a>
  <a href="ch17-10.php">更改主人密码</a>
  <a href="ch17-11.php">消息接收<?
require "ch17-1.php";
$link=mysql_connect($db_host,$db_user,$db_pass);
mysql_select_db($db_name,$link);
$sql="select * from $table_ms where receiver='$_COOKIE[name]' && isread='no'";
$result=mysql_query($sql,$link) or die(mysql_error());
$num=@mysql_num_rows($result);                                    //获得记录数
if($num!=0)
{
echo "<b>(".$num.")</b>";
}?></a>
<a href="ch17-12.php">退出登录</a></p>
<p>
<?
```

```
    require "ch17-1.php";                                          //引用配置文件
    if(!$_GET[page])
    $page=1;
    else
    $page=$_GET[page];
    //连接 MySQL 服务器
    $link=mysql_connect($db_host,$db_user,$db_pass)or die("不能连接到服务器".mysql_error());
    mysql_select_db($db_name,$link);                               //选择数据库
    $sql="select id from $table_ps where user='$_COOKIE[name]'";   //查询所有记录
    $result=mysql_query($sql,$link);                               //发送 SQL 请求
    $num=mysql_num_rows($result);                                  //获得记录数
    echo "目前共有".$num."张相片  ";                      //输出记录数
    $p_count=ceil($num/$list_num);                                 //总页数为总条数除以每页显示数
    echo "共分".$p_count."页显示  ";                      //输出页数
    echo "当前显示第".$page."页";
    echo "<p>";
    if($num>0)                                                     //如果记录数大于 0 输出记录内容
    {
    echo "<table border='0' align='center' >";
    $temp=($page-1)*$list_num;
    $sql="select * from $table_ps where user='$_COOKIE[name]' order by time desc,id desc limit $temp,
$list_num ";
    $result=mysql_query($sql);                                     //执行 SQL 语句
    echo "<tr>";
    echo "</tr>";
    $i=0;
    echo "<tr align='left'>";
    while($row=mysql_fetch_array($result))
    {
    $i++;
    echo "<td>";
    echo "<a href=ch17-5.php?id=".$row[id]."><img src=".$row[img_name]." width='150' height='150'>
</a>";
    echo "<br>";
    echo "相册：<a href=ch17-5.php?album=".$row[album_name].">".$row[album_name]."</a>";
    echo "<br>";
    echo "相片描述：</a>"."<a href=ch17-5.php?id=".$row[id].">".substr($row[details],0,12)."</a>";
    echo "</td>";
    if($i%5==0)
    echo "</tr><tr>";
    }
    echo "</tr>";
    echo "</table>";
    //以下为显示分页的链接的内容
    $prev_page=$page-1;                             //定义上一页为该页减 1
    $next_page=$page+1;
    echo "<br>";                  //定义下一页为该页加 1
    echo "<p align=\"center\"> ";
    if ($page<=1)                                   //如果当前页小于等于 1 只显示文字
    {
    echo "第一页 | ";
    }
    else                                            //如果当前页大于 1 显示指向第一页的链接
```

```
{
echo "<a href='$_SERVER[PHP_SELF]?page=1'>第一页</a> | ";
}
if ($prev_page<1)                                    //如果上一页小于 1 只显示文字
{
echo "上一页 | ";
}
else                                                 //如果上一页大于 1 显示指向上一页的链接
{
echo "<a href='$_SERVER[PHP_SELF]?page=$prev_page'>上一页</a> | ";
}
if ($next_page>$p_count)                             //如果下一页大于总页数只显示文字
{
echo "下一页 | ";
}
else                                                 //如果下一页小于总页数则显示指向下一页的链接
{
echo "<a href='$_SERVER[PHP_SELF]?page=$next_page'>下一页</a> | ";
}
if ($page>=$p_count)                                 //如果当前页大于或者等于总页数只显示文字
{
echo "最后一页</p>\n";
}
else                                                 //如果当前页小于总页数显示最后页的链接
{
echo "<a href='$_SERVER[PHP_SELF]?page=$p_count'>最后一页</a></p>\n";
}


}
else                                                 //如果没有记录时输出信息
{
echo "暂时还没有上传任何相片! ";
}
?>
</p>
</body>
</html>
<?
}
}
else
{
echo "<html><head><meta http-equiv='Content-Type' content='text/html; charset=UTF-8'/>";
echo "<meta http-equiv='refresh' content='1; url=ch17-3.php'>";
echo "</head>";
echo "<body>您不是管理员，不能进入该页，1 秒后返回首页……</body>";
echo "</html>";
}
?>
```

第二步：保存文件并调试运行。

分别保存好各文件。打开 ch17-5.php 文件，可以看到用户 xinxin 的相册下共有 8 张相片，每页显示 10 张，每行显示 5 张，运行后效果如图 17-7 所示。

图 17-7

从图 17-7 中不难看出，该用户的相册下已经有两个相册“天文壁纸”和“可爱壁纸”，若要查看某一相册下的所有相片，只需单击名称即可进入。如要查看“天文壁纸”，则单击“天文壁纸”链接，进入如图 17-8 所示的页面。

图 17-8

图 17-8 显示“天文壁纸”下所有的 4 张相片，若想放大查看指定相片的信息，则单击图片即可。

〖实例剖析与知识讲解〗

本例实现了相册查看的功能，有三种情况：一种是查看自己所有的相片；一种是按照相册分类查看；还有一种就是查看指定相片的详细情况。

程序首先判断是否是合法登录用户，若不是，则不允许进入本页；若是合法用户，则进入查看相册。

（1）查看所有相册功能：可以直接用 SQL 语句来查找所有人为当前用户的相片，对应的 SQL 语句为：

```
    $sql="select * from $table_ps where user='$_COOKIE[name]' order by time desc,id desc limit
$temp,$list_num ";
```

（2）按照相册分类查看功能：需要告诉查找的是哪一个相册，所以在链接操作的同时要传递相册名称。链接语句为：

```
    echo "相册: <a href=ch17-5.php?album=".$row[album_name].">".$row[album_name]."</a>";
```

本功能实现的主要代码为：

```
    if($_GET[album])                  //查看指定相册的所有相片
    {
    显示某一相册所有相片的操作;
    }
```

其中用到的 SQL 语句为：

```
    $sql="select id from $table_ps  where user='$_COOKIE[name]' && album_name='$album'";
                                      //获取记录数
    $sql="select * from $table_ps where user='$_COOKIE[name]' && album_name='$album' order by time
desc,id desc limit $temp,$list_num ";
```

（3）查看指定相片的情况：需要知道指定相片的 ID 号，然后查找指定 ID 的相片记录并显示即可。链接语句为：

```
    echo "<a href=ch17-5.php?id=".$row[id]."><img src=".$row[img_name]." width='150' height='150'>
</a>";
```

本功能实现的主要代码为：

```
    elseif($_GET[id])                 //查看指定相片
    {
    显示某一张相片细节的操作;
    }
```

其中用到的 SQL 语句为：

```
    $sql="select * from $table_ps where id=$_GET[id]";
```

【例 17-7】推荐相片至首页功能的实现

〖实例需求〗

本例主要实现将指定的 1 个或者多个相片推荐至首页显示的功能。推荐至首页的原理很简单，就是将指定的 1 个或者多个相片记录的 isshow 字段值设为 yes。当在首页显示时，只显示 isshow=yes 的所有记录。

本例采用复选框来选择 1 个或者多个相片，然后单击“推荐至首页”，完成对所选记录的字段 isshow 的更新操作。

〖开发过程〗

第一步：创建文件 ch17-6.php。

创建新文件，在 Dreamweaver CS3 代码编辑区输入如下代码：

```
<?
if($_COOKIE[name])                          //判断是否是合法注册用户
{
if(count($_POST[img])!=0)                   //判断是否选择了相片
{
require "ch17-1.php";
$time=$_POST[time];
$link=mysql_connect($db_host,$db_user,$db_pass) or die(mysql_error());
mysql_select_db($db_name,$link);
for($i=0;$i<count($_POST[img]);$i++)     //循环更新数据
{
$img=$_POST[img][$i];
$sql="update $table_ps set isshow='yes',time='$time' where id='$img'";
mysql_query($sql,$link) or die(mysql_error());
}
echo "<html>";
echo "<head>";
echo "<meta http-equiv='Content-Type' content='text/html; charset=utf-8' />";
echo "<meta http-equiv='refresh' content='1; url=ch17-5.php'>";
echo "</head>";
echo "<body>";
echo "成功推荐相片到首页，1 秒后返回相册...";
echo "</body>";
echo "</html>";
}
else
{
?>
<!DOCTYPE html PUBLIC "-//W3C//DTD XHTML 1.0 Transitional//EN" "http://www.w3.org/TR/xhtml1/DTD/
xhtml1-transitional.dtd">
<html xmlns="http://www.w3.org/1999/xhtml">
<head>
<meta http-equiv="Content-Type" content="text/html; charset=utf-8" />
<title><?=$_COOKIE[name]?>的相册—设置首页</title>
<link href="mystyle.css" rel="stylesheet" type="text/css" />
</head>

<body>
<h1 align="center">相册管理系统</h1>
<p align="center">
 <strong>[<?=$_COOKIE[name]?>]</strong>的相册</p>
<p align="center">
<a href="ch17-8.php">上传新相片</a>
<a href="ch17-7.php">创建相册</a>
```

```
<a href="ch17-5.php">进入相册</a>
<a href="ch17-9.php">删除相片</a>
<a href="ch17-10.php">更改主人密码</a>
<a href="ch17-11.php">消息接收
<?
require "ch17-1.php";
$link=mysql_connect($db_host,$db_user,$db_pass);
mysql_select_db($db_name,$link);
$sql="select * from $table_ms where receiver='$_COOKIE[name]' && isread='no'";
$result=mysql_query($sql,$link) or die(mysql_error());
$num=@mysql_num_rows($result);                          //获得记录数
if($num!=0)
{
echo "<b>(".$num.")</b>";
}?>
</a>
<a href="ch17-12.php">退出登录</a>
</p>
<form id="form1" name="form1" method="post" action="ch17-6.php">
<p>
<?
require "ch17-1.php";                                   //引用配置文件
if(!$_GET[page])
$page=1;
else
$page=$_GET[page];
//连接MySQL服务器
$link=mysql_connect($db_host,$db_user,$db_pass)or die("不能连接到服务器".mysql_error());
mysql_select_db($db_name,$link);                        //选择数据库
$sql="select id from $table_ps  where user='$_COOKIE[name]'";       //查询当前用户的所有记录
$result=mysql_query($sql,$link);                        //发送SQL请求
$num=mysql_num_rows($result);                           //获得记录数
echo "<center>";
echo "目前共有".$num."张相片  ";               //输出记录数
$p_count=ceil($num/$list_num);                          //总页数为总条数除以每页显示数
echo "共分".$p_count."页显示  ";               //输出页数
echo "当前显示第".$page."页";
echo "</center>";
echo "<p>";
if($num>0)                                              //如果记录数大于0输出记录内容
{
echo "<table border='0' align='center' >";
$temp=($page-1)*$list_num;
$sql="select * from $table_ps where user='$_COOKIE[name]' order by time desc,id desc limit
$temp,$list_num ";
$result=mysql_query($sql);                              //执行SQL语句
echo "<tr>";
echo "</tr>";
$i=0;
echo "<tr align='left'>";
while($row=mysql_fetch_array($result))
{
$i++;
echo "<td>";
```

```
echo "<input name='img[]' type='checkbox' value=".$row[id]." />";
echo "<img src=".$row[img_name]." width='150' height='150'>";
echo "<br>";
echo "相册: ".$row[album_name];
echo "<br>";
echo "相片描述: ".substr($row[details],0,10);
echo "</td>";
if($i%5==0)       //每行显示 5 条记录
echo "</tr><tr>";
}
echo "</tr>";
echo "</table>";
//以下为显示分页的链接的内容
$prev_page=$page-1;                              //定义上一页为该页减 1
$next_page=$page+1;
echo "<br>";                                     //定义下一页为该页加 1
echo "<p align=\"center\"> ";
if ($page<=1)                                    //如果当前页小于等于 1 只显示文字
{
echo "第一页 | ";
}
else                                             //如果当前页大于 1 显示指向第一页的链接
{
echo "<a href='$_SERVER[PHP_SELF]?page=1'>第一页</a> | ";
}
if ($prev_page<1)                                //如果上一页小于 1 只显示文字
{
echo "上一页 | ";
}
else                                             //如果上一页大于 1 显示指向上一页的链接
{
echo "<a href='$_SERVER[PHP_SELF]?page=$prev_page'>上一页</a> | ";
}
if ($next_page>$p_count)                         //如果下一页大于总页数只显示文字
{
echo "下一页 | ";
}
else                                             //如果下一页小于总页数则显示指向下一页的链接
{
echo "<a href='$_SERVER[PHP_SELF]?page=$next_page'>下一页</a> | ";
}
if ($page>=$p_count)                             //如果当前页大于或者等于总页数只显示文字
{
echo "最后一页</p>\n";
}
else                                             //如果当前页小于总页数显示最后页的链接
{
echo "<a href='$_SERVER[PHP_SELF]?page=$p_count'>最后一页</a></p>\n";
}


}
else                                             //如果没有记录时输出信息
{
echo "<center>暂时还没有记录! </center>";
```

```
}
?>
</p>
<p align="center">
<input type="hidden" name="time" value="<? echo date(y年m月d日H时i分);?>" />
<input type="submit" name="button" id="button" value="推荐至首页" />
</p>
</form>
</body>
</html>
<?
}
}
else                                              //不合法用户不能进入该页
{
echo "<html><head><meta http-equiv='Content-Type' content='text/html; charset=UTF-8'/>";
echo "<meta http-equiv='refresh' content='1; url=ch17-3.php'>";
echo "</head>";
echo "<body>您不是管理员，不能进入该页，1 秒后返回首页……</body>";
echo "</html>";
}
?>
```

第二步：保存文件并调试运行。

单击“文件”→“保存”命令，或者按快捷键 Ctrl+S，以文件名 ch17-6.php 保存页面，文件自动保存到站点中。

按 F12 键或者单击 图标的即可进行网页的运行与调试，运行前确保是以注册用户的身份登录成功，效果如图 17-9 所示。

图 17-9

可以看到，每个相片前都添加了一个复选框，同时下边多了一个“推荐至首页”按钮，可以将 1 张或者多张相片选中，单击此按钮就可将其推荐至首页显示。

现在选择第 6、7 张相片，将其推荐至首页显示，若推荐成功，则显示“成功推荐相片到首页，1 秒后返回相册...”，而首页 ch17-3.php 如图 17-10 所示。

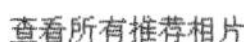

图 17-10

推荐相片至首页的功能演示到此结束。

〖实例剖析与知识讲解〗

本例主要实现将指定的 1 个或者多个相片推荐至首页显示的功能。推荐至首页的原理是将选定的 1 个或者多个相片记录的 isshow 字段值设为 yes。在首页显示 isshow=yes 的所有记录，即推荐相片。

本例采用复选框来选择 1 个或者多个相片，然后单击“推荐至首页”，完成对所选记录的字段 isshow 的更新操作。

循环显示相片时，在每一个相片前加一个复选框，统一取名为 img[]数组，默认取值为当前相片所在记录的 ID 号，代码如下：

```
echo "<input name='img[]' type='checkbox' value=".$row[id]." />";
echo "<img src=".$row[img_name]." width='150' height='150'>";
```

同时，修改了相片的最后修改时间，代码为：

```
echo "<br>";<input type="hidden" name="time" value="<? echo date(y年m月d日H时i分);?>" />
input type="submit" name="button" id="button" value="推荐至首页" />
```

当单击“推荐至首页”时，提交表单进行处理，首先判断 img[]是否选择了相片，若 img[]有选项值，则给每个数组元素中保存的 ID 值所在记录的字段 isshow 赋值为 yes，并更新最近修改时间 time 字段的值，代码如下：

```
if(count($_POST[img])!=0)                    //判断是否选择了相片
{
for($i=0;$i<count($_POST[img]);$i++)         //循环更新数据
{
```

```
$img=$_POST[img][$i];                        //获取每一个ID值
$sql="update $table_ps set isshow='yes',time='$time' where id='$img'";
mysql_query($sql,$link) or die(mysql_error());
}
```

注意：相片名称有可能会同名，但 ID 是绝对唯一的，给复选框赋默认值，切记要保存记录的 ID 值，而不应该用相片名称。

【例 17-8】创建、删除相册功能的实现

〖实例需求〗

本例主要实现相册的创建与删除功能。两个功能集中放在 ch17-7.php 文件中。设置 type=del 来判断是否进行删除操作。

〖开发过程〗

第一步：创建文件 ch17-7.php。

创建新文件，在 Dreamweaver CS3 代码编辑区输入如下代码：

```
<!DOCTYPE html PUBLIC "-//W3C//DTD XHTML 1.0 Transitional//EN" "http://www.w3.org/TR/xhtml1/DTD/xhtml1-transitional.dtd">
<html xmlns="http://www.w3.org/1999/xhtml">
<head>
<meta http-equiv="Content-Type" content="text/html; charset=utf-8" />
<title>创建相册</title>
<link href="mystyle.css" rel="stylesheet" type="text/css" />
</head>
<body>
<h1 align="center">相册管理系统</h1>
<p align="center">
<strong>[<?=$_COOKIE[name]?>]</strong>的相册</p>
<p align="center">
<a href="ch17-8.php">上传新相片</a>
<a href="ch17-5.php">进入相册</a>
<a href="ch17-6.php">设置首页相片</a>
<a href="ch17-9.php">删除相片</a>
<a href="ch17-10.php">更改主人密码</a>
<a href="ch17-11.php">消息接收
<?
require "ch17-1.php";
$link=mysql_connect($db_host,$db_user,$db_pass);
mysql_select_db($db_name,$link);
$sql="select * from $table_ms where receiver='$_COOKIE[name]' && isread='no'";
$result=mysql_query($sql,$link) or die(mysql_error());
$num=@mysql_num_rows($result);                          //获得记录数
if($num!=0)
{
echo "<b>(".$num.")</b>";
```

```
}?>
</a>
<a href="ch17-12.php">退出登录</a></p>
<p>
<?
if($_POST["album_name"])
{
require "ch17-1.php";
$album_name=$_POST["album_name"];
$name=$_COOKIE["name"];
$link=mysql_connect($db_host,$db_user,$db_pass) or die(mysql_error());
mysql_select_db($db_name,$link);
$sql="insert into $table_album(album_name,user) values('$album_name','$name')";    //添加新记录
if(mysql_query($sql,$link))
{
echo "<html><head><meta http-equiv='Content-Type' content='text/html; charset=utf-8'/>";
echo "<meta http-equiv=\"refresh\" content=\"1; url=ch17-7.php\">";
echo "</head>";
echo "<body><center>新相册添加成功，1 秒后返回……</center></body>";
echo "</html>";
}
}
else
{
?>
</p>
<p align="center"><?=$_COOKIE[name]?>
已存在相册有：</p>
<div align="center">
<?
require "ch17-1.php";
$link=mysql_connect($db_host,$db_user,$db_pass) or die(mysql_error());
mysql_select_db($db_name,$link);
$sql="select * from $table_album where user='$_COOKIE[name]'";
$result=mysql_query($sql,$link);
$rows=@mysql_num_rows($result);                             //获得记录数
if($rows==0)
{
echo "<center>现在还没有任何相册！</center>";
}
else
{
echo "<table border='1'align='center'>";
echo "<tr>";
echo "<td>";
echo "编号";
echo "</td>";
echo "<td >";
echo "相册名称";
echo "</td>";
echo "<td >";
```

```
echo "拥有者";
echo "</td>";
echo "<td>";
echo " ";
echo "</td>";
echo "</tr>";
$i=0;
while($row=mysql_fetch_array($result))
{
$i++;
echo "<tr>";
echo "<td>";
echo "第".$i."个相册";
echo "</td>";
echo "<td>";
echo "<a href=ch17-5.php?album=".$row[album_name].">".$row[album_name]."</a>";
echo "</td>";
echo "<td>";
echo $row[user];
echo "</td>";
echo "<td>";
echo "<a href=ch17-7.php?id=".$row[id]."&type=del&album=".$row[album_name].">删除</a>";
echo "</td>";
echo "</tr>";
}
echo "</table>";
}
if($_GET[type]=="del")
{
require "ch17-1.php";                                              //引用配置文件
//mysql_query("SET NAMES UTF8");                                   //指定编码为UTF8
$link=mysql_connect($db_host,$db_user,$db_pass)or die(mysql_error());          //连接主机
mysql_select_db($db_name,$link);                                   //选择数据库
echo "<p>";
$sql="delete from $table_album where id='$_GET[id]'";              //删除指定记录
if(mysql_query($sql,$link))                                        //发送SQL请求
{
echo "<html><head><meta http-equiv='Content-Type' content='text/html; charset=utf-8'/>";
echo "</head>";
echo "<body><center>成功删除相册! </center></body>";
echo "</html>";
}
else
{
echo "删除相册时出现错误! ";
}
$sql1="delete from $table_ps where album_name='$_GET[album]'";
                                                                   //删除指定相册
if(mysql_query($sql1,$link))                                       //发送SQL请求
{
echo "<html><head><meta http-equiv='Content-Type' content='text/html; charset=utf-8'/>";
```

```
echo "<meta http-equiv='refresh' content='1; url=ch17-7.php'>";
echo "</head>";
echo "<body><center>成功删除相册中的所有相片，1 秒后返回......! </center></body>";
echo "</html>";}
else
{echo "删除相册中的所有相片时出现错误！";}
}
?>
</p>
删除前一定要认真确认，删除相册的同时，会删除该相册内所有的相片。
</div>
<center>
<form id="form1" name="form1" method="post" action="ch17-7.php">
<p>创建相册：</p>
<p>
<input type="text" name="album_name" id="album_name" />
<input type="submit" name="button" id="button" value="提交" />
</p>
<p> </p>
</form>
</center>
<?
}
?>
</body>
</html>
```

第二步：保存文件并调试运行。

以文件名 ch17-7.php 保存页面，文件自动保存到站点中。运行并调试网页，运行前确保是以注册用户的身份成功登录，效果如图 17-11 所示。

我们发现，用户 xinxin 的系统中已存在两个相册“天文壁纸”与“可爱壁纸”。若要继续创建新相册，只需要在输入框中填写相册名称，单击“提交”按钮即可，如创建两个新相册“风景图片”和“动物图片”后，效果如图 17-12 所示。

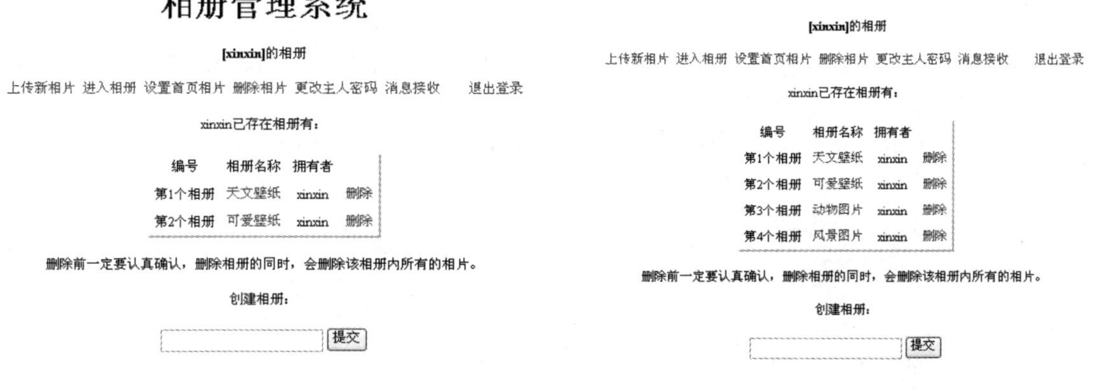

图 17-11　　　　图 17-12

若要删除某相册，单击其后的“删除”链接即会删除该相册以及相册中的所有相片，如要删除“动物图片”相册，执行成功后，显示如图 17-13 所示。

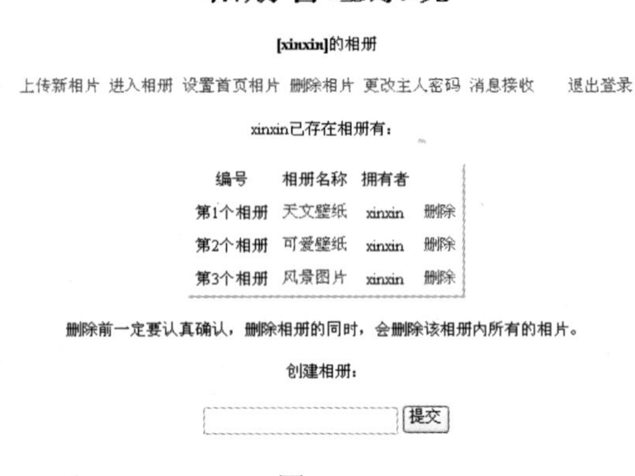

图 17-13

〖实例剖析与知识讲解〗

本例实现了相册的创建与删除功能，需要掌握以下知识点：

- 添加新相册。添加新相册即往表 album 中增加新的记录，实现语句如下：

```
if($_POST["album_name"])                                                    //判断输入项
{
require "ch17-1.php";
$album_name=$_POST["album_name"];
$name=$_COOKIE["name"];
$link=mysql_connect($db_host,$db_user,$db_pass) or die(mysql_error());
mysql_select_db($db_name,$link);
$sql="insert into $table_album(album_name,user) values('$album_name','$name')";    //添加新记录
if(mysql_query($sql,$link))
{
添加成功执行的操作 。
}
else
{
添加失败执行的操作。
}
```

- 删除相册。删除相册需要同时删除两个表的数据，即删除 album 表中相册所在的记录，以及删除 photos 表中所有属于该相册的相片记录。

同时，在“删除”链接 URL 中要添加删除标记 type，以及删除相册的名称，如代码：

```
echo "<a href=ch17-7.php?id=".$row[id]."&type=del&album=".$row[album_name].">删除</a>";
```

然后用下列语句执行删除操作：

```
if($_GET[type]=="del")
{
require "ch17-1.php";                                          //引用配置文件
$link=mysql_connect($db_host,$db_user,$db_pass)or die(mysql_error());
mysql_select_db($db_name,$link);                               //选择数据库
$sql="delete from $table_album where id='$_GET[id]'";          //删除相册
```

```
if(mysql_query($sql,$link))
{
删除成功执行的操作 。
}
else
{
删除失败执行的操作。
}
$sql1="delete from $table_ps where album_name='$_GET[album]'"; //删除指定相册的全部相片
if(mysql_query($sql,$link))
{
删除成功执行的操作 。
}
else
{
删除失败执行的操作。
}
}
```

【例 17-9】相片上传功能的实现

〖实例需求〗

本例主要实现相片上传的功能，上传成功则自动跳转至 ch17-5.php 进行查看。要特别注意文件上传部分。

〖开发过程〗

第一步：创建文件 ch17-8.php。

创建新文件，在 Dreamweaver CS3 代码编辑区输入如下代码：

```
<?
if($_COOKIE[name])
{
?>
<!DOCTYPE html PUBLIC "-//W3C//DTD XHTML 1.0 Transitional//EN" "http://www.w3.org/TR/xhtml1/DTD/xhtml1-transitional.dtd">
<html xmlns="http://www.w3.org/1999/xhtml">
<head>
<meta http-equiv="Content-Type" content="text/html; charset=utf-8" />
<title>上传相片</title>
<link href="mystyle.css" rel="stylesheet" type="text/css" />
</head>
<body>
<h1 align="center">相册管理系统</h1>
<p align="center"> <strong>[<?=$_COOKIE[name]?>]</strong>的相册</p>
<p align="center">
<a href="ch17-7.php">创建相册</a>
<a href="ch17-5.php">进入相册</a>
```

```
<a href="ch17-6.php">设置首页相片</a>
<a href="ch17-9.php">删除相片</a>
<a href="ch17-10.php">更改主人密码</a>
<a href="ch17-11.php">消息接收
<?
require "ch17-1.php";
$link=mysql_connect($db_host,$db_user,$db_pass);
mysql_select_db($db_name,$link);
 $sql="select * from $table_ms where receiver='$_COOKIE[name]' && isread='no'";
$result=mysql_query($sql,$link) or die(mysql_error());
$num=@mysql_num_rows($result);                                    //获得记录数
if($num!=0)
{
echo "<b>(".$num.")</b>";
}
?>
</a>
<a href="ch17-12.php">退出登录</a></p>
<?
if($_FILES[upfile][name]!="")                                          //判断是否上传了文件
{
$album=$_POST[album];                                                   //获取相册名
$details=nl2br($_POST[details]);                                        //获取相片描述
$time=$_POST[time];                                                     //获取相片上传时间
$filepath="upload/";                                                    //定义相片的保存路径
$filename=$filepath.$_FILES[upfile][name];                              //新的路径及文件名
$size=$_FILES[upfile][size];
if(copy($_FILES[upfile][tmp_name],$filename))                           //复制文件的目标路径
{
unlink($_FILES[upfile][tmp_name]);                                      //删除原有文件
require "ch17-1.php";
$link=mysql_connect($db_host,$db_user,$db_pass) or die(mysql_error());
mysql_select_db($db_name,$link);
$sql="insert  into  $table_ps(album_name,user,img_name,size,time,details)  values('$album',
'$_COOKIE[name]','$filename','$size','$time','$details')";      //添加新相片
if(mysql_query($sql,$link))
{
echo "<head>";
echo "<title>指定文件已经成功上传！！1 秒后自动跳转查看相册</title>";
echo "<meta http-equiv=\"refresh\" content=\"1; url=ch17-5.php\">";
echo "</head>";
echo "<body><center>指定文件已经成功上传！！1 秒后自动跳转查看相册......</center></body>";
echo "</html>";
}
else
{
echo "<head>";
echo "<meta http-equiv=\"refresh\" content=\"1; url=ch17-8.php\">";
echo "</head>";
echo "<body><center>文件上传失败，1 秒后重新上传...</center></body>";
echo "</html>";
```

```
}
}
}
?>
<h1 align="center">上传相片</h1>
<form action="ch17-8.php" method="post" enctype="multipart/form-data" name="form1" id="form1">
<table width="583" border="1" align="center">
<tr>
<td width="115">选择图片：</td>
<td width="424">
<input name="upfile" type="file" id="upfile" />
</td>
</tr>
<tr>
<td>选择相册</td>
<td>
<select name="album">
<?
require "ch17-1.php";
$link=mysql_connect($db_host,$db_user,$db_pass) or die(mysql_error());
mysql_select_db($db_name,$link);
$sql="select * from $table_album where user='$_COOKIE[name]'";
$result=mysql_query($sql,$link);
while($row=mysql_fetch_array($result))
{
echo "<option>".$row[album_name]."</option>";
}
?>
</select></td>
</tr>
<tr>
<td>输入说明：</td>
<td>
<textarea name="details" id="details" cols="45" rows="5"></textarea></td>
</tr>
<tr>
<td> </td>
<td>
<input type="submit" name="Submit" value="确认提交" />
<input type="reset" name="Submit2" value="重新选择" />
</td>
</tr>
</table>
<label></label>
<p>
<label></label>
<label></label>
<input type="hidden" name="time" value="<? echo date(y年m月d日H时i分);?>" />
<p> </p>
</form>
</body>
```

```
</html>
<?
}
else
{
echo "<html><head><meta http-equiv='Content-Type' content='text/html; charset=UTF-8'/>";
echo "<meta http-equiv='refresh' content='1; url=ch17-3.php'>";
echo "</head>";
echo "<body>您不是管理员，不能进入该页，1 秒后返回首页……</body>";
echo "</html>";
}
?>
```

第二步：保存文件并调试运行。

以文件名 ch17-8.php 保存页面，文件自动保存到站点中。运行并调试网页，运行前确保是以注册用户的身份成功登录，效果如图 17-14 所示。

相册管理系统

[xinxin]的相册

创建相册 进入相册 设置首页相片 删除相片 更改主人密码 消息接收 退出登录

上传相片

选择图片： 浏览...

选择相册 天文壁纸

输入说明：

确认提交 重新选择

图 17-14

依次填写好各内容，选择好要上传的相片，单击“确认提交”按钮，若上传相片成功，则显示信息“指定文件已经成功上传！！1 秒后自动跳转查看相册......”，跳转至 ch17-5.php 进行查看。

〖实例剖析与知识讲解〗

本例实现相片上传功能，相片上传的同时将路径及相片的相关信息添加至相片表 photos 中。实现上传相片功能的语句如下：

```
if($_FILES[upfile][name]!="")                          //判断是否上传了文件
{
$album=$_POST[album];                                  //获取相册名
$details=nl2br($_POST[details]);                       //获取相片描述
$time=$_POST[time];                                    //获取相片上传时间
$filepath="upload/";                                   //定义相片的保存路径
$filename=$filepath.$_FILES[upfile][name];             //新的路径及文件名
$size=$_FILES[upfile][size];
if(copy($_FILES[upfile][tmp_name],$filename))          //复制文件的目标路径
{
unlink($_FILES[upfile][tmp_name]);                     //删除原有文件
```

上传相片至指定文件夹 upload 后，需要将相片的信息存入相片表中，实现的 SQL 语句为：

```
    $sql="insert  into  $table_ps(album_name,user,img_name,size,time,details)  values('$album','$_
COOKIE[name]','$filename','$size','$time','$details')";     //添加新相片
```

【例 17-10】删除相片功能的实现

〖实例需求〗

本例主要实现对 1 个或者多个相片的删除功能，由 ch17-9.php 完成。实例中采用复选框来选择 1 个或者多个相片，然后单击“删除相片”按钮，完成对所选记录的删除操作。实现的原理与 ch17-6.php 中的类似。

〖开发过程〗

第一步：创建文件 ch17-9.php。

创建新文件，在 Dreamweaver CS3 代码编辑区输入如下代码：

```
<?
if($_COOKIE[name])
{
if(count($_POST[img])!=0)                                  //判断是否有删除项
{
require "ch17-1.php";
$time=$_POST[time];
$link=mysql_connect($db_host,$db_user,$db_pass) or die(mysql_error());
mysql_select_db($db_name,$link);
for($i=0;$i<count($_POST[img]);$i++)                      //循环执行删除操作
{
$img=$_POST[img][$i];
$sql="delete from $table_ps where id=$img";
mysql_query($sql,$link) or die(mysql_error());
}
echo "<html>";
echo "<head>";
echo "<meta http-equiv='Content-Type' content='text/html; charset=utf-8' />";
echo "<meta http-equiv='refresh' content='1; url=ch17-9.php'>";
echo "</head>";
echo "<body>";
echo "成功删除相片，1 秒后返回...";
echo "</body>";
echo "</html>";
}
else
{
?>
<!DOCTYPE html PUBLIC "-//W3C//DTD XHTML 1.0 Transitional//EN" "http://www.w3.org/TR/xhtml1/DTD/
xhtml1-transitional.dtd">
<html xmlns="http://www.w3.org/1999/xhtml">
<head>
<meta http-equiv="Content-Type" content="text/html; charset=utf-8" />
<title>删除相片</title>
```

```
<link href="mystyle.css" rel="stylesheet" type="text/css" />
</head>
<body>
<h1 align="center">相册管理系统</h1>
<p align="center"> <strong>[<?=$_COOKIE[name]?>]</strong>的相册</p>
<p align="center">
<a href="ch17-8.php">上传新相片</a>
<a href="ch17-7.php">创建相册</a>
<a href="ch17-5.php">进入相册</a>
<a href="ch17-6.php">设置首页相片</a>
<a href="ch17-10.php">更改主人密码</a>
<a href="ch17-11.php">消息接收
<?
require "ch17-1.php";
$link=mysql_connect($db_host,$db_user,$db_pass);
mysql_select_db($db_name,$link);
 $sql="select * from $table_ms where receiver='$_COOKIE[name]' && isread='no'";
$result=mysql_query($sql,$link) or die(mysql_error());
$num=@mysql_num_rows($result);                      //获得记录数
if($num!=0)
{
echo "<b>(".$num.")</b>";
}?>
</a>
<a href="ch17-12.php">退出登录</a>
</p>
<form id="form1" name="form1" method="post" action="ch17-9.php">
<p>
<?
require "ch17-1.php";                                       //引用配置文件
if(!$_GET[page])
$page=1;
else
$page=$_GET[page];
//连接MySQL服务器
$link=mysql_connect($db_host,$db_user,$db_pass)or die("不能连接到服务器".mysql_error());
mysql_select_db($db_name,$link);                            //选择数据库
$sql="select id from $table_ps  where user='$_COOKIE[name]'";   //查询记录
$result=mysql_query($sql,$link);                            //发送SQL请求
$num=mysql_num_rows($result);                               //获得记录数
echo "<center>";
echo "目前共有".$num."张相片  ";                  //输出记录数
$p_count=ceil($num/$list_num);                              //总页数为总条数除以每页显示数
echo "共分".$p_count."页显示  ";                  //输出页数
echo "当前显示第".$page."页";
echo "</center>";
echo "<p>";
if($num>0)                                                  //如果记录数大于0输出记录内容
{
echo "<table border='0' align='center' >";
$temp=($page-1)*$list_num;
$sql="select * from $table_ps where user='$_COOKIE[name]' order by time desc,id desc limit
$temp,$list_num ";
$result=mysql_query($sql);                                  //执行SQL语句
```

```
echo "<tr>";
echo "</tr>";
$i=0;
echo "<tr align='left'>";
while($row=mysql_fetch_array($result))
{
$i++;
echo "<td>";
echo "<input name='img[]' type='checkbox' value='".$row[id]."' />";
echo "<img src=".$row[img_name]." width='150' height='150'>";
echo "<br>";
echo "相册: ".$row[album_name];
echo "<br>";
echo "相片描述: ".substr($row[details],0,12);
echo "</td>";
if($i%5==0)                                    //每行显示 5 张相片
echo "</tr><tr>";
}
echo "</tr>";
echo "</table>";
//以下为显示分页的链接的内容
$prev_page=$page-1;                            //定义上一页为该页减 1
$next_page=$page+1;
echo "<br>";                                   //定义下一页为该页加 1
echo "<p align=\"center\"> ";
if ($page<=1)                                  //如果当前页小于等于 1 只显示文字
{
echo "第一页 | ";
}
else                                           //如果当前页大于 1 显示指向第一页的链接
{
echo "<a href='$_SERVER[PHP_SELF]?page=1'>第一页</a> | ";
}
if ($prev_page<1)                              //如果上一页小于 1 只显示文字
{
echo "上一页 | ";
}
else                                           //如果上一页大于 1 显示指向上一页的链接
{
echo "<a href='$_SERVER[PHP_SELF]?page=$prev_page'>上一页</a> | ";
}
if ($next_page>$p_count)                       //如果下一页大于总页数只显示文字
{
echo "下一页 | ";
}
else                                           //如果下一页小于总页数则显示指向下一页的链接
{
echo "<a href='$_SERVER[PHP_SELF]?page=$next_page'>下一页</a> | ";
}
if ($page>=$p_count)                           //如果当前页大于或者等于总页数只显示文字
{
echo "最后一页</p>\n";
}
else                                           //如果当前页小于总页数显示最后页的链接
{
```

```
echo "<a href='$_SERVER[PHP_SELF]?page=$p_count'>最后一页</a></p>\n";
}
}
else                                                    //如果没有记录时输出信息
{
echo "<center>暂时还没有记录! </center>";
}
?>
</p>
<p align="center"><input type="hidden" name="time" value="<? echo date(y年m月d日H时i分);?>" />
<input type="submit" name="button" id="button" value="删除相片" />
</p>
</form>
<p> </p>
</body>
</html>
<?
}
}
else
{
echo "<html><head><meta http-equiv='Content-Type' content='text/html; charset=UTF-8'/>";
echo "<meta http-equiv='refresh' content='1; url=ch17-3.php'>";
echo "</head>";
echo "<body>您不是管理员，不能进入该页，1 秒后返回首页……</body>";
echo "</html>";
}
?>
```

第二步：保存文件并调试运行。

以文件名 ch17-9.php 保存文件，确保以注册用户的身份成功登录，然后运行该文件，效果如图 17-15 所示。

图 17-15

从图中可以看到，目前用户 xinxin 共有 8 张相片，若要删除 1 个或者多个相片，选择相片前的复选框，然后单击“删除相片”按钮执行删除操作。

按图 17-16 中所示选择要删除的相片。

图 17-16

单击“删除相片”按钮执行删除操作后，显示如图 17-17 所示的结果。

相册管理系统

[xinxin]的相册

上传新相片 创建相册 进入相册 设置首页相片 更改主人密码 消息接收 退出登录

目前共有5张相片 共分1页显示 当前显示第1页

图 17-17

可以看到，刚刚选中的 3 张相片已经被成功删除了。

〖实例剖析与知识讲解〗

本例主要实现将指定的 1 个或者多个相片删除的功能。实例中采用复选框来选择 1 个或者多个相片，然后单击“删除相片”按钮，完成对所选相片的删除操作。

循环显示相片时，在每一张相片前加一个复选框，统一取名为 img[]数组，默认取值为当前相片所在记录的 ID 号，代码如下：

```
echo "<input name='img[]' type='checkbox' value='".$row[id]."' />";
echo "<img src=".$row[img_name]." width='150' height='150'>";
```

执行删除操作的语句为：

```
if(count($_POST[img])!=0)                    //判断是否有删除项
{
```

```
require "ch17-1.php";
$time=$_POST[time];
$link=mysql_connect($db_host,$db_user,$db_pass) or die(mysql_error());
mysql_select_db($db_name,$link);
for($i=0;$i<count($_POST[img]);$i++)          //循环执行删除操作
{
$img=$_POST[img][$i];
$sql="delete from $table_ps where id=$img";
mysql_query($sql,$link) or die(mysql_error());
}
```

【例 17-11】更改用户密码功能的实现

〖实例需求〗

本例主要实现更改用户密码的功能，由 ch17-10.php 完成。实例要求在修改密码前必须输入旧密码，若输入旧密码不正确，则不能进行修改；否则，将新密码加密后更新至用户表的当前记录中。

〖开发过程〗

第一步：创建文件 ch17-10.php。

创建新文件，在 Dreamweaver CS3 代码编辑区输入如下代码：

```
<!DOCTYPE html PUBLIC "-//W3C//DTD XHTML 1.0 Transitional//EN" "http://www.w3.org/TR/xhtml1/DTD/xhtml1-transitional.dtd">
<html xmlns="http://www.w3.org/1999/xhtml">
<head>
<meta http-equiv="Content-Type" content="text/html; charset=GB2312" />
<title><?=$_COOKIE[name]?>的相册—更改密码</title>
<script language="javascript">
function check()
{
var s=document.all;
if(s.old.value=="")
{
alert("请输入旧密码！");
s.old.focus();
return false;
}
if(s.newpass.value=="")
{
alert("请输入新密码！");
s.newpass.focus();
return false;
}
if(s.new1.value==s.new.value)
{
alert("两次密码输入不一致！");
```

```
s.new1.focus();
return false;
}
}
</script>
<link href="mystyle.css" rel="stylesheet" type="text/css" />
</head>
<?
if($_COOKIE[name])
{
if($_POST["old"])                                              //判断是否输入旧密码
{
$old=md5($_POST["old"]);                                       //获取旧密码
$newpass=md5($_POST["newpass"]);                               //获取新密码
$newpass1=md5($_POST["new1"]);                                 //获取确认密码
require "ch17-1.php";
$link=mysql_connect($db_host,$db_user,$db_pass);
mysql_select_db($db_name,$link);
//以下代码判断旧密码是否输入正确
$sql="select * from $table_user where u_name='$_COOKIE[name]' && u_pass='$old'";
$result=mysql_query($sql,$link) or die(mysql_error());
$row=mysql_num_rows($result);
if($row<1)
{
echo "原始密码输入错误!";
}
else                                                           //旧密码输入正确，则以新密码做更新操作
{
$sql2="update $table_user set u_pass='$newpass'";     //更新密码信息
if(mysql_query($sql2))
{
echo "密码成功更改! ";
}
}
}
?>
<h1 align="center">相册管理系统</h1>
<p align="center"> <strong>[
<?=$_COOKIE[name]?>
]</strong>的相册</p>
<p align="center">
<a href="ch17-8.php">上传新相片</a>
<a href="ch17-7.php">创建相册</a>
<a href="ch17-5.php">进入相册</a>
<a href="ch17-6.php">设置首页相片</a>
<a href="ch17-9.php">删除相片</a>
<a href="ch17-11.php">消息接收
<?
require "ch17-1.php";
$link=mysql_connect($db_host,$db_user,$db_pass);
mysql_select_db($db_name,$link);
 $sql="select * from $table_ms where receiver='$_COOKIE[name]' && isread='no'";
```

```
$result=mysql_query($sql,$link) or die(mysql_error());
$num=@mysql_num_rows($result);                          //获得记录数
if($num!=0)
{
echo "<b>(".$num.")</b>";
}?>
</a>
<a href="ch17-12.php">退出登录</a>
</p>
<form id="form1" name="form1" method="post" action="ch17-10.php" onsubmit="return check()">
<div align="center">用户更改密码
</div>
<table width="337" border="1" align="center">
<tr>
<td width="81">用 户 名: </td>
<td width="240"><?=$_COOKIE[name]?></td>
</tr>
<tr>
<td>旧 密 码: </td>
<td><input type="password" name="old" id="old" /></td>
</tr>
<tr>
<td>新密码: </td>
<td><input type="password" name="newpass" id="newpass" /></td>
</tr>
<tr>
<td>确认密码: </td>
<td><input type="password" name="new1" id="new1" /></td>
</tr>
<tr>
<td> </td>
<td><input type="submit" name="button" id="button" value="更改密码" />
<input type="reset" name="button2" id="button2" value="重新设置" /></td>
</tr>
<tr>
<td> </td>
<td> </td>
</tr>
</table>
</form>
<p> </p>
<?
}
else
{
echo "<html><head><meta http-equiv='Content-Type' content='text/html; charset=UTF-8'/>";
echo "<meta http-equiv='refresh' content='1; url=ch17-3.php'>";
echo "</head>";
echo "<body>您不是管理员，不能进入该页，1 秒后返回首页……</body>";
echo "</html>";
}
?>
```

第二步：保存文件并调试运行。

以文件名 ch17-10.php 保存文件，在确保以注册用户的身份成功登录的前提下开始运行 ch17-10.php，如图 17-18 所示。

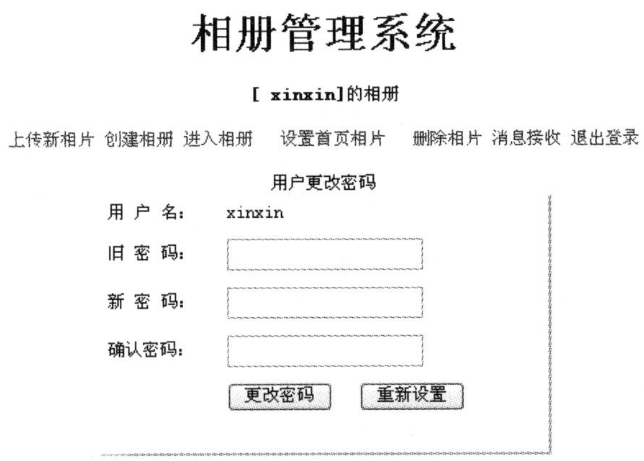

相册管理系统

[xinxin]的相册

上传新相片 创建相册 进入相册 设置首页相片 删除相片 消息接收 退出登录

用户更改密码

用 户 名： xinxin

旧 密 码：

新 密 码：

确认密码：

更改密码 重新设置

图 17-18

在输入旧密码成功的前提下才能进行新密码的输入，若更改成功，下次登录时就以新密码登录。

〖实例剖析与知识讲解〗

本例实现用户密码的更改操作，更改当然是采用 SQL 语句的 update 语句来实现。在更新之前，需要判断输入的旧密码是否正确，若正确才能进行新密码的更新操作，本例实现的代码如下：

```
if($_POST["old"])                                          //判断是否输入旧密码
{
$old=md5($_POST["old"]);                                   //获取旧密码
$newpass=md5($_POST["newpass"]);                           //获取新密码
$newpass1=md5($_POST["new1"]);                             //获取确认密码
require "ch17-1.php";
$link=mysql_connect($db_host,$db_user,$db_pass);
mysql_select_db($db_name,$link);
//以下代码判断旧密码是否输入正确
$sql="select * from $table_user where u_name='$_COOKIE[name]' && u_pass='$old'";
$result=mysql_query($sql,$link) or die(mysql_error());
$row=mysql_num_rows($result);
if($row<1)
{
echo "原始密码输入错误!";
}
else                                                       //旧密码输入正确，则以新密码做更新操作
{
$sql2="update $table_user set u_pass='$newpass'";         //更新密码信息
if(mysql_query($sql2))
{
echo "密码成功更改! ";
}
```

```
}
```

【例 17-12】用户间消息传递功能的实现

〖实例需求〗

各相册用户对相册的操作是互不干扰的，用户间有时需要进行一些消息的传递，本例将实现这个功能，程序由 ch17-11.php 与 ch17-11-1.php 两个文件来实现。

ch17-11.php：实现消息的接收情况查看，标识出哪些是已读信息，哪些是未读信息；同时本页中的表单可以给除自己之外的所有的相册用户发消息。

ch17-11-1.php：查看某条消息的详细内容，并将该条消息的状态设置为已读；同时执行 ch17-11.php 中“删除”链接的删除指定消息记录的操作。

有以下几点需要注意：

（1）消息传递由两部分组成：接收信息和发送信息。

（2）每个用户只能给别的相册用户发消息，不能给自己发消息。

（3）若有新消息，则在导航栏中显示类似“消息接收（2）”的信息，表明有 2 条信息未读。

（4）每条信息读完后，将消息表中该信息的字段 isread 设为已读。

（5）消息阅读完后，若没有必要保存，就应该及时删除。

〖开发过程〗

第一步：创建文件 ch17-11.php。

创建新文件，在 Dreamweaver CS3 代码编辑区输入如下代码：

```
<!DOCTYPE html PUBLIC "-//W3C//DTD XHTML 1.0 Transitional//EN" "http://www.w3.org/TR/xhtml1/DTD/xhtml1-transitional.dtd">
<html xmlns="http://www.w3.org/1999/xhtml">
<head>
<meta http-equiv="Content-Type" content="text/html; charset=utf-8" />
<title>消息接收</title>
<link href="mystyle.css" rel="stylesheet" type="text/css" />
</head>
<body>
<h1 align="center">相册管理系统</h1>
<p align="center"> <strong>[<?=$_COOKIE[name]?>]</strong>的相册</p>
<p align="center">
<a href="ch17-8.php">上传新相片</a>
<a href="ch17-7.php">创建相册</a>
<a href="ch17-5.php">进入相册</a>
<a href="ch17-6.php">设置首页相片</a>
<a href="ch17-9.php">删除相片</a>
<a href="ch17-10.php">更改主人密码</a>
<a href="ch17-12.php">退出登录</a>
</p>
<p align="center">收件箱
<?
if($_COOKIE[name])
```

```
{
if($_POST[content])                    //发送消息给其他用户
{
require "ch17-1.php";
$link=mysql_connect($db_host,$db_user,$db_pass);
mysql_select_db($db_name,$link);
$receiver=$_POST[receiver];
$content=nl2br($_POST[content]);
$time=$_POST[time];
$sql="insert    into    $table_ms(receiver,sender,content,time,isread)    values('$receiver',
'$_COOKIE[name]','$content','$time','no')";
if(mysql_query($sql))                                                    //消息发送成功
{
echo "<html><head><meta http-equiv='Content-Type' content='text/html; charset=utf-8'/>";
echo "<meta http-equiv='refresh' content='1; url=ch17-11.php'>";
echo "</head>";
echo "<body>发送消息成功，1 秒后返回……</body>";
echo "</html>";
}
else                                                                     //消息发送失败
{
echo "<html><head><meta http-equiv='Content-Type' content='text/html; charset=utf-8'/>";

echo "<meta http-equiv='refresh' content='1; url=ch17-11.php'>";
echo "</head>";
echo "<body>发送消息失败，1 秒后返回重新添加……</body>";
echo "</html>";
}
}
else                                                                     //查看未读消息
{
require "ch17-1.php";
$link=mysql_connect($db_host,$db_user,$db_pass);
mysql_select_db($db_name,$link);
$sql="select * from $table_ms where receiver='$_COOKIE[name]' && isread='no'";
$result=mysql_query($sql,$link) or die(mysql_error());
$num=@mysql_num_rows($result);                                           //获得记录数
if($num!=0)
{
echo "<b>(未读".$num."条消息)</b><br>";                                   //显示未读消息数
echo "单击信息内容查看详细消息";
}
else
{
echo "没有新消息！";
}
$sql1="select * from $table_ms where receiver='$_COOKIE[name]'";     //查看所有消息
$result=mysql_query($sql1,$link) or die(mysql_error());
$num=@mysql_num_rows($result);                                           //获得记录数
if($num!=0)
{
echo "<table border='1'>";
echo "<tr><td>发信人</td><td>内容简介</td><td>状态</td><td>删除</td></tr>";
```

```
while($row=mysql_fetch_array($result))
{
echo "<tr><td>$row[sender]</td><td><a href=ch17-11-1.php?type=1&id=$row[id]&isread=yes>".substr
($row[content],0,23)."</a></td><td>";
if($row[isread]=="no")
echo "<strong>未读</strong>";
else
echo "已阅";
echo"</td><td><a href=ch17-11-1.php?type=2&id=$row[id]>删除</a></td></tr>";
}
echo "</table>";
}
else
{
echo "";
}
?>
<br />
</p>
<form id="form1" name="form1" method="post" action="ch17-11.php">
<table width="200" border="0" align="center">
<tr>
<td>发消息给
<?
$link=mysql_connect($db_host,$db_user,$db_pass)or die("不能连接到服务器".mysql_error());
mysql_select_db($db_name,$link);                              //选择数据库
$sql="select * from $table_user";                             //查询所有用户
$result=mysql_query($sql,$link);                              //发送 SQL 请求
?>
:
<select name="receiver" id="receiver">
<?
while($row=mysql_fetch_array($result))                        //循环显示各相册用户
{
if($_COOKIE[name]==$row[u_name])                              //不显示自己
continue;
else
echo "<option>".$row[u_name]."</option>";
}

?>
</select></td>
</tr>
<tr>
<td>内容:
<textarea name="content" id="content" cols="45" rows="5"></textarea></td>
</tr>
<tr>
<td><input type="submit" name="button" id="button" value="发送" />
<input name="time" type="hidden" id="time" value="<? echo time()?>" /></td>
</tr>
</table>
<p> </p>
```

```
</form>
</body>
</html>
<?
}
}
else
{
echo "<html><head><meta http-equiv='Content-Type' content='text/html; charset=UTF-8'/>";
echo "<meta http-equiv='refresh' content='1; url=ch17-3.php'>";
echo "</head>";
echo "<body>您不是有效用户，不能进入该页，1 秒后返回首页……</body>";
echo "</html>";
}
?>
```

第二步：创建文件 ch17-11-1.php。

创建新文件，在 Dreamweaver CS3 代码编辑区输入如下代码：

```
<!DOCTYPE html PUBLIC "-//W3C//DTD XHTML 1.0 Transitional//EN" "http://www.w3.org/TR/xhtml1/DTD/xhtml1-transitional.dtd">
<html xmlns="http://www.w3.org/1999/xhtml">
<head>
<meta http-equiv="Content-Type" content="text/html; charset=utf-8" />
<title>消息处理</title>
<link href="mystyle.css" rel="stylesheet" type="text/css" />
</head>
<body>
<h1 align="center">相册管理系统</h1>
<p align="center"> <strong>[
<?=$_COOKIE[name]?>
]</strong>的相册</p>
<p align="center">
<a href="ch17-8.php">上传新相片</a>
<a href="ch17-7.php">创建相册</a>
<a href="ch17-5.php">进入相册</a>
<a href="ch17-6.php">设置首页相片</a>
<a href="ch17-9.php">删除相片</a>
<a href="ch17-10.php">更改主人密码</a>
<a href="ch17-11.php">消息接收
<?
require "ch17-1.php";
$link=mysql_connect($db_host,$db_user,$db_pass);
mysql_select_db($db_name,$link);
$sql="select * from $table_ms where receiver='$_COOKIE[name]' && isread='no'";
$result=mysql_query($sql,$link) or die(mysql_error());
$num=@mysql_num_rows($result);                          //获得未读消息数
if($num!=0)
{
echo "<b>(".$num.")</b>";
}?>
</a>
<a href="ch17-12.php">退出登录</a></p>
```

```
</body>
</html>
<?
if(!$_GET[id])
{
echo "没有指定ID! ";
exit();
}
else
{
if($_GET[type]=="2")                                            //判断是否执行删除消息操作
{
require "ch17-1.php";                                           //引用配置文件
$link=mysql_connect($db_host,$db_user,$db_pass)or die(mysql_error());    //连接服务器
mysql_select_db($db_name,$link);                                //选择数据库
echo "<p>";
$sql="delete from $table_ms where id='$_GET[id]'";             //删除消息
if(mysql_query($sql,$link))                                     //发送SQL请求
{
echo "<html><head><meta http-equiv='Content-Type' content='text/html; charset=utf-8'/>";
echo "<meta http-equiv='refresh' content='1; url=ch17-11.php'>";
echo "</head>";
echo "<body>OK! </body>";
echo "</html>";
}
else
{
echo "删除出现错误! ";
}
}
if($_GET[type]=="1")                                            //判断是否执行显示消息操作
{
require "ch17-1.php";                                           //引用配置文件
$link=mysql_connect($db_host,$db_user,$db_pass)or die(mysql_error());    //连接主机
mysql_select_db($db_name,$link);                                //选择数据库
echo "<p>";
$sql="select * from $table_ms where id='$_GET[id]'";           //查找消息
$result=mysql_query($sql,$link);
echo "<table border='1' align='center'>";
while($row=mysql_fetch_array($result))
{
echo "<tr><td colspan=2>";
echo "消息来自发件人".$row[sender];
echo "</td></tr>";
echo "<tr><td>消息内容</td><td>".$row[content]."</td></tr>";
echo "<tr><td>发送时间</td><td>".date(Y年m月d日H时i分,$row[time])."</td></tr>";
}
echo "</table>";
$isread=$_GET[isread];
$sql="update $table_ms set isread='$isread' where id='$_GET[id]'";        //更新消息阅读状态
mysql_query($sql,$link) or die(mysql_error());;
```

```
    }
  }
?>
```

第三步：保存文件并调试运行。

分别保存文件，确保在以相册用户的身份成功登录的前提下开始运行 ch17-11.php，若目前用户 xinxin 已经收到用户“鑫鑫”发送过来的一条新消息，显示如图 17-19 所示。

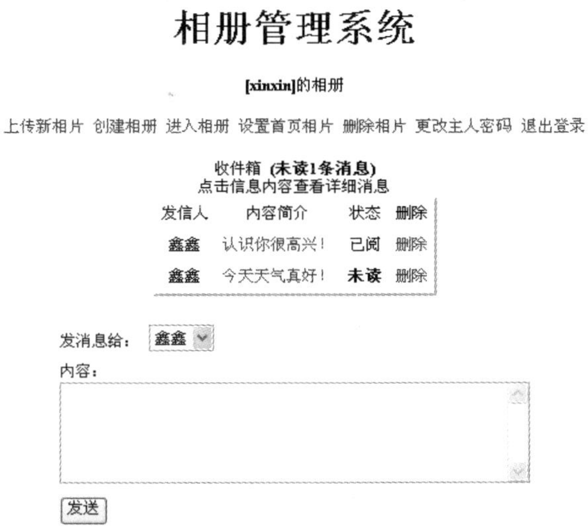

相册管理系统

[xinxin]的相册

上传新相片 创建相册 进入相册 设置首页相片 删除相片 更改主人密码 退出登录

收件箱 (未读1条消息)
点击信息内容查看详细消息

发信人	内容简介	状态	删除
鑫鑫	认识你很高兴！	已阅	删除
鑫鑫	今天天气真好！	未读	删除

发消息给：鑫鑫

内容：

发送

图 17-19

同时，在相册的其他页面都可以在导航栏中看到有 1 条未读信息的提示，如打开 ch17-5.php，会发现如图 17-20 所示的提示。

[xinxin]的相册

上传新相片　创建相册　设置首页相片　删除相片　更改主人密码　消息接收(1)　退出登录

图 17-20

返回到 ch17-11.php，继续调试消息的接收与发送功能。单击状态为“未读”的消息，进入如图 17-21 所示的 ch17-11-1.php 页面。

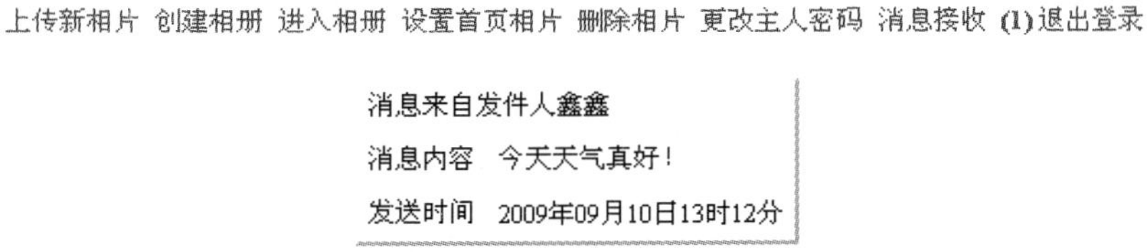

上传新相片 创建相册 进入相册 设置首页相片 删除相片 更改主人密码 消息接收 (1) 退出登录

消息来自发件人鑫鑫	
消息内容	今天天气真好！
发送时间	2009年09月10日13时12分

图 17-21

这时会发现，导航项“消息接收”已经没有新消息了，返回到 ch17-11.php 页面，给别的用户发送消息。如给用户“鑫鑫”发送两条消息，退出当前登录，改以“鑫鑫”用户名登录，会发现该用户已收到两条新消息，如图 17-22 所示。

图 17-22

这样，用户之间就可以自由地进行发送与接收消息了。

〖**实例剖析与知识讲解**〗

本例实现了相册用户间消息的发送与接收的功能。ch17-11.php 文件成功实现了消息的接收情况查看与给除自己外的其他用户发送消息的功能。

（1）消息接收情况查看主要包括新消息的提示以及消息状态的显示。新消息即还没有阅读过的消息，消息表 message 用来保存阅读状态的字段为 isread，若值为 no，表示未读；值为 yes，表示已经被阅读过了。

消息接收情况的查看只能查看登录用户的消息，即查询消息接收人为当前用户的记录即可。关键代码如下：

```
require "ch17-1.php";
$link=mysql_connect($db_host,$db_user,$db_pass);
mysql_select_db($db_name,$link);
$sql="select * from $table_ms where receiver='$_COOKIE[name]' && isread='no'";
$result=mysql_query($sql,$link) or die(mysql_error());
$num=@mysql_num_rows($result);                              //获得记录数
if($num!=0)
{
echo "<b>(未读".$num."条消息)</b><br>";                    //显示未读消息数
echo "单击信息内容查看详细消息";
}
else
{
echo "没有新消息！";
}
```

（2）导航项中提示未读消息数的实现。未读消息即字段 isread 值为 no 的消息，只需在消息表中查找 isread 值为 no 的那些记录，并统计结果集的数量就可以得出未读消息数。关键代码如下：

```
<a href="ch17-11.php">消息接收
<?
```

```
require "ch17-1.php";
$link=mysql_connect($db_host,$db_user,$db_pass);
mysql_select_db($db_name,$link);
$sql="select * from $table_ms where receiver='$_COOKIE[name]' && isread='no'";
$result=mysql_query($sql,$link) or die(mysql_error());
$num=@mysql_num_rows($result);                              //获得未读消息数
if($num!=0)
{
echo "<b>(".$num.")</b>";
}?>
</a>
```

（3）循环显示各消息记录。关键代码如下：

```
while($row=mysql_fetch_array($result))
{
echo "<tr><td>$row[sender]</td><td><a href=ch17-11-1.php?type=1&id=$row[id]&isread=yes>".substr
($row[content],0,23)."</a></td><td>";
if($row[isread]=="no")
echo "<strong>未读</strong>";
else
echo "已阅";
echo"</td><td><a href=ch17-11-1.php?type=2&id=$row[id]>删除</a></td></tr>";
}
echo "</table>";
```

其中，对消息的内容以及删除做了链接操作，单击消息内容上的链接，可进入该条消息的具体查看页面，同时将该条消息的状态设置为已读，通过以下链接传递 isread=yes 的值以及标记 type=1 给 ch17-11-1.php 来实现。

```
<a href=ch17-11-1.php ? type=1 & id=$row[id]& isread=yes>". substr($row[content],0,23)."</a>
```

其中的 substr()函数是取消息内容的前 24 个字符显示。

单击“删除”链接即可删除该条消息记录，通过以下链接传递删除标记 type=2 给 ch17-11-1.php 来实现。

```
<a href=ch17-11-1.php?type=2&id=$row[id]>删除</a>
```

ch17-11-1.php 文件根据标识 type 的值是 1 还是 2 判断进行查看还是删除操作。若$_GET[type]为 1，则查看某条消息的详细内容，并将该条消息的状态设置为已读；若$_GET[type]值为 2，则进行删除除指定消息记录的操作。关键代码如下：

```
if($_GET[type]=="1")                                          //判断是否执显示消息操作
{
require "ch17-1.php";                                         //引用配置文件
$link=mysql_connect($db_host,$db_user,$db_pass)or die(mysql_error());   //连接主机
mysql_select_db($db_name,$link);                              //选择数据库
echo "<p>";
$sql="select * from $table_ms where id='$_GET[id]'";          //查找消息
$result=mysql_query($sql,$link);
echo "<table border='1' align='center'>";
while($row=mysql_fetch_array($result))
……
执行更新操作
$isread=$_GET[isread];
$sql="update $table_ms set isread='$isread' where id='$_GET[id]'";     //更新消息阅读状态
mysql_query($sql,$link) or die(mysql_error());;
……
```

```
if($_GET[type]=="2")                                    //判断是否执行删除消息操作
{
require "ch17-1.php";                                   //引用配置文件
$link=mysql_connect($db_host,$db_user,$db_pass)or die(mysql_error());    //连接服务器
mysql_select_db($db_name,$link);                        //选择数据库
echo "<p>";
$sql="delete from $table_ms where id='$_GET[id]'";      //删除消息
……
```

【例 17-13】用户退出登录功能的实现

〖实例需求〗

本例主要实现用户的退出登录功能，登录用户退出的操作非常简单，清空用户注册的 cookie 记录，然后跳转至相册首页 ch17-3.php 即可。

〖开发过程〗

第一步：创建文件 ch17-12.php。

创建新文件，在 Dreamweaver CS3 代码编辑区输入如下代码：

```
<?
if(!$_COOKIE[name])                                     //如果不是管理员，则进行以下操作
{
echo "<html><head><meta http-equiv='Content-Type' content='text/html; charset=GB2312'/>";
echo "<meta http-equiv='refresh' content='1; url=ch16-10.php'>";
echo "</head>";
echo "<body>您不是管理员，不能进入该页，1 秒后返回首页……</body>";
echo "</html>";
}
else
{
setcookie("name","");                                   //撤销 cookie 变量
echo "<html>";
echo "<head>";
echo "<meta http-equiv=\"refresh\" content=\"1; url=ch17-3.php\">";
echo "</head>";
echo "</html>";
}
?>
```

第二步：保存文件并调试运行。

保存好文件，当用户需要退出登录时，就执行该文件，即可清空 cookie 变量的值，并跳转至相册的首页 ch17-3.php。

〖实例剖析与知识讲解〗

本例实现了用户退出登录功能的实现，需要掌握的是如何退出登录状态。在 PHP 中实现起

来非常方便，即清空用户注册的 cookie 记录，然后跳转至指定页即可。

如本例的代码：

```
setcookie("name","");                                          //撤销 cookie 变量
echo "<html>";
echo "<head>";
echo "<meta http-equiv=\"refresh\" content=\"1; url=ch17-3.php\">";
echo "</head>";
echo "</html>";
```

小结

本章主要详细讲解了一个简单相册系统的实现过程，内容包括系统功能分析、数据库设计以及详细代码实现，并对其中遇到的实际问题进行了剖析。读者可以根据实例一步步进行操作，相信对提高你在 PHP 编程上的实战能力会有质的突破。

参 考 文 献

[1] 王德民，王新颖，刘昕．AJAX与PHP Web开发．北京：人民邮电出版社，2007.1.

[2] 陈营辉．PHP网络编程从入门到精通．北京：清华大学出版社，2007.7.

[3] 刘永明，贺民．PHP专业项目实例开发．北京：中国水利水电出版社，2003.3.

[4] 贺民，张帆．PHP技术内幕．北京：中国水利水电出版社，2003.1.

计算机实用技术案例系列

丛书特色

- 在风格上力求文字精练、图表丰富、脉络清晰、版式明快。
- 以解决编程中遇到的实际问题和开发中应该掌握的关键技术为中心，每个案例都可以独立解决某一方面的问题。
- 有广泛的代表性和实用性，提供源代码，读者可以快速使用。
- 有极强的扩展性，能够给读者以启发，举一反三。

中国水利水电出版社
www.waterpub.com.cn

开发经验与技巧集锦丛书

本书特点

- 坚持“技术最新、内容最精”的写作思路，所有内容技术新颖、短小精悍，并以最精练的编程方式揭示了这些 新技术的内涵和本质。
- 坚持“重点突出、用例典型”的创作原则，所有内容基于.NET 3.5核心技术，并以日常事务中的实例佐证了这 些核心技术的用途和价值。
- 坚持“深入浅出、通俗易懂”的表现风格，所有内容以循序渐进的方式多角度、多层次、多领域地全面展示了 一线专家的开发技巧和经验。
- 坚持“学以致用、即学即用”的开发理念，所有实例的源代码都收集在配套光盘中，可以直接验证和使用这些 具有商业价值的源代码。